中国国家标准汇编

2010年修订-22

中国标准出版社 编

中国质检出版社
中国标准出版社
北 京

图书在版编目（CIP）数据

中国国家标准汇编：2010年修订. 22/中国标准出版社编. —北京：中国标准出版社，2011
ISBN 978-7-5066-6522-3

Ⅰ. ①中… Ⅱ. ①中… Ⅲ. ①国家标准-汇编-中国-2010 Ⅳ. ①T-652.1

中国版本图书馆CIP数据核字(2011)第187876号

中国质检出版社
中国标准出版社 出版发行
北京市朝阳区和平里西街甲2号(100013)
北京市西城区三里河北街16号(100045)
网址:www.spc.net.cn
总编室:(010)64275323 发行中心:(010)51780235
读者服务部:(010)68523946
中国标准出版社秦皇岛印刷厂印刷
各地新华书店经销

*

开本 880×1230 1/16 印张 30.75 字数 944 千字
2011年12月第一版 2011年12月第一次印刷

*

定价 220.00 元

出 版 说 明

1.《中国国家标准汇编》是一部大型综合性国家标准全集。自1983年起，按国家标准顺序号以精装本、平装本两种装帧形式陆续分册汇编出版。它在一定程度上反映了我国建国以来标准化事业发展的基本情况和主要成就，是各级标准化管理机构，工矿企事业单位，农林牧副渔系统，科研、设计、教学等部门必不可少的工具书。

2.《中国国家标准汇编》收入我国每年正式发布的全部国家标准，分为“制定”卷和“修订”卷两种编辑版本。

“制定”卷收入上一年度我国发布的、新制定的国家标准，顺延前年度标准编号分成若干分册，封面和书脊上注明“20××年制定”字样及分册号，分册号一直连续。各分册中的标准是按照标准编号顺序连续排列的，如有标准顺序号缺号的，除特殊情况注明外，暂为空号。

“修订”卷收入上一年度我国发布的、修订的国家标准，视篇幅分设若干分册，但与“制定”卷分册号无关联，仅在封面和书脊上注明“20××年修订-1,-2,-3,……”字样。“修订”卷各分册中的标准，仍按标准编号顺序排列(但不连续)；如有遗漏的，均在当年最后一分册中补齐。需提请读者注意的是，个别非顺延前年度标准编号的新制定的国家标准没有收入在“制定”卷中，而是收入在“修订”卷中。

读者配套购买《中国国家标准汇编》"制定"卷和"修订"卷则可收齐上一年度我国制定和修订的全部国家标准。

3.由于读者需求的变化，自1996年起，《中国国家标准汇编》仅出版精装本。

4.2010年我国制修订国家标准共2846项。本分册为“2010年修订-22”，收入新制修订的国家标准9项。

中国标准出版社

2011年8月

目　录

ICS 03.220.40;47.020.01
R 22

GB

中华人民共和国国家标准

GB 16557—2010
代替 GB 16557—1996

海船救生安全标志

Safety signs for life-saving on sea-going ship

2011-01-14 发布 2011-07-01 实施

中华人民共和国国家质量监督检验检疫总局
中国国家标准化管理委员会 发布

前　言

本标准的全部技术内容为强制性。

本标准对应1993年11月国际海事组织第18次大会通过的第A760号决议[IMO A760(18)]、国际海事组织海安会第82号决议[MSC.82(70)],本标准与IMO A760(18)、MSC.82(70)一致性程度为非等效。

本标准代替GB 16557—1996《海船救生安全标志》。

本标准与GB 16557—1996相比主要变化如下：

——将1996年版的“标志分类”一章改为“术语和定义”(见第3章)；

——“命令标志”术语改为“指令标志”(见3.1)；

——增加了“撤离滑道”等八个新图标(见表2中序号20～序号27)；

——增加了第5章“技术要求”,将1996年版的4.1.2、4.2.2、4.3和4.4纳入该章内容；

——修改了关于标志尺寸和标志材料的内容,并增加了“耐火性”和“发光亮度”的要求(1996年版的4.3、4.4;本版的5.4和5.5)；

——增加了第6章“试验方法”；

——增加了蓄光型标志配布的要求(见7.2.4)；

——调整了“海船救生安全标志常用最小公称尺寸”的内容(见附录A)。

本标准的附录A是规范性附录。

本标准由中华人民共和国交通运输部提出。

本标准由交通部航海安全标准化技术委员会归口。

本标准起草单位:交通运输部海事局、天津海事局。

本标准主要起草人:曹荣力、李伟、陈伯卫、刘慧茹、黄海波、王建国。

本标准所代替标准的历次版本发布情况为：

——GB 16557—1996。

海船救生安全标志

1 范围

本标准规定了海船上应使用的与救生设备及装置有关的标志图案、技术要求、试验方法和标志的应用要求等。

本标准适用于海上的客船、船舶总长在20 m及以上货船、工程船、海上平台及其他专门用途船。

2 规范性引用文件

下列文件中的条款通过本标准的引用而成为本标准的条款。凡是注日期的引用文件，其随后所有的修改单(不包括勘误的内容)或修订版均不适用于本标准，然而，鼓励根据本标准达成协议的各方研究是否可使用这些文件的最新版本。凡是不注日期的引用文件，其最新版本适用于本标准。

GB/T 2406.1 塑料 用氧指数法测定燃烧行为 第1部分：导则(GB/T 2406.1—2008，ISO 4589-1:1996，IDT)

GB 2893 安全色(GB 2893—2008，ISO 3864-1:2002，MOD)

GB 2894 安全标志及其使用导则

GB/T 3181 漆膜颜色标准

GB/T 16903.1 标志用图形符号表示规则 第1部分：公共信息图形符号的设计原则(GB/T 16903.1—2008，ISO 22727:2007，NEQ)

3 术语和定义

下列术语和定义适用本标准。

3.1

指令标志 instruction signs

按照规定的要求去执行操作内容的标志。

3.2

提示标志 indication signs

提供目标所在位置与方向性的信息标志。

4 标志图案

4.1 指令标志图案共10个，见表1。

表1 指令标志

序号	标志符号	含 义
1		扣紧座位安全带

表 1（续）

序号	标志符号	含　义
2		关闭舱口
3		启动艇发动机
4		将救生艇降至水面
5		将救生筏降至水面

表 1（续）

序号	标志符号	含　义
6		将救助艇降至水面
7		艇（筏）降至水面后，打开脱钩装置
8		开始对救生艇喷水
9		开始供气

表 1 (续)

序号	标志符号	含　义
10		释放艇稳索
注：本标志序号不表示使用顺序。		

4.2　提示标志图案共 33 个，见表 2。

表 2　提示标志

序号	标志符号	含　义
1		救生艇
2		救助艇
3		救生筏

表 2（续）

序号	标志符号	含　义
4		吊架降落式救生筏
5		登乘梯
6		撤离滑梯
7	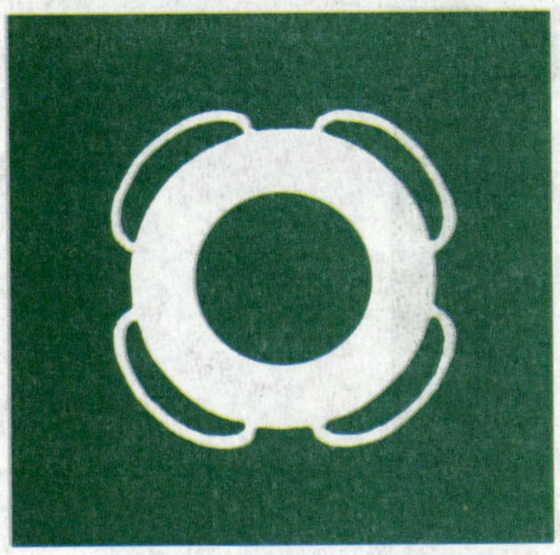	救生圈

表 2（续）

序号	标志符号	含　义
8		带索救生圈
9		带灯救生圈
10		带灯和烟雾信号救生圈
11		救生衣

表 2（续）

序号	标志符号	含　义
12		儿童救生衣
13		浸水式救生服
14		救生艇(筏)手持无线电话机
15	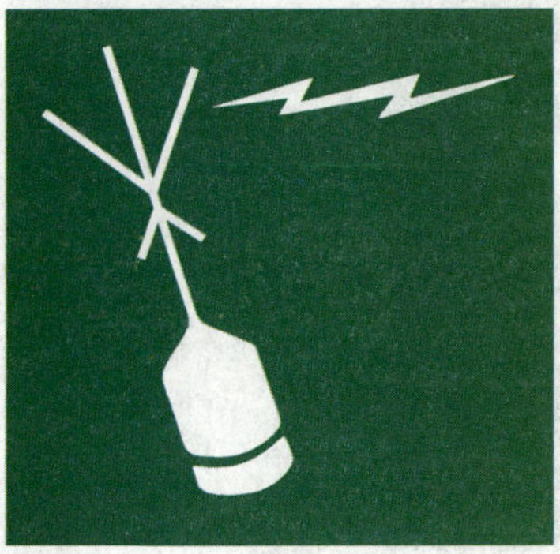	应急无线电示位标

表 2（续）

序号	标志符号	含 义
16		搜救雷达应答器
17		救生艇（筏）遇险火焰信号
18		火箭降落伞火焰信号
19	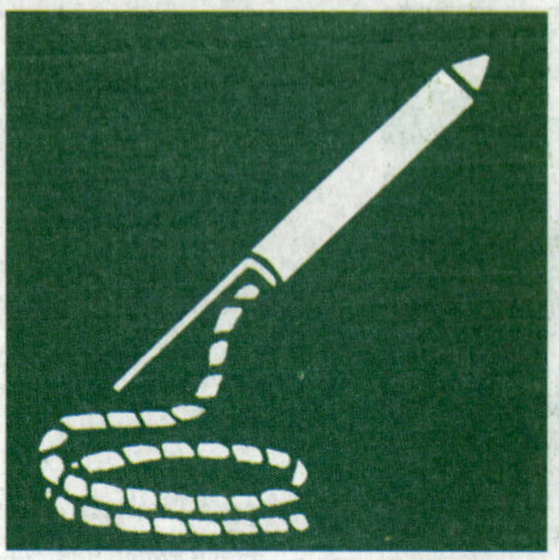	抛绳设备

表 2（续）

序号	标志符号	含　义
20		撤离滑道
21		抗暴露服 （AES：Anti-exposure suit）
22		保温用具 （TPA：Thermal protective aid）
23		担架

表 2（续）

序号	标志符号	含　义
24		医疗急救箱
25		紧急电话
26		安全设备箱
27		紧急逃生呼吸用具(EEBD)

表 2（续）

序号	标志符号	含　义
28		集合站(组合图标,E代表集合站编号)
29		登乘站(组合图标,2代表登乘站编号)
30		方向指示标,可与任何符号同时使用
31		紧急出口指示标,可与任何符号同时使用

表 2（续）

序号	标志符号	含　义
32		出口
33		应急出口
34		安全计划
注：本标志序号不表示使用顺序。		

5　技术要求

5.1　标志的材料及外观

5.1.1　标志牌应采用坚固耐用和无毒、无害、无放射性的材料制作，不应使用遇水变形、变质或易燃的材料。有触电危险的作业场所应使用绝缘材料。

5.1.2　标志牌应图形清楚，表面光滑、平整、无气泡、无毛刺、孔洞和影响使用的任何缺陷。

5.2　标志的形状及颜色

按照 GB 2893 和 GB 2894 的规定，指令标志应采用形状为圆形边框，底色为蓝色，相配以白色为对比色。蓝色采用 GB 3181 中 PB05 海蓝色。提示标志应采用形状为矩形边框，底色为绿色，相配以白色为对比色。绿色采用 GB 3181 中 G02 淡绿色。

5.3　标志尺寸

标志的尺寸应符合 GB/T 16903.1 的有关规定，标志的常用最小公称尺寸见附录 A。

5.4 耐燃烧性

对于基材为塑料板的标志，按照 GB/T 2406.1 规定的方法进行试验，氧指数应不低于 26%。

5.5 发光亮度

对于蓄光型海船救生安全标志，使用色温为 3 000 K 的管状荧光灯光源，保持在样品表面的照度为 25 lx，照射样品 24 h，停止照射后，样品表面任何发光面积的亮度在 10 min 内不小于 15 mcd/m²，60 min 内不小于 2 mcd/m²。

6 试验方法

6.1 外观

目视检查。

6.2 标志尺寸

用最小分度值不大于 1 mm 的尺子在三个不同的位置分别测量样品的边框的尺寸，取三个位置的测量平均值作为测量结果。

6.3 发光亮度

发光亮度测量步骤如下：

a) 在温度为 21 ℃～25 ℃的环境中，将样品在暗室内放置 24 h；

b) 使用色温为 3 000 K 的管状荧光灯光源，保持在标志表面的照度为 25 lx，垂直照射标志表面 24 h，切断光源，同时计时；

c) 用精度不低于 2%、量程至少在 10^{-4} cd/m² 与 10 cd/m² 之间的亮度计对三个位置连续、直径在 25 mm～50 mm 之间的不同发光部位进行亮度测量；

d) 计算三个不同部位的平均值作为测量结果。

对于间断式测量，每次测量的持续时间不应超过 10 s，并且测量过程中，除规定的光源照射外，不允许有可见光或紫外光等杂散光干扰。

7 标志的应用

7.1 标志的组合

本标准中指示方向的箭头、指示编号的数字、字母等标志可以与任何一个提示标志组合使用。箭头、字母、数字等标志应放在主标志右侧。指示方向的箭头标志，可根据需要设置在主标志的适当位置，且箭头指向主标志所在位置方向。在组成一个新标志时，应将中间虚线变为实线。

7.2 标志的配布

7.2.1 指令标志应依据船上所配备的救生设备的类型和数量而配布，应分别安装配布于对应的救生艇(筏)及操纵装置的上面或附近，并应在标志下加以适当文字说明。

7.2.2 提示标志(含组合标志)应以接力的方式分别配布在救生设备所在位置、旅客及船员舱室；通往救生艇(筏)、集合地点、登乘站、应急出口的通道舱壁上，楼梯口、转弯处等，并应在标志下加以适当文字说明。

7.2.3 所有标志不宜安装在门、窗、架等可移动的物体上，以避免这些物体位置移动后，影响安全标志的指向和显示，并应保证门、窗、架等可移动物体移动后不遮挡这些标志。

7.2.4 蓄光型安全标志应放置在具有照明的区域内。在非紧急情况下，蓄光型安全标志需使用适当的光源激发(红光比例较高的光源除外)，表面照度需要达到 25 lx 以上。

附 录 A
(规范性附录)
海船救生安全标志常用最小公称尺寸

海船救生安全标志常用最小公称尺寸见表 A.1。

表 A.1 海船救生安全标志常用最小公称尺寸 单位为毫米

序号	观察距离	圆形标志直径	正方形标志边长	长方形标志 1∶1.6	
				短边	长边
1	4 000	112	100	100	160
2	6 000	168	150	150	240
3	8 000	224	200	200	320
4	12 000	336	300	300	480
5	16 000	448	400	400	640
长方形标志一般由正方形与指示方向的箭头、指示位置编号的数字或字母的小长方形组合而成。正方形边长与小长方形短边长之比约为 1∶0.6。					

参 考 文 献

[1] GB/T 20132—2006 船舶与海上技术 客船低位照明 布置(ISO 15370:2001,IDT).

[2] GB/T 21485—2008 船舶和海上技术 船上消防、救生设备及逃生路线布置图(ISO 17631:2002,IDT).

[3] CB/T 3838—1998 船用安全标志.

[4] GA 480.1—2004 消防安全标志通用技术条件 第1部分:通用要求和试验方法.

[5] GA 480.3—2004 消防安全标志通用技术条件 第3部分:蓄光消防安全标志.

ICS 03.220.40;47.020.01
R 09

GB

中华人民共和国国家标准

GB/T 16559—2010
代替 GB/T 16559—1996

船舶溢油应变部署表

Muster list for shipboard oil spillage

2010-11-10 发布　　　　2011-03-01 实施

中华人民共和国国家质量监督检验检疫总局
中国国家标准化管理委员会　发布

前　言

本标准代替 GB/T 16559—1996《船舶溢油应变部署表》。

本标准与 GB/T 16559—1996 相比主要变化如下：

——新增了“溢油”的术语和定义(见 2.5)；

——重新划分船舶溢油应变部署表的使用方法，将其分为油船与非油船，并将油船的货油与船用油合并为一张表格(见表 1 和表 2)；

——表 1 和表 2“编号”一栏空出，由船舶根据实际配员情况进行填写；

——表 1 和表 2 中删除 1996 版的“政委”、“报务员”、“管事”与“电机员”四个岗位及职责；

——明确船长可根据实际情况调整岗位职责(见 3.5)。

本标准由中华人民共和国交通运输部提出。

本标准由交通运输部航海安全标准化技术委员会归口。

本标准起草单位：山东海事局、中国海事局烟台溢油应急技术中心、大连海事大学、中国海运(集团)总公司、中远集团青岛远洋运输公司。

本标准主要起草人：袁柱瀚、张硕慧、韩龙、张勇、费珊珊、吴成明、刘正江。

本标准所代替标准的历次版本发布情况为：

——GB/T 16559—1996。

船舶溢油应变部署表

1 范围

本标准规定了当船舶发生溢油时，全体船员应急反应岗位和职责。

本标准适用于150总吨及以上的油船和400总吨及以上的非油船。其他船舶及海上设施等可参照执行。

2 术语和定义

下列术语和定义适用于本标准。

2.1

油船 oil tankers

建造为或改建为主要在其装货处所装运散装油类的船舶，并包括全部或部分装运散装货油的兼装船。还包括全部或部分用于装载散装油类货物的"载运有毒液体物质船舶[1)]（NLS tanker）"和任何气体运输船[2)]。

2.2

非油船 non-oil tankers

上述油船以外的其他船舶。

2.3

货油 cargo oil

油船中作为货物载运的原油和成品油类。

2.4

船用油 types of oil used on board

用于或拟用于船舶操作或推进的烃类矿物油，包括润滑油以及它们的残余物。

2.5

溢油 oil spillage

油船和非油船装载的货油和船用油发生或有可能发生溢出舷外或溢漏入水的情况。

3 要求

3.1 对于油船，发生货油和/或船用油溢油时，使用油船溢油应变部署表，见表1。

3.2 对于非油船，在发生船用油溢油时，使用非油船溢油应变部署表，见表2。

3.3 表中编号栏可根据实际船员人数编排。

3.4 表1或表2应张贴在驾驶台、机舱，以及餐厅等公共场所。

3.5 船舶实际配员与表中有不同时，可按实际配员对表中所列职责进行调整：

a) 船上有本表中没有的岗位，可在表后空白处依次填写，并由船长布置这些人员在溢油应急反应中的职责；

b) 船上没有表中所列人员，船长应将其职责重新分配给他人；

c) 发生溢油、且本表的安排不适用于现场应急反应时，船长有权根据实际情况调整岗位职责。

---

1) 参见MARPOL附则Ⅱ中的定义。

2) 参见SOLAS第Ⅱ-1/3.20条中的定义。

表 1 油船溢油应变部署表

Muster list for shipboard oil spillage(Oil tanker)

溢油报警信号：· — — · 总指挥：船长 集合地点：主甲板

Spillage alarm signal：· — — · Commander：Master Assembly Place：Main deck

编号 No.	职务 Rank	姓名 Name	货油 Cargo oil		船用油 Types of oil used on board	
			应变岗位 Designated location	职责 Duty	应变岗位 Designated location	职责 Duty
	船长 Master		驾驶台 Bridge	总指挥 Commander	驾驶台 Bridge	总指挥 Commander
	大副 Chief Officer		溢油现场 On-scene	现场指挥，协助船长做好溢油现场指挥工作 On-scene commander，assist the Master to organize the oil spill removal and clean-up operation on-scene	溢油现场 On-scene	协助轮机长做好溢油现场指挥工作 Assist the Chief Engineer to organize the oil spill removal and clean-up operation on-scene
	二副 Second Officer		货油控制室/溢油现场 Cargo oil control room or on-scene	采取应急措施，控制有关阀门、管线/做好现场记录，防止溢油扩散，回收清除溢油 Take emergency measures and control valves and pipelines concerned，responsible for keeping a record，prevent the spill from spreading，and remove and clean-up the spill	驾驶台/溢油现场 Bridge or on-scene	驾驶台值班，协助船长做好应急反应记录/采取应急措施，防止溢油扩散，回收清除溢油 Keep watch on the bridge，assist the Master to keep a record，and take emergency measures，prevent the spill from spreading，and remove and clean-up the spill
	三副 Third Officer		溢油现场/回收艇现场 On-scene or in the lifeboat	提供消防器材，艇长，指挥放艇，防止溢油扩散，回收清除溢油 Prepare fire extinguishing equipment and materials，command the lifeboat Party，in charge of oil spill removal operation，prevent the spill from spreading，and remove and clean-up the spill	溢油现场/回收艇现场 On-scene or in the lifeboat	提供消防器材，艇长，指挥放艇，防止溢油扩散，回收清除溢油 Prepare fire extinguishing equipment and materials，command the lifeboat Party，in charge of oil spill removal operation，prevent the spill from spreading，and remove and clean-up the spill
	水手长 Boatswain		溢油现场/回收艇现场 On-scene or in the lifeboat	提供清污器材，协助指挥放艇，防止溢油扩散，回收清除溢油 Prepare clean-up equipment and materials，assist to operate lifeboat，prevent the spill from spreading，and remove and clean-up the spill	溢油现场/回收艇现场 On-scene or in the lifeboat	提供清污器材，协助指挥放艇，防止溢油扩散，回收清除溢油 Prepare clean-up equipment and materials，assist in operating lifeboat，prevent the spill from spreading，and remove and clean-up the spill

表 1（续）

编号 No.	职务 Rank	姓名 Name	货油 Cargo oil 应变岗位 Designated location	货油 Cargo oil 职责 Duty	船用油 Types of oil used on board 应变岗位 Designated location	船用油 Types of oil used on board 职责 Duty
	木匠 Carpenter		溢油现场 On-scene	测量有关舱室，检查甲板疏水孔，关闭有关通道，防止溢油扩散，回收清除溢油 Sound the depth of banks concerned, check scuppers, shut-up all passages concerned, prevent the spill from spreading, and remove and clean-up the spill	溢油现场 On-scene	测量有关舱室，检查甲板疏水孔，关闭有关通道，防止溢油扩散，回收清除溢油 Sound the depth of banks concerned, check scuppers, shut-up all passages concerned, prevent the spill from spreading, and remove and clean-up the spill
	水手 1 Sailor 1		驾驶台 Bridge	驾驶台值班 Keep watch on the bridge	驾驶台 Bridge	驾驶台值班 Keep watch on the bridge
	水手 2 Sailor 2		驾驶台/溢油现场 Bridge or on-scene	驾驶台值班/防止溢油扩散，回收清除溢油 Keep watch on the bridge, prevent the spill from spreading, and remove and clean-up the spill	驾驶台/溢油现场 Bridge or on-scene	驾驶台值班/防止溢油扩散，回收清除溢油 Keep watch on the bridge, prevent the spill from spreading, and remove and clean-up the spill
	水手 3 Sailor 3		溢油现场/回收艇现场 On-scene or in the lifeboat	艇员，放艇，随艇下。防止溢油扩散，回收清除溢油 Deploy lifeboat to act as the crew of lifeboat, prevent the spill from spreading, and remove and clean-up the spill	溢油现场/回收艇现场 On-scene or in the lifeboat	艇员，放艇，随艇下。防止溢油扩散，回收清除溢油 Deploy lifeboat to act as the crew of lifeboat, prevent the spill from spreading, and remove and clean-up the spill
	水手 4 Sailor 4		溢油现场/回收艇现场 On-scene or in the lifeboat	艇员，放艇，随艇下。防止溢油扩散，回收清除溢油 Deploy lifeboat to be the crew of lifeboat, prevent the spill from spreading, and remove and clean-up the spill	溢油现场/回收艇现场 On-scene or in the lifeboat	艇员，放艇，随艇下。防止溢油扩散，回收清除溢油 Deploy lifeboat to be the crew of lifeboat, prevent the spill from spreading, and remove and clean-up the spill
	轮机长 Chief Engineer		机舱/溢油现场 Engine Room or on-scene	轮机部指挥/协助大副做好溢油现场指挥工作 Command Engine Department/ Assist the Chief Officer to organize the oil spill removal and clean-up operation on-scene	机舱/溢油现场 Engine Room or on-scene	轮机部指挥/现场指挥，协助船长做好溢油现场指挥工作 Command Engine Department/ On-scene commander, assist the Master to organize the oil spill removal and clean-up operation on-scene

表 1（续）

编号 No.	职务 Rank	姓名 Name	货油 Cargo oil 应变岗位 Designated location	职责 Duty	船用油 Types of oil used on board 应变岗位 Designated location	职责 Duty
	大管轮 Second Engineer		机舱/溢油现场 Engine Room or on-scene	管理机舱设备/防止溢油扩散，回收清除溢油 Maintain machinery operation, prevent the spill from spreading, and remove and clean-up the spill	机舱/溢油现场 Engine Room or On-scene	管理机舱设备/防止溢油扩散，回收清除溢油 Maintain machinery operation, prevent the spill from spreading, and remove and clean-up the spill
	二管轮 Third Engineer		溢油现场 On-scene	防止溢油扩散，回收清除溢油 Prevent the spill from spreading, and remove and clean-up the spill	机舱/溢油现场 Engine Room or on-scene	采取应急措施，控制有关阀门、管线，做好现场记录，防止溢油扩散，回收清除溢油。 Take emergency measures, control valves and pipelines concerned, keep a record, prevent the spill from spreading, and remove and clean-up the spill
	三管轮 Fourth Engineer		溢油现场/回收艇现场 On-scene or in the lifeboat	协助放艇，随艇下，操作艇马达，防止溢油扩散，回收清除溢油 Deploy lifeboat, operate engine of lifeboat, prevent the spill from spreading, and remove and clean-up the spill	溢油现场/回收艇现场 On-scene or in the lifeboat	协助放艇，随艇下，操作艇马达，防止溢油扩散，回收清除溢油 Deploy lifeboat, operate engine of lifeboat, prevent the spill from spreading, and remove and clean-up the spill
	泵浦员 Pumpman		泵舱 Pumproom	管理泵浦，开关阀门 Maintain pumps operation, open and shut up valves	溢油现场 On-scene	防止溢油扩散，回收清除溢油 Prevent the spill from spreading, and remove and clean-up the spill
	机工长 Chief Motorman		溢油现场 On-scene	提供清污器材，防止溢油扩散，回收清除溢油 Prepare clean-up equipment and materials, prevent the spill from spreading, and remove and clean-up the spill	溢油现场 On-scene	提供清污器材，防止溢油扩散，回收清除溢油 Prepare clean-up equipment and materials, prevent the spill from spreading, and remove and clean-up the spill
	机工 1 Motorman 1		机舱 Engine Room	机舱值班，协助大管轮管理机舱设备 Keep watch and assist Second Engineer to maintain machinery operation	机舱 Engine Room	机舱值班，协助大管轮管理机舱设备 Keep watch and assist Second Engineer to maintain machinery operation

表 1（续）

编号 No.	职务 Rank	姓名 Name	货油 Cargo oil		船用油 Types of oil used on board	
			应变岗位 Designated location	职责 Duty	应变岗位 Designated location	职责 Duty
	机工 2 Motorman 2		泵舱/溢油现场 Pumproom or on-scene	协助泵浦员工作/防止溢油扩散，回收清除溢油 Assist pumpman, prevent the spill from spreading, and remove and clean-up the spill	机舱/溢油现场 Engine Room or on-scene	机舱值班/防止溢油扩散，回收清除溢油 Keep watch, prevent the spill from spreading, and remove and clean-up the spill
	机工 3 Motorman 3		溢油现场/回收艇现场 On-scene or in the lifeboat	防止溢油扩散，回收清除溢油 Prevent the spill from spreading, and remove and clean-up the spill	溢油现场/回收艇现场 On-scene or in the lifeboat	防止溢油扩散，回收清除溢油 Prevent the spill from spreading, and remove and clean-up the spill
	机工 4 Motorman 4		溢油现场/回收艇现场 On-scene or in the lifeboat	防止溢油扩散，回收清除溢油 Prevent the spill from spreading, and remove and clean-up the spill	溢油现场/回收艇现场 On-scene or in the lifeboat	防止溢油扩散，回收清除溢油 Prevent the spill from spreading, and remove and clean-up the spill
	大厨 Chief Steward		厨房/溢油现场 Galley or on-scene	检查厨房火源，关闭所有无关进风口/防止溢油扩散，回收清除溢油 Check fire hazard in the Galley, shut-up all unessential air intakes, prevent the spill from spreading, and remove and clean-up the spill	厨房/溢油现场 Galley or on-scene	检查厨房火源，关闭所有无关进风口/防止溢油扩散，回收清除溢油 Check fire hazard in the Galley, shut-up all unessential air intakes, prevent the spill from spreading, and remove and clean-up the spill
	二厨/服务员 Second Cook/Steward		溢油现场 On-scene	防止溢油扩散，回收清除溢油 Prevent the spill from spreading, and remove and clean-up the spill	溢油现场 On-scene	防止溢油扩散，回收清除溢油 Prevent the spill from spreading, and remove and clean-up the spill
	医生 Doctor		溢油现场 On-scene	携带急救医疗器械、药品，如无医生，由大副承担医生职责 Carry out first-aid. The Chief Officer should take over the duty if there is no doctor on board	溢油现场 On-scene	携带急救医疗器械、药品，如无医生，由大副承担医生职责 Carry out first-aid. The Chief Officer should take over the duty if no doctor on board

表 1（续）

编号 No.	职务 Rank	姓名 Name	货油 Cargo oil		船用油 Types of oil used on board	
			应变岗位 Designated location	职责 Duty	应变岗位 Designated location	职责 Duty
	实习生 Cadet		溢油现场 On-scene	防止溢油扩散，回收清除溢油 Prevent the spill from spreading, and remove and clean-up the spill	溢油现场 On-scene	防止溢油扩散，回收清除溢油 Prevent the spill from spreading, and remove and clean-up the spill

船名：________ 船长：________ 制表：________ 日期：____年____月____日

M/V(T)：________ Master：________ Lay down：________ Date：________

表 2　非油船溢油应变部署表

Muster list for shipboard oil spillage(non-oil tanker)

溢油报警信号：• — — •　　总指挥：船长　　集合地点：主甲板

Spillage alarm signal：• — — •　　Commander：Master　　Assembly Place：Main deck

编号 No.	职务 Rank	姓名 Name	应变岗位 Designated location	职责 Duty
	船长 Master		驾驶台 Bridge	总指挥 Commander
	大副 Chief Officer		溢油现场 On-scene	协助轮机长做好溢油现场指挥工作 Assist the Chief Engineer to organize the oil spill removal and clean-up operation on-scene
	二副 Second Officer		驾驶台/溢油现场 Bridge or on-scene	驾驶台值班，协助船长做好应急反应记录/采取应急措施，防止溢油扩散，回收清除溢油 Keep watch on the bridge, assist the Master to keep a record, and take emergency measures, prevent the spill from spreading, and remove and clean-up the spill
	三副 Third Officer		溢油现场/回收艇现场 On-scene or in the lifeboat	提供消防器材，艇长，指挥放艇，防止溢油扩散，回收清除溢油 Prepare fire extinguishing equipment and materials, command the lifeboat Party, in charge of oil spill removal operation, prevent the spill from spreading, and remove and clean-up the spill
	水手长 Boatswain		溢油现场/回收艇现场 On-scene or in the lifeboat	提供清污器材/协助指挥放艇，防止溢油扩散，回收清除溢油 Prepare clean-up equipment and materials, assist in operating lifeboat, prevent the spill from spreading, and remove and clean-up the spill
	木匠 Carpenter		溢油现场 On-scene	测量有关舱室，检查甲板疏水孔，关闭有关通道，防止溢油扩散，回收清除溢油 Sound the depth of banks concerned, check scuppers, shut-up all passages concerned, prevent the spill from spreading, and remove and clean-up the spill
	水手 1 Sailor 1		驾驶台 Bridge	驾驶台值班 Keep watch on the bridge
	水手 2 Sailor 2		驾驶台/溢油现场 Bridge or on-scene	驾驶台值班/防止溢油扩散，回收清除溢油 Keep watch on the bridge, prevent the spill from spreading, and remove and clean-up the spill
	水手 3 Sailor 3		溢油现场/回收艇现场 On-scene or in the lifeboat	艇员，放艇，随艇下。防止溢油扩散，回收清除溢油 Deploy lifeboat to act as the crew of lifeboat, prevent the spill from spreading, and remove and clean-up the spill

表 2（续）

编号 No.	职务 Rank	姓名 Name	应变岗位 Designated location	职责 Duty
	水手 4 Sailor 4		溢油现场/回收艇现场 On-scene or in the lifeboat	艇员，放艇，随艇下。防止溢油扩散，回收清除溢油 Deploy lifeboat to be the crew of lifeboat, prevent the spill from spreading, and remove and clean-up the spill
	轮机长 Chief Engineer		机舱/溢油现场 Engine Room or on-scene	轮机部指挥/现场指挥，协助船长做好溢油现场指挥工作 Command Engine Department/On-scene commander, assist the Master to organize the oil spill removal and clean-up operation on-scene
	大管轮 Second Engineer		机舱/溢油现场 Engine Room or on-scene	管理机舱设备/防止溢油扩散，回收清除溢油 Maintain machinery operation, prevent the spill from spreading, and remove and clean-up the spill
	二管轮 Third Engineer		机舱/溢油现场 Engine Room or on-scene	采取应急措施，控制有关阀门、管线/做好现场记录，防止溢油扩散，回收清除溢油。 Take emergency measures, control valves and pipelines concerned, keep a record, prevent the spill from spreading, and remove and clean-up the spill
	三管轮 Fourth Engineer		溢油现场/回收艇现场 On-scene or in the lifeboat	协助放艇，随艇下，操作艇马达，防止溢油扩散，回收清除溢油 Deploy lifeboat, operate engine of lifeboat, prevent the spill from spreading, and remove and clean-up the spill
	机工长 Chief motorman		溢油现场 On-scene	提供应急工具和防污器材，防止溢油扩散，回收清除溢油 Prepare clean-up equipment and materials, prevent the spill from spreading, and remove and clean-up the spill
	机工 1 Motorman 1		机舱 Engine Room	机舱值班，协助大管轮管理机舱设备 Keep watch and assist Second Engineer to maintain machinery operation
	机工 2 Motorman 2		机舱/溢油现场 Engine Room or on-scene	机舱值班/防止溢油扩散，回收清除溢油 Keep watch, prevent the spill from spreading, and remove and clean-up the spill
	机工 3 Motorman 3		溢油现场/回收艇现场 On-scene or in the lifeboat	防止溢油扩散，回收清除溢油 Prevent the spill from spreading, and remove and clean-up the spill

表 2（续）

编号 No.	职务 Rank	姓名 Name	应变岗位 Designated location	职责 Duty
	机工 4 Motorman 4		溢油现场/回收艇现场 On-scene or in the lifeboat	防止溢油扩散，回收清除溢油 Prevent the spill from spreading, and remove and clean-up the spill
	大厨 Chief Steward		厨房/溢油现场 Galley or on-scene	检查厨房火源，关闭所有无关进风口/防止溢油扩散，回收清除溢油 Check fire hazard in the Galley, shut-up all unessential air intakes, prevent the spill from spreading, and remove and clean-up the spill
	二厨/服务员 Second Cook/steward		溢油现场 On-scene	防止溢油扩散，回收清除溢油 Prevent the spill from spreading, and remove and clean-up the spill
	医生 Doctor		溢油现场 On-scene	携带急救医疗器械、药品，如无医生，由大副承担医生职责 Carry out first-aid. The Chief Officer should take over the duty if no doctor on board
	实习生 Cadet		溢油现场 On-scene	防止溢油扩散，回收清除溢油 Prevent the spill from spreading, and remove and clean-up the spill

船名：________ 船长：________ 制表：________ 日期：___年___月___日
M/V(T)：________ Master：________ Lay down：________

参 考 文 献

［1］《经 1978 年议定书修订的 1973 年国际防止船舶造成污染公约》(MARPOL 73/78 公约).
［2］《1974 年国际海上人命安全公约》(SOLAS 公约).

ICS 83.080;83.080.20
G 32

中华人民共和国国家标准

GB/T 16576—2010
代替 GB/T 16576—1996

塑料　三羟基聚醚多元醇

Plastics—Trihydroxy polyether polyols

2010-09-26 发布　　2011-08-01 实施

中华人民共和国国家质量监督检验检疫总局
中国国家标准化管理委员会　发布

前　言

本标准代替 GB/T 16576—1996《三羟基聚醚多元醇》。

本标准与 GB/T 16576—1996 相比主要差异如下：

——修改了范围内容(1996 年版的 1；本版的 1)；

——增加了 330、330H、360H、330X、303、310 产品；

——修改了产品要求(1996 年版的 3.2 和 3.3；本版的 4.1 和 4.2)；

——修改了抽样方案(1996 年版的 5.2；本版的 6.2.2)；

——修改了判定规则和复验规则(1996 年版的 5.3 和 5.6；本版的 6.3)；

——取消了前版使用单位的验收和仲裁要求(1996 年版的 5.5 和 5.7)；

——规定了试验方法中羟值、不饱和度和黏度测定的仲裁方法(本版的 5.3、5.8 和 5.9)；

——修改了贮存期(1996 年版的 6；本版的 7.4)；

——取消了附录 A“酸值的测定”(1996 年版的附录 A)；

——增加了资料性附录 A(本版的附录 A)。

本标准的附录 A 为资料性附录。

本标准由中国石油和化学工业协会提出。

本标准由全国塑料标准化技术委员会塑料树脂通用方法和产品分会(SAC/TC 15/SC 4)归口。

本标准负责起草单位：中国石化集团资产经营管理有限公司上海高桥分公司。

本标准参加起草单位：中国石化集团资产经营管理有限公司天津石化分公司、江苏省化工研究所有限公司、江苏钟山化工有限公司、国家合成树脂质量监督检验中心。

本标准主要起草人：徐清、宋虹霞、罗宏、陆巍、徐一东、刘蓉、戚莉、杜新蕾、赵平。

本标准所代替标准的历次版本发布情况为：

——GB/T 16576—1996。

塑料　三羟基聚醚多元醇

1　范围

本标准规定了三羟基聚醚多元醇330、330E、330H、348H、360H、330X、303、310、337E、370H的要求、试验方法、检验规则及标志、包装、运输、贮存等。

本标准适用于由三元醇为起始剂在催化剂作用下与环氧丙烷，(或)与环氧丙烷、环氧乙烷开环聚合制得的聚醚多元醇330、330E、330H、348H、360H、330X、303、310、337E、370H。

2　规范性引用文件

下列文件中的条款通过本标准的引用而成为本标准的条款。凡是注日期的引用文件，其随后所有的修改单(不包括勘误的内容)或修订版均不适用于本标准，然而，鼓励根据本标准达成协议的各方研究是否可使用这些文件的最新版本。凡是不注日期的引用文件，其最新版本适用于本标准。

GB/T 605—2006　化学试剂　色度测定通用方法(ISO 6353-1:1982,NEQ)

GB/T 6678—2003　化工产品采样总则

GB/T 6680—2003　液体化工产品采样通则

GB/T 12008.1—2009　塑料　聚醚多元醇　第1部分:命名系统

GB/T 12008.2—2010　塑料　聚醚多元醇　第2部分:规格

GB/T 12008.3—2009　塑料　聚醚多元醇　第3部分:羟值的测定

GB/T 12008.4—2009　塑料　聚醚多元醇　第4部分:钠和钾的测定

GB/T 12008.5—2010　塑料　聚醚多元醇　第5部分:酸值的测定

GB/T 12008.6—2010　塑料　聚醚多元醇　第6部分:不饱和度的测定

GB/T 12008.7—2010　塑料　聚醚多元醇　第7部分:黏度的测定

GB/T 22313—2008　塑料　用于聚氨酯生产的多元醇　水含量的测定(ISO 14897:2002,IDT)

3　主要代表产品

三羟基聚醚多元醇按GB/T 12008.1—2009进行分类和命名，三羟基聚醚多元醇主要代表产品及其主要用途见表1。

注：三羟基聚醚多元醇按GB/T 12008.1—2009进行分类和命名得到的规格与以前所使用规格的对照参见附录A。

表1　主要产品及其主要用途

规格	主要用途
330	聚氨酯软泡、防水涂料等主要原料
330E	聚氨酯软质材料主要原料
330H	聚氨酯软质材料主要原料
348H	高活性、冷熟化聚氨酯材料主要原料
360H	高回弹聚氨酯材料主要原料
330X	聚氨酯软泡、涂料粘合剂等主要原料
303	聚氨酯涂料等主要原料
310	聚氨酯涂料等主要原料
337E	聚氨酯软质材料主要原料
370H	软质、半硬质泡沫、弹性体、粘合剂、自结皮泡沫等主要原料

4 要求

4.1 外观

无悬浮物,无机械杂质的均匀黏稠液体。

4.2 技术要求

三羟基聚醚多元醇技术要求应符合表2规定。

表2 三羟基聚醚多元醇技术要求

规格	等级	色度 黑曾单位[a] ≤	羟值(以消耗KOH的量计) mg/g	酸值(以消耗KOH的量计) mg/g ≤	水分(质量分数) % ≤	钠 mg/kg ≤	钾 mg/kg ≤	不饱和度 mol/kg ≤	黏度 mPa·s (25 ℃)	pH值
330	优等品	50	54.5~57.5	0.05	0.05	3	3	0.05	400~600	5.0~7.0
	合格品	100	54.0~58.0	0.08	0.08	5	5	0.07	400~600	5.0~7.0
330E	优等品	50	54.5~57.5	0.05	0.05	3	3	0.05	400~600	5.0~7.0
	合格品	100	54.0~58.0	0.08	0.08	5	5	0.07	400~600	5.0~7.0
330H	优等品	50	54.5~57.5	0.05	0.05	3	3	0.03	400~600	5.0~7.0
	合格品	100	54.0~58.0	0.08	0.08	5	5	0.05	400~600	5.0~7.0
348H	优等品	50	33.5~36.5	0.05	0.05	3	3	0.06	800~1 000	5.0~7.0
	合格品	100	33.0~37.0	0.08	0.08	5	5	0.08	800~1 000	5.0~7.0
360H	优等品	50	26.5~29.5	0.08	0.05	5	5	0.08	1 100~1 300	5.0~7.0
	合格品	150	26.0~30.0	0.08	0.08	8	8	0.10	1 000~1 300	5.0~7.0
330X	优等品	50	54.5~57.5	0.05	0.05	—	—	0.015	550~750	5.0~8.0
	合格品	80	54.0~58.0	0.05	0.05	—	—	0.02	550~750	5.0~8.0
303	优等品	100	450~500	0.08	0.10	5	—	—	350~550	5.0~8.0
	合格品	150	445~515	0.10	0.15	8	—	—	350~550	5.0~8.0
310	优等品	50	163~173	0.08	0.10	5	5	—	200~400	5.0~7.0
	合格品	100	158~178	0.10	0.12	10	10	—	200~400	5.0~7.0
337E	优等品	50	43.5~46.5	0.05	0.05	3	3	0.05	550~750	5.0~7.0
	合格品	100	43.0~47.0	0.10	0.10	5	5	0.07	500~750	5.0~7.0
370H	优等品	50	21.5~24.5	0.05	0.05	3	3	0.10	1 200~1 800	5.0~7.0
	合格品	100	21.0~25.0	0.10	0.10	5	5	0.12	1 200~1 800	5.0~7.0

[a] 黑曾单位为铂-钴色号俗称的"号",例如:100黑曾单位即为100号。

5 试验方法

5.1 外观的测定

将50 mL试样装入50 mL比色管中,在透射光条件下从侧面目测。

5.2 色度的测定

铂-钴色号采用GB/T 605—2006中规定的方法进行测定。

5.3 羟值的测定

采用 GB/T 12008.3—2009 中规定的方法进行测定，以方法 A 为仲裁法。

5.4 钠的测定

采用 GB/T 12008.4—2009 中规定的方法进行测定。

5.5 钾的测定

采用 GB/T 12008.4—2009 中规定的方法进行测定。

5.6 酸值的测定

采用 GB/T 12008.5—2010 中规定的方法进行测定。

5.7 水分的测定

采用 GB/T 22313—2008 中规定的方法进行测定。

5.8 不饱和度的测定

采用 GB/T 12008.6—2010 中规定的方法进行测定，以方法 A 为仲裁法。

5.9 黏度的测定

采用 GB/T 12008.7—2010 中规定的方法进行测定，以方法 A 为仲裁法。

5.10 **pH** 值的测定

采用 GB/T 12008.2—2010 附录 B 中规定的方法进行测定。

6 检验规则

6.1 检验分类与检验项目

聚醚多元醇产品的检验为出厂检验，本标准 4.1 外观、4.2 表 2 中所有的项目均为出厂检验项目。

6.2 组批规则与抽样方案

6.2.1 组批规则

聚醚多元醇以每生产一釜或混合均匀的同一贮槽产品为一批对产品进行组批。

产品以批为单位进行检验和验收。

6.2.2 抽样方案

采样单元数按 GB/T 6678—2003 的规定。采样方法按 GB/T 6680—2003 中的规定进行。取样容器必须干燥、清洁，总取样量不得少于 250 mL。将取得的样品分装入干燥、清洁的两个采样瓶中密封，贴上标签，注明：产品名称、规格、批号、生产日期、取样时间，一瓶供检验，另一瓶密封后保存备查。

6.3 判定规则和复验规则

6.3.1 判定规则

聚醚多元醇应由生产厂的质量检验部门按照本标准规定的试验方法进行检验，依据检验结果和本标准中的要求对产品作出质量判定。

产品出厂时，每批产品应附有产品质量证明书，质量证明书上应注明产品名称、规格、等级、批号、分析日期、检验人员、检验结果、执行标准和生产厂名称等，并盖有出厂检验章。

6.3.2 复验规则

检验结果若某项指标不符合本标准要求时，应重新取样对该项目进行复验。以复验结果作为该批产品的质量判定依据。

7 标志、包装、运输、贮存

7.1 标志

聚醚多元醇产品的包装容器上应有清晰、牢固的标志。标志内容可包括：产品名称、规格、等级、净含量、生产日期、批号、标准号、生产厂名称和厂址等。

7.2 包装

聚醚多元醇产品包装容器为清洁干燥过的油漆镀内膜铁桶，包装容器盖要严格密封，并有外封盖，桶装产品每桶净含量 200 kg，也可采用其他型式的清洁包装容器。每批产品应附有质量证明书。

7.3 运输

聚醚多元醇为非危险品。在运输过程中应防止雨淋和玷污，应小心轻放，防止和坚硬物体相撞而漏损。

7.4 贮存

聚醚多元醇产品应贮存在通风、干燥、阴凉处。产品在符合本标准规定的包装、运输和贮存条件下，自生产之日起贮存期为 1 年。

附 录 A
（资料性附录）
主要代表产品新旧规格的对照

A.1 表 A.1 给出了三羟基聚醚多元醇按 GB/T 12008.1—2009 进行分类和命名得到的规格与以前所使用规格的对照。

表 A.1

本标准规格	以前国内代表产品规格
330	GMN-3050、TMN-3050、N-330
330E	GEP-560S、TEP-565B、ZS-2801、ZS-2802
330H	GEP-551C、TEP-551C
348H	GEP-330N、TEP-330N、ZS-1618A
360H	GEP-828、TEP-3600、ZS-6281
330X	GMN-3050A、TMD-3000、ZSN-330
303	GE-303、TMN-450、N-303
310	GE-310、TMN-1000、N-310
337E	GEP-455S、TEP-455S、GPR-3500
370H	GEP-240、TEP-240、ZSN-240

ICS 83.080;83.080.20
G 32

中华人民共和国国家标准

GB/T 16577—2010
代替 GB/T 16577—1996

塑料　四羟基聚醚多元醇

Plastics—Tetrahydroxy polyether polyols

2010-09-26 发布　　2011-08-01 实施

中华人民共和国国家质量监督检验检疫总局
中国国家标准化管理委员会　发布

前 言

本标准代替 GB/T 16577—1996《四羟基聚醚多元醇》。

本标准与 GB/T 16577—1996 相比主要技术差异为：

——修改了标准的结构及表达规则；

——修改了 403、466H 产品的技术要求；

——增加了 405E、480H 产品；

——产品等级由三种等级修改为两种等级，将产品等级由“优等品、一等品、合格品”修改为“优等品、合格品”；

——试验方法中羟值、不饱和度和黏度的测定增加以“方法 A 为仲裁法”；

——检验规则中删除“每批不超过 100 t”；

——检验规则中增加了“一瓶供检验，另一瓶保存备查”；

——贮存中“贮存期为半年”修订为“贮存期为 1 年”；

——取消了原附录 A“酸值的测定”；

——增加了资料性附录 A。

本标准附录 A 为资料性附录。

本标准由中国石油和化学工业协会提出。

本标准由全国塑料标准化技术委员会塑料树脂通用方法和产品分会(SAC/TC 15/SC 4)归口。

本标准负责起草单位：中国石化集团资产经营管理有限公司天津石化分公司。

本标准参加起草单位：中国石化集团资产经营管理有限公司上海高桥分公司、江苏省化工研究所有限公司、江苏钟山化工有限公司、国家合成树脂质量监督检验中心。

本标准主要起草人：杜新蕾、苏莉、徐清、宋虹霞、刘蓉、王建东。

本标准所代替标准的历次版本发布情况为：

——GB/T 16577—1996。

塑料　四羟基聚醚多元醇

1　范围

本标准规定了四羟基聚醚多元醇 403、405E、466H、480H 的要求、试验方法、检验规则及标志、包装、运输、贮存。

本标准适用于由乙二胺、季戊四醇为起始剂，在催化剂作用下与环氧乙烷、环氧丙烷开环聚合制得的四羟基聚醚多元醇 403、405E、466H、480H。

2　规范性引用文件

下列文件中的条款通过本标准的引用而成为本标准的条款。凡是注日期的引用文件，其随后所有的修改单(不包括勘误的内容)或修订版均不适用于本标准，然而，鼓励根据本标准达成协议的各方研究是否可使用这些文件的最新版本。凡是不注日期的引用文件，其最新版本适用于本标准。

GB/T 605—2006　化学试剂　色度测定通用方法

GB/T 6678—2003　化工产品采样总则

GB/T 6680—2003　液体化工产品采样通则

GB/T 12008.1—2009　塑料　聚醚多元醇　第1部分：命名系统

GB/T 12008.2—2010　塑料　聚醚多元醇　第2部分：规格

GB/T 12008.3—2009　塑料　聚醚多元醇　第3部分：羟值的测定

GB/T 12008.4—2009　塑料　聚醚多元醇　第4部分：钠和钾的测定

GB/T 12008.5—2010　塑料　聚醚多元醇　第5部分：酸值的测定

GB/T 12008.6—2010　塑料　聚醚多元醇　第6部分：不饱和度的测定

GB/T 12008.7—2010　塑料　聚醚多元醇　第7部分：黏度的测定

GB/T 22295—2008　透明液体颜色测定方法(加德纳色度)(ASTM D 1544-2004,MOD)

GB/T 22313—2008　塑料　用于聚氨酯生产的多元醇　水含量的测定(ISO 14897:2002,IDT)

3　国内主要代表产品

四羟基聚醚多元醇按 GB/T 12008.1—2009 进行命名，四羟基聚醚多元醇国内主要代表产品及其主要用途见表1。

注：四羟基聚醚多元醇按 GB/T 12008.1—2009 进行分类和命名得到的规格与以前所使用规格的对照参见附录 A。

表1　主要代表产品及其主要用途

规格	主要用途
403	聚氨酯硬质喷涂用主要原料
405E	聚氨酯硬质喷涂用主要原料
466H	聚氨酯软质、冷模塑、高回弹泡沫塑料的主要原料
480H	聚氨酯软质、冷模塑、高回弹泡沫塑料的主要原料

4　要求

4.1　外观

无悬浮物，无机械杂质，均匀透明黏稠状液体。

4.2 要求

四羟基聚醚多元醇技术要求应符合表2规定。

表2 四羟基聚醚多元醇技术要求

规格	等级	色度 黑曾单位 (铂-钴色号) ≤	羟值 (以消耗的 KOH量计) mg/g	酸值 (以消耗的 KOH量计) mg/g ≤	水分 (质量 分数) % ≤	钾 mg/kg ≤	钠 mg/kg ≤	不饱 和度 mol/kg ≤	黏度 (25 ℃) mPa·s	pH值
403	优等品	100	745～775	—	0.07	—	—	—	45 000～55 000	10.0～12.0
	合格品	150	740～780	—	0.10	—	—	—	40 000～60 000	10.0～12.0
405E	优等品	10[a]	440～460	—	0.10	—	—	—	700～1 200	10.0～12.0
	合格品	15[b]	435～465	—	0.10	—	—	—	700～1 200	10.0～12.0
466H	优等品	50	32.5～35.5	0.05	0.05	3	3	0.06	900～1 200	5.0～7.0
	合格品	100	32.0～36.0	0.06	0.08	5	5	0.10	900～1 200	5.0～7.0
480H	优等品	50	26.5～29.5	0.05	0.05	3	3	0.08	1 100～1 500	5.5～7.5
	合格品	100	26.0～30.0	0.06	0.08	5	5	0.10	1 100～1 500	5.5～7.5

a,b 为GD号,加德纳色度法

5 试验方法

5.1 外观的测定

将50 mL试样装入50 mL比色管中,在透射光条件下从侧面目测。

5.2 色度的测定

铂-钴色度采用GB/T 605—2006中规定的方法进行测定,加德纳色度法采用GB/T 22295—2008中规定的方法进行测定。

5.3 羟值的测定

采用GB/T 12008.3—2009中规定的方法进行测定,以方法A为仲裁法。

5.4 钾和钠含量的测定

采用GB/T 12008.4—2009中规定的方法进行测定。

5.5 酸值的测定

采用GB/T 12008.5—2010中规定的方法进行测定。

5.6 水分含量的测定

采用GB/T 22313—2008中规定的方法进行测定。

5.7 不饱和度的测定

采用GB/T 12008.6—2010中规定的方法进行测定,以方法A为仲裁法。

5.8 黏度的测定

采用 GB/T 12008.7—2010 中规定的方法进行测定，以方法 A 为仲裁法。

5.9 pH 值的测定

采用 GB/T 12008.2—2010 中附录 B 中规定的方法进行测定。

6 检验规则

6.1 本标准 4.1 外观、4.2 表 2 中规定的项目均为出厂检验项目。

6.2 按批检验产品，以每生产一釜或混合均匀的同一贮罐聚醚多元醇产品为一批。

6.3 采样单元数按 GB/T 6678—2003 表 1 规定。采样方法按 GB/T 6680—2003 规定进行。取样容器应清洁、干燥，采样总量不少于 500 g(或 500 mL)。将取得的样品分装入干燥、清洁的两个样品瓶中密封，贴上标签，注明：产品名称、规格、批号或生产日期、取样时间，一瓶供检验，另一瓶保存备查。

6.4 每批产品由生产厂质量检验部门进行检验，并保证出厂的产品符合本标准要求。每批产品应附有质量证明书，其内容包括：产品名称、规格、等级、批号或生产日期、分析日期、分析人和取样人、执行标准编号、生产厂名称、检验结果和出厂检验章。

6.5 检验结果即使只有一项指标不符合本标准要求时，应重新自该批产品中以两倍的采样单元数采样，对不合格项目进行复验，以复验的结果判定等级。

7 标志、包装、运输、贮存

7.1 标志

本产品包装容器上应有清晰、牢固的标志，标明产品名称、规格、等级、净含量、生产日期和批号、生产厂名及执行标准编号。

7.2 包装

本产品包装容器为清洁干燥的油漆镀内膜铁桶(或其他清洁、干燥包装物)，包装容器盖要严格密封，并有外封盖，桶装产品每桶净含量 200 kg(或按照用户要求)。每批次产品应附有质量证明书。

7.3 运输

本产品在运输中应防止雨淋和沾污，应小心轻放，防止和坚硬物体相撞而漏损。

本产品为非危险品。

7.4 贮存

本产品应贮存在通风、干燥、阴凉处。产品在符合本标准规定的包装、运输和贮存条件下，自生产之日起贮存期为 1 年。

附　录　A
（资料性附录）
主要代表产品新旧规格的对照

A.1　表A.1给出了四羟基聚醚多元醇按GB/T 12008.1—2009进行分类和命名得到的规格与以前所使用规格的对照。

表 A.1

本标准规格	国内代表产品规格
403	TAE-300、GR-403、N-403
405E	TAE-305
466H	TEP-3033
480H	TPE-4800

ICS 35.240.15
L 64

中华人民共和国国家标准

GB/T 16649.4—2010/ISO/IEC 7816-4:2005

识别卡 集成电路卡
第4部分:用于交换的结构、安全和命令

**Identification Cards—Integrated circuit cards—
Part 4:Organization,security and commands for interchange**

(ISO/IEC 7816-4:2005,IDT)

2010-12-01 发布 2011-04-01 实施

中华人民共和国国家质量监督检验检疫总局
中国国家标准化管理委员会 发布

前　言

GB/T 16649 在总标题《识别卡　集成电路卡》下目前由下述 14 个部分构成：

——第 1 部分：带触点的卡　物理特性；

——第 2 部分：带触点的卡　触点的尺寸和位置；

——第 3 部分：带触点的卡　电信号和传输协议；

——第 4 部分：用于交换的结构、安全和命令；

——第 5 部分：应用标识符的国家编号体系和注册规程；

——第 6 部分：行业间数据元；

——第 7 部分：用于结构化卡查询语言(SCQL)的行业间命令；

——第 8 部分：与安全相关的行业间命令；

——第 9 部分：用于卡管理的命令；

——第 10 部分：带触点的卡　同步卡的电信号和复位应答；

——第 11 部分：通过生物识别方法的个人验证(制定中)；

——第 12 部分：带触点的卡　USB 电气接口和操作规程；

——第 13 部分：在多应用环境中用于应用管理的命令(制定中)；

——第 15 部分：密码信息应用。

本部分为 GB/T 16649 的第 4 部分。

本部分等同采用国际标准 ISO/IEC 7816-4:2005《识别卡　集成电路卡　第 4 部分：用于交换的结构、安全和命令》(英文版)。

为便于使用，本部分作了下列编辑性修改：

a)　删除国际标准前言；

b)　将"本文件"改为"本部分"。

本部分的附录 A、附录 B、附录 C、附录 D 是资料性附录。

本部分由中华人民共和国工业和信息化部提出。

本部分由全国信息技术标准化技术委员会(SAC/TC 28)归口。

本部分起草单位：中国电子技术标准化研究所、北京握奇数据系统有限公司。

本部分主要起草人：金倩、冯敬、耿力、袁理、王文峰、乔申杰。

引　言

GB/T 16649是规定集成电路卡参数和交换中集成电路卡使用的系列国际标准。集成电路卡是用于信息交换(该信息交换由外界和卡上集成电路之间商定)的识别卡。作为信息交换的结果,卡传送信息(计算结果、存储的数据),和/或更改其内容(数据存储、结果记忆)。

——有4个部分规定了带电触点的卡,其中有3部分还规定了电接口:

GB/T 16649.1规定了带触点的卡的物理特性;

GB/T 16649.2规定了触点的尺寸和位置;

GB/T 16649.3规定了异步卡的电接口和传输协议;

GB/T 16649.10规定了同步卡的电接口和复位应答。

——所有其他部分均独立于物理接口技术。它们用于通过触点和/或射频访问的卡:

GB/T 16649.4规定了用于交换的组件、安全和命令;

GB/T 16649.5规定了应用提供者的注册;

GB/T 16649.6规定了用于交换的行业间数据元;

GB/T 16649.7规定了用于结构化卡查询语言的命令;

GB/T 16649.8规定了用于安全操作的命令;

GB/T 16649.9规定了用于卡管理的命令。

识别卡 集成电路卡
第4部分:用于交换的结构、安全和命令

1 范围

GB/T 16649 的本部分规定了:

——在接口处交换的命令-响应对的内容;

——获取卡内数据元和数据对象的方法;

——用于描述卡的操作特性的历史字节的结构和内容;

——当处理命令时在接口处所看到的卡内应用和数据的结构;

——访问卡内文件和数据的方法;

——定义访问卡内文件和数据的权限的安全体系结构;

——卡内识别和选择应用的方法和机制;

——安全报文传输的方法;

——访问卡采用的算法的方法。本部分不描述这些算法。

本部分不涵盖卡内和/或外界的内部实现。

本部分独立于物理接口技术。它适用于通过触点、近耦合和射频等方式访问的卡。

2 规范性引用文件

下列文件中的条款通过 GB/T 16649 的本部分的引用而成为本部分的条款。凡是注日期的引用文件,其随后所有的修改单(不包括勘误的内容)或修订版均不适用于本部分,然而,鼓励根据本部分达成协议的各方研究是否可使用这些文件的最新版本。凡是不注日期的引用文件,其最新版本适用于本部分。

GB/T 16649.3 识别卡 带触点的集成电路卡 第3部分:电信号和传输协议(GB/T 16649.3—2006,ISO/IEC 7816-3:1997,IDT)

GB/T 16649.6 识别卡 带触点的集成电路卡 第6部分:行业间数据元(GB/T 16649.6—2001,idt ISO/IEC 7816-6:1996)

GB/T 16263.1—2006 信息技术 ASN.1 编码规则 第1部分:基本编码规则(BER)、正则编码规则(CER)和非典型编码规则(DER)规范(ISO/IEC 8825-1:2002,IDT)

3 术语和定义

下列术语和定义适用于本部分。

3.1

访问规则 access rule

包含针对一个操作的访问模式和操作前要满足的安全条件的数据元。

3.2

复位应答文件 Answer-to-Reset file

表示卡操作特性的可选基本文件。

3.3

应用 application

为满足特定功能所需的数据结构、数据元和程序模块。

3.4

应用 DF application DF

卡上承载应用的结构。

3.5

应用标识符 application identifier

标识应用的数据元(最多 16 字节)。

3.6

应用标签 application label

在人-机界面处使用的数据元。

3.7

应用提供者 application provider

提供卡上应用的组成部分的实体。

3.8

应用模板 application template

与应用相关的数据对象的集合,其中的数据对象包括一个应用标识符数据对象。

3.9

非对称加密技术 asymmetric cryptographic technique

采用两种相关变换进行加密的技术,一种是公钥运算(由公共密钥定义),另一种是私钥运算(由私有密钥定义)。这两种变换具有以下属性,即私钥运算不能通过给定的公钥运算导出。

3.10

证书 certificate

由发行证书的认证中心使用其私钥对实体的公钥、身份信息以及其他相关信息进行签名,形成的不可伪造的数据。

3.11

命令响应对 command-response pair

接口处两个报文的集合,一个命令 APDU 跟着一个相反方向上的响应 APDU。

3.12

数据元 data element

在接口处所看到的信息项,可以是名称、逻辑内容描述、格式和编码。

3.13

数据对象 data object

在接口处所看到的信息,由 tag 字段(必备)、长度字段(必备)和值字段(可选)串联组成。

3.14

数据单元 data unit

在支持数据元的 EF 内能被明确引用的最小的位集合。

3.15

专用文件 dedicated file

包含文件控制信息和可分配的存储空间(可选)的结构。

3.16

DF 名称 DF name

唯一地标识卡内专用文件的数据元(最多 16 字节)。

3.17

数字签名 digital signature

附加于数据串的数据,或对数据串的加密变换,它能够验证该数据串的原始性和完整性,保护数据串不被伪造。

3.18

目录文件 directory file

可选的 EF,包含卡支持的应用列表和可选相关数据元。

3.19

基本文件 elementary file

共用同一文件标识符和同一安全属性的数据单元或记录或数据对象的集合。

3.20

文件 file

卡上应用和(或)数据的结构,如处理命令时接口处所看到的。

3.21

文件标识符 file identifier

用于文件访问的数据元(2 字节)。

3.22

头列表 header list

无定界的 tag 字段和长度字段对的串联。

3.23

识别卡 identification card

一种可识别其持卡人和发卡方的卡,卡上载有其预期应用和有关交易所要求输入的数据。

3.24

内部 EF internal EF

用于存储由卡解释的数据的 EF。

3.25

密钥 key

控制加密操作的符号序列(例如,在动态鉴别、签名制作、签名验证中的加密、解密、私密操作或公共操作)。

3.26

主文件 master file

唯一的 DF,它代表卡上层次结构文件的根。

3.27

偏移 offset

在支持数据单元的 EF 中为顺序引用数据单元的编号,在记录中为顺序引用字节的编号。

3.28

父文件 parent file

在层次结构文件中,一个给定文件的上层 DF。

3.29

口令 password

应用可能需要的、用来鉴别卡的用户的数据。

3.30

路径　path

无定界的文件标识符的链接。

3.31

私钥　private key

一个实体使用的非对称密钥对中仅被该实体使用的密钥。

3.32

提供者　provider

具有或已经获得权力来创建卡中 DF 的权力机构。

3.33

公钥　public key

一个实体使用的非对称密钥对中可以公开的密钥。

3.34

记录　record

在支持 EF 的记录中,可以被卡引用和处理的字节串。

3.35

记录标识符　record identifier

在支持 EF 的记录中,用于引用一个或多个记录的编号。

3.36

记录号　record number

在支持 EF 的记录中,唯一标识每个记录的顺序号。

3.37

注册的应用提供者标识符　registered application provider identifier

唯一标识一个应用提供者的数据元(5 字节)。

3.38

保密密钥　secret key

对称加密技术中仅供指定实体所用的密钥。

3.39

安全报文传输　secure messaging

用于加密保护(部分)命令-响应对的一组方法。

3.40

安全属性　security attribute

卡内各种资源(包括存储的数据和数据处理功能)的使用条件,表现为包含一条或若干条访问规则的数据元。

3.41

安全环境　security environment

卡上应用所需的用于安全报文传输或安全操作的组件的集合。

3.42

对称加密技术　symmetric cryptographic technique

发送方和接收方使用相同保密密钥进行数据变换的加密技术。在不掌握保密密钥的情况下,不可能推导出发送方或接收方的数据变换。

3.43

tag 列表　tag list

无定界的 tag 字段的串联。

3.44

模板　template

构成结构化 BER-TLV 数据对象值字段的 BER-TLV 数据对象的集合。

3.45

工作 EF　working EF

用于存储不被卡解释的数据的 EF。

4　符号和缩略语

AID	应用标识符
APDU	应用层协议数据单元
ARR	访问规则引用
ASN.1	抽象语法记法
AT	用于鉴别的控制引用模板
ATR	复位应答
BER	ASN.1 的基本编码规则
CCT	用于密码校验和的控制引用模板
CLA	类别字节
CRT	控制引用模板
CT	用于保密性的控制引用模板
DF	专用文件
DIR	目录
DST	用于数字签名的控制引用模板
EF	基本文件
EF.ARR	访问规则引用文件
EF.ATR	复位应答文件
EF.DIR	目录文件
FCI	文件控制信息
FCP	文件控制参数
FMD	文件管理数据
HT	用于哈希编码的控制引用模板
INS	指令字节
KAT	密钥协议控制引用模板
Lc field	用于编码编号 Nc 的长度字段
LCS byte	生存期状态字节
Le field	用于编码编号 Ne 的长度字段
MF	主文件
Nc	命令数据字段中的字节数
Ne	响应数据字段中期望的字节最大数
Nr	响应数据字段中的字节数
PIX	专用应用标识符扩展

P1-P2	参数字节(为了区分而插入的短划线无意义)
RFU	保留供将来使用
RID	注册的应用提供者标识符
SC	安全条件
SCQL	结构化卡查询语言
SE	安全环境
SEID byte	安全环境标识符字节
SM	安全报文传输
SW1-SW2	状态字节(为了区分而插入的短划线无意义)
(SW1-SW2)	字节 SW1 和 SW2 的串联的值(首字节为最高有效字节)
TLV	tag、长度、值
{T-L-V}	数据对象(为了区分而插入的短划线和花括号无意义)
‘XX’	使用十六进制数字‘0’至‘9’和‘A’至‘F’的记法,等效于 16 进制的 XX

5 用于交换的结构

为了实现交换,本章定义了下列基本特征结构:

1) 命令-响应对;

2) 数据对象;

3) 应用和数据的结构;

4) 安全体系结构。

5.1 命令-响应对

表 1 示出了一个命令-响应对,即一个命令 APDU 跟随着一个相反方向上的响应 APDU(见 GB/T 16649.3)。通过接口的命令-响应对不可以有交叉,也就是说响应 APDU 应在发起下一个命令-响应对之前接收到。

表 1 命令-响应对

字段	描述	字节数
命令头	类别字节 CLA	1
	指令字节 INS	1
	参数字节 P1-P2	2
Lc 字段	Nc 编码为 0 则不存在,Nc 编码大于 0 则存在	0、1 或 3
命令数据字段	Nc 编码为 0 则不存在,Nc 编码大于 0 则以 Nc 字符串的形式存在	Nc
Le 字段	Ne 编码为 0 则不存在,Ne 编码大于 0 则存在	0、1、2 或 3
响应数据字段	Nr 编码为 0 则不存在,Nr 编码大于 0 则以 Nc 字符串的形式存在	Nr(最多 Ne)
响应尾标	状态字节 SW1-SW2	2

在所有包含 Lc 和 Le 字段的命令-响应对中,短长度字段和扩展长度字段不应结合在一起:或者是均为短长度字段,或者是均为扩展长度字段。

如果卡明确表明具有处理历史字节(见 8.1.1)中的或 EF.ATR(见 8.2.1.1)中的“扩展 Lc 和 Le 字段”(见表 88,第 3 软件功能表)的能力,则卡处理短长度字段和扩展长度字段;否则卡仅处理短长度字段。

Nc 指示命令数据字段中的字节数。Lc 字段编码 Nc。

——如果 Lc 字段不存在,则 Nc 为零。

——由 1 个字节组成的短 Lc 字段不能置为‘00’。

- 从‘01’到‘FF’,字节编码 Nc 从 1 到 255。

——由 3 个字节组成的扩展 Lc 字段:1 个置为‘00’的字节后随 2 个置为非‘0000’的字节。

- 从‘0001’到‘FFFF’,2 个字节编码 Nc 从 1 到 65535。

Ne 指示期望的响应数据字段中的最大字节数。Le 字段编码 Ne。

——如果 Le 字段不存在,则 Ne 为零。

——由 1 个字节组成的短 Le 字段可以为任何值。

- 从‘01’到‘FF’,字节编码 Ne 从 1 到 255。
- 如果字节被置成‘00’,则 Ne 为 256。

——如果 Lc 字段不存在,则由 3 个字节(1 个置为‘00’的字节后随 2 个置为任意值的字节)组成的扩展 Le 字段,如果扩展 Lc 字段存在,则由 2 个字节(可以是任何值)组成的扩展 Le 字段:

- 从‘0001’到‘FFFF’,2 个字节编码 Ne 从 1 到 65535。
- 如果 2 个字节被置成‘0000’,则 Ne 为 65536。

Nr 指示响应数据字段中的字节数。Nr 应小于或等于 Ne。因此在所有的命令-响应对中,Le 字段不存在是未接收到响应数据字段的标准方式。如果 Le 字段仅包含置为‘00’的字节,则 Ne 为最大值,即对短 Le 字段是在 256 以内,对扩展 Le 字段为 65536,应返回所有可用字节。

如果处理中断,则卡将或许不响应;如果出现响应 APDU,那么响应数据字段应不存在,并且 SW1-SW2 应指出一个差错。

P1-P2 指出处理命令的控制和选项。参数字节置为‘00’通常不提供进一步的限定。对参数字节的编码不存在其他通用约定。

用于编码类别字节 CLA(见 5.1.1)、指令字节 INS(见 5.1.2)和状态字节 SW1-SW2(见 5.1.3)的通用约定在下面规定。在这些字节中,除非另有规定,RFU 位应置为 0。

5.1.1 类别字节

CLA 指示命令的类别。根据 GB/T 16649.3,值‘FF’是无效的。CLA 的位 8 区分是行业间类别还是专用类别。

位 8 置为 0 表示是行业间类别。值 000xxxxx 和 01xxxxxx 在下面规定。值 001xxxxx 由 ISO/IEC JTC1/SC17 保留供将来使用。

——表 2 规定了 000xxxxx 为首要行业间值。

- 位 8、7、6 置为 000。
- 位 5 控制命令链(见 5.1.1.1)。
- 位 4 和 3 指明安全报文传输(见第 6 章)。
- 位 2 和 1 编码从 0 到 3 的逻辑通道号(见 5.1.1.2)。

表 2 CLA 首要行业间值

b8	b7	b6	b5	b4 b3	b2 b1	含 义
0	0	0	x	— —	— —	命令链控制(见 5.1.1.1)
0	0	0	0	— —	— —	——命令是命令链的最后一条或命令链仅此一条命令
0	0	0	1	— —	— —	——命令不是命令链的最后一条
0	0	0	—	x x	— —	安全报文传输指示
0	0	0	—	0 0	— —	——无 SM 或无指示
0	0	0	—	0 1	— —	——专用 SM 格式
0	0	0	—	1 0	— —	——SM 根据 6,根据 6.2.3.1 命令头不处理
0	0	0	—	1 1	— —	——SM 根据 6,根据 6.2.3.1 命令头鉴别
0	0	0	—	— —	x x	从 0 到 3 的逻辑通道号(见 5.1.1.2)

——表 3 规定了 01xxxxxx 为更进一步的行业间值。

- 位 8 和 7 置为 01。
- 位 6 指明安全报文传输(见第 6 章)。
- 位 5 控制命令链(见 5.1.1.1)。
- 位 4 到 1 编码从 0 到 15,该值加上 4 即为从 4 到 19 的逻辑通道号(见 5.1.1.2)。

表 3 CLA 更进一步行业间值

b8	b7	b6	b5	b4	b3	b2	b1	含　义
0	1	x	—	—	—	—	—	安全报文传输指示
0	1	0	—	—	—	—	—	——无 SM 或无指示
0	1	1	—	—	—	—	—	——SM 根据 6,根据 6.2.3.1 命令头不处理
0	1	—	x	—	—	—	—	命令链控制(见 5.1.1.1)
0	1	—	0	—	—	—	—	——命令是命令链的最后一条或命令链仅此一条命令
0	1	—	1	—	—	—	—	——命令不是命令链的最后一条
0	1	—	—	x	x	x	x	从 4 到 19 的逻辑通道号(见 5.1.1.2)

除值‘FF’是无效的外,位 8 置为 1 表明是专用类别。应用定义其他位。

5.1.1.1 命令链

本条规定了在行业间类别中连续的命令-响应对可以被链接在一起的机制。该机制可以在执行多步处理时使用,例如,对单一命令传输的数据串过长时。

如果卡支持该机制,则应在历史字节(见 8.1.1)或 EF.ATR(见 8.2.1.1)中指明该机制(见表 88,第 3 软件功能表)。

本部分仅规定在发起一条不属于命令链一部分的命令-响应对前命令链即被终止的情况下的卡的行为。否则卡的行为没有规定。

对于行业间类别中的命令链,当其他 7 位为常数时,应使用 CLA 的位 5。

——如果位 5 被置为 0,则命令是命令链的最后一条或命令链仅此一条命令。

——如果位 5 被置为 1,则命令不是命令链的最后一条。

响应不是命令链最后一条的命令,SW1-SW2 被置为‘9000’意味着处理已经完成,警告指示被禁止(见 5.1.3),而且下列特定错误情形将产生:

——如果 SW1-SW2 被置为‘6883’,则期望命令链的最后一条。

——如果 SW1-SW2 被置为‘6884’,则不支持命令链。

5.1.1.2 逻辑通道

本条规定了在行业间类别中命令-响应对能查阅逻辑通道的机制。

如果卡支持该机制,则应在历史字节(见 8.1.1)或 EF.ATR(见 8.2.1.1)中指明可用逻辑通道数的最大值(见表 88,第 3 软件功能表)。

——如果指明的通道数小于或等于 4,则仅用表 2。

——如果指明的通道数大于或等于 5,则另外还用到表 3。

为查阅行业间类别中的逻辑通道,规定了下列规则:

——CLA 编码命令-响应对的通道号;

——基本通道始终可用,即它不能被关闭。它的通道号为 0;

——不支持该机制(缺省值)的卡仅使用基本通道;

——在 CLA 编码尚未使用的通道号的情况下,可以通过 SELECT 命令来开放任何通道,或通过 MANAGE CHANNEL 命令的开放功能来开放任何其他通道;

——可以通过 MANAGE CHANNEL 命令的关闭功能来关闭任何通道,在关闭后,可以通过重用使通道变得可用；

——在同一时刻，仅有1个通道可用。逻辑通道的使用并不消除对通过接口的交叉命令-响应对的禁令，即，响应APDU应该在发起另一个命令-响应对之前接收到(见5.1)；

——如果文件描述符字节(见表14)没有明确拒绝共享，则对相同的结构(见5.3)即，对同一DF，也可能是同一应用DF，也可能是同一EF，可以有多个通道被打开。

每一个逻辑通道都有它自己的安全状态(见5.4)。共享一个安全状态的方法不在本部分的范围之内。

5.1.2 指令字节

INS指明要操作的命令。根据GB/T 16649.3的规定，值'6X'和'9X'是无效的。

表4列出了目前已出版的GB/T 16649中规定的所有命令。

——表4.1以字母表顺序列出了命令名称。

——表4.2以数字顺序列出了命令名称。

表4.1 以字母表顺序排列的命令

命令名称	INS	见
ACTIVATE FILE	'44'	第9部分
APPEND RECORD	'E2'	7.3.7
CHANGE REFERENCE DATA	'24'	7.5.7
CREATE FILE	'E0'	第9部分
DEACTIVATE FILE	'04'	第9部分
DELETE FILE	'E4'	第9部分
DISABLE VERIFICATION REQUIREMENT	'26'	7.5.9
ENABLE VERIFICATION REQUIREMENT	'28'	7.5.8
ENVELOPE	'C2','C3'	7.6.2
ERASE BINARY	'0E','0F'	7.2.7
ERASE RECORD (S)	'0C'	7.3.8
EXTERNAL (/ MUTUAL) AUTHENTICATE	'82'	7.5.4
GENERAL AUTHENTICATE	'86','87'	7.5.5
GENERATE ASYMMETRIC KEY PAIR	'46'	第8部分
GET CHALLENGE	'84'	7.5.3
GET DATA	'CA','CB'	7.4.2
GET RESPONSE	'C0'	7.6.1
INTERNAL AUTHENTICATE	'88'	7.5.2
MANAGE CHANNEL	'70'	7.1.2
MANAGE SECURITY ENVIRONMENT	'22'	7.5.11
PERFORM SCQL OPERATION	'10'	第7部分
PERFORM SECURITY OPERATION	'2A'	第8部分
PERFORM TRANSACTION OPERATION	'12'	第7部分
PERFORM USER OPERATION	'14'	第7部分
PUT DATA	'DA','DB'	7.4.3
READ BINARY	'B0','B1'	7.2.3
READ RECORD (S)	'B2','B3'	7.3.3
RESET RETRY COUNTER	'2C'	7.5.10
SEARCH BINARY	'A0','A1'	7.2.6
SEARCH RECORD	'A2'	7.3.7
SELECT	'A4'	7.1.1

表 4.1（续）

命令名称	INS	见
TERMINATE CARD USAGE	'FE'	第 9 部分
TERMINATE DF	'E6'	第 9 部分
TERMINATE EF	'E8'	第 9 部分
UPDATE BINARY	'D6', 'D7'	7.2.5
UPDATE RECORD	'DC', 'DD'	7.3.5
VERIFY	'20', '21'	7.5.6
WRITE BINARY	'D0', 'D1'	7.2.4
WRITE RECORD	'D2'	7.3.4
——在行业间类别中，所有不在 GB/T 16649 中定义的有效 INS 代码由 ISO/IEC JTC1/SC17 保留供将来使用。		

表 4.2　以数字顺序排列的命令

INS	命令名称	见
'04'	DEACTIVATE FILE	第 9 部分
'0C'	ERASE RECORD (S)	7.3.8
'0E', '0F'	ERASE BINARY	7.2.7
'10'	PERFORM SCQL OPERATION	第 7 部分
'12'	PERFORM TRANSACTION OPERATION	第 7 部分
'14'	PERFORM USER OPERATION	第 7 部分
'20', '21'	VERIFY	7.5.6
'22'	MANAGE SECURITY ENVIRONMENT	7.5.11
'24'	CHANGE REFERENCE DATA	7.5.7
'26'	DISABLE VERIFICATION REQUIREMENT	7.5.9
'28'	ENABLE VERIFICATION REQUIREMENT	7.5.8
'2A'	PERFORM SECURITY OPERATION	第 8 部分
'2C'	RESET RETRY COUNTER	7.5.10
'44'	ACTIVATE FILE	第 9 部分
'46'	GENERATE ASYMMETRIC KEY PAIR	第 8 部分
'70'	MANAGE CHANNEL	7.1.2
'82'	EXTERNAL (/ MUTUAL) AUTHENTICATE	7.5.4
'84'	GET CHALLENGE	7.5.3
'86', '87'	GENERAL AUTHENTICATE	7.5.5
'88'	INTERNAL AUTHENTICATE	7.5.2
'A0', 'A1'	SEARCH BINARY	7.2.6
'A2'	SEARCH RECORD	7.3.7
'A4'	SELECT	7.1.1
'B0', 'B1'	READ BINARY	7.2.3
'B2', 'B3'	READ RECORD (S)	7.3.3
'C0'	GET RESPONSE	7.6.1
'C2', 'C3'	ENVELOPE	7.6.2
'CA', 'CB'	GET DATA	7.4.2
'D0', 'D1'	WRITE BINARY	7.2.6
'D2'	WRITE RECORD	7.3.4
'D6', 'D7'	UPDATE BINARY	7.2.5

表 4.2(续)

INS	命 令 名 称	见
'DA', 'DB'	PUT DATA	7.4.3
'DC', 'DD'	UPDATE RECORD	7.3.5
'E0'	CREATE FILE	第 9 部分
'E2'	APPEND RECORD	7.3.6
'E4'	DELETE FILE	第 9 部分
'E6'	TERMINATE DF	第 9 部分
'E8'	TERMINATE EF	第 9 部分
'FE'	TERMINATE CARD USAGE	第 9 部分
——在行业间类别中,所有不在 GB/T 16649 中定义的有效 INS 代码由 ISO/IEC JTC1/SC17 保留供将来使用。		

GB/T 16649 规定了这些行业间类别的命令的使用。

——本部分(见第 7 章)规定了用于交换的命令。

——GB/T 16649.7 规定了用于结构化卡查询语言(SCQL)的命令。

——GB/T 16649.8 规定了用于安全操作的命令。

——GB/T 16649.9 规定了用于卡管理的命令。

在行业间类别中,INS 的位 1 指明数据字段格式,如下:

——如果位 1 置为 0(偶数 INS 代码),则不提供指示。

——如果位 1 置为 1(奇数 INS 代码),则应用如下的 BER-TLV 编码(见 5.2.2):

- 在 SW1 不置为'61'的非链接命令中,如果有数据字段,则应该按 BER-TLV 编码;
- 命令链和(或)SW1 置为'61'的使用允许对单命令来说太长的数据串的传输。这样的处理会把数据字段中的数据对象分割开来并以一定的顺序在一个方向上连续地发送,即当发送时相反方向上没有数据字段。当链接命令和(或)使用 SW1 置为'61'时,所有相同方向和相同顺序的连续数据字段的串联应以 BER-TLV 编码。

5.1.3 状态字节

SW1-SW2 指示了处理状态。根据 GB/T 16649.3,所有不同于'6XXX'和'9XXX'的值都是无效的,此外,值'60XX'也是无效的。

值'61XX'、'62XX'、'63XX'、'64XX'、'65XX'、'66XX'、'68XX'、'69XX'、'6AXX'、'6CXX'是行业间的。根据 GB/T 16649.3,除了'6700'、'6B00'、'6D00'、'6E00'、'6F00'和'9000'是行业间的外,'67XX'、'6BXX'、'6DXX'、'6EXX' '6FXX'和'9XXX'都是私有的。

图 1 示出了用于 SW1-SW2 的值'9000'和'61XX'到'6FXX'的结构化图解。

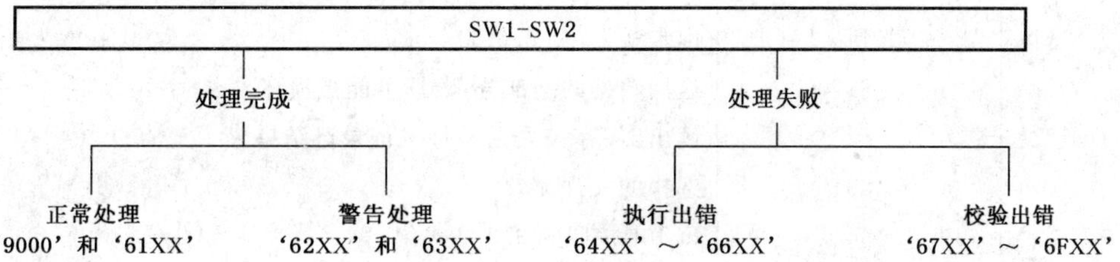

图 1 SW1-SW2 值的结构化图解

表 5 列出了所有 SW1-SW2 行业间值以及它们通常的含义。不在 GB/T 16649 中定义的 SW1-SW2 行业间值由 ISO/IEC JTC1/SC17 保留供将来使用。

表5　SW1-SW2 行业间值的通常含义

	SW1-SW2	含　　义
正常处理	'9000'	无进一步限定
	'61XX'	SW2 编码表示仍然可以获取的数据字节数(见下面文本)
警告处理	'62XX'	非易失存储器状态无变化(在 SW2 中进一步的限定)
	'63XX'	非易失存储器状态变化(在 SW2 中进一步的限定)
执行出错	'64XX'	非易失存储器状态无变化(在 SW2 中进一步的限定)
	'65XX'	非易失存储器状态变化(在 SW2 中进一步的限定)
	'66XX'	安全相关的发布
校验出错	'6700'	错误的长度;无进一步提示
	'68XX'	CLA 中的功能不被支持(在 SW2 中进一步的限定)
	'69XX'	不允许的命令(在 SW2 中进一步的限定)
	'6AXX'	错误的参数 P1-P2(在 SW2 中进一步的限定)
	'6B00'	错误的参数 P1-P2
	'6CXX'	错误的 Le 字段;SW2 编码准确的有效数据字节数(见下面的文本)
	'6D00'	指令代码不被支持或无效
	'6E00'	类别不被支持
	'6F00'	没有精确的诊断

如果处理失败返回 SW1 为'64'至'6F',则没有响应数据字段。

如果 SW1 置为'63'或'65',则表明非易失性存储器状态发生改变。如果 SW1 置为除了'63'和'65'之外的'6X'值,则表明非易失性存储器状态未发生改变。

在对非链(见 5.1.1.1)中结尾命令的响应中,禁止行业间警告提示(见 GB/T 16649.3),即 SW1 不能置为'62'或'63'。

两种 SW1 行业间值不依赖于传输协议:

——如果 SW1 置为'61',则处理完成,在发起其他命令之前,可以先调用与之有相同 CLA 且 SW2(数据字节数仍然有效)作为短 Le 字段的 GET RESPONSE 命令。

——如果 SW1 置为'6C',则处理失败,在发起其他命令之前,可以重新调用原有命令且以 SW2(确切的有效字节数)为短 Le 字段。

表 6 列出了 GB/T 16649 中使用的所有特定行业间警告和错误情形。

表6　特定行业间警告和错误情形

SW1	SW2	含　　义
'62'	'00'	没有信息被给出
(警告)	'02'到'08'	由卡触发(见 8.6.1)
	'81'	返回数据的一部分,数据可能被损坏
	'82'	读出 Ne 字节之前文件或记录已结束
	'83'	选择的文件无效
	'84'	FCI 未按照 5.3.3 格式化
	'85'	选择的文件为终止状态
	'86'	没有来自卡传感器的有效数据
'63'	'00'	没有信息被给出
(警告)	'81'	文件被上一次写入填满
	'CX'	通过'X'(值从 0 至 15)提供的计数器(正确的含义依赖于命令)

表 6（续）

SW1	SW2	含　　义
‘64’（错误）	‘00’	运行出错
	‘01’	卡需要返回数据
	‘02’至‘80’	由卡控制触发（见 8.6.1）
‘65’（错误）	‘00’	没有信息被给出
	‘81’	存储器故障
‘68’（错误）	‘00’	没有信息被给出
	‘81’	逻辑通道不被支持
	‘82’	安全报文不被支持
	‘83’	无命令链结束
	‘84’	命令链接不被支持
‘69’（错误）	‘00’	没有信息被给出
	‘81’	命令与文件结构不兼容
	‘82’	安全状态不被满足
	‘83’	鉴别方法被阻塞
	‘84’	引用的数据无效
	‘85’	使用的条件不被满足
	‘86’	命令不被允许（无当前 EF）
	‘87’	期望的 SM 数据对象失踪
	‘88’	SM 数据对象不正确
‘6A’（错误）	‘00’	没有信息被给出
	‘80’	在数据字段中的不正确参数
	‘81’	功能不被支持
	‘82’	文件或应用未找到
	‘83’	记录未找到
	‘84’	无足够的文件存储空间
	‘85’	Nc 与 TLV 结构不一致
	‘86’	不正确的参数 P1-P2
	‘87’	Nc 与 P1-P2 不一致
	‘88’	引用的数据未找到（正确的含义依赖于命令）
	‘89’	文件已存在
	‘8A’	DF 名已存在
——其他所有 SW2 的值均被 ISO/IEC JTC1/SC17 定义为 RFU。		

5.2 数据对象

如果以 TLV 方式编码，那么任何数据字段或数据字段的串联就是一个数据对象的序列。本条定义了两类数据对象：SIMPLE-TLV 数据对象和 BER-TLV 数据对象。

5.2.1 SIMPLE-TLV 数据对象

每一个 SIMPLE-TLV 数据对象将由 2～3 个连续字段构成：一个必备的 tag 字段、一个必备的长度字段和一个条件可选值字段。一个记录（见 7.3.1）可能是一个 SIMPLE-TLV 数据对象。

——tag 字段由一个字节编码表示 tag 号从 1 到 254。‘00’和‘FF’为无效值。如果一个记录是一个 SIMPLE-TLV 数据对象，则其 tag 可用作记录标识符。

——长度字段由 1 到 3 个连续字节构成。

- 如果第 1 个字节不是置为‘FF’，则长度字段包含一个字节编码表示一个从 0 到 254 的数 N。
- 如果第 1 个字节置为‘FF’，则长度字段含 3 个字节，随后的 2 个字节编码表示从 0 到 65535 的数 N。

——如果 N 为 0，则没有值字段，即数据对象为空，否则(N>0)，值字段包含 N 个连续字节。

5.2.2 BER-TLV 数据对象

每一个 BER-TLV 数据对象由 2～3 个连续字段构成(见 GB/T 16263.1 中的 ASN.1 基本编码原则)：一个必备的 tag 字段、一个必备的长度字段和一个条件可选值字段。

——tag 字段由 1 个或者多个连续字节构成。它指明了类型、编码并编码 tag 数。tag 字段的第一个字节不能为‘00’(见 GB/T 16263.1)。

——长度字段由 1 个或者多个连续字节构成。它是长度值的编码，即数 N。

——如果 N 为 0，则无值字段，即数据对象为空，否则(N>0)，值字段包含 N 个连续字节。

5.2.2.1 BER-TLV tag 字段

GB/T 16649 支持的 tag 字段为 1、2，或 3 字节长，更长的 tag 字段为 RFU。

tag 字段头字节的 b8 和 b7 表明对象类型：

——b8b7＝00：数据对象为通用类型；

——b8b7＝01：数据对象为应用类型；

——b8b7＝10：数据对象为特定上下文类型；

——b8b7＝11：数据对象为私有类型。

tag 字段头字节的 b6 表明编码方式：

——b6＝0：数据对象简单编码，即值字段不是以 BER-TLV 方式编码；

——b6＝1：数据对象结构化编码，即值字段以 BER-TLV 方式编码。

如果 tag 字段头字节的 b5～b1 不是全置为 1，则其编码表示数从 0 至 30 且表明 tag 由单个字节构成。

否则(b5～b1 全置为 1)，tag 字段是由一个或多个后续字节构成。

——每个后续字节的 b8 应置为 1，除非是最后一个字节；

——第 1 个后续字节的 b7～b1 位不能全部置为 0；

——第 1 个后续字节的 b7～b1 位，以及随后的每个后续字节(包括最后一个字节)的 b7～b1 位共同编码构成 tag 号。

表 7 描述了 tag 字段的第 1 个字节，其中‘00’为无效值。

表 7 BER-TLV tag 字段的第一个字节

b8	b7	b6	b5	b4	b3	b2	b1	含义
0	0	—	—	—	—	—	—	通用类别，GB/T 16649 未定义
0	1	—	—	—	—	—	—	应用类别，由本规范定义
1	0	—	—	—	—	—	—	特定上下文类型，GB/T 16649 定义
1	1	—	—	—	—	—	—	私有类型，GB/T 16649 未定义
—	—	0	—	—	—	—	—	简单编码
—	—	1	—	—	—	—	—	结构化编码
—	—	—	不全置为 1					Tag 号由 0 至 30(短 tag 字段即 1 个字节)
—	—	—	1	1	1	1	1	Tag 号大于 30(长 tag 字段即 2 或 3 个字节)

以 BER-TLV 方式编码的数据字段中，置为‘00’的字段可能出现在数据对象的前部、之间或者后部(例如，由于对 EF 支持数据单元进行数据对象的删除或修改)。该填充方式在 GB/T 16649 中称作模板且不允许出现于数据对象的值字段中。

无论是历史字节(见 8.1.1)，或者 EF.ATR(见 8.2.1.1)，或文件控制信息(见表 12 中 tag‘82’)，数据编码字节（见表 87）都表明了值‘FF’是：

——对私有类的长 tag 字段的第一个字节有效，结构化编码（外在特征），或者

——对 tag 字段（默认值）的第 1 个字节无效，即在同样目的（填充方式）和相同情形下作为值‘00’。在 2 或多个字节的 tag 字段中，第 2 个字节不能为‘00’至‘1E’以及‘80’。

——在 2 字节 tag 字段中，第 2 个字节的 b8b7 置为 01，编码表示一个大于 30 的数，第 2 个字节从‘1F’至‘7F’，对应 tag 号从 31 到 127；

——在 3 字节 tag 字段中，第 2 个字节 b8b7 置为 11 且剩余位不全置为 0，第 3 个字节 b8b7 置为 01 且剩余位任意，则第 2 个字节从‘81’至‘FF’，第 3 个字节从‘00’至‘7F’，对应 tag 号从 128 到 16383。

5.2.2.2 BER-TLV 长度字段

在短格式中，长度字段由单个字节构成且该字节的 b8 置为 0，b7～b1 表示值字段的字节数。该字节因此可编码为从 0 到 127 的数。

注：在 BER-TLV 长度字段中任何从 1 到 127 的数的编码方式与 Lc 和 Le 字段相同。但 0，128 及大于 128 的数的编码方式有区别，具体见 7.4.2 中 GET DATA 命令数据对象编码。

在长格式中，长度字段由 2 个或更多字节构成。首字节的 b8 置为 1，b7～b1 不尽相同，其编码表示后续字节的长度字段。这些后续字节编码表示值字段的字节数。

GB/T 16649 不采用 ASN.1 基本编码规则中定义的“可变长度”。

GB/T 16649 支持长度字段由 1，2，直到 5 个字节构成（见表 8），在 GB/T 16649 中，值‘80’及‘85’至‘FF’不允许出现在长度字段的第一个字节。

表 8　GB/T 16649 中的 BER-TLV 长度字段

	1st byte	2nd byte	3rd byte	4th byte	5th byte	N
1 byte	'00'～'7F'	—	—	—	—	0～127
2 bytes	'81'	'00'～'FF'	—	—	—	0～255
3 bytes	'82'	'0000'～'FFFF'		—	—	0～65 535
4 bytes	'83'	'000000'～'FFFFFF'			—	0～16 777 215
5 bytes	'84'	'00000000'～'FFFFFFFF'				0～4 294 967 295

5.2.3 数据字段、值字段、数据对象和数据元

所有的命令数据字段或响应数据字段均可按照 BER-TLV 方式编码，例如，在一个命令响应对中，CLA 指示为安全报文时（见 6）或 INS 的 b1 位设置为 1（INS 奇数编码，见 5.1.2）时，数据字段按照 BER-TLV 方式编码。

——任何 BER-TLV 数据对象表示为{T-L-V}，由一个 tag 字段紧随一个长度字段构成。根据长度字段表示的数字是否为 0，决定值字段的有无。

——任何结构化 BER-TLV 数据对象表示为{T-L-{T1-L1-V1}...{Tn-Ln-Vn}}，由一个 tag 字段紧随一个长度字段构成。如果长度字段表示的数字不为 0，则该结构化数据对象的值字段将由一个或多个 BER-TLV 数据对象构成（例如模板），每一个 BER-TLV 数据对象包含 tag 字段、长度字段和值字段（若长度字段编码不为 0）。

某些数据字段（例如，处理数据单元的命令，见 7.2），SIMPLE-TLV 数据对象的值字段和某些原始 BER-TLV 数据对象的值字段由符合命令规范或数据对象标记的数据元组成。

某些其他数据字段（例如，处理记录的命令，见 7.3），某些原始 BER-TLV 数据对象的值字段由 SIMPLE-TLV 数据对象组成。

还有某些数据字段（例如，处理数据对象的命令，见 7.4），结构化 BER-TLV 数据对象的值字段，即模板，由 BER-TLV 数据对象组成。

5.2.4 数据元识别

数据元的识别遵照以下原则：

1) 如果表示数据元的 bit 数不是 8 的倍数，那么应在数据元对应上下文中规定如何映射为字节或字节串。除另有规定，最后一个字节从 bit 1 开始的相应位都应置为 1；
2) 在卡与接口设备之间，数据元一般出现于 BER-TLV 数据对象的值字段中；
3) 为了达到命令交换中取数据和引用的目的，数据元应与 BER-TLV 数据对象 tag 关联且可被嵌入在该数据对象中；
4) 数据元可被相关联的 BER-TLV tag 直接引用，也可以被属于同一上下文中的其他数据元关联；
5) 一个或多个 command-to-perform 数据对象可间接引用数据元；
6) 通用类(第 1 个字节为‘01’至‘3F’)数据对象具有其通用含义；
7) 所有应用类(第 1 个字节为‘40’至‘7F’)数据对象除特殊规定外均为行业间的，GB/T 16649 本部分和其他部分分配应用类的 tag。不在 GB/T 16649 中定义的所有应用类 tag 由 ISO/IEC JTC 1/SC17 保留；
8) 本部分定义了部分行业间数据元，此外，随着应用的需要，还会有更多的行业间数据元被定义，GB/T 16649.6 列出了详尽的已经在 GB/T 16649 中被规定的行业间数据元列表；
9) 卡中可能重复出现相同的行业间数据对象；
10) 在命令和响应数据字段中，除了 FCI(见 5.3.3)和安全报文传输(见第 6 章)，所有特定上下文类数据对象(首字节从‘80’到‘BF’)均应在行业间模板中嵌套；
11) 附录 A 中列出了后续章节规定的数据字段中行业间数据对象的 tag 分配方案。当需要时，这些 tag 分配方案使用表 9 列出的 tag 分配授权的行业间数据对象。

表 9 tag 分配授权的行业间数据对象

tag	值
‘06’	对象标识符(编码说明见 GB/T 16263.1，例子见附录 A)
‘41’	国家代码(ISO 3166-1[1] 中规定的编码)和任选的国家数据
‘42’	发行者标识号(编码和注册在 GB/T 15694.1 中规定)和任选的发行者数据
‘4F’	应用标识符(AID，编码规定见 8.2.1.2)

5.2.4.1 一致性的 tag 分配方案

tag 分配方案使用行业间数据对象和其他的数据对象。

这些其他的数据对象在 tag 为‘70’至‘77’(‘73’除外，见 5.2.4.3)行业间模板内实现嵌套。此间除 tag‘41’，‘42’和‘4F’被分配授权外，其他应用类别 tag 的意义在 GB/T 16649 中未作定义。

特殊上下文类(首字节从‘80’到‘BF’)行业间模板 tag 不允许为‘65’(持卡人相关数据)、‘66’(卡数据)、‘67’(授权数据)和‘6E’(应用相关数据)。

为保证 tag 位分配方案一致和对应授权的合理，可以使用 tag 为‘78’的行业间模板，该模板应包含一个表 9 中所示的某种数据对象用于确定 tag 的分配授权。

——如果初始数据串(见 8.1.2)或 EF.ATR(见 8.2.1.1)中包含 tag‘78’，则该授权对整个卡有效；

——如果 tag‘78’在 DF 管理数据(见 5.3.3)中，则该授权对 DF 有效。

5.2.4.2 共存的 tag 分配方案

此类 tag 分配方案可能用到 GB/T 16649 中未定义的带有解释的 tag。为保证共存的 tag 分配方案一致和对应授权的合理，可以使用 tag 为‘79’的行业间模板，该模板将包含一个表 9 中所示的某种数据对象。

——如果一个授权对整个卡有效，则初始数据串(见 8.1.2)或 EF.ATR(见 8.2.1.1)中包含 tag‘79’；

——如果一个授权对 DF 有效，则‘79’在 DF 管理数据(见 5.3.3)中出现。

该方案中，所有的行业间数据对象在 tag 为‘7E’的行业间模板内实现嵌套。如同 tag‘62’、‘64’、‘6F’(FCP,FMD 和 FCI 模板，见 5.3.3)和‘7D’(SM 模板，见 6)一样，tag‘79’和‘7E’不再用作其他。

5.2.4.3 独立的 tag 分配方案

这些 tag 的分配办法，可能采用另一种不同于 GB/T 16649 的解释，但它并不符合 5.2.4.2，这种 tag 分配方法不能用于交换，也与本文档不符。

tag‘53’用以表示使用行业间数据对象的任意数据元，而‘73’实现私有数据对象在任意模板的嵌套使用，从而保证私有数据元和数据对象的使用仍符合本文档。

5.3 应用与数据的结构

本条规定当处理交换用的行业间命令时在接口处所看到的关于数据和应用结构的信息。超出本条概述之外的数据和结构信息的实际存储位置不在 GB/T 16649 范围内。

本部分支持下列两种文件：专用文件(DF)和基本文件(EF)。

——DF 用于支持应用、文件夹和数据对象存储。一个应用 DF 对应一种应用。DF 可以作为其他文件的父文件。这些文件被称为该 DF 的直属文件。

——EF 用于存放数据。EF 文件不能作为其他文件的父文件。EF 分为两类：

- 内部 EF，用于存储由卡所解释的数据，即，为了管理和控制目的由卡所分析和使用的数据。
- 工作的 EF，用于存储不由卡所解释的数据，即，仅仅由外界待使用的数据。

本部分提供两种逻辑组织方式：

——图 2 例示了包含对应安全架构的 DF 层次结构(见 5.4)。在这种卡的组织结构中，处于根部的 DF 称之为主文件(MF)。所有 DF 可以是应用 DF，也可以有其 DF 子结构。

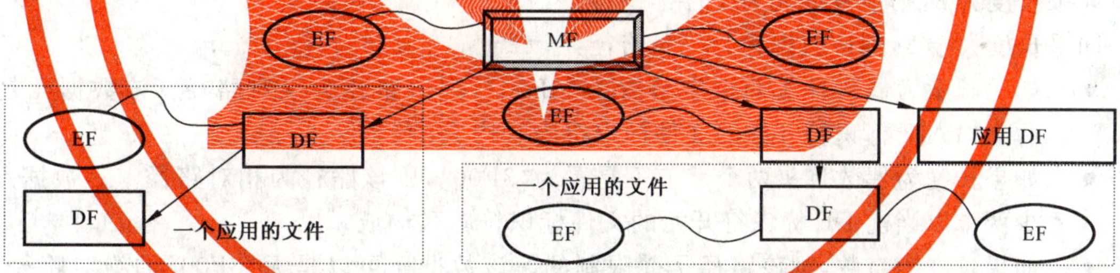

图 2 DF 层次结构例示图

——图 3 例示了平行结构的应用 DF，且接口处没有 MF，也没有任何可见 DF 子结构。该组织结构支持卡内的独立应用，在这些独立应用中应用 DF 可以包含其 DF 层次和对应安全结构。

图 3 独立应用 DF 例示图

5.3.1 结构选择

5.3.1.1 结构选择方法

选择了一个结构，则可以访问其数据，如果是 DF 结构，则可以访问其子结构。结构选择可以是隐式实现，即，复位和可能的协议和参数的选择后自动进行(见 GB/T 16649.3)。如果一个结构不能被隐式选择，则应进行显式选择，如利用以下 4 种方式之一。

通过 DF 名称选择——任何 DF 都可以通过按 1 至 16 个字节编码的 DF 名称来引用。任何应用标识符(AID，见 8.2.1.2)均可作为 DF 名称。为了通过 DF 名称进行无二义性的选择，例如通过应用标识符 AID 选择，每个 DF 名称应在给定的卡内是唯一的。

通过文件标识符选择——任何文件都可以通过按2字节编码的文件标识符来引用。如果MF通过文件标识符来引用，应使用‘3F00’（保留值）。值‘FFFF’被保留供将来使用。值‘3FFF’被保留（见本条下文和7.4.1）。值‘0000’被保留（见7.2.2和7.4.1）。为了通过文件标识符来无二义性地选择任何文件，在给定DF下的所有直接EF和DF都应具有不同的文件标识符。

通过路径选择——任何文件都可以通过路径来引用（文件标识符的串联）。该路径以MF或当前DF的标识符开始，并且以文件自身的标识符结束。在这两个标识符之间，路径由连续父DF（如果有）的标识符组成。文件标识符的次序总是在父级至子级的方向上。如果当前DF的标识符未知，值‘3FFF’（保留值）可以用于路径的开始处。值‘3F002F00’和‘3F002F01’被保留（见8.2.1.1）。路径允许从MF或当前DF中无二义性地选择任何文件（见8.3）。

通过短EF标识符选择——任何EF都可以通过值在从1至30范围内的5位编码的短EF标识符来引用。用作短EF标识符的值0（即二进制的00000）引用了当前选择的EF，在MF级，值30（即二进制的11110）被保留（见8.2.1.1）。短EF标识符不能用在路径中或不能作为文件标识符（例如，在SELECT命令中）。

如果支持，可以按短EF标识符进行选择：

——如果第一个软件函数表（见表86）于历史字节（见8.1.1）或EF.ATR（见8.2.1.1）中出现，则可在卡级有效；

——如果短EF标识符（tag‘88’，见表12）于EF的控制参数（见5.3.3）中出现，则在EF级有效。

5.3.1.2 文件引用数据元

引用tag‘51’，表示行业间数据元为文件，该文件可以为任意长度。

——空数据对象引用MF；

——如果长度为1，该数据元b8至b4不全相等，且b3至b1置为000，b8至b4编码表示一个从1至30的数，则其为一个短EF标识符；

——如果长度为2，则该数据元为文件标识符；

——如果长度大于2，则该数据元为一条路径：

- 如果长度为偶数且头两个字节置为‘3F00’，则该路径为绝对路径。该数据元是由至少两个以MF标识符开始的文件标识符串联构成；
- 如果长度为偶数且头两个字节不是置为‘3F00’，则该路径为相对路径。该数据元是由至少两个以当前DF标识符开始的文件标识符串联构成；
- 如果长度为奇数，则该路径是受限制的。该数据元可以是无‘3F00’的绝对路径，也可以是没有当前DF标识符的相对路径，跟随的一个字节被用于一条或多条SELECT命令（见7.1.1和8.3）中的P1。

表10示出了文件引用数据对象。

表10 文件引用数据对象

tag	长度	值
‘51’	0	空数据对象引用MF
	1	短文件标识符（b8至b4编码表示一个从1至30的数；b3至b1置为000）
	2	文件标识符
	偶数，>2	绝对路径（头两个字节置为‘3F00’）
		相对路径（头两个字节不置为‘3F00’）
	奇数，>2	受限制的（最后一个字节将在一条或多条SELECT命令中用作P1）

5.3.2 数据引用方法

在DF中，数据可能引用为数据对象（见5.2）。在接口处DF可被视作一个能被数据处理命令处理的数据对象集合(见 7.4)。

在 EF 中,数据可能引用为数据单元(见 7.2.1)、记录(见 7.3.1)或数据对象(见 5.2)。数据引用方式依赖于 EF。定义了以下 3 种 EF 结构。

——透明结构—在接口处 EF 可被看作一数据单元(见 7.2)序列,该序列通过数据单元操作命令访问。数据单元大小与 EF 相关。

——记录结构—在接口处 EF 可被看作一可独立标识的记录序列,该序列通过处理记录的命令来访问(见 7.3)。记录编号方法与 EF 相关。为按记录构成的 EF 定义了下列两种属性。

- 记录的长度:固定的或可变的。
- 记录的组织结构:按顺序(线性结构)或者按环形(循环结构)。

——TLV 结构—在接口处 EF 可看作一个数据对象集合,该集合通过用于处理数据对象的命令来访问(见 7.4)。这些在 EF 中的数据对象是 SIMPLE-TLV 或 BER-TLV 的则与 EF 相关。

为引用 EF 数据,卡必须至少支持图 4 中 5 种结构中的一种。

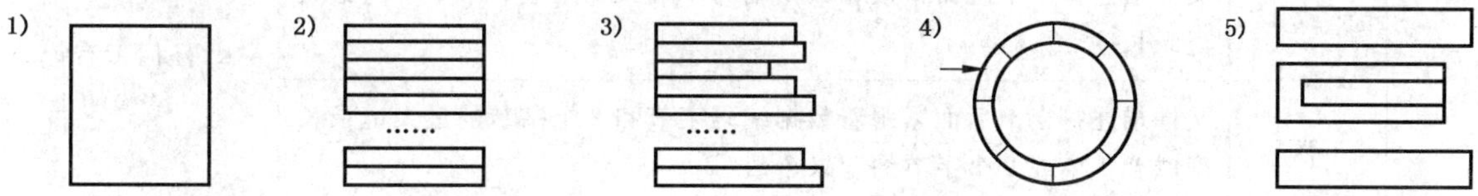

1) 透明结构;

2) 线性定长记录结构;

3) 线性变长记录结构;

4) 循环定长记录结构(箭头引用最近写入的记录);

5) TLV 结构。

图 4 EF 结构

5.3.3 文件控制信息 FCI

根据定义,文件控制信息(FCI)是可用于响应 SELECT 命令(见 7.1.1)的数据字节串。对于任何结构,例如任何 DF 或任何 EF,文件控制信息都可以呈现。

——如果第一个字节的值字段为'00'至'BF',则该字节串为 BER-TLV 编码。ISO/IEC JTC1/SC17 保留所有的未在本文档中定义的'00'至'BF'之间的值用于将来使用;

——如果第 1 个字节的值字段为'C0'至'FF',则该字节串未按本文档编码。

表 11 示出了 3 种行业间模板用来嵌套文件控制信息 BER-TLV 数据对象。

——FCP 模板是文件控制参数(FCP)的集合,即,在表 12 中列出的和下面定义的逻辑属性、结构属性和安全属性。在 FCP 模板中,特定上下文类(首字节为'80'至'BF')由文件控制参数保留,tag'85'和'A5'引用任意数据。

——FMD 模板是文件管理数据(FMD)的集合,即行业间数据对象(例如,如 8.2.1.2 中定义的应用标识符、8.2.1.4 中定义的应用标号和 GB/T 16649.6 中定义的应用有效日期,还可能是嵌套在如 8.2.1.3 中定义的应用模板中)。在 FMD 模板中,tag'53'和'73'引用任意数据。

——FCI 模板是文件控制参数和文件管理数据的集合。

表 11 与 FCI 相关的行业间模板

tag	值
'62'	文件控制参数(FCP 模板)
'64'	文件管理数据(FMD 模板)
'6F'	文件控制参数和文件管理数据(FCI 模板)

3 种模板可以根据选择“SELECT 命令”中的选项(见表 40)进行检索。

——如果 FCI 被置位,则 FCI tag 对引入相应数据字段的模板可选。

——如果 FCP 或 FMD 被置位,则对应 tag 必须出现。

表 12 列出了所有特定上下文类中的文件控制参数。如果一个文件存在控制参数时,表中还指出了它出现一次(明确表示)或重复出现(无表示)。

表 12 文件控制参数

tag	长度	值	适用于
‘80’	变量	在文件中的数据字节数,不包括结构信息	任何 EF,1 次
‘81’	2	在文件中的数据字节数,如果有,包括结构信息	任何文件,1 次
‘82’	1	文件描述符字节(见 5.3.3.3 和表 14)	任何文件
	2	文件描述符字节后面紧跟着数据编码字节(见表 87)	
	3 或 4	文件描述符字节后面紧跟着数据编码字节和 1 个或 2 个字节的最大记录长度	任何带有记录结构的 EF
	5 或 6	文件描述符字节后面紧跟着数据编码字节和 2 个字节的最大记录长度以及 1 个或 2 个字节的记录个数	
‘83’	2	文件标识符	任何文件
‘84’	1～16	DF 名称	任何 DF
‘85’	变量	非 BER-TLV 编码的专有信息	任何文件
‘86’	变量	以专有格式的安全属性	任何文件
‘87’	2	包含扩充 FCI 的 EF 标识符	任何 DF,1 次
‘88’	0 或 1	短 EF 标识符(见 5.3.3.1)	任何 EF,1 次
‘8A’	1	生命周期状态字节(LCS 字节,见 5.3.3.2 和表 13)	任何文件,1 次
‘8B’	变量	扩展格式安全属性(见 5.4.3.3 和表 15)	任何文件,1 次
‘8C’	变量	压缩格式安全属性(见 5.4.3.1)	任何文件,1 次
‘8D’	2	包含安全环境模板的 EF 标识符(见 6.3.4)	任何 DF
‘8E’	1	通道安全属性(见 5.4.3 和表 15)	任何文件,1 次
‘A0’	变量	数据对象模板安全属性(见 5.4.3)	任何文件,1 次
‘A1’	变量	私有格式模板安全属性	任何文件
‘A2’	变量	模板包含一或多对数据对象: 短 EF 标识符(tag‘88’)-文件参考(tag‘51’,L>2,见 5.3.1.2)	任何 DF
‘A5’	变量	BER-TLV 编码的私有信息	任何文件
‘AB’	变量	扩展格式模板安全属性(见 5.4.3.2)	任何文件,1 次
‘AC’	变量	加密机制标识模板(见 5.4.2)	任何 DF
——其他所有首字节为‘80’至‘BF’的特定上下文类型数据对象均保留。			

DF 的部分控制信息可以存储在某个应用控制下的 EF 文件中,在文件控制参数中通过 tag‘87’引用,如果出现此类 EF,则 FCI 必须以 FCP tag 或 FCI tag 引入。

5.3.3.1 短 EF 标识符

以下规则定义了任意 EF 控制参数中 tag‘88’的使用。

——如果卡支持短 EF 标识符选择(见 5.3.1.1)且无 tag'88',则标识符(tag 为'83')的第 2 个字节 b5～b1 编码表示短 EF 标识符。

——如果有 tag 位'88'且长度置为 0,则 EF 支持无短标识符。

——如果有 tag 位'88'且长度置为 1,如果数据元 b8～b4 不全相等且 b3～b1 置为 000,则 b8～b4 编码表示短 EF 标识符(1～30)。

5.3.3.2 生命周期状态字节

无论是卡,文件,还是其他对象,均有其生命周期。此生命周期状态可以帮助卡和接口设备区分在卡、文件和其他卡内数据对象使用时的不同逻辑安全状态。

为实现将生命周期作为一种属性(见 GB/T 16649.9)进行灵活管理,此处定义了 4 种原始的生命周期状态:

1) 创建状态;

2) 初始化状态;

3) 操作状态;

4) 终止状态。

该生命周期状态字节(LCS 字节)对应含义如表 13 所示:

——值'00'至'0F'为行业的;

——值'10'至'FF'为私有的。

表 13 生命周期状态字节

b8	b7	b6	b5	b4	b3	b2	b1	含义
0	0	0	0	0	0	0	0	没有信息给出
0	0	0	0	0	0	0	1	创建状态
0	0	0	0	0	0	1	1	初始化状态
0	0	0	0	0	1	—	1	操作状态(激活)
0	0	0	0	0	1	—	0	操作状态(停活)
0	0	0	0	1	1	—	—	终止状态
不全为零				×	×	×	×	专有的
——其他值由 ISO/IEC JTC1/SC17 保留供将来使用。								

以 tag'8A'引用,文件 LCS 字节可以出现在任意文件的控制参数中(见表 12)。

卡 LCS 字节可能在历史字节(见 8.1.1.3)中出现。以 tag'48'引用,卡 LCS 字节可能出现在 EF.ATR(见 8.2.1.1)中。如果有 MF,则卡至少处于创建状态。

注:除非特别规定,安全属性对操作状态有效。

5.3.3.3 文件描述符字节

以 tag'82'引用,任意文件的控制参数中可以包含数据元(见表 12)。

——数据元的第 1 个字节为文件描述字节(见表 14);

——如果数据元包含 2 个或更多字节,则第 2 个字节为数据编码字节(见表 87)。如果卡在若干位置设置了数据编码字节,则给定文件有效性在从 MF 至该文件的路径中最近点指示。

表 14 文件描述符字节

b8	b7	b6	b5	b4	b3	b2	b1	含义
0	x	—	—	—	—	—	—	文件可访问性
0	0	—	—	—	—	—	—	——不可共享的文件
0	1	—	—	—	—	—	—	——可共享的文件
0	—	1	1	1	0	0	0	DF

表 14（续）

b8	b7	b6 b5 b4	b3 b2 b1	含 义
0	—	不全置 1	— — —	EF 类型
0	—	0 0 0	— — —	——工作的 EF
0	—	0 0 1	— — —	——内部的 EF
0	—	其他所有值	— — —	——EF 专用类型使用
0	—			EF 结构
0	—	不全置 1	0 0 0	——没有信息被给出
0	—	不全置 1	0 0 1	——透明结构
0	—	不全置 1	0 1 0	——线性结构，固定长度，没有进一步的信息
0	—	不全置 1	0 1 1	——线性结构，固定长度，TLV 结构
0	—	不全置 1	1 0 0	——线性结构，可变长度，没有进一步的信息
0	—	不全置 1	1 0 1	——线性结构，可变长度，TLV 结构
0	—	不全置 1	1 1 0	——循环结构，固定长度，没有进一步的信息
0	—	不全置 1	1 1 1	——循环结构，固定长度，TLV 结构
0	—	1 1 1	0 0 1	——TLV 结构，用于 BER-TLV 数据对象
0	—	1 1 1	0 1 0	——TLV 结构，用于 SIMPLE-TLV 数据对象
——其他所有值均为 RFU。 ——“可共享”意味着至少支持在不同逻辑通道上的当前访问。				

5.4 安全体系结构

5.4.1 概述

本章描述安全状态、安全属性和安全机制。

安全状态

安全状态表示完成下列动作后可能获得的当前状态：

——复位应答（ATR）和可能的协议参数选择（PPS）和/或

——单个命令或一序列命令，可能执行的鉴别过程。

安全状态也可以从完成与所包含实体（如果有）的标识有关的安全规程中产生，例如，

——通过验证口令（例如，使用一个“VERIFY”命令）；或

——通过认证密钥（例如，使用“GET CHALLENGE”命令后面紧跟着“EXTERNAL AUTHENTICATE”命令，或使用 GENERAL AUTHENTICATE 命令序列）；或

——通过安全报文传输（例如，报文鉴别）。

考虑了 4 种安全状态：

——全局安全状态——在卡中使用 DF 层次，它可以通过完成与 MF 相关的鉴别规程进行修改（例如，附属于 MF 的口令或密钥的实体鉴别）；

——应用特定安全状态——它可以通过完成与应用相关的鉴别规程进行修改（例如，附属于特定应用的口令或密钥的实体鉴别）；它可以通过应用选择进行维护、恢复或被丢失；这种修改只与鉴别规程所属的应用相关。如果应用了逻辑通道，则应用特定安全状态依赖于逻辑通道；

——文件特定安全状态——它可以通过完成与 DF 相关的鉴别规程进行修改（例如，附属于特定 DF 的口令或密钥的实体鉴别）；它可以通过文件选择进行维护、恢复或被丢失；这种修改只与鉴别规程所属的应用相关。如果应用了逻辑通道，则文件特定安全状态依赖于逻辑通道；

——命令特定安全状态——仅在执行涉及使用安全报文传输的命令期间，它才存在；这种命令可以

保留未变化的其他安全状态。

安全属性

当安全属性存在时，它定义了允许的动作以及所处于的条件。文件的安全属性依赖于：它的分类(DF 或 EF)、在它的文件控制信息中的和/或在其父文件的文件控制信息中的任选参数。安全属性也可以与命令、数据对象及表格和视图联合。特别地，安全属性可以

——在数据访问之前强制性指定卡的安全状态；
——如果卡处于某种特定状态则限制某些函数对数据的访问(如 read only)；
——定义某些安全功能必须获取特定安全状态方能执行。

安全机制

本部分定义了下列安全机制：

——使用口令的实体鉴别：卡对从外界接收到的数据同保密的内部数据进行比较。该机制可以用来保护用户的权利。
——使用密钥的实体鉴别：待鉴别的实体必须按鉴别规程(例如，使用"GET CHALLENGE"命令后面紧跟着"EXTERNAL AUTHENTICATE"命令、GENERAL AUTHENTICATE 命令序列)来证明了解的相关密钥。
——数据鉴别：使用保密的或公开的内部数据，卡校验从外界接收到的冗余数据。另一种方法是使用保密的内部数据，卡计算数据元(密码的校验和或者数字签名)，并且将其插入发送给外界的数据中。该机制可以用来保护提供者的权利。
——数据加密：使用保密的内部数据，卡解密在数据字段中接收到的密文。另一种方法是，使用秘密的或公开的内部数据，卡计算密码，并将其插入数据字段中，尽可能与其他数据一起进行。该机制可以用来提供保密性服务，例如，用于密钥管理和有条件的访问。除了密码机制外，数据保密性可以通过数据伪装来获得。在此情况下，卡计算伪装字节串，并通过"异或"运算将其加到从外界接收到的数据字节中，或将其加到发送给外界的数据字节中。该机制可以用来保护秘密，并且减少报文过滤的可能性。

鉴别的结果可以按照应用的要求记录到内部 EF 中。

5.4.2 密码机制标识符模板

按 tag'AC'引用，任意 DF(见表 12)的控制参数中可以包含一个或多个加密机制标识符模板。每种对应该 DF 及其子结构的一种密码机制应用。这样的模板必须包含 2 个或更多的数据对象。

——第 1 个数据对象应为密码机制引用，tag 为'80'(见表 33)。
——第 2 个数据对象应为对象标识符，tag 为'06'，如 GB/T 16263.1 中所定义。该标识对象应是由密码机制限定或标准注册，如 ISO 标准。
  密码机制的例子有加密算法(如 ISO/IEC 18033[18])、消息认证码(如 ISO/IEC 9797[7])、认证协议(如 ISO/IEC 9798[8])、数字签名(如 ISO/IEC 9796[6] 或 14888[16])、已注册密码算法(如 ISO/IEC 9979[9])等等。
——如果还有后续数据对象，则以 tag'06'使用前导的已有机制(即操作模式，如 ISO/IEC 10116[11]、哈希功能，如 ISO/IEC 10118[12])，或显示参数(依赖于前导的已有机制的 tag)。

具体例子(解释见附录 A)

{'AC'-'0B'-{'80'-'01'-'01'}-{'06'-'06'-'28818C710201'}}

该模板将局部引用'01'和 ISO/IEC 18033-2[18] 中的第 1 个加密算法联合起来。

{'AC'-'11'-{'80'-'01'-'02'}-{'06'-'05'-'28CC460502'}-{'06'-'05'-'28CF060303'}}

第一个对象标识符指向 ISO/IEC 9798-5[8] 中第 2 种认证机制。第 2 个对象标识符指向 ISO/IEC 10118-3[12] 中第 3 个专用的散列函数。因此，该模板通过 SHA-1 将局部引用'02'和 GQ2 联合起来。

5.4.3 安全属性

以 tag‘86’,‘8B’,‘8C’,‘8E’,‘A0’,‘A1’或‘AB’引用,安全属性可以出现在任意文件(见表 12)的控制参数中。卡内任意对象(例如:命令、文件、数据对象、表/视图)可能与超过一个的安全属性和/或一个安全属性中包含的引用相关联。

以 tag‘A0’引用,数据对象安全属性模板可以出现在任意文件的控制参数中。该模板是通过安全状态数据对象的串联(tag‘86’,‘8B’,‘8C’,‘8E’,‘A0’,‘A1’,‘AB’)和 tag 链数据对象(tag‘5C’,见 8.5.1)来显示某个文件内的相关数据对象。

以 tag‘8E’引用,一种通道安全状态(至多一种)可以出现在任意文件(见表 12)和任意适合的安全环境(SE,见 6.3.3)的控制参数中。可以根据表 15 来解释。

——“不可共享”:表示至多一个逻辑通道可用,通道物理技术受限;

——“安全”:表示 SM 密钥(见 6)可用(例如,通过原有的鉴别来建立);

——“用户鉴别”:表示用户应被鉴别(例如,成功的口令验证)。

表 15 通道安全属性

b8	b7	b6	b5	b4	b3	b2	b1	含义
0	0	0	0	0	—	—	1	不可共享
0	0	0	0	0	—	1	—	安全
0	0	0	0	0	1	—	—	用户鉴别
——其他值由 ISO/IEC JTC1/SC17 保留供将来使用。								

在 SCQL 环境下(见 GB/T 16649.7,结构化卡查询语言命令),安全属性可在 SCQL 操作中指定,例如 CREATE TABLE 和 CREATE VIEW 命令。如果是使用基于本章定义的安全属性,那么将在 SCQL 操作的安全属性参数中被‘8B’,‘8C’或‘AB’取代。

格式——本章为对象绑定和安全属性定义了 2 种格式,基于位图的压缩格式和利用 TLV 列表管理扩展压缩格式的扩展格式。

5.4.3.1 压缩格式

在压缩格式中,访问规则由一个访问模式字节紧随一个或多个安全条件字节组成。对象访问控制受控于与相关对象绑定的访问规则。如果以‘8C’(见表 12)标记的数据对象值字段中包含多个访问规则,则取“或(OR)”条件。

访问模式字节——从 b7 至 b1 的每一位,置 0 则表示无对应安全条件,置 1 则有。当 b8 置为 1,则 b7～b4 可能用于其他命令,如特定应用命令。

表 16～表 19 定义了 DF,EF,数据对象和表格/视图对应的访问模式字节。

表 16 DF 访问模式字节

b8	b7	b6	b5	b4	b3	b2	b1	含义
0	—	—	—	—	—	—	—	b7～b1 依照此表设置
1	—	—	—	—	—	—	—	b3～b1 依照此表设置(b7～b4 专有)
0	1	—	—	—	—	—	—	DELETE FILE (self)
0	—	1	—	—	—	—	—	TERMINATE CARD USAGE (MF),TERMINATE DF
0	—	—	1	—	—	—	—	ACTIVATE FILE
0	—	—	—	1	—	—	—	DEACTIVATE FILE
—	—	—	—	—	1	—	—	CREATE FILE (DF creation)
—	—	—	—	—	—	1	—	CREATE FILE (EF creation)
—	—	—	—	—	—	—	1	DELETE FILE (child)

表 17 EF 访问模式字节

b8	b7	b6	b5	b4	b3	b2	b1	含义
0	—	—	—	—	—	—	—	b7～b1 依照此表设置
1	—	—	—	—	—	—	—	b3～b1 依照此表设置(b7～b4 专有)
0	1	—	—	—	—	—	—	DELETE FILE
0	—	1	—	—	—	—	—	TERMINATE EF
0	—	—	1	—	—	—	—	ACTIVATE FILE
0	—	—	—	1	—	—	—	DEACTIVATE FILE
—	—	—	—	—	1	—	—	WRITE BINARY,WRITE RECORD,APPEND RECORD
—	—	—	—	—	—	1	—	UPDATE BINARY, UPDATE RECORD, ERASE BINARY, ERASE RECORD(S)
—	—	—	—	—	—	—	1	READ BINARY, READ RECORD(S), SEARCH BINARY, SEARCH RECORD

表 18 数据对象访问模式字节

b8	b7	b6	b5	b4	b3	b2	b1	含义
0	—	—	—	—	—	—	—	b7～b1 依照此表设置
1	—	—	—	—	—	—	—	b3～b1 依照此表设置(b7～b4 专有)
0	x	x	x	x	—	—	—	000(其他值保留供将来使用)
—	—	—	—	—	1	—	—	MANAGE SECURITY ENVIRONMENT
—	—	—	—	—	—	1	—	PUT DATA
—	—	—	—	—	—	—	1	GET DATA

表 19 表格/视图访问模式字节

b8	b7	b6	b5	b4	b3	b2	b1	含义
0	—	—	—	—	—	—	—	b7～b1 依照此表设置
1	—	—	—	—	—	—	—	b3～b1 依照此表设置(b7～b4 专有)
0	1	—	—	—	—	—	—	CREATE USER,DELETE USER
0	—	1	—	—	—	—	—	GRANT,REVOKE
0	—	—	1	—	—	—	—	CREATE TABLE,CREATE VIEW,CREATE DICTIONARY
0	—	—	—	1	—	—	—	DROP TABLE,DROP VIEW
—	—	—	—	—	1	—	—	INSERT
—	—	—	—	—	—	1	—	UPDATE, DELETE
—	—	—	—	—	—	—	1	FETCH

安全条件字节——每一个安全条件字节指定了访问规则对应的安全机制。表 20 示出了安全条件字节。

表 20 安全条件字节

b8	b7	b6	b5	b4	b3	b2	b1	含义
0	0	0	0	0	0	0	0	无条件
1	1	1	1	1	1	1	1	Never

表 20 (续)

b8	b7	b6	b5	b4	b3	b2	b1	含义
—	—	—	—	0	0	0	0	不涉及安全环境
—	—	—	—	不全相等				安全环境标识符(1～14 字节,SEID 字节,见 6.3.4)
—	—	—	—	1	1	1	1	保留
0	—	—	—	—	—	—	—	至少一种条件
1	—	—	—	—	—	—	—	所有条件
—	1	—	—	—	—	—	—	安全报文
—	—	1	—	—	—	—	—	外部认证
—	—	—	1	—	—	—	—	用户认证(比如口令)

b8～b5 指明了所需的安全条件。如果不全相等,则 b4～b1 确定一种安全环境(见 6.3.4,SEID 字节从 1 到 14)和该环境中定义的安全机制(由 b7～b5 指定)以用于命令保护、外部证明和用户鉴定。

——如果 b8 置为 1,则必须满足 b7～b5 指定的所有条件;

——如果 b8 置为 0,则至少满足一种 b7～b5 指定的条件;

——如果 b7 置为 1,则安全环境的控制引用模板(见 6.3.1)由 b4～b1 指定,例如,一个 SEID 字节从 1 至 14,描述安全报文传输是否应用于对应命令的数据字段和应答数据字段(见表 35 使用限定字节)。

5.4.3.2 扩展格式

在扩展格式中,访问规则由一个访问模式数据对象紧随一个或多个安全条件数据对象组成。对象访问控制受控于与相关对象绑定的访问规则。以'AB'标记的模板可以出现在该规则下任意文件(见表 12)的控制参数中。

访问模式数据对象——一个访问模式数据对象包含一个访问模式字节(见表 16～表 19)或命令描述列表或一种私有状态机描述。后续的安全条件数据对象均与命令相关。表 21 示出了访问模式数据对象。

表 21 访问模式数据对象

tag	长度	值	含义
'80'	1	访问模式字节	见表 16～表 19
'81'至'8F'	变长	命令头描述	(部分)命令头列表(见表 22)
'9C'	变长	私有的状态机描述	私有的状态机描述

如果 tag 从'81'至'8F',则访问模式数据元表示为命令头 CLA、INS、P1 和 P2 四字节值的可能组合的列表。根据 tag 的 b4～b1,该列表仅包含如表 22 所描述的值。可能会用集合来定义一个命令集,例如,tag'87'下的 INS P1 P2,INS P1 P2,... 的值。

表 22 tag 为'81'至'8F'的访问模式数据对象

b8	b7	b6	b5	b4	b3	b2	b1	含义
1	0	0	0	x	x	x	x	命令描述包括:
1	0	0	0	1	—	—	—	——(CLA)即 CLA 的值
1	0	0	0	—	1	—	—	——(INS)即 INS 的值
1	0	0	0	—	—	1	—	——(P1)即 P1 的值
1	0	0	0	—	—	—	1	——(P2)即 P2 的值

——CLA 的值作为通道号编码为 0,表示描述与逻辑通道无关。

——INS 的编码为偶数,表示描述与数据字段格式指示无关。

安全条件数据对象——依据表 23,安全条件数据对象定义了访问受特定访问模式数据对象保护的对象所需的安全操作。如果用作安全条件,由'A4'(AT)、'B4'(CCT)、'B6'(DST)或'B8'(CT)引用的控制引用模板(见 6.3.1)包含使用限定数据对象(见表 35)以指示安全动作。

表 23 安全条件数据对象

tag	长度	值	含义
'90'	0	—	Always
'97'	0	—	Never
'9E'	1	安全条件字节	见表 20
'A4'	变长	控制引用模板	外部或用户认证依赖于使用限定符
'B4''B6''B8'	变长	控制引用模板	命令 SM 和响应依赖于使用限定符
'A0'	变长	安全条件数据对象	至少满足一种安全条件(OR 模板)
'A7'	变长	安全条件数据对象	安全条件倒置(NOT 模板)
'AF'	变长	安全条件数据对象	满足所有安全条件(AND 模板)

一些安全条件数据对象可能为同一操作控制:

——如果安全条件数据对象按 OR 模板嵌套(tag'A0'),则动作之前必须满足至少一个安全条件;

——如果安全条件数据对象不按 OR 模板嵌套(tag'A0')或按 AND 模板嵌套(tag'AF'),则动作之前必须满足所有安全条件;

——如果安全条件数据对象按 NOT 模板嵌套(tag'A7'),则在安全条件不满足之前,其值已为真。

5.4.3.3 访问规则引用

扩展格式的访问规则可以保存在 EF 中(支持线性变长记录结构)。该 EF 被命名为 EF.ARR。一个或多个访问规则可以按记录号保存在每一个记录中,该记录号被命名为 ARR 字节。表 24 给出了 EF.ARR 的布局。

表 24 ARR 布局

记录号(ARR 字节)	记录内容(1 个或多个访问规则)
1	访问模式数据对象,一个或多个安全条件数据对象,访问模式数据对象,……
2	访问模式数据对象,一个或多个安全条件数据对象,……

按 tag'8B'引用,扩展格式(见表 25)下安全属性数据对象可以出现在任意文件(见表 12)的控制参数中。

——如果长度为 1,则值字段为一个 ARR 字节,对应一个隐含的 EF.ARR 记录;

——如果长度为 3,则值字段为一个文件标识符紧随一个 ARR 字节,该文件标识符引用 EF.ARR 且 ARR 字节即 EF.ARR 中的记录号;

——如果长度为偶数且至少为 4,则值字段为文件标识符紧随一个或多个字节对,每一对包含一个 SEID 字节紧随一个 ARR 字节,该 SEID 字节标识由 ARR 字节引用的访问规则应用的安全环境。

表 25 安全属性数据对象应用扩展格式

tag	长度	值
'8B'	1	ARR 字节(1 个字节)
	3	文件标识符(2 个字节)-ARR 字节(1 个字节)
	偶数,>3	文件标识符(2 个字节)-SEID 字节(1 个字节)-ARR 字节(1 个字节)-[SEID 字节-ARR 字节]-……

当前 SE 的 ARR 字节指明访问规则对应用 DF 的当前访问有效。

注：如果未在早期的 MANAGE SECURITY ENVIRONMENT 命令中设置 SE，则默认 SE 即为当前 SE。

5.4.4 安全支持数据元

本条定义了安全支持数据元的集合，该数据元中包含管理数据操作方式的规则。安全支持数据元扩展和细化了控制引用数据对象。卡将把它们作为应用所需安全机制的基本支持。应用可能引用它们作为安全报文和安全操作(见 GB/T 16649.8)。本条既不描述安全支持数据元的特征，如长度，也不定义能修改它们的值的算法。

原则——卡必须按如下原则维护和使用安全支持数据元的值：

——更新的值将由卡计算得出或者由外部提供，且对于特定类型的安全支持数据元将满足特定规则；

——更新必须在导致更新的命令进行输出之前进行。更新将不依赖于命令的未完成状态。如果在可能导致更新的操作中，须先对数据元的值进行更新，然后用于应用；

——特定应用的功能执行对特定应用安全支持数据元的访问是受限的。

注：命令-响应对中实际的安全实现是依赖于应用特定的算法和协议的，而卡仅仅提供数据元和对应使用规则的支持。

数据元——卡用以支持命令-响应对安全的数据元称为级数值。级数值在卡的生命周期中随特定事件而增加，每次卡激活对应级数值便不同。定义以下两种级数值——卡会话计数器和会话标识符。

——卡会话计数器在每次卡激活时计数(增加)一次；

——会话标识符从卡会话计数器和外部提供数据计算得来。

定义以下两类级数值：

——内部级数值：对于某种应用，用来记录特定事件发生的次数，发生该事件数据元便递增一次，且卡对该数据元提供专门的重置归 0 功能。内部级数值不可被外部控制，类似于卡内实时安全标记。内部级数值可用于密码计算。

——外部级数值：对于某种应用，将只能被外部数据更新。且待更新的数值必须比当前卡内所存的值大。

引用——卡按以下方式提供对安全支持数据元的访问。

——EF 可以出现于 MF(如卡会话计数器)或应用 DF(如特定应用级数值)中；

——补充数据对象(tag 为‘88’，‘92’，‘93’，见表 33)可以出现于控制引用模板。如果 SE 明确使用这些数据元，那么这些 tag 可用；

——在以 tag‘7A’引用的行业间模板中，特定上下文类别(首字节从‘80’到‘BF’)用于安全支持数据对象(见表 26)。

表 26 安全支持数据对象

tag	值
‘7A’	带下面 tag 的支持安全的数据对象集
‘80’	卡会话计数器
‘81’	卡会话标识符
‘82’至‘8E’	文件选择计数器
‘93’	数字签名计数器
‘9F2X’	内部进度值(‘X’为指定索引，例如引用文件选择计数器的索引)
‘9F3Y’	外部进度值(‘Y’为指定索引，例如引用外部时戳的索引)
——本文中，ISO/IEC JTC1/SC17 保留任何其他的特定上下文类的数据对象(首字节从‘80’到‘BF’)。	

6 安全报文

安全报文(Secure messaging)通过确保数据秘密性和数据鉴别这两个基本安全功能，来保护全部或部分命令-响应对或拼接起来的连续的数据字段(命令链,见5.1.1.1,SW1设置为'61')。安全报文通过应用一个或多个安全机制来实现。也可通过一种DF(见5.3.3)控制参数中的密码机制标识符模板(参考5.4.2)来识别。每种安全机制包括密码算法,操作模式,密钥,参数(输入数据),还经常包含初始化数据。

——数据字段的传送和接收可与安全机制的处理交替进行。本规范不排除通过系列的分析处理余下的数据字段部分所用的机制和安全选项的决定;

——两个或多个安全机制可能会使用相同的密码算法,尽管会有不同的操作模式。因此而产生的补充规则并不排除本特性。

6.1 SM字段和SM数据对象

根据定义,SM格式以及SM模板(tag'7D')中的任何命令或响应数据字段都是SM字段。每一个SM字段被编码为BER-TLV(见5.2.2),其中的特定的上下文类(首字节从'80'到'BF')保留作SM数据对象。在命令-响应对中,SM格式可被默认地选择,如在发出命令前获知,或者明确地选择,如在CLA中指示(见5.1.1)。

注:命令链和/或设置SW1为'61'的方式引出一命令序列,数据字段(以及相关的数据对象)可以被拆分为连续的更小的数据字段。这样的情况下,当使用SM格式时,在同一方向上的同一序列的拼接起来的所有的连续的数据字段就是一个SM数据字段。

表27示出了本文档中列出的在特定的上下文类的SM数据对象。一些SM数据对象(SM tag '82','83','B0','B1')为递归式的,如无格式值字段就是一个SM字段。

表27 SM数据对象

tag	值
'80','81'	未编码为BER-TLV的无格式值
'82','83'	密码(编码为BER-TLV的无格式值并包含SM数据对象,如SM字段)
'84','85'	密码(编码为BER-TLV的无格式值,但不包含SM数据对象)
'86','87'	填充内容指示字节,其后是密码(未编码为BER-TLV的无格式值)
'89'	命令头(CLA INS P1 P2,4字节)
'8E'	密码校验和(至少4字节)
'90','91'	哈希编码
'92','93'	证书(未编码为BER-TLV的数据)
'94','95'	安全环境标识符(SEID字节)
'96','97'	不安全的命令-响应对中编码Ne的1个或2个字节(可能为空)
'99'	处理状态(SW1-SW2,2字节,可能为空)
'9A','9B'	输入的用于数字签名计算的数据元(值字段时有符号的)
'9C','9D'	公钥
'9E'	数字签名
'A0','A1'	用于计算哈希编码的输入模板(模板本身也是哈希值)
'A2'	用于验证密码校验和的输入模板(包括模板本身)
'A4','A5'	用于认证控制引用模板(AT)
'A6','A7'	用于密钥协商的控制引用模板(KAT)
'A8'	用于验证数字签名的输入模板(模板是有符号的)
'AA','AB'	用于哈希编码的控制引用模板(HT)
'AC','AD'	用于数字签名计算的输入模板(连接的值字段是有符号的)
'AE','AF'	用于验证证书的输入模板(连接的值字段是有符号的)
'B0','B1'	编码为BER-TLV的无格式值并包含SM数据对象,如SM字段
'B2','B3'	编码为BER-TLV的无格式值,但不包含SM数据对象
'B4','B5'	用于密码校验和的控制引用模板(CCT)
'B6','B7'	用于数字签名的控制引用模板(DST)

表 27（续）

tag	值
‘B8’,‘B9’	用于保证秘密性的控制引用模板(CT)
‘BA’,‘BB’	响应描述符模板
‘BC’,‘BD’	用于数字签名计算的输入模板(模板是有符号的)
‘BE’	用于验证证书的输入模板(模板被验证)
——在本上下文中,ISO/IEC JTC1/SC17 保留了特定上下文类的任何其他数据对象(第一字节从‘80’到‘BF’)。	

在 SM 字段中,每个 SM 数据对象(特定上下文类)的 tag 字段(tag 奇偶)的最后一个字节的 bit 1 用于指示,该 SM 数据对象是否包括在用于认证(密码校验和,见 6.2.3.1,或者数字签名,见 6.2.3.2)的数据元的计算中(bit 1 为 1,奇 tag 数,表示包括;bit 1 为 0,偶 tag 数,表示不包括)。如果出现,那么其他类的数据对象(如行业间数据对象)也包括在计算中。如果该计算出现,该数据元为认证(SM tag ‘8E’,‘9E’)的某 SM 数据对象的值字段,出现在该 SM 字段的最后。

有两类 SM 数据对象:

——每个基本 SM 数据对象(见 6.2)携带一个无格式值,或者输入,或者一个安全机制的结果。

——每个附加 SM 数据对象(见 6.3)携带一个控制引用模板,或者一个安全环境标识符,或者一个响应描述符模板。

注:基本 SM 数据对象也用于控制安全操作(见 GB/T 16649.8)。附加 SM 数据对象也用于管理安全环境(见 7.5.11)。安全报文使用的全局安全方法与安全操作共享一些安全相关的方法,如安全中使用的原子方法。附录 B 为这 2 种方法之间的协同的示例。

6.2 基本 SM 数据对象

6.2.1 用于封装无格式值的 SM 数据对象

对于 SM 数据字段和非 BER-TLV 编码的数据,封装是必要的。对不包括 SM 的 BER-TLV 和数据对象,封装是可选择的。表 28 为封装了无格式值的 SM 数据对象。

表 28 封装无格式值的 SM 数据对象

tag	值
‘B0’,‘B1’	编码为 BER-TLV 的无格式值,并包含 SM 数据对象(如 SM 字段)
‘B2’,‘B3’	编码为 BER-TLV 的无格式值,不包含 SM 数据对象
‘80’,‘81’	没有编码为 BER-TLV 的无格式值
‘89’	命令头(CLA INS P1 P2,4 字节)
‘96’,‘97’	不安全的命令-响应对中编码 Ne 的 1 个或 2 个字节(可能为空)
‘99’	处理状态(SW1-SW2,两字节,可能为空)

6.2.2 用于保持秘密性的 SM 数据对象

表 29 显示了用于保持数据秘密性的 SM 数据对象。

表 29 用于保持数据秘密性的 SM 数据对象

tag	值
‘82’,‘83’	密文(编码为 BER-TLV 的无格式值,并包含 SM 数据对象,如 SM 字段)
‘84’,‘85’	密文(编码为 BER-TLV 的无格式值,不包含 SM 数据对象)
‘86’,‘87’	填充内容指示字节,其后是密码(没有编码为 BER-TLV 的无格式值)

用于保持秘密性的安全机制由某种操作模式的密码算法组成。当没有明确指出并且没有暗含选择某种机制时,应用默认的机制保持秘密性:

——对有填充指示的密码算法，默认机制是“电子密码本”模式的块密码。该分组密码可能包含填充字节。保持数据秘密性的填充可能影响到传输：密文（一个或多个分组）可能长于此无格式值。

——对无填充指示的密文，默认机制是流密码。在这种情况中，密码是数据字节串与同样长度的隐蔽串的异或。隐蔽的方式中数据没有填充，且通过同样的方式恢复得到数据字节串。

无格式值未编码为BER-TLV格式时需要指明有填充和/或内容。如果有填充但未指明，应用6.2.3.1中列出的规则。表30为填充—内容指示字节。

表30 填充—内容指示字节

值	含义
‘00’ ‘01’ ‘02’	没有更多的意义 根据6.2.3.1指定的方式填充 无填充
‘1X’ ‘2X’ ‘3X’ ‘4X’	1～4个加密信息而不是加密密钥的秘密密钥（‘X’表示‘0’到‘F’的任意值） ‘11’表示第一密钥（如，付费电视系统中的“事件”控制字） ‘12’表示第二密钥（如，付费电视系统中的“奇数”控制字） ‘13’表示接连的第一、二密钥（如，付费电视系统中一对控制字） 用于加密密钥而不是信息的私钥（‘X’表示‘0’到‘F’的任意值） （如，在付费电视系统中，加密控制字的操作密钥和加密操作密钥的控制密钥） 非对称密钥对中的私钥（‘X’表示‘0’到‘F’的任意值） 口令（‘X’表示‘0’到‘F’的任意值）
‘80’到‘8E’	私有
——根据ISO/IEC JTC1/SC17，其他值保留为将来使用。	

6.2.3 用于认证的SM数据对象

表31为用于认证的SM数据对象。

表31 用于认证的数据对象

tag	值
‘8E’	密码校验和（至少4字节）
‘90’，‘91’	哈希编码
‘92’，‘93’	证书（非BER-TLV格式的数据）
‘9C’，‘9D’	公钥
‘9E’	数字签名
输入数据对象（另见GB/T 16649.8）	
‘9A’，‘9B’	用于计算数字签名的输入模板值字段是有符号的）
‘A0’，‘A1’	用于计算哈希编码的输入模板（模板本身也被哈希）
‘A2’	用于验证密码校验和的输入模板（包括模板本身）
‘A8’	用于验证数字签名的输入模板（模板是有符号的）
‘AC’，‘AD’	用于数字签名计算的输入模板（连接的值字段是有符号的）
‘AE’，‘AF’	用于验证证书的输入模板（连接的值字段是有符号的）
‘BC’，‘BD’	用于计算数字签名的输入模板（模板是有符号的）
‘BE’	用于验证证书的输入模板（模板是有符号的）

6.2.3.1 密码校验和数据元

计算密码校验和涉及到一个初始化检查块，密钥和加密算法（见ISO/IEC 18033[18]）或哈希函数

(见 ISO/IEC 10118[12])。

计算的方法可以是系统规范中的一部分。或者使用密码机制标识符模板(见 5.4.2)标识一个确定的计算方法的标准。

除非特别申明,应该采用下列计算方法。在密钥的控制下,算法主要将 k 字节(通常为 8,16 或 20)的当前的输入块转换为同样大小的当前输出块。计算过程分以下几个阶段:

初始化阶段:初始化阶段设置初始化检查块为下列块之一:

——空块,如 k 字节设置为'00';

——链接块,如之前的计算所产生的结果,即对命令,为之前的命令中的最后的检查块,对响应,为之前响应的最后的检查块;

——提供的初始化值块,如外部提供的;

——在密钥的控制下将辅助数据转换为辅助块。如果辅助数据长度小于 k 字节,在之前加入 0 以达到块的长度。

持续阶段:为保护命令头(CLA INS P1 P2),可以对其进行封装(SM tag'89')。但如果 CLA 中的 bit 8～bit 6 设置为 000,且 bit 4、bit 3 设置为 11(见 5.1.1),第一个数据块由命令头(CLA INS P1 P2)组成,其后是一个设置为'80'的字节,并且 k-5 个字节设置为'00'。

密码校验和应包含任何有奇 tag 数的安全报文数据对象和任何第一字节不为'80'到'BF'的数据对象。这些数据对象应以相连数据块的形式包含在当前检查块中。依据以下原则划分数据块:

——相邻的数据对象之间的边界上的数据块应该是连续的。

——在每个包含的数据对象的后面增加填充,并且填充之后是一个未包含的数据对象,或者没有数据对象。填充至少由一个必须设置为'80'的字节组成,如果还有其他字节,将会是 0 到 k-1 个设置为'00'的字节,直到相应的数据块填至 k 字节。由于填充字节未被传送,填充将不会影响到认证。

这样的机制中,操作模式为"加密分组链"(见 ISO/IEC 10116[11])。第 1 个输入是检查块与第 1 个数据块的异或。第 1 个输出由第 1 个输入产生。当前输入是前一个输出与当前数据块的异或。当前输出由当前输入产生。

最终阶段:最后的检查块就是最后的输出。最终阶段从最后的检查块中提取密码校验和(前 m 字节,至少有 4 字节)。

6.2.3.2 数字签名的数据元

数字签名方案依赖于非对称密码技术(见 ISO/IEC 9796[6],14888[16])。计算过程中使用到了哈希函数(见 ISO/IEC 10118[12])。输入的数据由数字签名的输入数据对象的数据字段,或者某个数字签名的输入模板的多个数据字段的值字段拼接而成,可由 6.2.3.1 中指定的方法确定。

6.3 辅助的 SM 数据对象

表 32 为辅助的 SM 数据对象。

表 32 辅助的 SM 数据对象

tag	含义
'94','95'	安全环境标识符(SEID 字节)
'A4','A5'	认证中有效的控制引用模板(AT)
'A6','A7'	密钥协商中有效的控制引用模板(KAT)
'AA','AB'	哈希编码中有效的控制引用模板(HT)
'B4','B5'	密码校验和中有效的控制引用模板(CCT)
'B6','B7'	数字签名中有效的控制引用模板(DST)
'B8','B9'	保持秘密性中有效的控制引用模板(CT)
'BA','BB'	响应描述符模板

6.3.1 控制引用模板

已经定义6类控制引用模板，即认证中有效(AT)，密钥协商(KAT)，哈希编码(HT)，密码校验和(CCT)，数字签名(DST)和通过对称密钥(CT-sym)或非对称密钥技术(CT-asym)来保持秘密性(CT)。

每种安全机制包括一个处于某种操作模式的密码算法，使用一个密钥，并且可能会有初始化数据。可以隐式选择这些项，如发出命令前知道，或者显式的选择这些项，如通过嵌在控制引用模板中的控制引用数据对象。在控制引用模板中，保留特定上下文类(第1字节为'80'到'BF')作为控制引用数据对象。

SM字段中，控制引用模板的最后的可能位置就在应用引用机制的第1个数据对象之前。例如，密码校验和中有效的模板(CCT)的最后的可能位置就在计算中引入的第1个数据对象之前。

每一个控制引用对象在同类机制中的新的控制引用出现之前保留有效。例如，某条命令能为下一条命令提供控制引用。

6.3.2 控制引用模板中的控制引用数据对象

每个控制引用模板(CRT)是一个控制引用数据对象的集合：一个密码机制引用，一个文件和密钥引用，一个初始化数据引用，一个使用限定符和在保持秘密性的控制引用模板的内容加密引用。

——密码机制引用表示一个处于某种操作模式的加密算法。任何DF的控制参数(见表12中的tag'AC')可包含密码机制标识符模板(见5.4.2)。每个模板指出该密码机制引用的含义。

——文件引用(与5.3.1.2中的编码相同)表示在文件中的某处密钥引用有效。如果没有文件引用，密钥引用在当前DF(可能是一个应用的DF)中有效。密钥引用明确地识别使用的密钥。

——当应用于密码校验和时，初始化数据引用指出初始检查块。如果没有初始化数据引用且没有隐式地选择初始检查块则应用空块。并且在通过流密码传输第一个用于保持秘密性的数据对象前，保持秘密性的模板应该提供辅助数据以初始化秘密字节串的计算。

表33列出控制引用数据对象并指出相关的控制引用模板。所有的控制引用数据对象都在特定上下文的类中。

表33 控制引用模板中的控制引用数据对象

tag	值	AT	KAT	HT	CCT	DST	CT-asym	CT-sym
'80'	密码机制引用	×	×	×	×	×	×	×
文件和密钥引用								
'81'	——(与5.3.1.2中的编码相同)	×	×	×	×	×	×	×
'82'	——DF名(见5.3.1.1)	×	×	×	×	×	×	×
'83'	——秘密密钥引用(直接使用)	×	×	×	×			×
	——公钥引用	×	×	×		×	×	
	——引用数据限定符	×						
'84'	——计算会话密钥的引用	×	×		×			×
	——私钥引用	×	×			×	×	
'A3'	——密钥使用模板(见下面的文本)	×	×	×	×	×	×	×
初始化数据引用：初始检查块								
'85'	——L=0，空块			×	×			×
'86'	——L=0，块链			×	×			×
'87'	——L=0，前一个初始值块加一				×			×
	——L=k，初始值块			×	×			

表 33（续）

tag	值	AT	KAT	HT	CCT	DST	CT-asym	CT-sym
初始化数据引用:辅助数据元(另见 5.4.3)								
‘88’	——L=0,前一个交换的挑战加一				×	×	×	×
	——L>0,无下一步指示							
‘89’到‘8D’	——L=0,专有数据元索引				×			×
	——L>0,专有数据元值				×			
‘90’	——L=0,卡提供的哈希编码			×		×		
‘91’	——L=0,卡提供的随机数		×		×	×	×	
	——L>0,随机数					×	×	
‘92’	——L=0,卡提供的时戳			×		×	×	
	——L>0,时戳					×	×	
‘93’	——L=0,前一个数字签名计数器加一			×		×	×	×
	——L>0,数字签名计数器					×	×	×
‘94’	源于密钥的挑战或数据元	×			×			×
‘95’	使用限定符字节(见下面文本)	×	×		×	×	×	×
‘8E’	密码内容模板(见下面文本)						×	×
——本文中,ISO/IEC JTC1/SC17 保留任何其他特定上下文类的数据对象(首字节从‘80’到‘BF’)。 ——CRT 可能含行业间数据对象,如 AT 中的证书持有者的授权(tag‘5F4C’,见 6.3.4),HT 或 DST 中的头列表或扩展的头列表(tag‘5D’和‘4D’,见 8.5.1)。								

在任何控制引用模板中,密钥使用模板(tag‘A3’)可使一个文件和密钥引用与密钥使用计数器和/或密钥重试计数器关联(见表 34)。

表 34　密钥使用数据对象

tag	值
‘A3’	带下面 tag 的密钥使用数据对象集
‘80’至‘84’	表 33 中列出的文件和密钥引用
‘90’	密钥使用计数器
‘91’	密钥重试计数器
——本文中,ISO/IEC JTC1/SC17 保留任何其他的特定上下文类的数据对象(第一字节从‘80’到‘BF’)。	

在任何用于认证的控制引用模板(AT)、用于密钥协商的控制引用模板(KAT)、用于密码校验和的控制引用模板(CCT)、用于保持秘密性的控制引用模板(CT)或用于数字签名的控制引用模板(DST)中,用法限定字节(tag‘95’)可指定该模板作安全条件(见 5.4.3.2 和表 23)或,遵循 MANAGE SECURITY ENVIRONMENT 命令(见 7.5.11)。表 35 为用法限定字节。

表 35　用法限定字节

b8	b7	b6	b5	b4	b3	b2	b1	含　义
1	—	—	—	—	—	—	—	验证(DST,CCT),加密(CT),外部认证(AT),密钥协商(KAT)
—	1	—	—	—	—	—	—	计算(DST,CCT),解密(CT),内部认证(AT),密钥协商(KAT)
—	—	1	—	—	—	—	—	响应数据字段中的安全报文(CCT,CT,DST)

表 35（续）

b8	b7	b6	b5	b4	b3	b2	b1	含　义
—	—	—	1	—	—	—	—	命令数据字段中的安全报文(CCT,CT,DST)
—	—	—	—	1	—	—	—	基于密码的用户认证(AT)
—	—	—	—	—	1	—	—	基于生物特征的用户认证(AT)
—	—	—	—	—	—	x	x	xxxxxx00(任何其他值保留作未来使用)

在任何保持秘密性的控制引用模板中(CT)，密码内容引用(tag‘8E’)可指定加密的内容。值字段的第一个字节是必备的，其名称是密码描述符字节。表 36 为密码描述符字节示意。

表 36　密码描述符字节

值	含　义
‘00’	无更多的含义
‘1X’	一到四个加密信息而不是加密密钥的秘密密钥(‘X’表示‘0’到‘F’的任意值) ‘11’表示第一密钥(如，付费电视系统中的“事件”控制字) ‘12’表示第二密钥(如，付费电视系统中的“奇数”控制字) ‘13’表示接连的第一、二密钥(如，付费电视系统中一对控制字)
‘2X’	用于加密密钥而不是信息的秘密密钥(‘X’表示‘0’到‘F’的任意值) (如，在付费电视系统中，加密控制字的操作密钥和加密操作密钥的控制密钥)
‘3X’	非对称钥对中的私钥(‘X’表示‘0’到‘F’的任意值)
‘4X’	口令(‘X’表示‘0’到‘F’的任意值)
‘80’至‘FF’	专有
——根据 ISO/IEC JTC1/SC17，其他值保留为未来使用。	

6.3.3　安全环境

本条说明引用密码算法、操作模式、协议、程序、密钥与安全报文和安全操作(见 GB/T 16649.8)所需的任何其他的数据安全环境(SE)。SE 包含存储在卡中的数据元，或经指定的算法计算的结果数据元。SE 可包含初始化用于该环境的非持续的数据的机制，如，会话密钥。SE 可为处理计算结果提供指示，如卡中存储。行业间的 SE 模板(tag‘7B’)描述了一个 SE。

SE 标识符：SE 标识符(SEID 字节)可引用任何安全环境，如，安全报文、通过 MANAGE SECURITY ENVIRONMENT 命令(见 7.5.11)存储和转存。

——除非在应用中另外指定，‘00’表示空环境，其中没有定义安全报文和认证。

——‘FF’表示该环境中无操作可执行。

——除非在应用中另外指定，‘01’为默认 SE 所保留，并一直可用。本条未指定默认 SE 的内容，可能为空。

——‘EF’保留为将来使用。

组件：控制引用模板(CRT)可描述 SE 的各种组件。环境定义中的某个机制指定的任何相关的控制引用(文件，密钥或数据)，应该根据相关的 DF 在该机制使用前确定下来。绝对控制引用(如，绝对路径)不需要确定。在 SE 中，组件可能有两种：一种在命令数据字段中的 SM 才有效，另一种在响应数据字段中的 SM 有效。

在任意的卡操作期间，应通过默认或作为卡执行命令的结果激活当前的 SE。当前 SE 包含下面的组件中的一个或多个：

——某些组件属于与当前 DF 关联的默认 SE。

——某些组件通过使用安全报文的命令传送。

——某些组件通过 MANAGE SECURITY ENVIRONMENT 命令传送。

——某些组件被 MANAGE SECURITY ENVIRONMENT 命令中的 SEID 字节调用。

当发生下列事件前，当前 SE 有效：直到有热复位或触点终止(见 GB/T 16649.3)，或上下文的改变(如，通过选择不公的应用 DF)，或设置 MANAGE SECURITY ENVIRONMENT 命令，或替换当前 SE。

在 SM 中，在 CRT 中传输的控制引用数据对象应优先于任何其他当前 SE 中出现的相应的控制引用数据对象。

证书持有者的认证：认证过程可使用卡可验证的证书，如，通过使用公开密钥(见 GB/T 16649.8)的 VERIFY CERTIFICATE 操作，卡能够解释和检验模板。在这样的证书中，证书持有者的认证(如，角色标识符)可转换为通过 tag'5F4C'引用的行业间数据元。如果这样的数据元在安全条件中使用，以实现访问数据或功能，这时该数据对象(tag'5F4C')应出现在用于认证的控制引用模板(AT)中，以描述认证的过程。

注：因此 GB/T 16649 不赞成使用 tag'5F4B'。

访问控制：卡可在包含行业间 SE 模板(tag'7B')的 EF 中(见表 12 中的 tag'8D')存储用于访问控制的安全环境。行业间 SE 模板中(tag'7B')，特定上下文类(第一字节'80'至'BF')为安全环境数据对象保留。如表 37 列出，每个包含的 SE，安全环境模板包含一个 SEID 字节数据对象(tag'80')，一个可选的 LCS 字节对象(tag'8A')，一个或多个可选加密机制标识符模板(tag'AC')和一个或多个 CRT (tag'A4'，'A6'，'AA'，'B4'，'B6'，'B8'，作为 SM tag)。

表 37　安全环境数据对象

tag	值
'7B'	带下面 tag 的安全环境数据对象的集合
'80'	SEID 字节，强制
'8A'	密码机制标识符模板(见 5.4.2)，可选
'A4'，'A6'，'AA'，'B4'，'B6'，'B8'	CRTs(见 6.3.1)
——本文中 ISO/IEC JTC1/SC17 保留特定上下文类的任何其他数据对象(第一字节'80'至'BF')。	

如果 LCS 字节数据对象在 SE 模板中出现，则它表明该 SE 在哪个生命周期阶段有效。如果 SE 用于访问控制，如对文件，则该文件的 LCS 字节和该 SE 的 LCS 字节必须匹配。如果无 LCS 字节，则该 SE 在激活的操作状态下有效。

在 SE 模板中，如果 CRT 携带一些有相同 tag 的数据对象(如，某个密钥引用指定的数据对象)，则至少要有一个数据对象存在(OR 条件)。

SE 检索：当前 SE 中的 CRT 可以通过 GET DATA 命令来检索，该命令的 P1-P2 设置为'004D'(扩展的头列表，见 8.5.1)、该命令的数据字段由 SE 模板(tag'7B')组成、该 SE 模板由一对或多对 CRT tag+'80'组成(见 8.5.1，扩展头列表中设置为'80'的长度的使用)。

6.3.4　响应描述符模板

每个命令数据字段可包含一个响应描述符模板。如果出现在命令数据字段中，响应描述符模板应指示响应数据字段中所需的 SM 数据对象。在响应描述符模板中，安全机制尚未应用；接收实体应使用安全机制来构造响应数据字段。用于处理命令数据字段的安全项(算法、操作模式、密钥和初始的数据)可与处理响应数据字段的安全项不同。依照下面的规则：

——卡填充每个空的原始基本 SM 数据对象。

——响应描述符模板中出现的每个 CRT 应该在响应中的相同位置与相同的用于安全机制、文件和密钥的控制引用数据对象一起出现。

- 如果响应描述符模板提供辅助的数据，则响应中的相应的数据对象应该为空。

- 如果辅助数据的空引用数据对象出现在响应描述符模板中,则应该在响应中填充。

——通过相关的安全机制和选择的安全项,卡应该处理所有请求的基本 SM 数据对象。

6.4 命令-响应对中 SM 的效果

图 5 为命令-响应对的示例。

命令头	命令体
[数据字段]	[Lc字段][数据字段][Le字段]

响应体	响应尾
[数据字段]	SW1-SW2

图 5 命令-响应对

下面规则应用于保护行业间类(见 5.1.1)的命令-响应对,如 CLA 的 bit 8、bit 7 和 bit 6 设置为 000 时,bit 4 从 0 变为 1,或者 CLA 的 bit 8 和 bit 7 设置为 01 时,bit 6 从 0 变为 1。记号 CLA* 为 CLA 中指明了安全报文。

——安全的命令数据字段是一个 SM 字段,它有下面的形式:

- 如果有命令数据字段(Nc>0),则无格式值数据对象(SM tag'80','81','B2','B3')或保持秘密性的数据对象(SM tag'84','85','86','87')应携带该 Nc 字节。
- 可以封装命令头(4 字节)用以保护(SM tag'89')命令头。
- 如果存在 Le 字段,应该出现一个新的 Le 字段(仅包含一个设置为'00'的字节)和一个新的 Le 数据对象(SM tag 为'96','97')。Le 数据对象为零和为空时表示最大值,如根据该新 Le 字段是短型或扩展的,最大值为 256 或 65 536。

——安全的响应数据字段也是一个 SM 字段,它应解释如下:

- 如果存在,无格式值数据对象(SM tag'80','81','B2','B3')或保持秘密性的数据对象(SM tag'84','85','86','87')携带该响应数据字节。
- 如果存在,处理状态数据对象(SM tag'99')携带为保护而封装的 SW1-SW2。空的处理状态数据对象意为 SW1-SW2 设置为'9000'。

图 6 展示了响应安全的命令-响应对。

命令头	命令体
CLA*INS P1 P2	[新Lc字段]-{[安全数据字段]=[T-Nc-数据字节]-[T- '01' 或 '02' -Le]}-[新Le字段]

响应体	响应尾
[安全数据字段]=[T-Nr-数据字节]-[T- '02' -SW1-SW2]	SW1-SW2

图 6 安全的命令-响应对

当 INS 的 bit 1 置 1(奇 INS 码,见 5.1.2)时,非安全的数据字段编码为 BER-TLV 格式,并且 SM tag'B2'、'B3'、'84'和'85'应该用于它们的封装。否则,要保护的数据字段的格式并不总是明确的,推荐使用 SM tag'80'、'81'、'86'和'87'。

——安全的命令数据字段是一个 SM 字段,它们可包含更多的或其他的 SM 数据对象,如密码校验和(SM tag'8E')或最后面的数字签名(SM tag'9E')。

——新的 Le 字段中对安全命令的数据字段的字节数编码。

——如果安全响应数据字段中无期望的数据字段,那么应该无新的 Le 字段;否则新的 Le 字段只包含设置为'00'的字节。

——响应尾指明处理该安全命令后接收实体的状态。下面特定的错误条件可能会出现:

- 如果 SW1-SW2 设置为'6987',则预期的安全报文数据丢失。
- 如果 SW1-SW2 设置为'6988',则安全报文数据对象出错。

附录 B 提供了安全报文的示例。

7 交换命令

本章规定交换命令,分为以下 6 组:

1) 选择;

2) 数据单元操作;

3) 记录操作;

4) 数据对象操作;

5) 基本安全操作;

6) 传输操作。

并不强制所有的卡都遵循本文档,以支持上述命令或命令的所有选项。当需要交互时,一组与应用无关的卡服务和相关命令由第 8 章规定。

7.1 选择

除非在历史字节(见 8.1.1)中或在初始数据串(见 8.1.2)中有不同的规定,在复位应答之后,MF 和应用 DF 可通过基本逻辑通道(见 5.1.1.2)隐式地进行选择。

7.1.1 SELECT 命令

该命令完成时,将打开由 CLA(见 5.1.1)中数字所指定的逻辑通道(见 5.1.1.2),如果尚未打开,则在该逻辑通道中设置一个当前结构,后续命令可以通过该逻辑通道隐式地引用该当前结构。

——选择的 DF(MF 或应用 DF)将成为该逻辑通道中的当前 DF。如果存在以前选择的 DF,则它不再通过该逻辑通道引用,并变成前一个当前 DF。在这种选择之后,可以通过该逻辑通道来引用一个隐含的当前 EF。

——选择 EF 时设置了一对当前文件:EF 及其父 DF 文件。

除非另外规定,下面的规则将适用于一个 DF 层次结构中每个打开的逻辑通道:

——如果当前 EF 被改变,或在没有当前 EF 时,将失去针对前一个当前 EF 的安全状态。

——如果当前 DF 是前一个当前 DF 的后代,或相同时,针对前一个当前 DF 的安全状态将保持不变。

——如果当前 DF 既不是前一个当前 DF 的后代,也不相同时,针对前一个当前 DF 的安全状态将丢失。先前的和新的当前 DF 的所有共同祖先,所共用的安全状态将维持不变。

表 38 SELECT 命令-响应对

CLA INS P1 P2	由 5.1.1 定义 'A4' 见表 39 见表 40
Lc	当 Nc=0 时不存在,当 Nc>0 时存在
数据字段	不存在或文件标识或路径或 DF 名称(根据 P1)
Le	当 Ne=0 时不存在,当 Ne>0 时存在

数据字段	不存在或文件控制信息(根据 P2)
SW1-SW2	见表 5 和表 6 相关定义,比如'6283','6284','6A80','6A81','6A82','6A86','6A87'

当 P1='00'时,卡会知道选择的文件是否为 MF、DF 或 EF,因为有文件标识的特定编码,或者根据命令执行的上下文。

——此时,P2='00'时,如果提供了文件标识,则在下列情况下,文件标识应唯一:1)当前 DF 的直接子文件;2)父 DF;3)父 DF 的直接子文件。

——此时，P2＝‘00’时，如果数据字段不存在或等于‘3F00’，则选择 MF。

当 P1＝‘04’时，数据字段为 DF 名称，该名称可能是应用标识符(见 8.2.1.2)，也可能是应用标识的一部分(将右边截短)。如果支持，则这种带有相同数据字段的连续的命令将选择那些名称与数据字段相匹配的 DF，比如数据字段是以命令数据字段开始。如果卡接受了不带有数据字段的 SELECT 命令，则全部 DF 或 DF 的子集能够被连续选择。

如果 Le 字段仅包含‘00’，则将返回对应于选择选项的所有字节，其长度对于短 Le 字段来说不超过 256，而对于扩充 Le 字段，长度不超过 65 536。如果没有 Le 字段，比如不返回任何文件控制信息，则响应数据字段也将不存在。

表 39　P1 定义

b8	b7	b6	b5	b4	b3	b2	b1	含义	命令数据字段
0	0	0	0	0	0	x	x	通过文件标识选择	
0	0	0	0	0	0	0	0	选择 MF、DF 或 EF	不存在或文件标识
0	0	0	0	0	0	0	1	选择子 DF	DF 标识
0	0	0	0	0	0	1	0	在当前 DF 下选择 EF	EF 标识
0	0	0	0	0	0	1	1	选择当前 DF 的父 DF	不存在
0	0	0	0	0	1	x	x	根据 DF 名选择	
0	0	0	0	0	1	0	0	通过 DF 名选择	如截短的应用标识
0	0	0	0	1	1	x	x	根据路径选择	
0	0	0	0	1	0	0	0	从 MF 中选择	无 MF 标识的路径
0	0	0	0	1	0	0	1	从当前 DF 中选择	无当前 DF 标识的路径
——任何其他值由 ISO/IEC JTC1/SC17 保留供将来使用。 ——当出现在历史字节或 EF.ART(见 8.2.1.1)中，第 1 个软件功能表(见表 86)指示卡所支持的选择方法。									

表 40　P2 定义

b8	b7	b6	b5	b4	b3	b2	b1	含　义
0	0	0	0	—	—	x	x	文件出现
0	0	0	0	—	—	0	0	首次或唯一出现
0	0	0	0	—	—	0	1	最后出现
0	0	0	0	—	—	1	0	下一次出现
0	0	0	0	—	—	1	1	前次出现
0	0	0	0	x	x	—	—	文件控制信息(见 5.3.3 和表 11)
0	0	0	0	0	0	—	—	返回 FCI 模版，可选使用的 FCI 标签和长度
0	0	0	0	0	1	—	—	返回 FCP 模版，强制使用的 FCP 标签和长度
0	0	0	0	1	0	—	—	返回 FMD 模版，强制使用的 FMD 标签和长度
0	0	0	0	1	1	—	—	当 Le 不存在无应答数据，当 Le 存在返回专有
——任何其他值由 ISO/IEC JTC1/SC17 保留供将来使用。								

7.1.2　MANAGE CHANNEL 命令

该命令打开或关闭除基本通道外的逻辑通道(见 5.1.1.2)，即从 1 到 19 的通道号(大于 19 保留将来使用)。

打开功能打开一个除基本通道外的新的逻辑通道。卡可以分配或接受该逻辑通道。

——如果 P1 的 bit 8 设置为‘0’(比如 P1 设置为‘00’，因为其他 7 位被保留将来使用)，则 MANAGE CHANNEL 将以如下方式打开一个编号从 1 到 19 的通道：

- 如果 P2 设置为‘00’，则 Le 字段应被设置为‘01’，并且响应数据字段应包含一个由卡分配的从‘01’到‘13’的非 0 的一个字节的通道号。

- 如果 P2 设置为从'01'到'13'，则它编码了外部分配的非 0 通道号，此时 Le 字段不存在。

——当打开功能从一个基本逻辑通道上执行后（CLA 编码为 0 通道号码时），MF 或缺省的应用 DF 应被隐式地选择为新通道上的当前 DF。

——当打开功能从一个非基本逻辑通道上执行后（CLA 编码为非 0 通道号码时），CLA 指定编号的通道上的当前 DF 应成为新通道上的当前 DF。

关闭功能显式地关闭一个除基本通道外的逻辑通道，Le 字段应不存在。关闭后，该逻辑通道能够重新使用。

——如果 P1 的 bit 8 设置为'1'（比如 P1 设置为'80'，因为其他 7 位被保留将来使用），则 MANAGE CHANNEL 将以如下方式关闭一个编号从 1 到 19 的通道：

- 如果 P2 设置为'00'，则 CLA 中编号（非 0 的通道号）指定的通道将被关闭。
- 如果 P2 设置为'01'到'13'，则 P2 中指定的通道将被关闭。

警告：如果 CLA 指示的既不是基本通道也不是 P2 指示的通道号，则关闭命令将失效。

表 41 MANAGE CHANNEL 命令-响应对

CLA INS P1-P2	由 5.1.1 定义 '70' '0000'打开应答数据字段中号码指定的逻辑通道 '0001'到'0013'打开 P2 中号码指定的逻辑通道 '8000'关闭 CLA 指定的逻辑通道（除基本通道外） '8001'到'8013'关闭 P2 中号码指定的逻辑通道 其他值保留将来使用
Lc	当 Nc=0 时不存在
数据字段	不存在
Le	当 Ne=0 时不存在，当 Ne=1 时存在

数据字段	不存在（P1-P2 设置非 0 时）或 '01'到'13'（P1-P2 设置为'0000'时）
SW1-SW2	见表 5 和表 6 相关定义，比如'6200'，'6881'，'6A81'

7.2 数据单元操作

7.2.1 数据单元

在每个支持数据单元的 EF 内均有一个偏移指向每个数据单元。从 0 对应 EF 的第 1 个数据单元开始，偏移每加 1 对应其下一个数据单元。偏移数据元是最小字节数的二进制编码。指向不包含在 EF 中的数据单元将导致错误。

卡能够在历史字节（见 8.1.1），EF.ATR（见 8.2.1.1）以及任何文件的文件控制信息（见表 12 中的 tag'82'）中提供数据编码字节（见表 87）。数据编码字节固定了数据单元的大小。

——如果卡在几个地方均提供了数据编码字节，则对给定的 EF 来说，从 MF 到该 EF 路径上离它最近位置的数据编码字节是有效的。

——路径中如果缺少指示，则数据单元大小对该 EF 来说是 1 字节（默认值）。

7.2.2 通则

该组中的所有命令在被应用到不支持数据单元的 EF 上时，应被中止。仅当安全状态满足 read、write、update、erase 或 search 等功能中定义的安全属性时，这些命令才能在 EF 上执行。

该组中每个命令可以使用短 EF 标识符或文件标识符。当命令发出时，如果存在一个当前 EF，则所有对应位设置为 0 时，操作可以完成。如果操作完成，则被标识的 EF 成为当前 EF。

INS P1 P2——该组所有命令应按如下方式使用 INS 的 bit 1 和 P1 的 bit 8。

——如果 INS 的 bit 1 为 0,P1 bit 8 为 1,则 P1 的 bit 6、bit 7 设置为 00(RFU),P1 的 bit 5 到 bit 1 为 EF 短标识符,并且 P2(所有 8 位)编码为 0 到 255 的偏移。

——如果 INS 的 bit 1 为 0,P1 bit 8 为 0,则 P1-P2(15 位)编码为 0 到 32767 的偏移。

——如果 INS 的 bit 1 为 1,则 P1-P2 应标识 EF。如果 P1-P2 的前 11 位为 0,并且 P2 的 bit 5 到 bit 1 不相等,并且卡和(或)EF 文件支持按短文件标识符选择,则 P2 的 bit 5 到 bit 1 编码为 EF 短文件标识符(从 1 到 30 的数)。否则,P1-P2 为文件标识符。P1-P2 设置为‘0000’标识当前 EF。至少一个带有 tag‘54’的数据对象偏移应在命令数据字段中。当出现在命令或应答数据字段中时,数据应被封装进带有 tag‘53’或‘73’的自主数据对象中。

该组命令中,SW1-SW2 设置为‘63CX’表示成功改变内存状态,但有一个内部重试次数。‘X>0’表示重试次数。‘X=0’表示不提供重试。

7.2.3 READ BINARY 命令

响应数据字段给出了支持数据单元的 EF 的(部分)内容。

如果 Le 字段仅包含设置为‘00’的字节,则直到文件结尾的所有字节将被读出,对于短 Le 字段读出字节数长度不超过 256,对于扩展 Le 字段长度不超过 65 536。

表 42　READ BINARY 命令-响应对

CLA INS P1-P2	由 5.1.1 定义 ‘B0’或‘B1’ 见 7.2.2
Lc	当 Nc=0 时不存在,当 Nc>0 时存在
数据字段	不存在(INS=‘B0’)或数据对象偏移(INS=‘B1’)
Le	当 Ne>0 时存在
数据字段	读出的数据(INS=‘B0’)或 读出封装数据的自定义的数据对象(INS=‘B1’)
SW1-SW2	见表 5 和表 6 相关定义,比如‘6281’,‘6282’,‘6700’,‘6981’,‘6982’,‘6986’,‘6A81’,‘6A82’,‘6B00’,‘6CXX’

7.2.4 WRITE BINARY 命令

该命令根据文件属性将对 EF 文件执行下列操作之一:

——一次写入命令数据字段中指定的数据位(如果数据单元的字串不是在逻辑擦除状态下,则命令将失效)。

——将命令数据字段中数据位和卡中已存在数据进行逻辑 OR 操作(文件的逻辑擦除状态位为 0)。

——将命令数据字段中数据位和卡中已存在数据进行逻辑 AND 操作(文件的逻辑擦除状态位为 1)。

缺省情况下,比如历史字节(见 8.1.1)中,或 EF.ATR 中(见 8.2.1.1)以及从 MF 到指定的 EF 路径上的每个文件的控制参数(见表 12 中 tag‘82’)中的数据编码字节(见表 87)不存在,则逻辑 OR 操作将被应用到 EF 上。

表 43　WRITE BINARY 命令-响应对

CLA INS P1-P2	由 5.1.1 定义 ‘D0’或‘D1’ 见 7.2.2
Lc	当 Nc>0 时存在
数据字段	要写入的数据单元字串(INS=‘D0’)或要写入的封装的自定义数据对象偏移(INS=‘D1’)
Le	当 Ne=0 时不存在

表 43(续)

数据字段	不存在
SW1-SW2	见表 5 和表 6 相关定义,比如‘63CX’(见 7.2.2),‘6581’,‘6700’,‘6981’,‘6982’,‘6B00’(偏移超过 EF 大小)

7.2.5 UPDATE BINARY 命令

该命令执行用命令数据字段中数据位更新 EF 文件中已存在数据位的操作。当操作完成后,每个指定的数据单元的每一位将被更新为命令数据字段中的指定值。

表 44 UPDATE BINARY 命令-响应对

CLA INS P1-P2	由 5.1.1 定义 ‘D6’或‘D7’ 见 7.2.2
Lc	当 Nc>0 时存在
数据字段	要更新的数据单元字串(INS=‘D6’)或要更新的封装的自定义数据对象偏移(INS=‘D7’)
Le	当 Ne=0 时不存在

数据字段	不存在
SW1-SW2	见表 5 和表 6 相关定义,比如‘63CX’(见 7.2.2),‘6581’,‘6700’,‘6981’,‘6982’,‘6B00’(偏移超过 EF 大小)

7.2.6 SEARCH BINARY 命令

该命令执行在 EF 中搜索数据单元的操作,响应数据中返回找到的数据单元的偏移:EF 中该偏移处的字节串应同命令数据字段中搜索字节串相同。当 Le 不存在或没找到匹配串时,应答数据字段不存在。如果搜索字串不存在,则应答数据字段返回逻辑擦除状态的第一个数据单元的偏移。

表 45 SEARCH BINARY 命令-响应对

CLA INS P1-P2	由 5.1.1 定义 ‘A0’或‘A1’ 见 7.2.2
Lc	当 Nc=0 时不存在,当 Nc>0 时存在
数据字段	不存在或搜索字节串(INS=‘A0’)或偏移数据对象和封装搜索串的自定义数据对象(INS=‘A1’)
Le	当 Ne=0 时不存在,当 Ne>0 时存在

数据字段	不存在或匹配的第一个数据单元偏移(INS=‘A0’),或指示匹配搜索串的第一个数据单元的偏移数据对象
SW1-SW2	见表 5 和表 6 相关定义,比如‘6281’,‘6982’

7.2.7 ERASE BINARY 命令

该命令从一个指定偏移开始顺序设置 EF(部分)内容为逻辑擦除状态。

——如果 INS=‘0E’,则如果存在命令数据字段,则它编码为不被擦除的第 1 个数据单元的偏移,该偏移值应该比 P1-P2 中的值要高,如果数据字段不存在,则命令擦除整个 EF 文件。

——如果 INS=‘0F’,则如果存在命令数据字段,则它应由 0、1 或 2 个偏移数据对象组成,如果没有偏移,则命令擦除整个文件中的所有数据单元;如果有 1 个偏移,则它指向第 1 个要擦除的数据单元,直到擦除到文件结尾;如果有 2 个偏移,则它表示一个数据单元序列,第 2 个偏移应比第一个偏移高,它将擦除两个偏移中间的数据单元。

表 46　ERASE BINARY 命令-响应对

CLA INS P1-P2	由 5.1.1 定义 '0E'或'0F' 见 7.2.2
Lc	当 Nc=0 时不存在,当 Nc>0 时存在
数据字段	不存在或第一个不被擦除的数据单元偏移(INS='0E') 不存在或 1 或 2 个偏移数据对象(INS='0F')
Le	当 Ne=0 时不存在
数据字段	不存在
SW1-SW2	见表 5 和表 6 相关定义,比如'63CX'(见 7.2.2),'6581','6700','6981','6982','6B00'(偏移超过 EF 大小)

7.3　记录操作

7.3.1　记录

每个支持记录的 EF 内部,由一个记录号和(或)记录标识符来引用一个记录,引用 EF 外部的记录被视为错误。

由记录号引用:每个记录号是唯一的,并是顺序的

——在每个支持线性结构的 EF 中,当添加和写入时,记录号应该按顺序分配,比如按照创建的顺序。第 1 个记录(记录号为 1)是首先被创建的记录。

——在每个支持循环结构的 EF 中,记录号应该依次按逆序分配,比如第 1 个记录(记录号为 1)是最近被创建的记录。

下列附加的规则是为线性结构和循环结构定义的:

——0 应指向当前记录,比如那个由记录指针指向的记录。

由记录标识符引用:每个记录标识由应用提供。多个记录可以有相同的记录标识,这种情况下,则由记录中的数据来区别不同的记录。如果记录的数据字段是一个 SIMPLE-TLV 数据对象,则记录标识是数据对象的第一个字节,比如 SIMPLE-TLV tag。

由记录标识引用可以促使对一个记录指针进行管理。一次卡复位,一个 SELECT 命令或任何使用合法的短 EF 标识符来访问 EF 文件的命令均能够影响记录指针。但由记录号引用记录将不影响记录指针。

每次通过记录标识符的引用,目标记录的逻辑位置应被指出:第一次或最后一次记录的出现或相对于记录指针的下一次或前一次记录的出现。

——在每个支持线性结构的 EF 中,当添加和写入时,逻辑位置应该按顺序分配,比如按照创建的顺序。首先被创建的记录在第一个逻辑位置。

——在每个支持循环结构的 EF 中,逻辑位置应该依次按逆序分配,比如最近创建的记录是第一个逻辑位置。

下列附加的规则是为线性结构和循环结构定义的:

——首次出现的是指定标识符在第一个逻辑位置的记录。最后出现的是指定标识符在最后一个逻辑位置的记录。

——如果有当前记录,则下一个出现的应是有指定标识符的离该记录最近,并且逻辑位置要大于当前记录的记录。前一个出现的应是有指定标识的离该记录最近,并且逻辑位置要小于当前记录的记录。

——如果没有当前记录,则下一个出现的应等于第一个出现的记录,前次出现的应等于最后一个出现的记录。

——0 应指向第一个,而最后一个,下一个,前一个记录按数字顺序分配,独立于记录标识符。

7.3.2 通则

该组中的所有命令在被应用到不支持记录的 EF 上时,应被中止。仅当安全状态满足 read、write、append、update、erase 或 search 等功能中定义的安全属性时,这些命令才能在 EF 上执行。

该组中两个命令(read,update)使用奇数 INS 编码(数据字段编码为 BER-TLV)开始对指定记录部分的操作(部分读,部分更新)。然后一个偏移将指向记录中的每个字节:从记录的第一个字节开始,偏移每移动一个字节增加 1。指向记录外的字节将导致错误。根据需要,偏移数据是 tag 为'54'的二进制编码。当出现在命令或响应数据字段中,数据应被封装进 tag 为'53'或'73'的自定义数据对象中。

该组中每个命令都可以使用短 EF 标识符。当命令处理完后,标识 EF 成为当前 EF,并且记录指针被复位。如果在发起命令时存在一个当前 EF,则命令处理时无需指明 EF(通过设置相应的第 5 位为 0)。

P1——记录号或标识,从 1 到 254 的数字,编码为'01'到'FE',0 被保留为特殊用途。255(以'FF'编码)保留供将来使用。

P2——8 位到 4 位为短文件标识(见表 47),bit 3 到 bit 1 依赖命令。

表 47 P2 定义的短文件标识

b8	b7	b6	b5	b4	b3	b2	b1	含　义
0	0	0	0	0	—	—	—	当前 EF
不全为 0					—	—	—	短 EF 标识(从 1 到 30 的数字)
1	1	1	1	1	—	—	—	保留将来使用

该组命令中,SW1-SW2 设置为'63CX'表明内存状态改变成功,但在内部重试之后,'X>0'表示重试次数。'X=0'表示不提供重试。

7.3.3 READ RECORDS 命令

响应数据字段给出 EF 文件中指定记录的(部分)内容(或一个记录的开始部分)。

如果 INS='B2'并且如果记录是 SIMPLE-TLV 数据对象(见 5.2.1),则表 50 给出了响应数据字段。Nr 和 TLV 结构的比较,表明唯一的记录(读一个记录)或最后一个记录(读所有记录)是完整的、不完整或填充的。

注:如果记录不是数据对象,则读所有记录功能将不按边界接受记录。

如果 INS='B3',则命令读取由 P1 指定部分记录,命令数据字段包含一个数据对象的偏移(tag'54'),指向记录中读取的第一个字节。响应数据字段包含一个自定义数据对象(tag'53')封装所读数据。

表 48 READ RECORD(S)命令-响应对

CLA	由 5.1.1 定义
INS	'B2'或'B3'
P1	记录号或记录标识('00'表示当前记录)
P2	见表 49
Lc	当 Nc=0 时不存在,当 Nc>0 时存在
数据字段	不存在(当 INS='B2'),或数据对象偏移(当 INS='0F')
Le	当 Ne>0 时存在

数据字段	读取的数据(INS='B2'),或封装所读数据的自主数据对象(INS='B3')
SW1-SW2	见表 5 和表 6 相关定义,比如'6281','6282','6700','6981','6982','6986','6A81','6A82','6A83','6CXX'

表 49　P2

b8	b7	b6	b5	b4	b3	b2	b1	含　义
x	x	x	x	x	—	—	—	由表 47 定义的短文件标识
—	—	—	—	—	0	x	x	P1 中记录标识
—	—	—	—	—	0	0	0	读第一个出现
—	—	—	—	—	0	0	1	读最后一个出现
—	—	—	—	—	0	1	0	读下一个出现
—	—	—	—	—	0	1	1	读前一个出现
—	—	—	—	—	1	x	x	P1 中记录号
—	—	—	—	—	1	0	0	读记录 P1
—	—	—	—	—	1	0	1	读从 P1 到最后的所有记录
—	—	—	—	—	1	1	0	读从最后到 P1 的所有记录
—	—	—	—	—	1	1	1	保留将来使用

如果 Le 字段仅包含‘00’的字节，则命令完整读取请求的单个记录或记录序列，依赖于 P2 的bit 3、bit 2 和 bit 1 并且对短 Le 字段长度限制在 256 字节，扩展 Le 字段长度限制在 65 536 字节。

表 50　INS＝‘B2’时响应数据字段

情形 a——单记录的部分读(Le 字段不仅包含‘00’字节)

Tn(1 字节)	Ln(1 或 3 字节)	Vn 的起始字节

←——Nr 字节——→

情形 b——单记录的完整读(Le 字段仅包含‘00’字节)

Tn(1 字节)	Ln(1 或 3 字节)	Vn 的所有字节

情形 c——多记录的部分读(Le 字段不仅包含‘00’字节)

Tn-Ln-Vn	…	Tn＋m-Ln＋m-Vn＋m(记录的首字节)

←——Nr 字节——→

情形 d——读多记录直到文件结尾(Le 字段仅包含‘00’字节)

Tn-Ln-Vn	…	Tn＋m-Ln＋m-Vn＋m(记录的首字节)

7.3.4　WRITE RECORD 命令

该命令对 EF 文件执行下列操作：

——按给定的命令数据字段中数据一次写入一个记录(如果记录不处于逻辑可擦除状态则命令中止)；

——将给定的命令数据字段中数据和卡中已存在的数据按逻辑 OR 操作；

——将给定的命令数据字段中数据和卡中已存在的数据按逻辑 AND 操作。

缺省情况下，比如历史字节(见 8.1.1)中，或 EF.ATR 中(见 8.2.1.1)以及从 MF 到指定的 EF 路径上的每个文件的控制参数(见表 12 中 tag‘82’)中的数据编码字节不存在，则逻辑 OR 操作将被应用到 EF 上。

当使用当前记录寻址，命令将设置记录指针到成功写入的记录上。

如果应用到支持循环结构的固定大小的记录上，“前一个”操作(P2 的 3，2，1 位设置为 011)将按 APPEND RECORD 操作。

如果记录为 SIMPLE-TLV 数据对象(见 5.2.1)，则由表 53 定义命令数据字段。

表 51　WRITE RECORD 命令-响应对

CLA INS P1 P2	由 5.1.1 定义 'D2' 记录号('00'表示当前记录) 见表 52
Lc	当 Nc>0 时存在
数据字段	要写入的记录
Le	当 Ne=0 时不存在
数据字段	不存在
SW1-SW2	见表 5 和表 6 相关定义,比如'63CX'(见 7.3.2),'6581','6700','6981','6982','6986','6A81','6A82','6A83','6A84','6A85'

表 52　P2

b8	b7	b6	b5	b4	b3	b2	b1	含　义
x	x	x	x	x	—	—	—	由表 47 定义的短文件标识
—	—	—	—	—	0	x	x	P1 设置为 00
—	—	—	—	—	0	0	0	第一个记录
—	—	—	—	—	0	0	1	最后的记录
—	—	—	—	—	0	1	0	下一个记录
—	—	—	—	—	0	1	1	前一个记录
—	—	—	—	—	1	0	0	P1 中记录号
——任何其他值由 ISO/IEC JTC1/SC17 保留供将来使用。								

表 53　命令数据字段(一个完整记录)

Tn(1 字节)	Ln(1 或 3 字节)	Vn 的所有字节

7.3.5　UPDATE RECORD 命令

该命令根据命令数据字段中给定的字节更新指定的记录。当使用当前记录寻址时,命令应将记录指针指向成功更新的记录

——如果应用到支持定长记录线性结构或定长记录循环结构的 EF 上,则如果记录大小不同于存在的记录大小时,命令将中止。

——如果应用到支持变长记录线性结构或变长记录循环结构的 EF 上,则如果记录大小不同于存在的记录大小时,命令仍有效。

——如果应用到支持定长记录循环结构的 EF 上,则"前一个"选项(P2 的 3,2,1 位设置位 011)将按 APPEND RECORD 操作。

表 54　UPDATE RECORD 命令-响应对

CLA INS P1 P2	由 5.1.1 定义 'DC'或'DD' 记录号('00'表示当前记录) 见表 52(INS='DC')或表 55(INS='DD')
Lc	当 Nc>0 时存在
数据字段	更新的记录(INS='DC'),或数据对象偏移和封装更新数据的自定义数据对象(INS='DD')

表 54（续）

Le	当 Ne=0 时不存在

数据字段	不存在
SW1-SW2	见表 5 和表 6 相关定义，比如‘63CX’(见 7.3.2)，‘6581’，‘6700’，‘6981’，‘6982’，‘6986’，‘6A81’，‘6A82’，‘6A83’，‘6A84’，‘6A85’

如果 INS=‘DC’，并且如果记录是 SIMPLE-TLV 数据对象(见 5.2.1)，则表 53 显示数据命令字段。

如果 INS=‘DD’，则部分更新 P1 指定的记录。命令数据字段应包括指明要更新记录的第一个字节的偏移数据对象(tag‘54’)，或用于封装更新数据的自定义数据对象(tag‘53’和‘73’)。

表 55　INS=‘DD’时的 P2

b8	b7	b6	b5	b4	b3	b2	b1	含　义
x	x	x	x	x	—	—	—	由表 47 定义的短文件标识
—	—	—	—	—	1	x	x	P1 中记录号
—	—	—	—	—	1	0	0	替换
—	—	—	—	—	1	0	1	逻辑 AND
—	—	—	—	—	1	1	0	逻辑 OR
—	—	—	—	—	1	1	1	逻辑 XOR
——任何其他值由 ISO/IEC JTC1/SC17 保留供将来使用。								

7.3.6　APPEND RECORD 命令

该命令在支持线性结构的 EF 文件结尾写入一个新的记录，或在支持循环结构的 EF 中写入记录号为 1 的记录。当使用当前记录寻址时，命令应将记录指针指向成功添加的记录。

如果命令应用到记录已满的支持线性结构的 EF 中时，则命令中止，因为文件中没有足够的空间。

如果命令应用到记录已满的支持循环结构的 EF 中时，则记录号最高的记录被替换，该记录号变为 1。

如果记录为 SIMPLE-TLV 数据对象(见 5.2.1)时，则表 53 显示命令数据字段。

表 56　APPEND RECORD 命令-响应对

CLA	由 5.1.1 定义
INS	‘E2’
P1	‘00’(其他值非法)
P2	见表 47，位 3,2,1 设置为 000(其他值保留将来使用)
Lc	当 Nc>0 时存在
数据字段	添加的记录
Le	当 Ne=0 时不存在

数据字段	不存在
SW1-SW2	见表 5 和表 6 相关定义，比如‘63CX’(见 7.3.2)，‘6581’，‘6700’，‘6981’，‘6982’，‘6986’，‘6A81’，‘6A82’，‘6A83’，‘6A84’，‘6A85’

7.3.7　SEARCH RECORD 命令

该命令对 EF 中的记录进行简单的，增强的或专有搜索。搜索可以限制在具有给定标识的记录或比给定号码大或小的记录上，可以按照记录号增序或降序执行。搜索从记录的第一个字节(简单搜索)，或记录中指定的偏移(增强搜索)或记录中给定字节的首次出现(增强搜索)开始。响应数据字段给出了与支持记录的 EF 中搜索条件匹配的记录数目。命令将记录指针指向第一个匹配的记录。

在支持变长记录线性结构的 EF 中,命令不考虑比搜索串长度短的记录。在支持定长记录线性结构或循环结构的 EF 中,如果搜索串比记录长,则命令中止。

表 57　SEARCH RECORD 命令-响应对

CLA	由 5.1.1 定义
INS	'A2'
P1	记录号或记录标识(00 表示当前记录)
P2	见表 58
Lc	当 Nc>0 时存在
数据字段	搜索串(P2 的 3,2 位不设置为 11,简单搜索)或 搜索标志(2 字节)跟搜索串(P2 的 3,2,1 设置为 110,增强搜索)或(P2 的 3,2,1 设置为 111)专有搜索
Le	当 Ne=0 时不存在,当 Ne>0 时存在

数据字段	不存在或记录数目
SW1-SW2	见表 5 和表 6 相关定义,比如'6282','6982','6CXX'
——响应数据字段不存在因为 Le 不存在或没有找到匹配。 ——响应数据字段不提供记录标识因为它们可能不唯一。	

表 58　P2

b8	b7	b6	b5	b4	b3	b2	b1	含　义
x	x	x	x	x	—	—	—	由表 47 定义的短文件标识
—	—	—	—	—	0	x	x	按 P1 中记录标识简单搜索
—	—	—	—	—	0	0	0	从首次出现向前
—	—	—	—	—	0	0	1	从最后出现向后
—	—	—	—	—	0	1	0	从下次出现向前
—	—	—	—	—	0	1	1	从前一次出现向后
—	—	—	—	—	1	0	x	按 P1 中记录号简单搜索
—	—	—	—	—	1	0	0	从 P1 向前
—	—	—	—	—	1	0	1	从 P1 向后
—	—	—	—	—	1	1	0	增强搜索(见表 59)
—	—	—	—	—	1	1	1	专有搜索

在增强搜索中(P2 的 bit 3,bit 2,bit 1 设置为 110),命令数据字段包含 1 个 2 字节的搜索指示,其后紧随搜索串。表 59 规定了第一个搜索指示字节。根据第 1 个字节,第 2 个搜索指示字节或者为偏移或者一个值,比如搜索要么从记录中的偏移(绝对位置)开始,要么从该值的首次出现开始。

表 59　搜索指示的第一个字节

b8	b7	b6	b5	b4	b3	b2	b1	含　义
0	0	0	0	0	—	—	—	下一个字节为偏移(从该位置开始)
0	0	0	0	1	—	—	—	下一个字节为值(从该值首次出现开始)
—	—	—	—	—	0	x	x	按P1 中记录标识
—	—	—	—	—	0	0	0	从首次出现向前
—	—	—	—	—	0	0	1	从最后出现向后
—	—	—	—	—	0	1	0	从下次出现向前
—	—	—	—	—	0	1	1	从前一次出现向后
—	—	—	—	—	1	x	x	按P1 中记录号
—	—	—	—	—	1	0	0	从 P1 向前
—	—	—	—	—	1	0	1	从 P1 向后

表 59（续）

b8	b7	b6	b5	b4	b3	b2	b1	含　义
—	—	—	—	—	1	1	0	从下一个记录向前
—	—	—	—	—	1	1	1	从前一个记录向后
——任何其他值由 ISO/IEC JTC1/SC17 保留供将来使用。								

7.3.8　ERASE RECORD(S) 命令

该命令设置 EF 中一个或多个记录为逻辑擦除状态，要么是由 P1 指定的记录，或从 P1 开始直到文件结尾的连续记录序列。擦除记录并不删除记录，并且仍然可以由 WRITE RECORD 命令或 UPDATE RECORD 命令访问。

表 60　ERASE RECORD(S) 命令-响应对

CLA	由 5.1.1 定义
INS	‘0C’
P1	记录号
P2	见表 61
Lc	当 Nc=0 时不存在
数据字段	不存在
Le	当 Ne=0 时不存在
数据字段	不存在
SW1-SW2	见表 5 和表 6 相关定义，比如‘63CX’(见 7.3.2)，‘6581’，‘6700’，‘6981’，‘6982’，‘6986’，‘6A81’，‘6A82’，‘6A83’，‘6A84’，‘6A85’

表 61　P2

b8	b7	b6	b5	b4	b3	b2	b1	含　义
x	x	x	x	x	—	—	—	短 EF 标识符(根据表 47)
—	—	—	—	—	1	x	x	P1 中记录号
—	—	—	—	—	1	0	0	擦除 P1 记录
—	—	—	—	—	1	0	1	擦除从 P1 记录直到文件结尾
——任何其他值由 ISO/IEC JTC1/SC17 保留供将来使用。								

7.4　数据对象操作

7.4.1　通则

该组命令如果应用到不支持数据对象的结构(DF 或 EF)时将中止。它只能在安全状态满足应用上下文中功能所定义的安全条件时才能执行。

INS P1 P2——该组所有命令可使用一个奇 INS 编码(见 5.1.2)。INS 的第 1 位根据表 62 定义，同 P1-P2 一同使用。

表 62　P1-P2

条件	P1-P2 的值	含　义
偶 INS 编码	‘0000’	用于文件导出(见 8.4)或面向卡的字串(见 8.6)
	‘0040’到‘00FF’	P2 中 BER-TLV tag(单字节)
	‘0100’到‘01FF’	专有
	‘0200’到‘02FF’	P2 中 SIMPLE-TLV tag
	‘4000’到‘FFFF’	P1-P2 中 BER-TLV(双字节)
奇 INS 编码	任何值	文件标识或短文件标识(见下面文字描述)
——任何其他值由 ISO/IEC JTC1/SC17 保留供将来使用。		

——如果INS的bit 1设置为0,且P1设置为'00',则P2从'40'到'FE'应为一个单字节BER-TLV tag。如果BER-TLV tag合法并且表明一个结构化编码,则命令设置相应模板为当前上下文。值'00FF'用于获取所有上下文中可读的通用BER-TLV数据对象,或者表明命令数据字段为BER-TLV编码。

——如果INS的bit 1设置为0,且P1设置为'01',则P2从'00'到'FF'应是一个卡内部测试和专有服务的标识符,它的意义在给定应用上下文中明晰。

——如果INS的bit 1设置为0,且P1设置为'02',则P2从'01'到'FE'应是一个SIMPLE-TLV tag,值'0020'保留供将来使用。值'02FF'用于获取所有上下文中可读的通用SIMPLE-TLV数据对象,或者表明命令数据字段为SIMPLE-TLV编码。

——如果INS的bit 1设置为0,如果P1-P2从'4000'到'FFFF',则它们应该是2字节的BER-TLV tag。如果BER-TLV tag合法并且表明一个结构化编码,则命令设置相应模板为当前上下文。那些未生效的2字节BER-TLV tag的值保留供将来使用,比如'4000'和'FFFF'。

——如果INS的bit 1设置为1,则P1-P2标识一个文件。如果P1-P2的前11位设置为0,且P2的bit 5至bit 1都不相等,并且如果卡和/或文件支持短EF标识符选择,则P2的第5到1位编码为短EF标识符(从1到30),否则,P1-P2是文件标识。P1-P2设置'3FFF'标识当前DF,P1-P2设置'0000'标识当前EF,除非命令数据字段提供了文件引用数据对象(tag'51',见5.3.1.2)标识一个文件。如果命令完成,则标识的文件成为当前文件。

数据字段——该组命令的数据字段定义如下:

——如果INS的bit 1设置为0,如果在当前上下文(比如特定应用环境或当前DF)中请求或提供数据对象,则数据字段或数据字段的串联应包含数据对象的值字段,比如,在SIMPLE-TLV数据对象或原始BER-TLV数据对象情况时引用的数据元,或者是在结构化BER-TLV数据对象情况下所引用的模板。

——对2种INS编码,如果提供了一个数据对象集合或请求EF内容时,则相应的数据字段应包含数据对象。

7.4.2 GET DATA命令

该命令返回支持数据对象的EF文件内容,或在当前上下文中(比如特定应用环境或当前DF)可能是结构化的一个数据对象。

注:如果对单个响应数据字段来说信息太长,则卡应返回信息的开头,后面跟着SW1-SW2设置为'61XX'。然后,接下来的GET RESPONSE命令将提供'XX'字节的信息。该过程可以重复直到卡返回SW1-SW2为'9000'。

如果INS='CB',则命令数据字段将包含一个tag列表数据对象,或一个头列表数据对象,或一个扩展的头列表数据对象(tag'5C','5D','4D',见8.5.1)。

——如果是tag列表情况,响应数据字段将包含由按照列表中的顺序连接在一起的由tag列表中引用的数据对象(可以缺少一个或多个数据对象),一个空列表将要求所有可用的数据对象。

——如果是头列表情况,响应数据字段将包含按头列表中引用顺序连接在一起的表中所引用的截短的数据对象。

——如果是扩展头列表情况,响应数据字段包含由扩展头列表得到的连接在一起的数据对象(见8.5.1)。

当一个tag多次出现时,这种情况不能定义哪个数据对象被返回,因为它依赖于数据对象的内容、特征或定义。

如果物理接口不允许卡复位应答,比如通用串行总线或通过无线射频,则GET DATA命令将根据P1-P2设置获得特定信息。下列特定信息的一种将从卡中获取。

——INS='CA'时

- tag'5F51',复位应答是一个符合GB/T 16649.3的最大32字节的串。

- tag'5F52',符合 8.1.1 的最大 15 字节的历史字节串。

——INS='CB'且在命令数据字段中含空 tag 列表,即'5C00'时,

- 文件标识'2F00',EF.DIR 的内容是符合 8.2.1.1 的 BER-TLV 数据对象集。
- 文件标识'2F01',EF.ATR 的内容是符合 8.2.1.1 的 BER-TLV 数据对象集。

注 1:(背景信息),根据 GB/T 16649.3 定义的物理接口,卡对任何通过接触的冷复位或热复位操作进行应答。复位应答是异步字符序列。初始字符 TS 表示编码约定并提供基本时间单元的选择。尽管它可以根据约定解码,TS 是一个同步模式,并不是一个字节。根据 GB/T 16649.3,复位应答是最大 32 字节的字符串。一个称为强制格式字节的 T0,后跟着可选的接口字节,可选历史字节(根据 8.1.1 编码最多 15 个历史字节),和一个条件检查字节 TCK。当 TCK 存在时,所有从 T0 到 TCK 字节的异或为零。

注 2:对于 ATR 信息,如果 Le 字段数目少于实际长度,则卡不会返回开始信息并跟着 SW1-SW2 设置为'6CXX',而是应该使该命令中止,并仅返回 SW1-SW2 设置为'6CYY',表示实际可返回的数据字节长度。然而,'6C00'表示 256 字节或更多。而 SW1-SW2 设置为'61XX'表示还有'XX'字节可获取。

如果 Le 字段仅包含'00'字节,则所有要求的信息都将被返回,对于短 Le 字段来说长度限制为 256,对于扩展 Le 字段来说长度限制为 65 536。

表 63 GET DATA 命令-响应对

CLA INS P1-P2	由 5.1.1 定义 'CA''CB' 见表 62
Lc	当 Nc=0 时不存在,当 Nc>0 时存在
数据字段	不存在(INS='CA'),或 tag 列表数据对象或扩展头列表数据对象(INS='CB')
Le	当 Ne>0 时存在

数据字段	根据 P1-P2 的数据字节(INS='CA')或 BER-TLV 数据对象的连接(INS='CB')
SW1-SW2	见表 5 和表 6 相关定义,比如'61XX','6202','6700','6981','6982','6985','6A81','6A88'(数据对象没找到,比如引用的数据没找到),'6CXX'

7.4.3 PUT DATA 命令

该命令管理支持数据对象的 EF 文件内容,或在当前上下文中(比如特定应用环境或当前 DF)可能是结构化的一个数据对象。比如,它允许发送一个"待执行命令"(tag'52')或一个持卡人证书(tag'7F21'),可能对单个命令太长。如果数据对象对单个命令来说太长,则可以应用命令链(见 5.1.1.1)。数据对象的值是命令数据字段的连接。

数据对象的内容或自然定义应导致一个管理功能,比如一次写入、更新或添加。

SW1-SW2 设置为'63CX'表示成功改变内存状态,但在内部重试之后,'X>0'表示重试次数。'X=0'表示不提供重试。

表 64 PUT DATA 命令-响应对

CLA INS P1-P2	由 5.1.1 定义 'DA'或'DB' 见表 62
Lc	当 Nc>0 时存在
数据字段	根据 P1-P2 的数据字节(INS='DA')或 BER-TLV 数据对象的连接(INS='DB')
Le	当 Ne=0 时不存在

数据字段	不存在
SW1-SW2	见表 5 和表 6 相关定义,比如'63XX','6581','6700','6981','6982','6985','6A80','6A81','6A84','6A85'

7.5 基本安全操作

7.5.1 通则

该组命令保留 P1-P2 用于算法引用和一些相关数据引用(比如 key)等。如果有当前密钥和当前算法,则命令可以隐式的使用它们。

P1——除非特别指定,P1 引用一个使用的算法:密码算法或生物识别算法(见 ISO/IEC 7816-11[4])。P1 设置为'00'表示不提供任何信息,比如引用在发出命令前已经事先确定,或由命令数据字段提供。

P2——除非特别指定,P2 根据表 65 来规定引用数据。P2 设置为'00'表示不提供任何引用信息。比如在命令发出前已限定引用,或由命令数据字段提供。限定字节可以是口令编号或密钥编号,或一个短文件标识。

表 65 P2

b8	b7	b6	b5	b4	b3	b2	b1	含义
0	0	0	0	0	0	0	0	不提供任何信息
0	—	—	—	—	—	—	—	全局引用数据(比如 MF 特定口令或密钥)
1	—	—	—	—	—	—	—	特定引用数据(比如 DF 特定口令或密钥)
—	x	x	—	—	—	—	—	00(其他值保留将来使用)
—	—	—	x	x	x	x	x	限定词,比如引用数据号或秘密号

注:一个安全管理环境命令可以设置引用算法和/或一个引用数据限定词。

该组命令中,SW1-SW2 设置为'6300'或'63CX'表示验证失败。'X'>'0'表示重试次数。SW1-SW2 设置为'6A88'表示引用数据没有找到。

7.5.2 INTERNAL AUTHENTICATE 命令

该命令利用接口设备发来的询问数据和存储在卡中的秘密(比如密钥)计算卡认证数据。

——如果相关秘密属于 MF,则命令将卡作为整体认证。

——如果相关秘密属于 DF,则命令将认证该 DF。

任何认证可能在先前的命令(比如 VERIFY,SELECT)或选择(比如相关秘密)执行完毕后才能成功完成。

为了限制将来的相关秘密和算法的使用,卡能够记录命令发起的次数。

注:响应数据字段可以包含有进一步的安全功能使用的数据(比如随机数)。

表 66 INTERNAL AUTHENTICATE 命令-响应对

CLA INS P1-P2	由 5.1.1 定义 '88' 见 7.5.1 和表 65
Lc	当 Nc>0 时存在
数据字段	认证相关数据(比如询问)
Le	当 Ne>0 时存在
数据字段	认证相关数据(比如对询问的应答)
SW1-SW2	见表 5 和表 6 相关定义,比如'6300'(见 7.5.1),'63CX'(见 7.5.1),'6581','6700','6982','6983','6984','6A81','6A82','6A86','6A88'(见 7.5.1)

7.5.3 GET CHALLENGE 命令

该命令获取用于安全相关过程(比如 EXTERNAL AUTHENTICATE 命令)的质询信息(比如,一个密码验证的随机数,或用于声波特征生物鉴别的一段提示语句)。

质询信息至少在下一个命令是合法的,没有其他特定条件。

表 67 GET CHALLENGE 命令-响应对

CLA INS P1 P2	由 5.1.1 定义 '84' 见 7.5.1 '00'(其他值保留将来使用)
Lc	当 Nc=0 时存在
数据字段	不存在
Le	当 Ne>0 时存在
数据字段	挑战数据
SW1-SW2	见表 5 和表 6 相关定义,比如'6300'(见 7.5.1),'63CX'(见 7.5.1),'6581','6700','6982','6983','6984','6A81','6A82','6A86','6A88'(见 7.5.1)

7.5.4 EXTERNAL AUTHENTICATE 命令

该命令根据卡的计算结果(是或否)有条件的更新安全状态,该结果基于先前由卡发出的质询数据(比如 GET CHALLENGE 命令),一个存储在卡中的密钥或秘密,和由接口设备传输的认证数据共同计算得出。

任何成功的认证要求最近从卡中获取的质询信息。卡将记录不成功的认证(比如限制引用数据的使用次数等)。

命令数据字段不存在可以用于得到重试次数'X'(SW1-SW2 设置为'63CX')。或检查是否要求验证(SW1-SW2 设置为'9000')。

表 68 EXTERNAL AUTHENTICATE 命令-响应对

CLA INS P1-P2	由 5.1.1 定义 '82' 见 7.5.1 和表 65
Lc	当 Nc=0 时存在,当 Nc>0 时存在
数据字段	不存在或认证相关数据(质询的响应)
Le	当 Ne=0 时不存在
数据字段	不存在
SW1-SW2	见表 5 和表 6 相关定义,比如'6300'(见 7.5.1),'63CX'(见 7.5.1),'6581','6700','6982','6983','6984','6A81','6A82','6A86','6A88'(见 7.5.1)

互认证功能——互认证功能等效于 INTERNAL 和 EXTERNAL AUTHENTICATE 两条命令。它基于先前的 GET CHALLENGE 命令和保存在卡中的密钥或秘密。卡和接口设备共享认证相关数据,包括 2 个质询数据:一个由卡发出,另一个由接口设备发出。

注:命令可以用于实现 ISO/IEC 9798[8] 中 2、3 部分的规定的认证。

该操作只有在安全状态满足其安全属性时才能执行。

表 69 MUTUAL AUTHENTICATE 功能的命令-响应对

CLA INS P1-P2	由 5.1.1 定义 '82' 见 7.5.1 和表 65
Lc	当 Nc>0 时存在
数据字段	认证相关数据
Le	当 Ne=0 时不存在
数据字段	认证相关数据
SW1-SW2	见表 5 和表 6 相关定义,比如'6300'(见 7.5.1),'63CX'(见 7.5.1),'6581','6700','6982','6983','6984','6A81','6A82','6A86','6A88'(见 7.5.1)

7.5.5 GENERAL AUTHENTICATE 命令

该命令细化 EXTERNAL、INTERNAL 和 MUTUAL AUTHENTICATE 命令功能,也即一个外部世界的实体认证卡中的实体(INTERNAL AUTHENTICATE 功能),或者卡中实体认证外部世界实体(EXTERNAL AUTHENTICATE 功能),或两者都认证(MUTUAL AUTHENTICATE 功能)。当相应的认证机制涉及到质询-响应时,EXTERNAL 和 INTERNAL AUTHENTICATE 命令将排除涉及证据-质询-响应 3 元组(见 ISO/IEC 9798-5[8])的认证机制。3 元组交互要求两个或更多的 GENERAL AUTHENTICATE 命令-响应对:该命令-响应对可以链接(见 5.1.1.1)。

该功能(INTERNAL、EXTERNAL 或 MUTUAL AUTHENTICATE)只能在安全状态满足操作的安全属性才能够实现。任何认证可能在先前的命令(比如 VERIFY,SELECT)或选择(比如相关秘密)执行完毕后才能成功完成。卡执行控制的结果(是或否)可以有条件的更新安全状态。卡可以记录功能发起的次数,用于限制相关秘密和算法的使用次数。卡将记录不成功的认证(比如限制引用数据的使用次数)。

表 70 GENERAL AUTHENTICATE 命令-响应对

CLA INS P1-P2	由 5.1.1 定义 '86'或'87' 见 7.5.1 和表 65
Lc	当 Nc>0 时存在
数据字段	认证相关数据
Le	当 Ne=0 时不存在,当 Ne>0 时存在
数据字段	不存在(根据 Le 不存在,比如最近的 EXTERNAL AUTHENTICATE 命令或操作被取消)或认证相关数据
SW1-SW2	见表 5 和表 6 相关定义,比如'6300'(见 7.5.1),'63CX'(见 7.5.1),'6581','6700','6982','6983','6984','6A81','6A82','6A86','6A88'(见 7.5.1)

当数据字段存在时,它应包含由 tag'7C'引用的行业间模板。在动态认证模板中上下文相关类(首字节为'80'到'BF')保留用于表 71 列出的动态认证数据对象。

表 71　动态认证数据对象

Tag		值
'7C'		按照下列 tag 设置动态认证数据对象
	'80'	证据(比如小于所用的公共模块一个或多个正数)
	'81'	质询(一个或多个数字,可能为 0,小于使用的公共指数)
	'82'	响应(小于所用公共模块的一个或多个正数)
	'83'	提交的响应(包含一个或多个质询的大随机数的哈希)
	'84'	认证编码(一个证据数据对象和一个或多个数据字段哈希)
	'85'	指数(由密钥协商技术用于建立会话密钥一个正数)
	'A0'	身份数据模板
——在该上下文中,ISO/IEC JTC1/SC17 保留任何其他数据对象上下文相关类(首字节为'80'到'BF')。		

下列规则应用于用于动态验证的行业间模板:

——如果模板中数据对象为空,则它将在下一个数据字段的模板中完成。

——在第一个命令数据字段中,模板表示动态验证功能如下:

- 一个证据请求,比如一个空证据,表示一个 INTERNAL AUTHENTICATE 功能。
- 一个质询请求,比如一个空的质询,表示一个 EXTERNAL AUTHENTICATE 功能。
- 如果不存在空数据对象,则表示 MUTUAL AUTHENTICATE 功能。除非卡中止该操作,否则响应数据字段中模板应包含同命令数据字段中模板相同的数据字段。MUTUAL AUTHENTICATE 功能允许 2 个实体使用一对由 tag'85'引用的指数数据元协商一个会话密钥(见 ISO/IEC 11770-3[14] 中的密钥协商技术)。

动态认证可以在会话期间保护交互的数据字段。2 个实体都维护一个当前哈希值,一次由一个命令或响应数据字段更新。通过包含带有 tag'80'的证据数据对象的方式,带有 tag'84'的数据对象传送一个由更新当前编码所产生的认证编码。验证者继续重构一个证据和一个认证编码:如果重构的证据非零并且如果 2 个编码相同,则认证成功。

附录 C 表明对应执行 INTERNAL、EXTERNAL 和 MUTULA AUTHENTICATE 功能以及带有扩展数据字段认证和密钥协商的相应 GENERAL AUTHENTICATE 命令-响应对。

7.5.6　VERIFY 命令

该命令对卡中存储的引用数据和接口设备发送的验证数据(比如口令)或来自卡上的传感器(比如指纹)进行比较。比较结果将更新安全状态。卡将记录不成功的比较(将限制引用数据的使用次数)。

——如果 INS='20',命令数据字段通常为验证数据。命令数据字段不存在用于检查要求验证(SW1-SW2='63CX'其中'X'表示重试次数),或不要求验证(SW1-SW2='9000')。

——如果 INS='21',命令数据字段应为验证数据对象(比如 tag'5F2E'见 ISO/IEC 7816-11[4]),通常不为空。一个带有扩展头列表的空的验证数据对象(tag'4D'见 8.5.1)表示验证数据将来自卡上的传感器。

表 72　VERIFY 命令-响应对

CLA	由 5.1.1 定义
INS	'20'或'21'
P1	'00'(其他值保留将来使用)
P2	见表 65
Lc	当 Nc>0 时存在,当 Nc=0 时不存在

表 72（续）

数据字段	验证数据或不存在(INS=‘20’) 验证数据对象以及有条件的扩展头列表(INS=‘21’)
Le	当 Ne=0 时不存在
数据字段	不存在
SW1-SW2	见表 5 和表 6 相关定义，比如‘6286’‘6300’(见 7.5.1)，‘63CX’(见 7.5.1)，‘6581’，‘6700’，‘6982’，‘6983’，‘6984’，‘6A81’，‘6A82’，‘6A86’，‘6A88’(见 7.5.1)

7.5.7 CHANGE REFERENCE DATA 命令

该命令利用接口设备发送来的新的引用数据替换保存在卡中的引用数据，或将其同接口设备发送的验证数据进行比较并利用接口设备发送的新的引用数据有条件的替换原有数据。只有在安全状态满足该命令的安全属性时才能执行。

表 73 CHANGE REFERENCE DATA 命令-响应对

CLA INS P1 P2	由 5.1.1 定义 ‘24’ ‘00’或‘01’(其他值保留将来使用) 见表 65
Lc	当 Nc>0 时存在
数据字段	验证数据后跟无界符的新引用数据(P1 设置为‘00’) 或新的引用数据(P1 设置为‘01’)
Le	当 Ne=0 时不存在
数据字段	不存在
SW1-SW2	见表 5 和表 6 相关定义，比如‘6300’(见 7.5.1)，‘63CX’(见 7.5.1)，‘6581’，‘6700’，‘6982’，‘6983’，‘6984’，‘6A81’，‘6A82’，‘6A86’，‘6A88’(见 7.5.1)

7.5.8 ENABLE VERIFICATION REQUIREMENT 命令

该命令打开要求比较引用数据和验证数据的开关。只有在安全状态满足该命令的安全属性时才能执行。

表 74 ENABLE VERIFICATION REQUIREMENT 命令-响应对

CLA INS P1 P2	由 5.1.1 定义 ‘28’ ‘00’或‘01’(其他值保留将来使用) 见表 65
Lc	当 Nc>0 时存在，当 Nc=0 时不存在
数据字段	不存在(P1 设置为‘01’) 验证数据(P1 设置为‘00’)
Le	当 Ne=0 时不存在
数据字段	不存在
SW1-SW2	见表 5 和表 6 相关定义，比如‘6300’(见 7.5.1)，‘63CX’(见 7.5.1)，‘6581’，‘6700’，‘6982’，‘6983’，‘6984’，‘6A81’，‘6A82’，‘6A86’，‘6A88’(见 7.5.1)

7.5.9 **DISABLE VERIFICATION REQUIREMENT 命令**

该命令关闭要求比较引用数据和验证数据的开关，并且可能打开要求比较其他引用数据和验证数据的开关。只有在安全状态满足该命令的安全属性时才能执行。

表 75 DISABLE VERIFICATION REQUIREMENT 命令-响应对

CLA INS P1 P2	由 5.1.1 定义 ‘26’ ‘00’，‘01’或 100XXXXX 其中 XXXXX 是引用数据号(其他值保留将来使用) 见表 65
Lc	当 Nc>0 时存在，当 Nc=0 时不存在
数据字段	不存在(P1 设置为‘01’) 验证数据(P1 设置为‘00’或 10XXXXX)
Le	当 Ne=0 时不存在
数据字段	不存在
SW1-SW2	见表 5 和表 6 相关定义，比如‘6300’(见 7.5.1)，‘63CX’(见 7.5.1)，‘6581’，‘6700’，‘6982’，‘6983’，‘6984’，‘6A81’，‘6A82’，‘6A86’，‘6A88’(见 7.5.1)

7.5.10 **RESET RETRY COUNTER 命令**

该命令复位引用数据重试次数为其初始值，或在完成一次复位引用数据重试次数为其初始值中改变引用数据。只有在安全状态满足该命令的安全属性时才能执行。

表 76 RESET RETRY COUNTER 命令-响应对

CLA INS P1 P2	由 5.1.1 定义 ‘2C’ ‘00’，‘01’，‘02’，‘03’(其他值保留将来使用) 见表 65
Lc	当 Nc>0 时存在，当 Nc=0 时不存在
数据字段	不存在(P1 设置为‘03’) 复位代码后跟无界符的新引用数据(P1 设置为‘00’) 复位代码(P1 设置为‘01’) 新的引用数据(P1 设置为‘02’)
Le	当 Ne=0 时不存在
数据字段	不存在
SW1-SW2	见表 5 和表 6 相关定义，比如‘6300’(见 7.5.1)，‘63CX’(见 7.5.1)，‘6581’，‘6700’，‘6982’，‘6983’，‘6984’，‘6A81’，‘6A82’，‘6A86’，‘6A88’(见 7.5.1)

7.5.11 **MANAGE SECURITY ENVIROMENT 命令**

该命令准备安全报文(见第 6 章)和安全命令(即 EXTERNAL、INTERNAL、GENERAL AUTHENTICATE，也可见 GB/T 16649.8 中的 PERFORM SECURITY OPERATION)。命令支持下列功能：

——SET，比如设置或替换当前 SE 的一个组件

——STORE，比如用 P2 中的 SEID 字节保存当前 SE

——RESTORE，比如用保存在卡中的 SE 替换当前 SE，并由 P2 中的 SEID 字节标识

——ERASE，比如擦除保存在卡中的 SE，并由 P2 中的 SEID 字节标识

表 77 MANAGE SECURITY ENVIROMENT 命令-响应对

CLA INS P1 P2	由 5.1.1 定义 '22' 见表 78 见表 79
Lc	当 Nc>0 时存在,当 Nc=0 时不存在
数据字段	不存在(STORE,RESTORE 和 ERASE)或控制引用数据对象的连接(SET)
Le	当 Ne=0 时不存在

数据字段	不存在
SW1-SW2	见表 5 和表 6 相关定义,比如'6600','6987','6988','6A88'(见 7.5.1)

表 78 P1

b8	b7	b6	b5	b4	b3	b2	b1	含义
—	—	—	1	—	—	—	—	命令数据字段中的安全消息
—	—	1	—	—	—	—	—	响应数据字段中的安全消息
—	1	—	—	—	—	—	—	计算、解密、内部认真和密钥协商
1	—	—	—	—	—	—	—	验证、加密、外部认证和密钥协商
—	—	—	—	0	0	0	1	SET
1	1	1	1	0	0	1	0	STORE
1	1	1	1	0	0	1	1	RESTORE
1	1	1	1	0	1	0	0	ERASE
——任何其他值由 ISO/IEC JTC1/SC17 保留供将来使用。								

表 79 P2

值	含义
'XX'	STORE、RESTORE 和 ERASE 等情况下的 SEID 字节(GET SE 情况下设置为'00')
 'A4' 'A6' 'AA' 'B4' 'B6' 'B8'	SET 或 GET CRT 情况下命令数据字段中控制引用模板 tag ——认证的控制引用模板(AT) ——密钥协商的控制引用模板(KAT) ——哈希编码的控制引用模板(HT) ——密码校验和的控制引用模板(CCT) ——数字签名的控制引用模板(DST) ——保密性的控制引用模板(CT)
——任何其他值由 ISO/IEC JTC1/SC17 保留供将来使用。	

KEY DERIVATION 功能(密钥派生功能)——主密钥概念要求由主密钥派生卡中的一个密钥。表 80 显示了 MANAGE SECURITY ENVIROMENT 命令的派生密钥的用法。假定主密钥和算法均已选定(否则,MANAGE SECURITY ENVIROMENT 命令能够额外选择一个密钥和算法)。

注:依赖引用的算法,从主密钥派生密钥的数据可以是后继命令的部分输入数据(比如 EXTERNAL AUTHENTICATE)。单 MANAGE SECURITY ENVEROMENT 命令中的派生密钥用法不是必需的。

表 80 KEY DERIVATION 功能的命令-响应对

CLA INS P1 P2	由 5.1.1 定义 ‘22’ ‘X1’(SET,见表 78) CRT tag(比如后跟 EXTERNAL AUTHENTICATE 则为‘A4’,或一个 VERIFY CRYPTOGRAPHIC CHECKSUM 则为‘B4’)
Lc	当 Nc>0 时存在
数据字段	{‘94’-L-派生密钥的数据(强制)};须有 SM 数据对象
Le	当 Ne=0 时不存在
数据字段	不存在
SW1-SW2	见表 5 和表 6 相关定义,比如‘6600’,‘6987’,‘6988’,‘6A88’(引用数据没找到)

7.6 传输处理

7.6.1 GET RESPONSE 命令

该命令发送(部分)响应 APDU,这些响应 APDU 不能被可用的传输协议发送。见 GB/T 16649.3 中例子。

如果 Le 字段仅包含‘00’字节,则所有可用字节应被返回,对于短 Le 字段长度限制为 256,对于长 Le 字段长度限制为 65 536。

表 81 GET RESPONSE 功能的命令-响应对

CLA INS P1-P2	由 5.1.1 定义 ‘C0’ ‘0000’(其他值保留将来使用)
Lc	当 Nc=0 时存在
数据字段	不存在
Le	当 Ne>0 时存在
数据字段	任何错误情况下不存在,或根据 Ne 的部分响应 APDU
SW1-SW2	见表 5 和表 6 相关定义,比如‘61XX’(‘XX’表示多少额外的可用字节由后续的 GET RESPONSE 命令取回),‘6281’,‘6700’,‘6A81’,‘6A82’,‘6A86’,‘6CXX’

7.6.2 ENVELOPE 命令

该命令发送(部分)命令 APDU 或 BER-TLV 数据对象,这些命令 APDU 或 BER-TLV 数据对象不能被可用的传输协议发送。见 GB/T 16649.3 中例子。

注:附录 B 显示 ENVELOPE 命令在安全消息上的用法。

表 82 ENVELOPE 命令-响应对

CLA INS P1-P2	由 5.1.1 定义 ‘C2’,‘C3’ ‘0000’(其他值保留将来使用)
Lc	当 Nc>0 时存在
数据字段	部分命令 APDU(INS=‘C2’)或(部分)BER-TLV 数据对象(INS=‘C3’)
Le	当 Ne>0 时存在,当 Ne=0 时不存在
数据字段	(部分)响应 APDU(INS=‘C2’)或不存在
SW1-SW2	见表 5 和表 6 相关定义,比如‘6700’

8 与应用无关的卡服务

本章描述了与应用无关的卡服务，其在下面的文本中被称作“卡服务”。本章包含下列内容：

1) 卡标识；

2) 应用标识和选择；

3) 通过路径选择；

4) 数据检索；

5) 数据元检索；

6) 卡发起的字节串。

卡服务的目的是提供卡和接口设备之间的交换机制，它们(卡和接口设备)两者除了都遵循本部分标准外，彼此互不了解。卡服务来源于下列内容的任何组合：

——历史字节(见 8.1.1)；

——EF.DIR 和 EF.ATR 的内容(见 8.2.1.1)；

——命令序列。

除非另外指定，命令 APDU 均使用 CLA＝‘00’，即，没有命令链接，没有安全报文和基本逻辑通道。

只要一个应用在卡内已经被标识和选择，就没有必要遵循本章。应用可以使用与本部分兼容的其他机制来获得类似的功能。因此，这种解决方法可能不保证交换。

8.1 卡标识

该服务允许接口设备标识并处理卡。历史字节(见 8.1.1)为卡标识提供一般的支持。卡通过其逻辑内容直接(例如通过卡服务数据字节，见 8.1.1.2.3)和/或间接(例如通过初始的访问数据，见 8.1.1.2.4，该数据用来指明对复位应答后直接隐式选择的文件的访问以及可能的协议和参数选择)向外界提供信息。因此，此时获得的数据(即初始数据串，见 8.1.2)，后来有可能不可检索。

8.1.1 历史字节

8.1.1.1 目的和一般结构

历史字节描述卡的操作特性。

——当卡应答复位时，复位应答信息可能包含历史字节(见 GB/T 16649.3)。

——当物理接口不允许卡复位应答时，例如通用串行总线或通过射频 RF 访问，GET DATA 命令(见 7.4.2)可能获取历史字节(tag 为‘5F52’)。

第 1 个历史字节称为“分类指示符字节”。表 83 汇总了分类指示符字节为‘00’、‘10’或‘8X’时历史字节的格式。分类指示符字节为此外的其他值时说明历史字节为专有格式。

表 83 分类指示符字节

值	含义
‘00’	历史字节的最后 3 个字节为状态指示符(见 8.1.1.3)
‘10’	引用 8.1.1.4
‘80’	状态指示符可能存在于压缩 TLV 数据对象中(1 个、2 个或 3 个字节，见 8.1.1.3)
‘81’到‘8F’	保留供将来使用
——其他值表明为专有的格式。	

——如果第 1 个历史字节为‘00’，则其余字节由可选的连续的压缩 TLV 数据对象和后面紧跟的必备的状态指示符(最后 3 个字节，不在 TLV 中)组成。

——如果第 1 个历史字节为‘80’，则其余字节由可选的连续的压缩 TLV 数据对象组成；最后一个数据对象可能带有一个长度为 1 个、2 个或 3 个字节的状态指示符。

任何行业间 BER-TLV 数据对象由标志字段‘4X’,长度字段‘0Y’和 Y 个字节的值字段组成,BER-TLV 数据对象可以被转化为压缩 TLV 数据对象,压缩 TLV 数据对象则由一个字节的“压缩首标”(设置为‘XY’)和 Y 个字节的值字段组成。

此后定义的任何行业间数据元都可能出现在 EF.ATR 中。如果数据元出现在 EF.ATR 中,则为 BER-TLV 数据对象的格式,即标志字段‘4X’,长度字段‘0Y’和 Y 个字节的数据字段。

8.1.1.2 可选的数据元

8.1.1.2.1 国家或发行者指示符

由压缩首标的‘1Y’、‘2Y’引用,此行业间数据元为国家或发行者指示符(见表 9,tag 为‘41’和‘42’)。表 84 对国家或发行者指示符进行说明。

表 84 国家或发行者指示符

压缩首标	值
‘1Y’	国家编码(见 ISO 3166-1[1])和任选的国家数据
‘2Y’	发行者标识号(见 GB/T 15694.1)和可选的发行者数据

——国家指示符由国家编码(3 个由‘0’到‘9’组成的 4 元组,见 ISO 3166-1[1])和紧跟其后的数据(至少一个 4 元组)组成,后者由相关的国家标准化组织选定(奇数个 4 位组)。

——发行者指示符由发行者标识号(见 GB/T 15694.1)和可能的紧跟其后的数据组成,如果后者存在,将由卡发行者选定(例如编码采用主账号 Primary Account Number)。

注:GB/T 15694.1 规定,发行者标识号由奇数个‘0’到‘9’4 元组组成,通过将最后字节的 b4~b1 设置为 1111 映射成字节串。

8.1.1.2.2 应用标识符

由压缩首标‘FY’引用,此行业间数据元为应用标识符(AID,见 8.2.1.2,在表 9 中 tag 为‘4F’)。如果出现在历史字节或初始数据串中(见 8.1.2),AID 代表一个被隐式选择的应用(见 8.2.2.1)。

8.1.1.2.3 卡服务数据

由压缩首标‘31’引用,此行业间数据元指示卡内支持本章描述的服务的方法。表 85 对卡服务数据字节进行说明。

表 85 卡服务数据字节

b8	b7	b6	b5	b4	b3	b2	b1	含义
x	x	—	—	—	—	—	—	应用选择
1	—	—	—	—	—	—	—	——使用全部 DF 名称
—	1	—	—	—	—	—	—	——使用部分 DF 名称
—	—	x	x	—	—	—	—	BER-TLV 数据对象存在
—	—	1	—	—	—	—	—	——于 EF.DIR(见 8.2.1.1)内
—	—	—	1	—	—	—	—	——于 EF.ATR(见 8.2.1.1)内
—	—	—	—	x	x	x	—	访问EF.DIR 和EF.ATR
—	—	—	—	1	0	0	—	——通过 READ BINARY 命令访问(透明结构)
—	—	—	—	0	0	0	—	——通过 READ RECORD 命令访问(记录结构)
—	—	—	—	0	1	0	—	——通过 GET DATA 命令访问(TLV 结构)
—	—	—	—	其他值			—	保留供将来使用
—	—	—	—	—	—	—	0	有MF 的卡
—	—	—	—	—	—	—	1	没有MF 的卡

如果卡服务数据字节出现在历史字节或初始数据串(见 8.1.2)中,则是用来指示是否存在 EF.DIR 和 EF.ATR(见 8.2.1.1)文件及如何访问。如果历史字节或初始数据串中不存在卡服务数据字节,则说明卡只支持隐式应用选择(默认值)。

8.1.1.2.4 初始访问数据

由压缩首标'4Y'引用,此行业间数据元用来指示在复位应答及可能的协议和参数选择之后的第1条命令APDU。该命令APDU将在8.1.2进行详细说明。

8.1.1.2.5 卡发行者数据

由压缩首标'5Y'引用,GB/T 16649不对此行业间数据元进行定义。卡发行者定义长度、结构和编码。

8.1.1.2.6 预先发行的数据

由压缩首标'6Y'引用,GB/T 16649不对此行业间数据元进行定义。卡制造商定义卡制造商、集成电路名称、集成电路制造商、ROM掩膜版本、操作系统版本等的长度、结构和编码。此行业间数据元可能包含一个集成电路制造商标识符(见GB/T 16649.6)。

8.1.1.2.7 卡能力

由压缩首标'71'、'72'或'73'引用,此行业间数据元最多由3个软件功能表组成:即第一个表、前2个表或全部3个表。

——第1个软件功能表指明卡所支持的选择方法。

——第2个软件功能表称为"数据编码字节",该字节还可能出现在文件控制参数(tag为'82',见表12)的第2个字节。

——第3个软件功能表指示链接命令,处理扩展的Lc和Le、管理逻辑通道的能力。

表86 第1个软件功能表(选择方法)

b8	b7	b6	b5	b4	b3	b2	b1	含义
x	x	x	x	x	—	—	—	DF选择(见5.3.1)
1	—	—	—	—	—	—	—	——通过全部DF名称
—	1	—	—	—	—	—	—	——通过部分DF名称
—	—	1	—	—	—	—	—	——通过路径
—	—	—	1	—	—	—	—	——通过文件标识符
—	—	—	—	1	—	—	—	隐式DF选择
—	—	—	—	—	1	—	—	所支持的短EF标识符
—	—	—	—	—	—	1	—	所支持的记录号
—	—	—	—	—	—	—	1	所支持的记录标识符

表87 第2个软件功能表(数据编码字节)

b8	b7	b6	b5	b4	b3	b2	b1	含义
1	—	—	—	—	—	—	—	支持TLV结构的基本文件
—	x	x	—	—	—	—	—	写功能的行为
—	0	0	—	—	—	—	—	——次性写
—	0	1	—	—	—	—	—	——专有的
—	0	0	—	—	—	—	—	——写'或'
—	1	1	—	—	—	—	—	——写'和'
—	—	—	—	x	x	x	x	数据单元的大小,以4元组为单位(从1到32 768个4元组,即16 384字节)(2的幂,例如0001=2个4元组=1字节,默认值)
—	—	—	x	—	—	—	—	BER-TLV tag字段的第一个字节值为'FF'(见5.2.2.1)
—	—	—	0	—	—	—	—	——无效(用于填充,默认值)
—	—	—	1	—	—	—	—	——有效(长私有tag,结构化的编码)

表 88　第 3 个软件功能表(命令链接、长度字段及逻辑通道)

b8	b7	b6	b5	b4	b3	b2	b1	含　义
1	—	—	—	—	—	—	—	命令链接(见 5.1.1.1)
—	1	—	—	—	—	—	—	扩展的 Lc 和 Le 字段(见 5.1)
—	—	—	x	x	—	—	—	逻辑通道号分配(见 7.1.2)
—	—	—	1		—	—	—	——由卡分配
—	—	—		1	—	—	—	——由接口设备分配
—	—	—	0	0	—	—	—	没有逻辑通道
—	—	—	—	—	y	z	t	逻辑通道的最大数目(见 5.1.1 和 5.1.2) ——当 y、z 和 t 不全为 1 时,值为 4y+2z+t+1,即从 1 到 7 ——当 y=z=t=1 时表示值为 8 或更多
—	—	x	—	—	—	—	—	保留供将来使用

8.1.1.3　状态指示符

如果分类指示符字节值为‘00’,则历史字节的最后 3 个字节为状态指示符,即卡生命周期状态字节(记为 LCS)后面紧跟 2 个处理状态字节(记为 SW1-SW2)。

如果分类指示符字节值为‘80’,则压缩首标为‘81’、‘82’或‘83’的行业间数据元可能作为长度为 1 个、2 个或 3 个字节(其他长度被保留供 ISO/IEC JTC1/SC17 使用)的状态指示符出现在历史字节尾部。

——如果长度为 1,则数据元为卡生命周期状态字节 LCS。

——如果长度为 2,则数据元为 2 个处理状态字节 SW1-SW2。

——如果长度为 3,则数据元为 LCS 后面紧跟着 SW1-SW2。

LCS 的说明见 5.3.3.2 和表 13,其值‘00’表示状态不被报告。SW1-SW2 的说明见 5.1.3 和表 5、表 6,其值‘0000’表示状态不被报告。

8.1.1.4　DIR 数据引用

如果分类指示符为‘10’,则后随字节为 DIR 数据引用。该字节的编码及含义超出了本部分准的范围。

8.1.2　初始数据串恢复

由历史字节(见 8.1.1.2.4)中压缩首标‘4Y’或 EF.ATR(见 8.2.1.1)中 tag‘44’引用,行业间数据元“初始访问数据”表示一条命令 APDU。

——如果长度为 1,则命令 APDU 为如下 READ BINARY 命令(见 7.2.3):CLA INS P1 P2 设置为‘00 B0 00 00’,Le 字段设置为初始访问数据的第 1 个也是唯一的字节。

——如果长度为 2,则初始访问数据的第 1 个字节用来表示所读的 EF 的结构(b8)和短标识符(b5-1),见表 89。

- 如果第 1 个字节的 b8 为 1,则命令 APDU 为如下 READ BINARY 命令(见 7.2.3):CLA INS 设置为‘00 B0’,P1 设置为初始访问数据的第 1 个字节,P2 为‘00’,Le 字段设置为初始访问数据的第 2 个字节。
- 如果第 1 个字节的 b8 为 0,则命令 APDU 为如下 READ RECORD 命令(见 7.2.3):CLA INS P1 设置为‘00 B2 01’,P2 的 b8-4 设置为初始访问数据(短 EF 标识符)的第 1 个字节的 b5-1,P2 的 b3-1 设置为‘110’,Le 字段设置为初始访问数据的第 2 个字节。

表 89 当长度为 2 时初始访问数据的第 1 个字节

b8	b7	b6	b5	b4	b3	b2	b1	含义
x	—	—	—	—	—	—	—	EF 结构
0	—	—	—	—	—	—	—	——记录结构
1	—	—	—	—	—	—	—	——透明结构
—	—	—	x	x	x	x	x	短 EF 标识符
—	x	x	—	—	—	—	—	x00x xxxx (其他值保留供将来使用)

——如果长度为 5 或更大,则命令 APDU 由 Y 个字节的初始访问数据组成。

命令 APDU 应该提交给卡。如果过程完成,响应数据字段为每个应用都会用到的一串行业间数据对象"初始数据串"。

8.2 应用标识和选择

该服务允许接口设备知道卡内激活的应用(如果有)以及如何标识和选择卡内的应用。

8.2.1 应用标识

8.2.1.1 EF.DIR 和 EF.ATR

基本文件 EF.DIR 和 EF.ATR 为应用标识和选择提供一般的支持。它们由一组 BER-TLV 数据对象组成。在这些文件内,对 BER-TLV 数据对象的删除和修改可能会引起对数据对象的填充(之前,之间或之后)。

EF.DIR ——该文件指明卡支持的一系列应用,由一组应用模板和/或应用标识符数据对象以任意顺序组成。该文件指明在选择指定的应用时需要执行哪些命令。

MF 是 EF.DIR 下的父文件:路径"3F002F00"指向 EF.DIR。在 MF 级,如果存在,短文件标识符 30(二进制为 11110)也指向该文件。

EF.ATR ——该文件指明卡的操作特性。它包含一组行业间数据对象,由于与应用选择无关,或 EF.DIR 文件不存在,这些数据不能放到 EF.DIR 文件中。

MF 是 EF.ATR 的父文件,路径"3F002F01"指向 EF.ATR。

8.2.1.2 应用标识符

由历史字节(见 8.1.1)的压缩首标'FY'或初始数据串(见 8.1.2)、EF.DIR、EF.ATR 和任何 DF 管理数据(见 5.3.3)的 tag'4F'引用,或此行业间数据元指示一个应用。

应用标识符最多由 16 个字节组成,第 1 个字节的 b8～b5 用来指明分类,如表 90 所示。

表 90 应用标识符的分类

值	分类	含义
'0'到'9'	—	保留以便与 GB/T 15694.1(见附录 D)向后兼容
'A'	国际的	应用提供者根据 ISO/IEC 7816-5[4] 进行国际注册
'B','C'	—	按照 ISO/IEC JTC1/SC17 要求保留供将来使用
'D'	国家的	应用提供者根据 GB/T 16649.5 进行国家注册(ISO 3166-1[1])
'E'	标准的	对象标识符根据 GB/T 16263.1 对标准进行标识
'F'	专有的	不注册应用提供者

图 7 为国际 AID 的说明。它包含 5 个字节的注册应用提供者标识符(国际 RID)和专有的应用标识符扩展(PIX),后者是任选的,最多 11 个字节。

——国际 RID 唯一标识应用提供者(见 ISO/IEC 7816-5[4])。

- 第 1 个字节的 b8～b5 设置为 1010,即第 1 个 4 位组为'A'。
- 之后的 9 个 4 位组的取值为'0'到'9'。

——扩展为自由编码,允许应用提供者标识不同的应用。

注册应用提供者标识符 （国际RID，5个字节，第1个字节为‘AX’）	专有的应用标识符扩展 （PIX，最多11个字节）

图 7　国际 AID

图 8 为国家 AID 的说明。它包含 5 个字节的注册应用提供者标识符(国家 RID)和专有的应用标识符扩展(PIX),后者是任选的,最多 11 个字节。

——国家 RID 唯一标识应用提供者(见 GB/T 16649.5)。

- 第 1 个字节的 b8～b5 设置为 1101,即第 1 个 4 位组为‘D’。
- 之后的 3 个 4 位组的(取值为‘0’到‘9’)组成国家代码(见 ISO 3166-1[1])。
- 其余的 6 个 4 位组的取值建议为‘0’到‘9’。

——扩展为自由编码,允许应用提供者标识不同的应用。

注册应用提供者标识符 （国家RID，5个字节，第1个字节为‘DX’）	专有的应用标识符扩展 （PIX，最多11个字节）

图 8　国家 AID

图 9 为标准 AID 的说明。它最多包含 16 个字节。第 1 个字节设置为 1110 1000,即‘E8’。ISO/IEC JTC1/SC17 保留‘E0’到‘E7’和‘E9’到‘EF’供将来使用。其后跟随一个对象标识符(GB/T 16263.1)用来说明指定应用的标准(见附录 A 中的例子,比如 ISO/IEC 7816-12[4] 中通过生物方法进行个人识别,或 ISO/IEC 7816-15[4] 中加密信息应用)。最后可能跟随应用标识符扩展(根据识别标准指定)来标识不同的实现。

‘E8’	对象标识符（见附录 A）	应用相关的应用标识符扩展

图 9　标准 AID

图 10 为专有 AID 的说明。它最多包含 16 个字节。第 1 个字节的 b8～b5 设置为 1111,即‘F’。在该类别中,由于应用提供者未注册,不同的应用提供者可能使用相同的 AID。

专有应用标识符（专有AID，最多16个字节，第1个字节为‘FX’）

图 10　专有 AID

8.2.1.3　应用模板

由 tag‘61’引用,此行业间模板可能包含在 EF.DIR(见 8.2.1.1)、EF.ATR(见 8.2.1.1)和任何 DF(见 5.3.3)管理数据中。

——这样的模板仅包含一个应用标识符,如果一个目录有多个有效的应用标识符,则每一个应用标识符将处于不同的应用模板。

——这样的模板还可能包含其他的和应用相关的行业间数据对象,表 91 列出这些数据对象,并在后面的内容里进行定义。

表 91　应用识别与选择使用的行业间数据对象

tag	值
‘4F’	应用标识符
‘50’	应用标签
‘51’	文件引用
‘52’	命令 APDU

表 91（续）

tag	值
'53''73'	任意数据、任意模板
'5F50'	统一资源定位符(见 IETF RFC 1738[19]和 IETF RFC 2396[20])
'61'	应用相关的数据对象集合

8.2.1.4 其他行业间数据元

下列行业间数据元为应用标识和选择提供一般的支持。

应用标签——由 tag'50'引用，GB/T 16649 不定义此行业间数据元。它由应用提供者定义并用于人机界面，例如展示的商标。

文件引用——由 tag'51'引用，定义见 5.3.1.2。

自主数据(或模板)——由 tag'53'(或'73')引用，包含应用提供者定义的相关数据元(或嵌入数据对象)。

统一资源定位符——由 tag'5F50'引入，定义见 IETF RFC 1738[19]和 IETF RFC 2396[20]。它指向接口设备中用来和卡内应用通信的部分软件。

8.2.2 应用选择

卡至少应能支持下列应用选择方法中的一种。

1) 隐式应用选择；

2) 使用应用标识符作为 DF 名称进行应用选择；

3) 使用 EF.DIR 和 EF.ATR 进行应用选择。

8.2.2.1 隐式应用选择

如果某应用被隐式选择，则其应用标识符应出现在历史字节(见 8.1.1)或初始数据串(见 8.1.2)内，应用标识符这样出现即表示为隐式选择的应用。如果某隐式选择应用的应用标识符没有出现在历史字节和初始数据串内，则其应包含在 EF.ATR 中(见 8.2.1.1)。

注：隐式应用选择不推荐用于多应用卡。

8.2.2.2 使用 AID 作为 DF 名称进行应用选择

在多应用环境下，卡应该明确响应以应用标识符(AID，见 8.2.1.2)作为 DF 名称的 SELECT 命令。因此，接口设备可以明确地选择应用而不必事先检查该应用是否存在卡内。

卡应能支持 CLA INS P1 P2 设置为'00 A4 04 00'的、数据字段是给定的完整的应用标识符的 SELECT 命令(见表 39)。通过判断应用是否存在，卡完成或终止命令。如果使用截短的 DF 名称选择，完整的 DF 名称作为文件控制参数将出现在响应的数据字段，由 tag'84'引用(见表 12)。如果卡支持使用截短的 DF 名称选择，则第 1 次选择是与实现相关的，例如，第 1 次出现在静态列表内或前一会话中最后被激活的应用。如果后面还有选择操作，卡应能支持 CLA INS P1 P2 为'00 A4 04 02'、具有相同命令数据字段的 SELECT 命令。

8.2.2.3 使用 EF.DIR 和 EF.ATR 进行应用选择

对多应用的接口设备，使用 EF.DIR 或 EF.ATR 可能比前面的方法更有效。

——如果应用标识符数据对象不是应用模板的一部分，并且不和文件引用或待执行命令数据对象同时出现，那么使用 AID 作为 DF 名称进行选择。

——如果应用标识符数据对象是应用模板的一部分，同时还有文件引用数据对象(见 5.3.1.2)出现，且其数据字段包含 2 个或更多字节，那么将依据 8.3 要求按路径进行选择。

——如果应用标识符数据对象是应用模板的一部分，同时还有一个或多个待执行命令数据对象出现，则应用选择使用指定的命令。如果有多个这样的命令，则按照它们在模板里出现的顺序执行。

8.3 通过路径选择

该服务允许通过路径选择EF或未命名的DF,即文件引用数据元(见5.3.1.2)由3个或更多字节组成。

——当长度为偶数时,路径为绝对路径还是相对路径取决于前两个字节的设置是否为'3F00'。最后两个字节用来区别DF和EF。
  - 对于指向DF的路径,选择通过一条或多条SELECT命令执行,其中CLA INS P1 P2 Lc设置为'00 A4 01 00 02'。
  - 对于指向EF的路径,如果长度为4个字节或更多,选择通过一条或多条SELECT命令执行,其中CLA INS P1 P2 Lc设置为'00 A4 01 00 02'。最后一条(可能是唯一的)选择命令使用路径的最后2个字节(EF标识符),其中CLA INS P1 P2 Lc设置为'00 A4 02 00 02'。

——当长度为奇数时,路径是限定的。它或者由不含'3F00'的绝对路径组成,或者由不含当前DF标识符的相对路径组成,后面的一个字节用作一条或多条SELECT命令的P1。P1的值决定选择的方式。
  - 如果P1的值为'08'或'09',则卡应支持一条选择命令:限定路径指定P1、Lc和数据字段的值,P2设置为'00'。
  - 其他情况下,卡应支持一条或多条SELECT命令,其P1设置为限定路径的最后一个字节,P2与Lc设置为'0002'。路径上的文件按顺序选择。

8.4 数据检索

该服务允许接口设备读存储在DF和EF中的数据。

一旦某个DF被选择,和交换相关的内容将成为GET DATA命令(见7.4.2)的响应数据字段,GET DATA命令的CLA INS设置为'00 CA',其后的P1-P2设置为'00 FF'(对于BER-TLV数据对象)或'02 FF'(对于SIMPLE-TLV数据对象),接下来的Le仅包含一个字节'00'。

一旦某个EF被选择,如果文件描述符字节(见表14)出现在EF的控制参数里,和交换相关的内容将成为对READ命令(见7.4.2)响应的数据字段。

——READ BINARY(见7.2.3)命令的CLA INS P1 P2设置为'00 B0 00 00',其后的Le仅包含一个字节'00'。

——READ RECORD(见7.3.3)命令的CLA INS P1 P2设置为'00 B2 00 05',其后的Le仅包含一个字节'00'。

——GET DATA(见7.4.2)命令的CLA INS P1 P2设置为'00 CA 00 00',其后的Le仅包含一个字节'00'。

如果文件描述符字节没有出现在EF的文件控制参数里,则命令APDU遵守如下规则。

——如果第一个软件功能表(见表86)出现在历史字节或EF.ATR中,并且表明支持记录,则命令APDU为READ RECORD,如上述说明。

——否则,即第一个软件功能表没有出现在历史字节或EF.ATR中或该表未表明支持记录,则命令APDU为READ BINARY,如上述说明。

8.5 数据元检索

该服务允许接口设备检索用于交换的行业间数据元。

——在选择应用之前,如果行业间数据对象存在,应依次直接或间接从历史字节(见8.1.1),初始数据串(见8.1.2),EF.ATR和EF.DIR(见8.2.1.1)中检索。这些行业间数据对象按照5.2.4中指定的tag分配方案进行说明。

——一旦应用被选择,应直接或间接从应用DF的管理数据(见5.3.3)或当前DF中特定的EF中检索行业间数据对象。

- 行业间数据对象可能出现在任何文件的管理数据中(见 5.3.3)。
- 行业间数据元可以在封装模板(wrapper)内引用的文件中检索(见 8.5.1)。对未命名的 DF 或通过路径识别的 EF 的选择在 8.3 中定义。从选定的 EF 或 DF 中读取数据在 8.4 中定义。
- 行业间数据对象可以使用 GET DATA 命令(见 7.4.2)检索。

8.5.1 数据元的间接引用

元列表、tag 列表、头列表、扩展头列表和封装模板(wrapper)为间接引用字节串中数据元的行业间数据元,例如支持数据单元的 EF 的内容,完整的命令 APDU 的数据字段(见 8.4),签名的字节串(见 GB/T 16649.8)。这样的数据元指导卡如何解释命令的数据字段或如何构造响应的数据字段。

元列表——由 tag'5F41'引用,此行业间数据元表示需要检索的信息不是以数据对象的方式出现,而是在应用的控制之下。它仅在封装模板内使用。其结构和返回信息不在 GB/T 16649 范围内。

tag 列表——由 tag'5C'引用,此行业间数据元是 tag 字段的无定界串联。字节串由数据对象组成,数据对象的顺序与 tag 列表的顺序相同。

头列表——由 tag'5D'引用,此行业间数据元是成对的 tag 字段和长度字段的无定界串联。字节串由值字段组成,值字段的顺序与头列表的顺序相同。

扩展头列表——由 tag'4D'引用,此行业间数据元是成对的 tag 字段和长度字段的无定界串联。字节串构造方式如下:

——如果 tag 表明为简单编码,则 tag 字段和长度字段对由 tag 引用的数据代替。长度为零意味着字节串内包含完整的数据对象/数据元。非零长度表明要检索的字节的最大数,以及可能需要进行删节。

——如果 tag 表明为结构化编码,且长度不为零('80'除外),则后面的值字段为扩展头列表。如果 tag 表明为结构化编码,且长度为零,则可忽略。如果 tag 表明为结构化编码,且长度为'80',则字节串内包含完整的结构化的数据对象/完整的模板。

——卡应忽略扩展头列表中和目标结构不匹配的数据元。

字节串组成可能为下列情形之一:

——原始数据对象的值字段,可能需要根据指定的长度进行删节(情形 1);或

——原始数据对象,可能需要根据指定的长度进行删节,嵌套在相应的模板内,其长度遵守 BER-TLV 的规则(情形 2);

——如果长度设置为'80',则其将被实际长度代替。字节串内包含完整的结构化的数据对象/完整的模板。

字节串的编码(也就是数据对象或数据元)由适当的 INS 代码或其他命令参数指示,例如,它或者是适当的数据字段的编码(结构化的用来存放数据对象,简单型用来存放数据元),或者是用于 PERFORM SECURITY OPERATION 命令(见 GB/T 16649.8)的 tag'AC'、'BC'(见表 31)。

例如,下列扩展头列表引用 3 种简单数据对象。

简单型 T1	'00'	结构化的 tag T	L=4	简单型 T2	'00'	简单型 T3	L=5

简单型 T1	L1	值 1

简单型 T2	L2	值 2

简单型 T3	L3(≥5)	值 3

情形 1:字节串为数据元的串连。

值 1	值 2	值 3 的前 5 个字节

情形 2:字节串为数据对象的串连。

T1	L1	值 1	T	L=L2+9	T2	L2	值 2	T3	L=5	值 3 的前 5 个字节

封装——由 tag'63'引用,此行业间模板由两个数据对象组成。

——第一个数据对象为数据元列表(tag 为'5F41')、tag 列表(tag 为'5C')、头列表(tag 为'5D')或扩展头列表(tag 为'4D')。

——第二个数据对象是对 EF 的引用(tag 为'51',见 5.3.1.2)和/或一条或多条将要执行命令(tag 为'52')。如果是多条,则命令 APDU 将按照出现的顺序处理。

由 tag 列表等引用的数据对象或头列表等引用的数据元应包含在被引用的文件内,或者为对最后一条命令 APDU 的响应的(部分)数据字段。在封装内,仅给出一条间接引用。可能存在不只一个封装。

例如,下列封装模板由 tag 列表和一条可执行命令组成。

{'63'-L-{'5C'-L-(Tag1-Tag2-Tag3)}-{'52'-L-命令 APDU}}

8.6 卡发起的字节串

该服务允许卡发起字节串。

为了清晰,本条所讲的查询视为卡发送的字节串(或其中一部分),应答视为外界实体发送的响应(或其中一部分)。例如,一组完整的查询可以构成一条命令 APDU,一组完整的应答可以构成一条响应 APDU,从而允许从卡到接口设备,或从卡到卡之间的通讯服务,该通讯服务可能通过网络实施。

本条说明了下列 3 个特征:

——如何使用 SW1-SW2 表示卡想要发送字节串,并希望得到响应。

——接口设备如何使用 GET DATA 命令检索来自卡的查询,如何使用 PUT DATA 命令向卡传送应答(如果有)。

——字节串的格式。

8.6.1 卡触发

SW1-SW2 设置为'62XX',其中'XX'的取值'02'到'80',表示卡发出一条长度为'XX'字节的查询,接口设备将检索该查询,同时卡可能在期待该查询的响应。

SW1-SW2 设置为'64XX',其中'XX'的取值'02'到'80',表示卡终止了命令的执行。命令的执行是否能完成取决于是否能恢复长度为'XX'字节的查询,卡可能在期待该查询的响应。

如果 SW1-SW2 出现在历史字节内并取上述数值,则其含义如上所述。

如果用来传送应答的 PUT DATA 命令(见 7.4.3)执行失败,SW1-SW2 设置为'64XX',则

——'64XX'取值为'6402'到'6480'时,表示卡想要另外发送至少一条长度为'XX'的查询。

——'64XX'取值为'6401'时,表示卡正在等待立即响应。

8.6.2 查询和应答

为了从卡内检索长度为'XX'字节的查询,接口设备将发送 P1-P2 为'0000'、Le 为'XX'的 GET DATA 命令。

——SW1-SW2 设置为'62XX',其中'XX'的取值从'02'到'80',表示在外界处理卡发起的字节串之前,接口设备应再次检索一条长度为'XX'的查询并将其和已经检索到的查询串联。

——SW1-SW2 设置为'9000'意味着卡发起的字节串是完整的,它可能在外界进行处理。

为了向卡传送应答,接口设备将发送 P1-P2 为'0000'的 PUT DATA 命令。如果响应太长而不能由一条命令完成,则多条 PUT DATA 命令将被链接在一起(见 5.1.1.1)。每条 PUT DATA 命令传送一条应答,这些应答的串联即构成响应。

8.6.3 格式

卡发起的字节串的首字节的值用来指明以下格式。

——如果首字节的值为'FF',则接下来的字节将按照 ISO/IEC TR 9577[5] 的规定编码为初始的协议标识符,字节串应遵守指定的协议。

——否则(即首字节的值不等于'FF'),卡发起的字节串及其响应将构成命令响应对。

除了正确使用 GET DATA、PUT DATA 命令及状态字节 SW1-SW2 之外,其他任何情形都和卡指示的传输协议相关。本条不对响应需求和可能存在的响应内容的实体做出假设。

附 录 A
（资料性附录）
对象标识符和标记分配方案示例

A.1 对象标识符

ISO 标准中，对象标识符的第 1 字节是‘28’，即十进制的 40（参见 ISO/IEC 8825-1）。其后跟随一个或多个字节序列；如果有多于一个字节，那么字节序列中最后一个字节的 bit8 置 0 并且之前的所有字节的 bit8 置 1。字节序列中所有字节的 bit7 至 bit1 的拼接是一个号码的编码。每个号码应该通过尽量少的字节编码，也就是说，值‘80’在字节序列中的第 1 个字节是非法的。第 1 个数字是标准的编号，如果存在第 2 个数字，它是一个多部分标准中的部分编号。

例子 1，{iso(1) standard(0) ic-cards(7816)}作为 ISO/IEC 7816 的参考。

——7816 等于‘1E88’，如 0001 1110 1000 1000，如 2 个 7 bit 的块：0111101 0001000。

——在每个字节的 bit8 插入适当的值后，第 1 个序列的编码就是 1011 1101 0000 1000，即‘BD08’。

数据元‘28 BD08’可用于标准分类的 AID（见 8.2.1.2）

AID＝‘E8 28 BD08 0B XX … XX’（ISO/IEC 7816-11 指定应用标识符扩展‘XX … XX’）。

AID＝‘E8 28 BD08 0F XX … XX’（ISO/IEC 7816-15 指定应用标识符扩展‘XX … XX’）。

例子 2，{iso(1) standard(0) e-auth(9798) part(5)}作为 ISO 9798-5[8] 的参考。第 1 个字节序列如下：

——9798 等于‘2646’，如 0010 0110 0100 0110，如 2 个 7 bit 的块：1001100 1000110。

——在每个字节的 bit8 插入适当的值后，第 1 个序列的编码就是 11001100 01000110，即‘CC46’。

数据元‘28 CC46 05 02’引用了 ISO/IEC 9798-5[8] 中的第 2 个机制，即 GQ2。这样的标识符可以携带在一个数据对象中（标记‘06’，通用类，参见 ISO/IEC 8825-1）。

DO＝{‘06 05 28 CC 46 05 02’}

例子 3，{iso(1) standard(0) mess(9992) part(2)} 作为 ISO 9992-2[10] 的引用。第 1 个字节序列如下：

——9992 等于‘2708’，如 0010 0111 0000 1000，如 2 个 7 bit 的块：1001110 0001000。

——在每个字节的 bit8 插入适当的值后，第 1 个序列的编码就是 1100 1110 0000 1000，即‘CE08’。

数据元是‘28 CE08 02’（第 2 个系列是‘02’）。其可在数据对象中携带。

DO＝{‘06 04 28 CE 08 02’}

A.2 标记分配方案

默认的标记分配方案示例

DO1＝{‘59 02 95 02’}

DO2＝{‘5F 24 03 97 03 31’}

DO1（标记‘59’，卡终止日期），编码 1995 年 2 月作为卡终止日期（参见 ISO/IEC 7816-6[4]）。

DO2（标记‘5F24’，应用终止日期），编码 1997 年 3 月 31 日作为应用终止日期。

兼容的标记分配方案示例

DO1＝{‘78 06’{‘06 04 28 CE 08 02’}}

DO2＝{‘5F 24 03 97 03 31’}

DO3＝{‘70 04’ {‘80 02 XX XX’}}

DO4＝{‘67 0A’ {‘5F 29 03 XX XX XX’} {‘81 02 XX XX’}}

DO1(标记‘78’,兼容标记分配授权)指出一个在 ISO 9992-2[10]定义的兼容的标记分配方案通过其对象标识符引用,如果 DO1 在初始化数据串(见 8.1.2)或 EF.ATR(见 8.2.1.1)中出现,该标记分配方案在整个卡中有效。如果 DO1 出现在一个 DF 的管理数据(见 5.3.3),该标记分配方案授权在该 DF 中出现。

DO2(标记‘5F24’,应用终止日期)编码 1997 年 3 月 31 日为应用终止日期。

DO3(标记‘70’,符合其包含的标记分配授权的行业间模板)包含数据对象,标记‘80’,在 ISO 9992-2[10]中定义;标记‘70’的含义在 ISO 9992-2[10]也有定义。

DO4(标记‘67’,认证数据模板)包含交换的配置数据对象,标记‘5F29’,和一个定义在 ISO 9992-2[10]中的数据对象,标记‘81’;标记‘67’的含义在 ISO/IEC 7816-4[4]定义。

另外一个兼容的标记分配方案示例

DO2={‘5F 24 03 97 03 31’}

DO3={‘70 0C’{‘06 04 28 CE 08 02’}{‘80 04 XX XX XX XX’}}

DO4={‘67 06’{‘5F 29 03 XX XX XX’}}

DO2(标记‘5F24’,应用终止日期)编码 1997 年 3 月 31 日为应用终止日期。

DO3(标记‘70’,符合其包含的对象标识符定义的行业间模板)包含一个数据对象,标记‘06’,该数据对象指定之后的数据对象,标记‘80’,在 ISO 9992-2[10]定义。标记‘70’的含义也在 ISO 9992-2[10]定义。

DO4(标记‘67’,行业间认证数据模板)包含交换的配置数据对象,标记‘5F29’。注意,由于这个选择不能传输行业间带标记‘78’的数据对象,它不能包含 ISO 9992-2[10]中定义的数据对象。

共存的标记分配方案示例

DO1={‘79 05’{‘06 03 28 XX XX’}}

DO2={‘7E 06’{‘5F 24 03 97 03 31’}}

DO3={‘70 06’{‘XX XX XX XX XX XX’}}

DO1(标记‘79’,共存的标记分配授权)指出一个定义在通过‘28’开头的对象标识符引用的标准(ISO 标准)中的共存的标记分配方案。这个方案中,DO1 必须:

——如果该标记分配授权在整个卡中有效,则 DO1 必须出现在初始化数据串(见 8.1.2)中或 EF.ATR(见 8.2.1.1)中,否则

——如果该标记分配授权在该 DF 中有效,则 DO1 必须出现在 DF 中的管理数据中(见 5.3.3)。

DO2(标记‘7E’)是一个嵌套行业间数据对象的行业间模板。注意行业间数据对象“应用终止日期”(标记‘5F24’)出现,编码 1997 年 3 月 31 日为应用终止日期。

DO3(标记‘70’,根据在模板‘79’中指出的标记分配授权进行解释的行业间模板)只可根据对象标识符指定的标准解释。

附 录 B
（资料性附录）
安全报文传输示例

B.1 密码校验和

本章说明了 GB/T 16649.3 中定义的四种情形的命令-响应对中的安全报文传输（见第 6 章）与密码校验和（见 6.2.3.1）的使用方法。

在下面的例子中，记法 CLA＊表示在数据字段中使用安全报文传输：在 CLA 中（见 5.1.1），bit8、bit7、bit6 置为 000 且 bit4 置 1，或者 bit8、bit7、bit6 置为 011。

在下面的例子中，记法 CLA＊＊表示 CLA 的 bit8、bit7、bit6 为 000，且 bit4、bit3 为 11，即用于认证的数据元的计算中应该包含命令头。

另外，命令头可封装在标记为‘89’的数据对象中，即一个包含在用于认证的数据元计算中的 SM 数据对象。

在下面的例子中，记法 T＊表示标记字段中最后一个字节的 bit1 置为 1（奇标记数），即该 SM 数据对象应该包含在用于认证的数据元计算中。

——情形 1—无命令数据，无响应数据

非安全的命令—响应对如下所示：

命令头	命令体
CLA INS P1 P2	Absent

响应体	响应尾
Absent	SW1-SW2

——情形 1.a—未保护的状态字节

安全的命令 APDU 如下所示：

命令头	命令体
CLA ＊ INS P1 P2	{New Lc field}-{New data field(＝T -L-Cryptographic checksum)}

如果密码校验和的长度为 4 字节，则新的 Lc 字段置为‘06’。

新数据字段＝1 个数据对象＝{T-L-密码校验和}

产生密码校验和的数据（CLA＊的 bit3 置 1）＝ 1 个分组＝{CLA＊＊INS P1 P2 填充}

安全的响应 APDU 如下所示：

响应体	响应尾
Absent	SW1-SW2

——情形 1.b—受保护的状态字节

安全的命令 APDU 如下所示：

命令头	命令体
CLA ＊ INS P1 P2	{New Lc field}-{New data field(＝T -L-Cryptographic checksum)}-{New Le field(＝'00')}

新数据字段＝1 个数据对象＝{T-L-密码校验和}

产生密码校验和的数据(CLA＊的 bit3 置 1)＝1 个分组＝{CLA＊＊INS P1 P2 填充}

安全的响应 APDU 如下所示：

响应体	响应尾
New data field(＝{T* -L-SW1-SW2}-(T-L-Cryptographic checksum})	SW1-SW2

新数据字段＝2 个数据对象＝{T＊-L-SW1-SW2}-{T-L -密码校验和}

产生密码校验和的数据＝1 个分组＝{T＊-L-SW1-SW2-填充}

——情形 2—无命令数据，有响应数据

非安全的命令—响应对如下所示：

命令头	命令体
CLA INS P1 P2	Le field

响应体	响应尾
Data field	SW1-SW2

安全的命令 APDU 如下所示：

命令头	命令体
CLA ＊ INS P1 P2	New Lc field-New data field-{New Lc field(one or two bytes set to '00')}

新数据字段＝2 个数据对象＝{T＊-L-Le}-{T-L -密码校验和}

产生密码校验和的数据＝

1 个分组＝{T＊-L-Le-填充}，如果 CLA＊的 bit3 置 0

2 个分组＝{CLA＊＊INS P1 P2 填充}-{T＊-L-Le-填充}，如果 CLA＊的 bit3 置 1

安全的响应 APDU 如下所示：

响应体	响应尾
New data field(＝{T＊ -L-Plain value}-{T＊-L-SW1-SW2}-{T-L-Cryptographic checksum})	SW1-SW2

新数据字段＝3 个数据对象＝

{T＊-L-无格式值}-{T＊-L-SW1-SW2}-{T-L-密码校验和}

产生密码校验和的数据＝1 个或多个分组＝{T＊-L -无格式值-T＊-L-SW1-SW2-填充}

——情形 3—有命令数据，没有响应数据

非安全的命令—响应对如下所示：

命令头	命令体
CLA INS P1 P2	Lc field-Data field

响应体	响应尾
Absent	SW1-SW2

——情形 3.a—未保护的状态字节

安全的命令 APDU 如下所示：

命令头	命令体
CLA ＊ INS P1 P2	New Lc field-New data field

新数据字段＝2 个数据对象＝{T＊-L -无格式值}-{T-L -密码校验和}

产生密码校验和的数据＝

1 个或多个分组＝{T＊-L -无格式值-填充}，如果 CLA＊的 bit3 置 0

2 个或多个分组＝{CLA ＊＊ INS P1 P2 填充}-{T＊-L -无格式值-填充}，如果 CLA＊的 bit3 置 1

安全的响应 APDU 如下所示：

响应体	响应尾
Absent	SW1-SW2

——情形 3.b—受保护的状态字节

安全的命令 APDU 如下所示：

命令头	命令体
CLA ＊ INS P1 P2	New Lc field-New data field-New Le field(＝'00'){}

新数据字段＝2 个数据对象＝{T＊-L -无格式值}-{T-L -密码校验和}

产生密码校验和的数据＝

1 个或多个分组＝{T＊-L -无格式值-填充}，如果 CLA＊的 bit3 置 0

2 个或多个分组＝{CLA＊ ＊INS P1 P2 填充}-{T＊-L -无格式值-填充}，如果 CLA＊的 bit3 置 1

安全的响应 APDU 如下所示：

响应体	响应尾
New data field(＝{T＊-L-SW1-SW2}-{T-L-Cryptographic checksum})	SW1-SW2

新数据字段＝2 个数据对象＝{T＊-L-SW1-SW2}-{T-L -密码校验和}

产生密码校验和的数据＝1 个分组＝{T＊-L-SW1-SW2 -填充}

——情形 4—有命令数据，有响应数据

非安全的命令—响应对如下所示：

命令头	命令体
CLA INS P1 P2	Lc field-Data field-Le field

响应体	响应尾
Data field	SW1-SW2

安全的命令 APDU 如下所示：

命令头	命令体
CLA ＊ INS P1 P2	New Lc field-New data field-New Le field(one or two bytes set to '00')

新数据字段＝3 个数据对象＝{T＊-L -无格式值}-{T＊-L-Le}-{T-L -密码校验和}

产生密码校验和的数据＝

1 个或多个分组＝{T＊-L -无格式值-T＊-L-Le -填充}，如果 CLA＊的 bit3 置 0

2 个或多个分组＝{CLA＊＊ INS P1 P2 填充}-{T＊-L -无格式值-T＊-L-Le -填充}，如果 CLA＊的 bit3 置 1

安全的响应 APDU 如下所示：

响应体	响应尾
New data field(＝{T＊-L-Plain value}-{T＊-L-SW1-SW2}-{T-L-Cryptographic checksum})	SW1-SW2

B.2 密文

带填充或者不带填充的密文的使用(见 6.2.2),出现在命令数据字段和响应数据字段中。与之前示例的无格式值数据对象不同,保持秘密性的数据对象应按如下形式使用:

——情形 a—未编码为 BER-TLV 的无格式值

数据字段={T-L -填充-内容指示符字节-密文}

产生密文的无格式值=1个或多个分组=未编码为 BER-TLV 的无格式值,可能根据指示符字节填充

——情形 b—编码为 BER-TLV 的无格式值

数据字段={T-L-密文}

产生密文的无格式值=秘密字节串=BER-TLV 数据对象(依据算法及其操作模式的填充)

B.3 控制引用

控制引用(见 6.3.1 和 6.3.2)的使用如下:

命令数据字段={T-L-控制引用模板},

其中,控制引用模板={T-L-文件引用}-{T-L-密钥引用}

B.4 响应描述符

响应描述符(见 6.3.3)的使用如下:

命令数据字段={T-L-响应描述符},

其中,响应描述符={T(无格式值)-'00'-T(密码校验和)-'00'}

响应数据字段={T-L-无格式值}-{T-L-(密码校验和}

B.5 命令 ENVELOPE

ENVELOPE 命令(见 7.6.2)的使用如下:

命令数据字段={T-L-填充-内容指示字节-密文}

产生密文的无格式值=命令 APDU(以 CLA* INS P1 P2 开始),根据指示符字节填充

响应数据字段={T-L-填充-内容指示符字节-密文}

产生密文的无格式值=响应 APDU,根据指示符字节填充

B.6 安全报文和安全操作之间的协同

本章中应用下列符号和缩写术语。

CC	密码校验和
CG	密文
CLA**	带 SM 指示的 CLA(bit8,7 和 6 置 000 且 bit4 和 3 置 11)
DS	数字签名
MSE	管理安全环境
PCI	填充内容指示字节
PSO	执行安全操作
SMC	安全模块卡
USC	用户智能卡

下面的示例说明了如何使用安全模块卡(SMC),产生发送给用户卡(USC)的安全的命令 APDU 和处理从用户卡接受的相对应的安全的响应 APDU,即产生和处理 SM 格式的数据字段。该示例阐述了

2 种方法之间的协同——通过安全操作实现的原子方法(参见 GB/T 16649.8)和通过安全报文实现的全局方法(见第 6 章)。

示例中假设 USC 和 SMC 已经完成相互之间的认证流程,如基于卡上可以验证的证书。该认证流程包含一个密钥传输或者密钥协商机制,因此在该流程后,USC 和 SMC 中存在 2 个可用的对称密钥:

——1 个用于密码校验和计算的对称会话密钥;

——2 个用于计算密文的对称会话密钥。

鉴别的流程在 USC 和 SMC 中初始化了一个或多个计数器。该示例中未说明 USC 和 SMC 如何维护和使用这些计数器。

SMC 中所有的命令—响应对都是 PSO 命令,未使用安全报文,但使用 SM 数据对象(和 MSC 命令设置的 SM 密钥)。

USC 中所有的命令—相应对使用安全报文,并且命令头包含在密码校验和的计算中,即 CLA 转换为 CLA ∗∗。

图 B.1 为产生一条安全的命令 APDU 的通常原则。

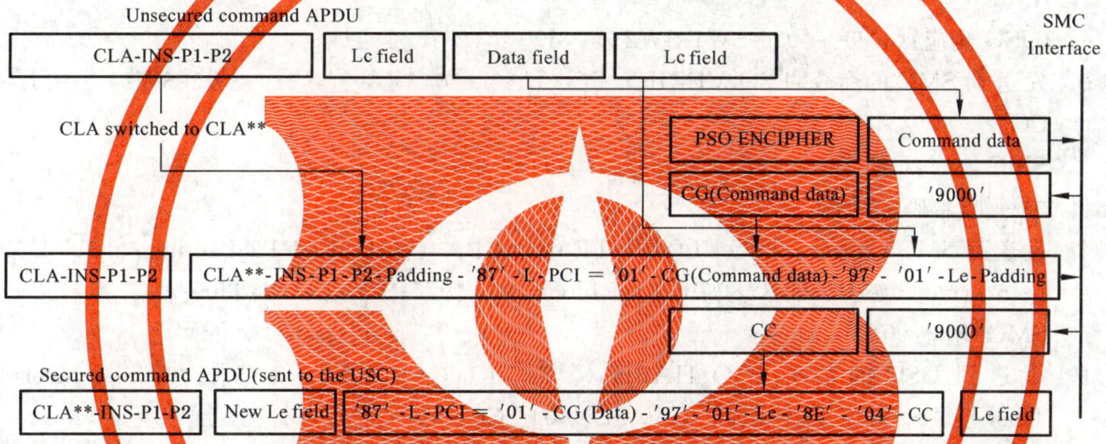

图 B.1 安全的命令 APDU 的产生

图 B.2 为处理一条安全的响应 APDU 的通常原则。

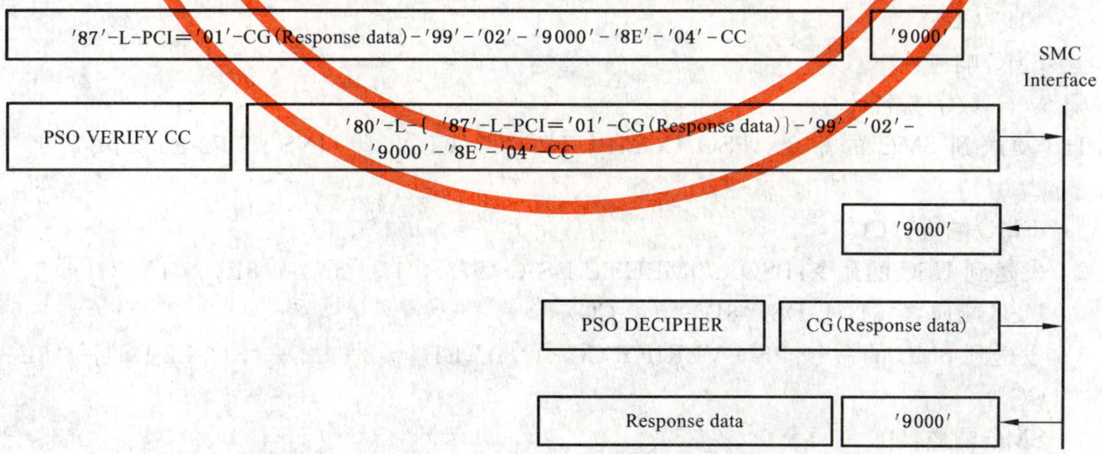

图 B.2 安全的响应 APDU 的处理

下面假设的情景解释了数字签名(DS)的计算中为什么秘密签名密钥的使用需要正确的口令。分三步执行该情景:

步骤 1——口令验证

1.1 发送到 SMC 的命令:MSE SET 〈CT,{'83'-'01'-'81'}〉

——该例子中,用于密码校验和计算的会话密钥的引用为'81'。

SMC 响应:OK

1.2 发送到 SMC 的命令:MSE SET 〈CCT,{'83'-'01'-'82'}〉

——该例子中,用于密码校验和计算的会话密钥的引用为'81'。

SMC 响应:OK

1.3 发送到 SMC 的命令:PSO ENCIPHER 〈Password〉

SMC 响应:〈CG(Password)〉

1.4 发送到 SMC 的命令:PSO COMPUTE CC 〈CLA **-INS-P1-P2-Padding-{'87'-L-PCI-CG(Password)}-{'97'-'01'-Le}-Padding〉

SMC 响应:〈CC〉

——现在接口设备构造安全的 VERIFY 命令 APDU。

1.5 发送到 USC 的命令:VERIFY 〈{'87'-L-PCI='01'-CG(Password)}-{'97'-'01'-Le}-{'8E'-'04'-CC}〉

USC 响应:〈{'99'-'02'-SW1-SW2}-{'8E'-'04'-CC}〉

1.6 发送到 SMC 的命令:PSO VERIFY CC 〈{'80'-'04'-('99'-'02'-SW1-SW2)}-{'8E'-'04'-CC}〉

SMC 响应:OK

步骤 2——哈希码的计算

2.1 发送到 SMC 的命令:PSO COMPUTE CC 〈CLA **-INS-P1-P2-Padding-{'81'-L-({'90'-L-Intermediate Hash}-{'80'-L-Last block})}-{'97'-'01'-Le}-Padding〉

SMC 响应:〈CC〉

2.2 发送到 USC 的命令:PSO HASH 〈{'81'-L1 (=4+L2+L3)-({'90'-L2-Intermediate Hash}-{'80'-L3-Last block})}-{'8E'-'04'-CC}〉

——USC 将该哈希码作为内部结果保存用于后续的数字签名的计算。

USC 响应:〈{'99'-'02'-SW1-SW2}-{'8E'-'04'-CC}〉

2.3 发送到 SMC 的命令:PSO VERIFY CC 〈{'80'-'04'-({'99'-'02'-SW1-SW2})}-{'8E'-'04'-CC}〉

SMC 响应:OK

步骤 3——数字签名计算

3.1 发送到 SMC 的命令:PSO COMPUTE CC 〈CLA **-INS-P1-P2-Padding-{'97'-'01'-'00'}〉

SMC 响应:〈CC〉

3.2 发送到 USC 的命令:PSO COMPUTE DS 〈{'97'-'01'-'00'}-{'8E'-'04'-CC}〉

USC 响应:〈'81'-L-DS -'8E'-'04'-CC〉

3.3 发送到 SMC 的命令:PSO VERIFY CC 〈{'80'-L1 (=2+L2)-('81'-L2-DS)}-{'8E'-'04'-CC}〉

SMC 响应:OK

附 录 C
（资料性附录）
GENERAL AUTHENTICATE 命令产生的 AUTHENTICATE 功能的示例

C.1 引言

两个或多个 GENERAL AUTHENTICATE 命令—响应对实现一个 AUTHENTICATE 功能。

——如果使用了命令链，那么该链中从第 1 个命令到倒数第 2 个命令的 CLA 置 0xx1 xxxx，最后一个命令的 CLA 置 0xx0 xxxx；其他 6 bit 应在链中保持常量(见 5.1.1.1)。

——INS P1 P2 置为'86 00 00'或'87 00 00'。

——Lc 字段的值由命令数据字段中的数据对象决定。根据是否期望响应数据字段，Le 字段设置为'00'或者空缺。

本附录示例了 GENERAL AUTHENTICATE 命令的数据字段，它实现了诸如 ISO/IEC 9798-5[8] 所列出的机制，即使用零知识技术的机制。

——验证者知道某个公开问题，证明者知道该公开问题的秘密答案。

——作为零知识协议的结果，验证者确信证明者知道该公开问题的一个答案。但是，该答案仍然是一个秘密。

注：ISO/IEC 9798-5[8] 列出两种 GQ 技术。

——通过提供指数 v 为素数(如，$257=2^8+1$，$65\,537=2^{16}+1$ 或 $2^{36}+2^{13}+1$)的 RSA 密钥，GQ1 技术允许在不知道 RSA 签名值的情况下验证该 RSA 签名。如正在使用的 RSA 签名标准(如，参见 ISO/IEC 14888-2[16])所述，格式机制将证明者的标识数据(一个模板)转换为公开数 G。相应的秘密数 Q 就是该标识数的 RSA 签名。证明者和验证者知道该公开的 RSA 密钥。GQ1 协议证明了证明者知道他的标识数据的该 RSA 的签名。

——通过提供模数 n，两个素数的乘积，GQ2 技术允许在不知他们或提供提供素数但不展现他们的情况下，验证这些素数。该方法使用了一个安全参数 $k>0$，并且前 m 个素数，即 m 个基础数据，使得 $k\times m$ 在 8 至 36 取值。每个公开的数是某个基础数据的平方：$G=g^2$。相应的秘密数 Q 是 G 的 2^{k+1} 次方根。如果至少存在一个基本数 g，使得 g 和 n 的雅可比符号为-1 且如果 n 与 1 模 4 同余，那么 GQ2 协议证明了 n 是合数且证明者知道其因子。

该协议代表性的交换了 3 个数据，即一个证据、一个质询和一个响应。

——证明者分两步进行：第 1 步中，证明者秘密地选择一个新的随机数并根据"证据规则"将它转换为一个证据；第 2 步中，收到质询后，证明者根据"响应规则"，结合新的随机数和秘密数产生该质询的响应，并删除该新的随机数。

——验证者根据"验证规则"从该质询和响应重构证据。

根据定义，包含 3 个数的 3 元组，即一个证据，一个质询和一个响应检验该"验证规则"。任何实体可以在"公开模式"下由任意质询和响应随机产生 3 元组。鉴定人或观察者不能区分"公开模式"下(不知道该秘密的实体)产生的随机的 3 元组，和"秘密模式"下(知道该秘密的实体)产生的随机 3 元组。

本附录示例了 3 种 AUTHENTICATE 功能。

——INTERNAL AUTHENTICATE　功能—外部的验证者认证卡中的证明者。

——EXTERNAL AUTHENTICATE　功能—卡中的验证者认证外部的验证者。

——MUTUAL AUTHENTICATE　功能—双方认证。

C.2 INTERNAL AUTHENTICATE 功能

如果第一个数据字段携带证据请求，即一个空的证据('80 00')或一个空的认证码('84 00')，则该功能是 INTERNAL AUTHENTICATE。

——基本协议(2 个命令-响应对)

来自卡的证据

命令数据字段	{'7C'-'02'-{'80'-'00'}}
响应数据字段	{'7C'-L1(=2+L2)-{'80'-L2-Witness}}

来自外界的质询和来自卡的响应

命令数据字段	{'7C'-L1(=4+L2)-{'81'-L2-Challenge}-{'82'-'00'}}
响应数据字段	{'7C'-L1(=2+L2)-{'82'-L2-Response}}

——提交的质询(2 个命令-响应对)

来自卡的证据

命令数据字段	{'7C'-L1(=4+L2)-{'83'-L2-Committed Challenge}-{'80'-'00'}}
响应数据字段	{'7C'-L1(=2+L2)-{'80'-L2-Witness}}

注：该提交的质询确保质询和证据的在选择时都是独立的。

来自外界的质询和来自卡的响应

命令数据字段	{'7C'-L1(=4+L2)-{'81'-L2-Challenge}-{'82'-'00'}}
响应数据字段	{'7C'-L1(=2+L2)-{'82'-L2-Response}if the challenge is correct Absent if the challenge is incorrect}

——数据字段认证的扩展(2 个命令-响应对)

卡片已经计算了之前交换的数据字段的哈希值:其结果是当前的哈希码。卡包含其用于获取认证码的证据数据对象并通过标记'84'传送。

来自卡的证据

命令数据字段	{'7C'-'04'-{'84'-'00'}}
响应数据字段	{'7C'-L1(=2+L2)-{'84'-L2-Authentication code}}

来自外界的质询和来自卡的响应

命令数据字段	{'7C'-L1(=4+L2)-{'81'-L2-Challenge}-{'82'-'00'}}
响应数据字段	{'7C'-L1(=2+L2)-{'82'-L2-Response}}

C.3 EXTERNAL AUTHENTICATE 功能

如果第 1 个数据字段携带质询请求,即一个空的质询('81 00')或一个空的提交的质询('83 00'),则该功能是 EXTERNAL AUTHENTICATE。

——基本协议(2 个命令-响应对)

来自外界的证据和来自卡的质询

命令数据字段	{'7C'-L1(=4+L2)-{'80'-L2-Witness}-{'81'-'00'}}
响应数据字段	{'7C'-L1(=2+L2)-{'81'-L2-Challenge}}

来自外界的响应和来自卡的证明

命令数据字段	{'7C'-L1(=2+L2)-{'82'-L2-Response}}
响应数据字段	Absent

——提交的质询(3 个命令-响应对)

来自卡的提交的质询

命令数据字段	{'7C'-'02'-{'83'-'00'}}
响应数据字段	{'7C'-L1(=4+L2)-{'83'-L2-Committed challenge}-{'80'-'00'}}

来自外界的证据和来自卡的质询

命令数据字段	{'7C'-L1(=4+L2)-{'80'-L2-Witness}-{'81'-'00'}}
响应数据字段	{'7C'-L1(=2+L2)-{'81'-L2-Challenge}}

来自外界的响应和来自卡的证明

命令数据字段	{'7C'-L1(=2+L2)-{'82'-L2-Response}}
响应数据字段	Absent

——数据字段认证的扩展(2 个命令-响应对)

证明者已经计算了之前交换的数据字段的哈希值:其结果是当前的哈希码。它包含其用于获取认证码的证据数据对象并通过标记'84'传送。

来自外界的证据和来自卡的质询

命令数据字段	{'7C'-L1(=4+L2)-{'84'-L2-Authentication code}-{'81'-'00'}}
响应数据字段	{'7C'-L1(=2+L2)-{'81'-L2-Challenge}}

来自外界的响应和来自卡的证明

命令数据字段	{'7C'-L1(=2+L2)-{'82'-L2-Response}}
响应数据字段	Absent

C.4 MUTUAL AUTHENTICATE 功能

如果第 1 个数据字段携带非空的数据对象,则该功能是 MUTUAL AUTHENTICATE;外部在响应中请求与命令数据字段中相同的数据对象。

——基本协议(3 个命令-响应对)

证据

命令数据字段	{'7C'-L1(=2+L2)-{'81'-L2-Witness}}
响应数据字段	{'7C'-L1(=2+L2)-{'81'-L2-Witness}}

质询

命令数据字段	{'7C'-L1(=2+L2)-{'81'-L2-Challenge}}
响应数据字段	{'7C'-L1(=2+L2)-{'81'-L2-Challenge}}

响应

命令数据字段	{'7C'-L1(=2+L2)-{'82'-L2-Response}}
响应数据字段	{'7C'-L1(=2+L2)-{'82'-L2-Response}} if the response is correct Absent if the response is incorrect

——提交的质询(4 个命令-响应对)

提交的质询

命令数据字段	{'7C'-L1(=2+L2)-{'83'-L2-Committed challenge}}
响应数据字段	{'7C'-L1(=2+L2)-{'83'-L2-Committed challenge}}

证据

命令数据字段	{'7C'-L1(=2+L2)-{'80'-L2-Witness}}
响应数据字段	{'7C'-L1(=2+L2)-{'80'-L2-Witness}}

质询

命令数据字段	{'7C'-L1(=2+L2)-{'81'-L2-Challenge}}
响应数据字段	{'7C'-L1(=2+L2)-{'81'-L2-Challenge}} if the challenge is correct Absent if the challenge is incorrect

响应

命令数据字段	{'7C'-L1(=2+L2)-{'82'-L2-Response}}
响应数据字段	{'7C'-L1(=2+L2)-{'82'-L2-Response}} if the response is correct Absent if the response is incorrect

——密钥协定的扩展(4 个命令-响应对)

一对指数数据元允许会话密钥的协定(参见 ISO/IEC 11770-3[14])。

第 1 个命令-响应对交换嵌入一个"指数"数据元的动态认证模板。在示例中,因为会话中之前没有消息交换,初始的哈希码为空块。为获取当前的哈希码而包含了命令的数据字段,即第一个动态认证模板;为更新当前的哈希码而包含了响应数据字段,即第2个动态认证模板;当前的哈希码在双方实体中应该保持相同。最后为获取一个认证码(各个实体之间不同),包含了一个证据数据对象(非零,未发送,各个实体间不同)。

第2个命令-响应对交换了嵌套认证码的带标记'84'的动态的认证模板。

指数

命令数据字段	{'7C'-L1(=2+L2)-{'85'-L2-Exponential}}
响应数据字段	{'7C'-L1(=2+L2)-{'85'-L2-Exponential}}

证据

命令数据字段	{'7C'-L1(=2+L2)-{'84'-L2-Authentication code}}
响应数据字段	{'7C'-L1(=2+L2)-{'84'-L2-Authentication code}}

质询

命令数据字段	{'7C'-L1(=2+L2)-{'81'-L2-Challenge}}
响应数据字段	{'7C'-L1(=2+L2)-{'81'-L2-Challenge}}

响应

命令数据字段	{'7C'-L1(=2+L2)-{'82'-L2-Response}}
响应数据字段	{'7C'-L1(=2+L2)-{'82'-L2-Response}} if the response is correct Absent if the response is incorrect

附 录 D
（资料性附录）
使用发行者标识号的应用标识符

D.1 背景信息

GB/T 16649.5 中，应用标识符中能够使用发行者标识号。本附录指出该 AID 的格式。

D.2 格式

在第 1 个字节的 bit8 到 bit5 置为‘0’到‘9’之间的 AID 中，第 1 个也可能是唯一的字段应该是某个根据 GB/T 15694.1 的发行者标识号。

注：GB/T 15694.1 中，一个发行者标识号可由奇数个从‘0’到‘9’的 4bit 组组成。然后，通过设置最后一个字节的 bit4 到 1 为 1111，它被映射到一个字节串中。

如果存在专用应用标识符扩展，那么一个设置为‘FF’的字节用于分离这 2 个字段。

图 D.1 示例了一个使用发行者标识号的 AID：它长达 6 字节。

发行者标识号（GB/T 15694.1） （2个或更多字节）	‘FF’	专有的应用标识符扩展 （PIX）

图 D.1 使用发行者标识号的 AID

参 考 文 献

[1] ISO 3166-1:1997 Codes for the representation of names of countries and their subdivisions—Part 1:Country codes

[2] ISO/IEC 7810:2003 Identification cards—Physical characteristics

[3] ISO/IEC 7812-1:2000 Identification cards—Identification of issuers—Part 1:Numbering system

[4] ISO/IEC 7816 (all parts) Identification cards—Integrated circuit cards

[5] ISO/IEC TR 9577:1999 Information technology—Protocol identification in the network layer

[6] ISO/IEC 9796 (all parts) Information technology—Security techniques—Digital signature schemes giving message recovery

[7] ISO/IEC 9797 (all parts) Information technology—Security techniques—Message Authentication Codes (MACs)

[8] ISO/IEC 9798 (all parts) Information technology—Security techniques—Entity authentication

[9] ISO/IEC 9979:1999 Information technology—Security techniques—Procedures for the registration of cryptographic algorithms

[10] ISO 9992-2:1998 Financial transaction cards—Messages between the integrated circuit card and the card accepting device—Part 2:Functions messages (commands and responses) data elements and structures

[11] ISO/IEC 10116:1997 Information technology—Security techniques—Modes of operation for an n-bit block cipher

[12] ISO/IEC 10118 (all parts) Information technology—Security techniques—Hash-functions

[13] ISO/IEC 10536 (all parts) Identification cards—Contactless integrated circuit(s) cards—Closecoupled cards

[14] ISO/IEC 11770 (all parts) Information technology—Security techniques—Key management

[15] ISO/IEC 14443 (all parts) Identification cards—Contactless integrated circuit(s) cards—Proximity cards

[16] ISO/IEC 14888 (all parts) Information technology—Security techniques—Digital signatures with appendix

[17] ISO/IEC 15693 (all parts) Identification cards—Contactless integrated circuit(s) cards—Vicinity cards

[18] ISO/IEC 18033 (all parts) Information technology—Security techniques—Encryption algorithms

[19] IETF RFC 1738:1994 Uniform resource locators (URL)

[20] IETF RFC 2396:1998 Uniform resource locators (URL):General syntax

ICS 35.240.15
L 64

中华人民共和国国家标准

GB/T 16649.9—2010/ISO/IEC 7816-9:2004

识别卡 集成电路卡 第9部分:用于卡管理的命令

Identification cards—Integrated circuit cards—
Part 9:Commands for card management

(ISO/IEC 7816-9:2004,IDT)

2010-12-01 发布 2011-04-01 实施

中华人民共和国国家质量监督检验检疫总局
中国国家标准化管理委员会 发布

前　言

GB/T 16649 在总标题为《识别卡　集成电路卡》下目前由下述 14 个部分构成：

——第 1 部分：带触点的卡　物理特性；

——第 2 部分：带触点的卡　触点的尺寸和位置；

——第 3 部分：带触点的卡　电信号和传输协议；

——第 4 部分：用于交换的结构、安全和命令；

——第 5 部分：应用标识符的国家编号体系和注册规程；

——第 6 部分：行业间数据元；

——第 7 部分：用于结构化卡查询语言(SCQL)的行业间命令；

——第 8 部分：与安全相关的行业间命令；

——第 9 部分：用于卡管理的命令；

——第 10 部分：带触点的卡　同步卡的电信号和复位应答；

——第 11 部分：通过生物识别方法的个人验证(制定中)；

——第 12 部分：带触点的卡　USB 电气接口和操作规程；

——第 13 部分：在多应用环境中用于应用管理的命令(制定中)；

——第 15 部分：密码信息应用。

本部分为 GB/T 16649 的第 9 部分。

本部分等同采用国际标准 ISO/IEC 7816-9:2004《识别卡　集成电路卡　第 9 部分：用于卡管理的命令》(英文版)。

为便于使用，本部分作了下列编辑性修改：

a)　删除国际标准前言；

b)　将“本文件”改为“本部分”。

本部分的附录 A 是资料性附录。

本部分由中华人民共和国工业和信息化部提出。

本部分由全国信息技术标准化技术委员会(SAC/TC 28)归口。

本部分起草单位：中国电子技术标准化研究所。

本部分主要起草人：金倩、冯敬、耿力、袁理、王文峰、乔申杰。

引　言

GB/T 16649 是规定集成电路卡的参数和交换中集成电路卡的使用的系列国际标准。集成电路卡是用于信息交换(该信息交换由外界和卡上集成电路之间商定)的识别卡。作为信息交换的结果,卡传送信息(计算结果、存储的数据),和/或更改其内容(数据存储、结果记忆)。

——有 4 个部分规定了带电触点的卡,其中有 3 部分还规定了电接口:

GB/T 16649.1 规定了带触点的卡的物理特性;

GB/T 16649.2 规定了触点的尺寸和位置;

GB/T 16649.3 规定了异步卡的电接口和传输协议;

GB/T 16649.10 规定了同步卡的电接口和复位应答;

——所有其他部分均独立于物理接口技术。它们用于通过触点和/或射频访问的卡:

GB/T 16649.4 规定了用于交换的结构、安全和命令;

GB/T 16649.5 规定了应用提供者的注册;

GB/T 16649.6 规定了用于交换的行业间数据元;

GB/T 16649.7 规定了用于结构化卡查询语言的命令;

GB/T 16649.8 规定了用于安全操作的命令;

GB/T 16649.9 规定了用于卡管理的命令。

识别卡　集成电路卡
第9部分：用于卡管理的命令

1　范围

GB/T 16649的本部分规定了用于卡管理和文件管理的行业间命令。这些命令覆盖卡的整个生存期，因此，有些命令在卡发行到持卡者手中之前就被使用，有些命令在卡终止后仍被使用。

本部分没有涵盖卡内和(或)外界的内部实现。

2　规范性引用文件

下列文件中的条款通过GB/T 16649的本部分的引用而成为本部分的条款。凡是注日期的引用文件，其随后所有的修改单(不包括勘误的内容)或修订版均不适用于本部分，然而，鼓励根据本部分达成协议的各方研究是否可使用这些文件的最新版本。凡是不注日期的引用文件，其最新版本适用于本部分。

GB/T 16649.4—2010　识别卡　集成电路卡　第4部分：用于交换的结构、安全和命令(ISO/IEC 7816-4:2005,IDT)

3　术语和定义

下列术语和定义适用于本部分。

3.1

安全报文传输　secure messaging

用于(部分)命令—响应对加密保护的一组方法。

4　缩略语和记法

APDU　应用协议数据单元

FCP　文件控制参数

LCS　生存期状态

SEID　安全环境标识符

5　生存期

生存期状态可能与卡本身以及卡上的一些对象相关联。卡应结合附加的安全属性来使用生存期状态，以确定对象上的操作是否符合安全策略。生存期状态反映根据下列规则的对象使用：

——当一个对象处于创建状态时，应不适用该对象的任何安全属性。

——当一个对象处于初始化状态时，可以适用该状态特有的安全属性。

——当一个对象处于操作状态时，应适用相关安全属性。

——当一个对象处于终止状态时，它应不允许其值的调整，但它可以按照规定被其相关安全属性所使用，例如它可以被删除。

基本生存期状态之间的转变是不可逆的，并且只能是从创建到终止。另外，应用可以定义生存期子状态：基本状态都可以有可逆子状态。生存期状态的变化由卡来控制，并且可以以预定义的命令实现，反映状态中的可逆或不可逆变化。下列用于卡管理和文件管理的命令可以用于初始化生存期状态转变。

CREATE FILE(创建文件)　ACTIVATE FILE(激活文件)　TERMINATE EF(终止 EF)
DELETE FILE(删除文件)　DEACTIVATE FILE(停活文件)　TERMINATE DF(终止 DF)
TERMINATE CARD USAGE(终止卡使用)

可以通过执行命令来设置生存期状态的值。然而根据本部分,卡应保持这些值的完整性。

5.1 文件生存期

图 1 是文件生存期状态和在成功完成的基础上调用转变的命令的概念化表示。它没有示出这些命令执行的条件。

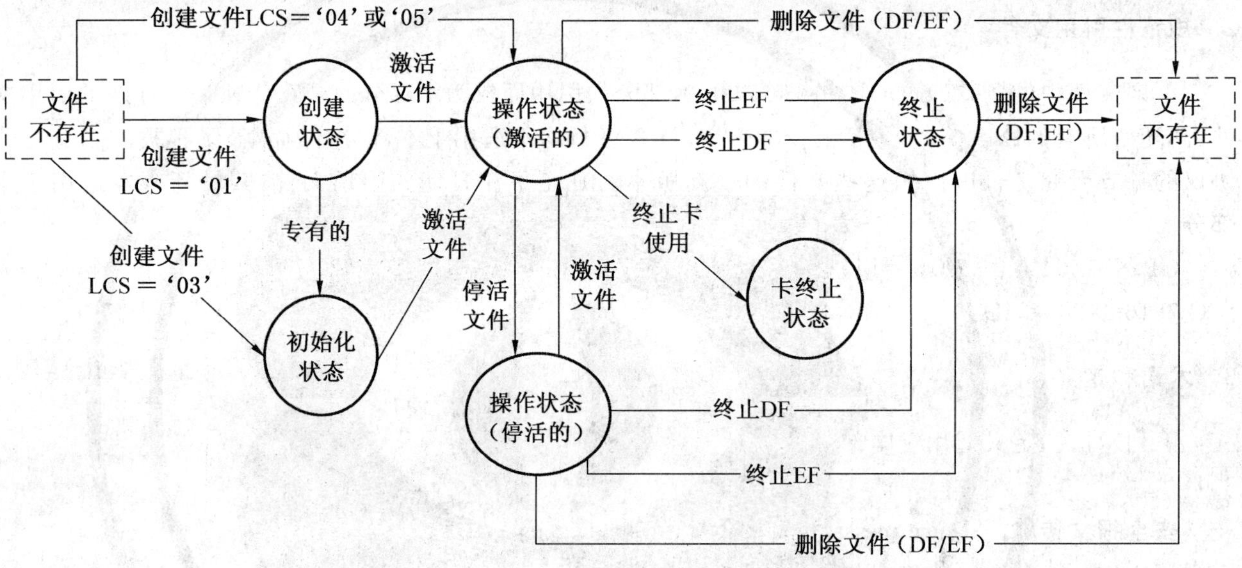

图 1　文件生存期状态示意图

6　用于卡管理的命令

对于遵循本部分的所有卡而言,并不强制要求支持本部分描述的所有命令或所支持命令的所有选项。

只有在安全状态满足命令的安全属性时命令才能被执行。

对于这些命令,位 4 和位 3 没有意义并且可以被忽略。

对于每一条命令,提供了一个非穷举的状态条件列表(见 GB/T 16649.4)。

6.1 CREATE FILE 命令

CREATE FILE 命令创建一个文件(DF 或 EF),该文件直接处于当前 DF 之下。该命令成功完成后,创建的文件将被置成当前文件,除非另有规定。

如果在同一个 DF 中存在多个具有相同短文件标识符的 EF,则卡的行为不在本部分中定义。

仅在安全状态满足当前 DF 安全属性的情况下才能执行该命令。

文件描述符字节是必备的,它指示创建了一个 DF 还是创建了一个 EF。

——如果一个 DF 被创建,则应规定一个文件名和(或)一个文件标识符。

——如果一个 EF 被创建,则应规定一个文件标识符和(或)一个短 EF 标识符。

表 1 CREATE FILE 命令—响应对

CLA INS P1-P2	如 GB/T 16649.4 中所定义 'E0' '0000':文件指示符和文件参数在数据字段中编码 P1≠'00':文件描述字节 P2:位 8 到位 4 为短 EF 标识符;位 3 到位 1 为专有的
Lc 字段	Nc 编码为 0 则不存在,Nc 编码大于 0 则存在
数据字段	FCP 模板(标记'62')和可能的进一步的模板或不存在
Le 字段	Ne 编码为 0,不存在
数据字段	不存在
SW1-SW2	见 GB/T 16649.4 表 5 和表 6 相关条目,例如 6982、6A84、6A89、6A8A

注:当数 Nc 为 0 时,创建的文件有默认文件控制参数。

6.2 DELETE FILE 命令

DELETE FILE 命令删除直接处于当前 DF 之下指定的 EF,或删除 DF 及其所有的子树。该命令成功完成后,删除的文件不能再被选择。在 EF 删除后,当前文件是当前 DF。在 DF 删除后,如果没有另外规定,当前 DF 是父辈 DF。文件所拥有的资源将被释放并且该文件使用的存储空间将被置为逻辑擦除状态。

文件的删除还可能依赖于文件生命状态。MF 不允许被删除。

如果 P1-P2='0000'并且命令数据字段不存在,则命令适用于已经被之前直接执行的命令选中的文件。另外,如果选择的文件在另一个逻辑通道上被选中,则不允许执行该命令,并且在响应中返回一个适当的错误。

包括定义文件 ID 唯一性的规则的 P1-P2 的其他含义在 SELECT 命令中定义。

表 2 DELETE FILE 命令—响应对

CLA INS P1-P2	如 GB/T 16649.4 中所定义 'E4' '0000':删除当前文件 其他值:如 SELECT 命令所定义(见 GB/T 16649.4)
Lc 字段	Nc 编码为 0 则不存在,Nc 编码大于 0 则存在
数据字段	如 SELECT 命令所定义(见 GB/T 16649.4)
Le 字段	Ne 编码为 0,不存在
数据字段	不存在
SW1-SW2	见 GB/T 16649.4 表 5 和表 6 相关条目,例如 6982、6985

6.3 DEACTIVATE FILE 命令

DEACTIVATE FILE 命令停活文件,该停活是可逆的。在该命令成功完成后,除 SELECT 命令外,仅允许 ACTIVATE FILE、DELETE FILE、TERMINATE EF 和 DF 情况中的 TERMINATE DF 命令被执行。

当应用于一个停活的文件时,SELECT 命令将选择文件并返回警告状态 SW1-SW2='6283':选择的文件是无效的,例如停活的。

如果一个 EF 被选择,则命令仅适用于该 EF,不适用于父辈 DF。

如果 P1-P2＝'0000'并且数据字段不存在，则该命令适用于已经被之前直接执行的命令选中的文件。包括定义文件 ID 唯一性的规则的 P1-P2 的其他含义在 SELECT 命令中定义。

宜使用安全报文传输。如果响应 APDU 未被安全报文传输保护，则检查功能是否被正确执行的方法不在 GB/T 16649 的范围内定义。

从安全考虑，相同的功能可以通过专有方法来实现。

表 3　DEACTIVATE FILE 命令—响应对

CLA INS P1-P2	如 GB/T 16649.4 中所定义 '04' '0000'：停活当前文件 其他值：如 SELECT 命令所定义(见 GB/T 16649.4)
Lc 字段	Nc 编码为 0 则不存在，Nc 编码大于 0 则存在
数据字段	如 SELECT 命令所定义(见 GB/T 16649.4)
Le 字段	Ne 编码为 0，不存在
数据字段	不存在
SW1-SW2	见 GB/T 16649.4 表 5 和表 6 相关条目，例如 6982、6A80

6.4　ACTIVATE FILE 命令

ACTIVATE FILE 命令启动文件从下列状态到操作状态(激活的)的转变：

——创建状态，或

——初始化状态，或

——操作状态(停活的)。

允许激活正确创建的文件。激活一个停活的文件仅在安全状态满足该文件激活功能定义的安全属性的情况下才能执行。

宜使用安全报文传输。如果响应 APDU 未被安全报文传输保护，则检查功能是否被正确执行的方法不在 GB/T 16649 的范围内定义。

如果 P1-P2＝'0000'并且数据字段不存在，则该命令适用于已经被之前直接执行的命令选中的文件。包括定义文件 ID 唯一性的规则的 P1-P2 的其他含义在 GB/T 16649.4 中的 SELECT FILE 命令中定义。

表 4　ACTIVATE FILE 命令—响应对

CLA INS P1-P2	如 GB/T 16649.4 中所定义 '44' '0000'：激活当前文件 其他值：如 SELECT 命令所定义(见 GB/T 16649.4)
Lc 字段	Nc 编码为 0 则不存在，Nc 编码大于 0 则存在
数据字段	如 SELECT 命令所定义(见 GB/T 16649.4)
Le 字段	Ne 编码为 0，不存在
数据字段	不存在
SW1-SW2	见 GB/T 16649.4 表 5 和表 6 相关条目，例如 6400、6982

6.5　TERMINATE DF 命令

TERMINATE DF 命令终止当前选择的 DF 文件，该转变不可逆。命令成功完成后，DF 处于终止状态，并且从 DF 及其子树获得的功能将减少。DF 是可选的，如果被选择，则将返回警告状态 SW1-SW2＝‘6285’（被选文件处于终止状态）。更多可能的操作不在 GB/T 16649 中定义。

注：终止 DF 的目的是使持卡者无法使用该应用。

从安全考虑，相同的功能性可以通过专有方法来实现。

如果 P1-P2＝‘0000’并且数据字段不存在，则命令适用于已经被之前直接执行的命令选中的文件。包括定义文件 ID 唯一性的规则的 P1-P2 的其他含义在 GB/T 16649.4 中的 SELECT 命令中定义。

宜使用安全报文传输。如果响应 APDU 未被安全报文传输保护，则检查功能是否被正确执行的方法不在 GB/T 16649 的范围内定义。

表 5　TERMINATE DF 命令—响应对

CLA INS P1-P2	如 GB/T 16649.4 中所定义 ‘E6’ ‘0000’：终止当前 DF 其他值：如 SELECT 命令所定义（见 GB/T 16649.4）
Lc 字段	Nc 编码为 0 则不存在，Nc 编码大于 0 则存在
数据字段	如 SELECT 命令所定义（见 GB/T 16649.4）
Le 字段	Ne 编码为 0，不存在
数据字段	不存在
SW1-SW2	见 GB/T 16649.4 表 5 和表 6 相关条目，例如 6982、6985

注：在 P1P2 根据 SELECT 命令（见 GB/T 16649.4）编码的命令中，P2 的位 3 和位 4 没有意义并且可以被忽略。

6.6　TERMINATE EF 命令

TERMINATE EF 命令将特定 EF 转变到终止状态，该转变不可逆。

被终止的 EF 应处于激活或停活状态。

从安全考虑，相同的功能可以通过专有方法来实现。

如果 P1-P2＝‘0000’并且数据字段不存在，则命令适用于已经被之前直接执行的命令选中的文件。包括定义文件 ID 唯一性的规则的 P1-P2 的其他含义在 GB/T 16649.4 中的 SELECT 命令中定义。

表 6　TERMINATE EF 命令—响应对

CLA INS P1-P2	如 GB/T 16649.4 中所定义 ‘E8’ ‘0000’：终止当前 EF 其他值：如 SELECT 命令所定义（见 GB/T 16649.4）
Lc 字段	Nc 编码为 0 则不存在，Nc 编码大于 0 则存在
数据字段	如 SELECT 命令所定义（见 GB/T 16649.4）
Le 字段	Ne 编码为 0，不存在
数据字段	不存在
SW1-SW2	见 GB/T 16649.4 表 5 和表 6 相关条目，例如 6982、6985

6.7　TERMINATE CARD USAGE 命令

TERMINATE CARD USAGE 命令将卡转变到终止状态，该转变不可逆。该命令的使用隐含选择 MF。

对于支持该命令的卡，终止状态应在复位应答中指出。

命令成功完成后,卡将不支持 SELECT 命令。

从安全考虑,相同的功能性可以通过专有方法来实现。

注:终止卡使用的目的是使持卡者不可用卡。

宜使用安全报文传输。如果响应 APDU 未被安全报文传输保护,则检查功能是否被正确执行的方法不在 GB/T 16649 的范围内定义。

表 7 TERMINATE CARD USAGE 命令—响应对

CLA INS P1-P2	如 GB/T 16649.4 中所定义 'FE' '0000'
Lc 字段	Nc 编码为 0,不存在
数据字段	不存在
Le 字段	Ne 编码为 0,不存在
数据字段	不存在
SW1-SW2	见 GB/T 16649.4 表 5 和表 6 相关条目,例如 6982、6985

附 录 A
（资料性附录）
用于下载的安全属性使用举例

A.1 引言

本例示出了如何通过验证装载实体的访问权限和带安全报文传输的数据传输保护，控制将数据载入（安全下载）到卡中或载入到EF或DF中。载入的数据可以包括代码、密钥和JAVA小应用程序等。

本例基于下列假设：

——本部分文件系统；
——符合本部分的命令结构，生存期和访问控制；
——当前DF已经处于操作状态（LCS=4）；
——数据载入到附属透明文件1（DF/EF处于初始化状态（LCS=3））；
——SEID=2用于LCS=3，初始化状态，并且在线通信，在当前DF中存在；
——SEID=3用于LCS=3，初始化状态，并且离线通信，在当前DF中存在；
——SEID=4用于LCS=4，操作状态，在当前DF中存在；
——数据受到鉴别保护，并且可以通过安全报文传输数据对象可选地进行加密；
——在线通信（SEID=2）中，不对称鉴别过程在例如用于保护通过安全报文传输的载入的会话密钥交换之前已成功执行。载入的数据通过一个密码校验和数据对象和可选地通过密码数据对象来保护；
——在离线通信（SEID=3）中，载入的数据通过一个数字签名数据对象来保护和可选地通过一个密码数据对象来加密；
——授权信息（证书持有者授权）可以在相应的卡验证证书中出现，将下载实体连接到鉴别密钥（SEID=2，在线通信）上，或连接到数字签名密钥（SEID=3，离线通信）上，或连接到其访问权限上。

A.2 安全下载

在线和离线情况下的安全下载如下所描述。

在线通信

1） 选择当前DF（SELECT（DF名=AID））；
2） 为在线通信设置初始化状态（MSE：RESTORE SEID=2）；
3） 外部鉴别（验证证书，外部鉴别）；
4） 选择文件1（SELECT（文件标识符））；
5） 载入数据到带有SM、受密码校验和这一数据对象保护的文件（例如WRITE BINARY）；
6） 文件的激活（ACTIVATE FILE）；
7） 设置操作状态（MSE：RESTORE SEID=4）；
8） 验证用户鉴别（VERIFY（口令））；
9） 选择文件1（SELECT（文件标识符））；
10） 读信息（READ BINARY）。

离线通信

1） 选择当前DF（SELECT（DF名=AID））；

2） 为离线通信设置初始化状态(MSE:RESTORE SEID=3)；

3） 证书验证(VERIFY CERTIFICATE)；

4） 选择文件1(SELECT(文件标识符))；

5） 载入数据到带有SM(例如WRITE BINARY)、受数字签名数据对象保护的文件中；

6） 文件的激活(ACTIVATE FILE)；

7） 设置操作状态(MSE:RESTORE SEID=4)；

8） 验证用户鉴别(VERIFY(口令))；

9） 选择文件1(SELECT(文件标识符))；

10） 读信息(READ BINARY)。

A.3 安全属性压缩格式编码

下列编码阐明了操作状态中的访问，可能与初始化状态中的访问不同。

在线通信

如果为了某一安全状态，允许WRITE BINARY和ACTIVE FILE(须在WRITE BINARY成功完成后)在初始化状态下使用，并且允许READ BINARY在操作状态下使用，则AM字节和SC字节的编码如下：

——初始化状态：

- AM字节(ACTIVATE FILE(b5=1)，WRITE BINARY(b3=1))
- SC字节1(所有情况(b8=1)，用于ACTIVATE FILE(b7=1)的安全报文交换)
- SC字节2(所有情况(b8=1)，外部鉴别和用于WRITE BINARY(b7b6=11)的安全报文交换)

——操作状态：

- AM字节(READ BINARY(b1=1))
- SC字节(用户鉴别(b5=1))

或者

- 在SC字节中，b4～b1位编码为SE标识符(2为0010，4为0100)
- 或相对应的SE可以编码为当前SE(0000)标识。在这种情况下，安全属性根据扩展格式编码。

离线通信

如果为了某一安全状态，允许WRITE BINARY和(在成功完成后)ACTIVE FILE在初始化状态下使用，并且允许READ BINARY在操作状态下使用，则AM字节和SC字节的编码如下：

——初始化状态：

- AM字节(ACTIVATE FILE(b5=1)，WRITE BINARY(b3=1))
- SC字节1(所有情况(b8=1)，用于ACTIVATE FILE(b7=1)的安全报文传输)
- SC字节2(所有情况(b8=1)，用于WRITE BINARY(b7=1)的安全报文传输)

——操作状态：

- AM字节(READ BINARY(b1=1))
- SC字节(用户鉴别(b5=1))

或者

- 在SC字节中b4～b1位编码为SE标识符(3为0011，4为0100)
- 或相对应的SE可以编码为当前SE(0000)。在这种情况下，安全属性根据扩展格式编码。

A.4 安全属性扩展格式编码

在线通信

如果为了某一安全状态，允许 WRITE BINARY 和(在成功完成后)ACTIVE FILE 在初始化状态下使用，并且允许 READ BINARY 在操作状态下使用，则 AM 数据对象和 SC 数据对象的编码可能如下：

——初始化状态：

- AM 数据对象 1 传递 AM 字节(WRITE BINARY(b3=1))
- SC 数据对象 1 传递包括密钥引用数据对象的 AT 和用于外部鉴别(b8=1)的 CRT 使用限定符数据对象
- SC 数据对象 2 传递包括密钥引用数据对象的 CCT 和用于安全报文传输(b5b6=11)的 CRT 使用数据对象
- AM 数据对象 2 传递 AM 字节(ACTIVATE FILE(b5=1))
- SC 数据对象 3 传递包括密钥引用数据对象的 CCT 和用于安全报文传输(b5=1,b6=1)的 CRT 使用数据对象

——操作状态：

- AM 数据对象传递 AM 字节(READ BINARY(b1=1))
- SC 数据对象传递包括密钥引用数据对象的 AT 和指示用户鉴别(b4=1)的 CRT 使用限定符数据对象

相对应的 SE 可以编码为当前 SE(b4…b1=0000)。在这种情况下，安全属性根据扩展格式编码。

离线通信

如果为了某一安全状态，允许 WRITE BINARY 和(在成功完成后)ACTIVE FILE 处在初始化状态，并且允许 READ BINARY 处在操作状态，则 AM 数据对象和 SC 数据对象的编码如下：

——初始化状态：

- AM 数据对象 1 传递 AM 字节(WRITE BINARY(b3=1),ACTIVATE FILE(b5=1))
- SC 数据对象 1 传递包括密钥引用数据对象的 DST 和用于安全报文传输(b5=1,b6=1)的 CRT 使用限定符数据对象

——操作状态：

- AM 数据对象传递 AM 字节(READ BINARY(b1=1))
- SC 数据对象传递包括密钥引用数据对象的 AT 和指示用户鉴别(b4=1)的 CRT 使用限定符数据对象

相对应的 SE 可以编码为当前 SE。在这种情况下，安全属性根据扩展格式编码。

A.5 相应安全环境的编码

模板(‘7B’)中 SEID=2

(‘80’-L-‘02’)-(‘8A’-L-‘03’)-(‘A4’-L-(‘83’-L-密钥引用)-(‘95’-01-80)-(‘5F4B’-L-证书持有者授权))-(‘B4’-L-((‘83’-L-密钥引用)-(‘95’-01-30))

模板(‘7B’)中 SEID=3

(‘80’-L-‘03’)-(‘8A’-L-‘03’)-(‘B6’-L-(‘83’-L-密钥引用)-(‘95’-01-30))

模板(‘7B’)中 SEID=4

(‘80’-L-‘04’)-(‘8C’-L-‘04’)-(‘A4’-L-(‘83’-L-密钥引用)-(‘95’-01-08))

参 考 文 献

[1] ISO/IEC 7816(all parts),Identification cards—Integrated circuit cards

[2] ISO/IEC 10536(all parts),Identification cards—Contactless integrated circuit(s) cards—Close-coupled cards

[3] ISO/IEC 14443(all parts),Identification cards—Contactless integrated circuit(s) cards—Proximity cards

[4] ISO/IEC 15693(all parts),Identification cards—Contactless integrated circuit(s) cards—Vicinity cards

ICS 35.240.15
L 64

中华人民共和国国家标准

GB/T 16649.12—2010/ISO/IEC 7816-12:2005

识别卡 集成电路卡
第12部分:带触点的卡
USB电气接口和操作规程

Identification cards—Integrated circuit cards—
Part 12:Cards with contacts—
USB electrical interface and operating procedures

(ISO/IEC 7816-12:2005,IDT)

2010-12-01 发布　　　　2011-04-01 实施

中华人民共和国国家质量监督检验检疫总局
中国国家标准化管理委员会　发布

前　言

GB/T 16649 在总标题《识别卡　集成电路卡》下目前由下述部分构成：

——第 1 部分：带触点的卡　物理特性；

——第 2 部分：带触点的卡　触点的尺寸和位置；

——第 3 部分：带触点的卡　电信号和传输协议；

——第 4 部分：用于交换的结构、安全和命令；

——第 5 部分：应用标识符的国家编号体系和注册规程；

——第 6 部分：行业间数据元；

——第 7 部分：用于结构化卡查询语言(SCQL)的行业间命令；

——第 8 部分：与安全相关的行业间命令；

——第 9 部分：用于卡管理的命令；

——第 10 部分：带触点的卡　同步卡的电信号和复位应答；

——第 11 部分：通过生物识别方法的个人验证(制定中)；

——第 12 部分：带触点的卡　USB 电气接口和操作规程；

——第 13 部分：在多应用环境中用于应用管理的命令(制定中)；

——第 15 部分：密码信息应用。

本部分为 GB/T 16649 的第 12 部分。

本部分等同采用国际标准 ISO/IEC 7816-12:2005《识别卡　集成电路卡　第 12 部分：带触点的卡　USB 电气接口和操作规程》(英文版)。

为便于使用，本部分作了下列编辑性修改：

a)　删除国际标准前言；

b)　将"本文件"改为"本部分"。

本部分的附录 A、附录 B、附录 C、附录 D 是资料性附录。

本部分由全国信息技术标准化技术委员会(SAC/TC 28)提出并归口。

本部分起草单位：中国电子技术标准化研究所、北京华大智宝电子系统有限公司、云南南天电子信息产业股份有限公司。

本部分主要起草人：金倩、冯敬、李金良、耿力、段霞、袁理、王文峰、乔申杰。

引　言

GB/T 16649 是规定集成电路卡参数和交换中集成电路卡使用的系列国际标准。集成电路卡是用于信息交换(该信息交换由外界和卡上集成电路之间商定)的识别卡。作为信息交换的结果,卡传送信息(计算结果、存储的数据)和/或更改其内容(数据存储、结果记忆)。

——有 5 个部分规定了带触点的卡,其中有 3 部分还规定了电气接口:

- GB/T 16649.1 规定了带触点的卡的物理特性;
- GB/T 16649.2 规定了触点的尺寸和位置;
- GB/T 16649.3 规定了异步卡的电气接口和传输协议;
- GB/T 16649.10 规定了同步卡的电气接口和复位应答;
- GB/T 16649.12 规定了 USB 卡的电气接口和操作规程;

——所有其他部分均独立于物理接口技术,它们适用于通过触点和/或射频访问的卡:

- GB/T 16649.4 规定了用于交换的组织、安全和命令;
- GB/T 16649.5 规定了应用提供者的注册;
- GB/T 16649.6 规定了用于交换的行业间数据元;
- GB/T 16649.7 规定了结构化卡查询语言的命令;
- GB/T 16649.8 规定了用于安全操作的命令;
- GB/T 16649.9 规定了用于卡管理的命令;
- GB/T 16649.11 规定了通过生物识别方法的身份认证;
- GB/T 16649.15 规定了密码信息应用。

本部分的发布机构提请注意如下事实,声明符合本部分时,可能涉及对以下专利的使用:

WO 00/16255,数据传输方法和卡,2000 年 3 月 23 日

WO 01/69881,智能卡与主站之间的一种通信方法,2001 年 9 月 20 日

WO 01/57684 A1,通过微型计算机外部设备协议的便携式电子设备传送协议单元,2001 年 8 月 9 日

0001399/法国,通过微型计算机外部设备协议的便携式电子设备传送协议单元

09/775668/美国,通过微型计算机外部设备协议的便携式电子设备传送协议单元

1904043/欧洲,通过微型计算机外部设备协议的便携式电子设备传送协议单元

1804474/中国,通过微型计算机外部设备协议的便携式电子设备传送协议单元

PCT/FR01/00326,通过微型计算机外部设备协议的为便携式电子设备传送协议单元

US 6148354,基于 PC 的 u 盘架构

US 6763399,由 USB 端口与 USB 主机相互作用的 USB 关键设备

本部分的发布机构对于这些专利的范围、有效性和验证资料不提出任何看法。

这些专利的持有者已向 ISO 和 IEC 做出保证,愿意在合理公平的条件下与世界各地的申请者协商授权许可证。为此,这些专利的持有者情况已向 ISO 和 IEC 进行了登记。相关信息可查阅:

联 络 者	专 利 号
Schlumberger Systèmes,法国	WO 00/16255 WO 01/69881
GEMPLUS,法国	WO 01/57684 A1 0001399/法国/已授予 09/775668/美国/待批准 1904043/欧洲/待批准 1804474/中国/待批准 PCT/FR01/00326/待批准
M-Systems,以色列	US 6148354
Aladdin Knowledge Systems,美国	US 6763399

Infineon Technologies 公司并未鉴别任何专利,但确认已准备在合理和平等的前提下对已获得的和待批准的涉及本部分条款的专利使用和出售签发许可证。

下列公司可能持有与本部分有关的专利,但是还未提供专利的细节或者未同意提供许可证:

Orga Kartensysteme GmbH,德国	AU 752627
Renesas,日本	US 20050052924
	US 20040070952
ST Microelectronics	US 6769622
	WO 02/317161

请注意除上述已经识别出的专利外,本部分的某些内容有可能涉及除上述专利之外的其他某些专利。本部分的发布机构不承担识别这些专利的责任。

识别卡　集成电路卡
第 12 部分:带触点的卡
USB 电气接口和操作规程

1　范围

GB/T 16649 的本部分规定了提供 USB 接口的 IC 卡的操作条件。图 1 展示的是 USB 接口的触点分配和此分配与 GB/T 16649.3 中使用的触点分配的相互关系。

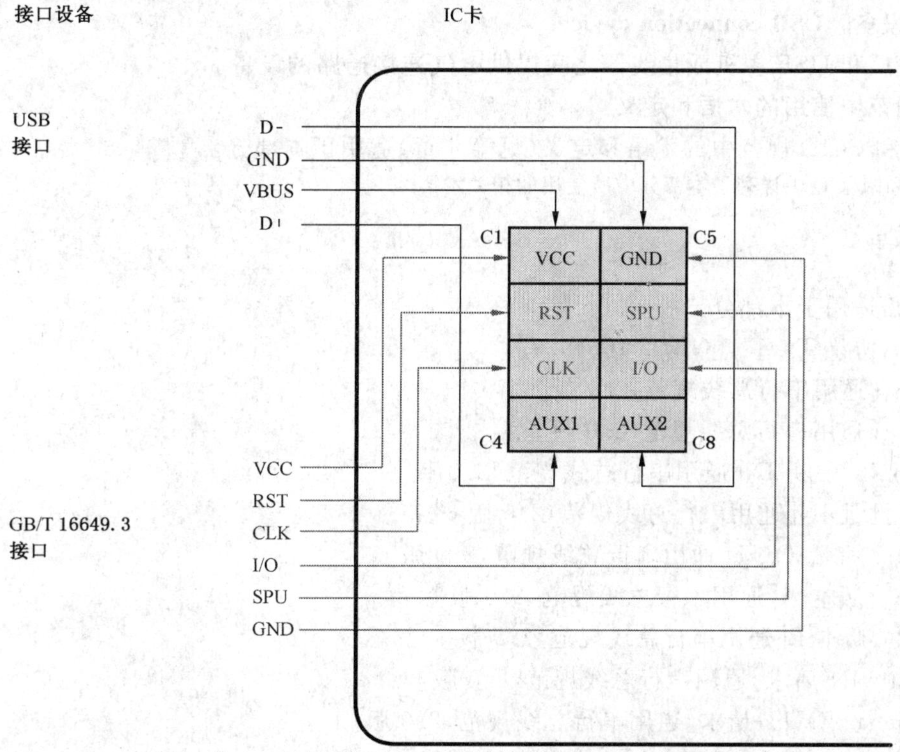

图 1　带有 USB 接口的 IC 卡的触点分配

2　规范性引用文件

下列文件中的条款通过 GB/T 16649 的本部分的引用而成为本部分的条款。凡是注日期的引用文件,其随后所有的修改单(不包括勘误的内容)或修订版均不适用于本部分,然而,鼓励根据本部分达成协议的各方研究是否可使用这些文件的最新版本。凡是不注日期的引用文件,其最新版本适用于本部分。

GB/T 16649.2　识别卡　带触点的集成电路卡　第 2 部分:触点的尺寸和位置(GB/T 16649.2—2006,ISO/IEC 7816-2:1999,IDT)

GB/T 16649.3　识别卡　带触点的集成电路卡　第 3 部分:电气接口和传输协议(GB/T 16649.3—2006,ISO/IEC 7816-3:1997,IDT)

ISO/IEC 7816-2:1999/Amd.1:2004　识别卡　带触点的集成电路卡　第 2 部分:触点尺寸和位置　补充件 1:C4 和 C8 的触点分配

通用串行总线规范 2.0 版,2000 年 4 月 27 日

注:USB 应用厂商论坛发布,可查询 http://www.usb.org/developers/docs

USB 芯片/智能卡接口的 USB 接口、设备分类规范,1.00 版,2001 年 3 月 20 日

注:USB 应用厂商论坛,设备工作小组:智能卡 发布,可查询 http://www.usb.org/developers/devclass_docs

3 术语和定义

下列术语和定义适用于本部分。

3.1 设备

3.1.1

接口设备 interface device

在操作中与卡电气连接的终端、通信设备或机器。

3.1.2

USB 连接设备 USB connection device

在 USB-ICC 和 USB 主机或集线器之间提供电气连接通路的设备。

3.2 在其他规范中使用的术语和定义

USB 规范和 CCID 规范中的术语和定义(见第 4 章)适用于本部分。

注:附录 C 和附录 D 中详列了本部分中所使用的相关术语。

4 缩略语和符号

下列缩略语适用于本部分。

协议 T=0,协议 T=1 [GB/T 16649.3]

D+,D- [通用串行总线规范,2.0 版]

OUT,IN [通用串行总线规范,2.0 版]

interrupt-IN 中断-IN[通用串行总线规范,2.0 版]

bulk-IN 批量-IN[通用串行总线规范,2.0 版]

bulk-OUT 批量-OUT[通用串行总线规范,2.0 版]

Version A 版本 A[通用串行总线规范,2.0 版]

Version B 版本 B[通用串行总线规范,2.0 版]

IN-request IN-请求[通用串行总线规范,2.0 版]

OUT-request OUT-请求[通用串行总线规范,2.0 版]

IN-message IN-报文[通用串行总线规范,2.0 版]

OUT-message OUT-报文[通用串行总线规范,2.0 版]

IN-token IN-令牌[通用串行总线规范,2.0 版]

IN-arrow IN-箭头[通用串行总线规范,2.0 版]

OUT-arrow OUT-箭头[通用串行总线规范,2.0 版]

USB 规范 通用串行总线规范,2.0 版(见第 2 章)

CCID 芯片卡接口设备,指一个通过 USB 控制的接口设备

CCID 规范 USB 芯片/智能卡接口的设备分类规范(见第 2 章)

USB-ICC USB 集成电路卡,一种带有 USB 接口的 IC 卡

C-APDU 命令 APDU

R-APDU 响应 APDU

5 触点的电气特性

在 GB/T 16649.2 和 ISO/IEC 7816-2:1999/Amd.1:2004 中已给出了 USB 操作条件下的触点

分配。

接口设备将通过VCC、GND、AUX1、AUX2(分别对应于USB规范定义的VBUS、GND、D+、D−)为USB-ICC提供USB连接。

依照GB/T 16649.3的操作条件设计的卡在USB条件下激活时应不会受损。反之,为USB操作设计的卡在GB/T 16649.3的操作条件下激活时也应不会受损。

注:受损卡指不能完成指定操作的卡或含有被损坏数据的卡。

6 由接口设备操作的USB-ICC

只提供USB接口的USB-ICC应具有C1、C5、C4和C8的电气连接,其他的触点应该电气绝缘。这种类型的USB-ICC可通过USB连接设备进行操作。按照USB规范中规定的电气特性和协议,USB连接设备应只对C1、C5、C4和C8建立电气连接。

不支持USB接口的接口设备应使AUX1和AUX2电气绝缘或者确保这些触点的电压保持在−0.3 V到 V_{CC}+0.3 V之间。

7 USB描述符

7.1 标准描述符

USB规范中所描述的标准描述符为主机软件建立一种方式来识别新添加的USB设备和给新添USB设备加载一个或多个合适的驱动程序。主机软件在枚举过程中读取标准描述符。另外,主机软件还可使用标准USB请求来检索描述符。

注:本部分采用USB规范中使用的符号xxh作为十六进制值,这与本系列标准的其他部分所采用的符号'xx'是不同的。采用符号xxh是为了消除在阅读本部分及相关USB文件时可能出现的混淆。

在下面的标准描述符表格中,值一栏里标有*的表示该值参照ISO/IEC,且来自USB规范所列的可能值。其他则属标准USB记录的值。

由主机至USB-ICC的传输方向规定为OUT。由USB-ICC至主机的传输方向规定为IN。

7.1.1 标准设备描述符

USB-ICC的标准设备描述符见表1。

表1 USB-ICC的标准设备描述符

偏移	字段	长度	值	描述
0	bLength	1	12h	描述符的长度
1	bDescriptor Type	1	01h	设备描述符类型
2	bcdUSB	2	0200h	USB规范版本号(BCD码)
4	bDeviceClass	1	00h*	指以设备接口描述符规定的设备类
5	bDeviceSubClass	1	00h	随bDeviceClass复位为零而复位为零
6	bDeviceProtocol	1	00h*	设备不使用基于设备的特殊类型协议,而使用基于接口层的特殊类型协议
7	bMaxPacketSize0	1		端点0所支持的最大数据包长度,其值可以为8,16,32,64 低速,该值应为8
8	idVendor	2		供应商ID(由USB-IF确定)
10	idProduct	2		产品ID(由厂商确定) 此字段的值定义不属本部分范围

表 1（续）

偏移	字 段	长度	值	描 述
12	bcdDevice	2		以二进制编码的十进制显示的设备版本号 此字段的值定义不属于本部分范围
14	iManufacturer	1		厂商的字符串描述符索引 对该厂商字符串内容的定义不属于本部分范围
15	iProduct	1		产品的字符串描述符索引 对该产品字符串内容的定义不属于本部分范围
16	iSerialNumber	1		设备序列号字符串的描述符索引
17	bNumConfigurations	1		所支持的配置数

7.1.2 标准配置描述符

USB-ICC 的标准配置描述符见表 2。

表 2 USB-ICC 的标准配置描述符

偏移	字 段	长度	值	描 述
0	bLength	1	09h	描述符的长度
1	bDescriptorType	1	02h	配置描述符类型
2	wTotalLength	2		该配置返回的数据总长度。包括为该配置返回的所有描述符(配置、接口、端点和特定分类或者专用的厂商描述符)的总长度
4	bNumInterfaces	1		此配置支持的接口数目
5	bConfigurationValue	1		用于在 SetConfiguration()请求中选择这个配置的值 此值不应为零
6	iConfiguration	1		该配置的字符串描述符索引 对该字符串内容的定义不属于本部分范围
7	bmAttributes	1		USB-ICC 的配置特性，按位寻址： Bit 4…0：保留(复位为零) Bit 5 远程唤醒 Bit 6 自供电 Bit 7 保留位(设为 1) 总线供电的 USB-ICC 不支持远程唤醒，bmAttributes 的值应为 80 h
8	MaxPower	1		当设备完全运行时，USB-ICC 从总线上所消耗的最大电流 以 2 mA 为单位表示

7.1.3 标准接口描述符

USB-ICC 的标准接口描述符见表 3。

表 3 USB-ICC 的标准接口描述符

偏移	字 段	长度	值	描 述
0	bLength	1	09h	描述符的长度
1	bDescriptorType	1	04h	接口描述符类型
2	bInterfaceNumber	1		接口的编号。这个从 0 开始的值表示该配置同时支持的接口序列索引
3	bAlternateSetting	1	00h*	此值用于为前一个字段识别出的接口选择替换设置 不支持多个替换设置
4	bNumEndpoints	1	00h* 01h* 02h* 03h*	接口所使用的 USB-ICC 端点数量(不包括 0 端点)。 00h 不使用更多的端点 01h 使用 interrupt-IN 02h 使用 bulk-IN 和 bulk-OUT 03h 使用 bulk-IN、bulk-OUT 和 interrupt-IN 注：01h 表示控制端点用于数据传输，interrupt-IN 用于通知从 USB-ICC 到主机的卡的特定事件
5	bInterfaceClass	1	0Bh FFh	智能卡设备类的类代码(0Bh)或者供应商自定义接口类型(FFh) 注：未使用分类特定驱动程序的产品也能符合本部分的要求。在此情况下，可利用供应商、厂商和产品 ID 提供的信息选择驱动程序(见表 1)
6	bInterfaceSubClass	1	00h	子类代码
7	bInterfaceProtocol	1	00h 01h 02h	协议代码 智能卡设备类型为 USB-ICC 提供下列接口协议： —00h USB-ICC 报文使用批量(可选中断) —01h USB-ICC 特别要求使用控制传输 Version A(无中断) —02h USB-ICC 特别要求使用控制传输 Version B(可选中断)
8	iInterface	1		此接口的字符串描述符索引 对该字符串内容的定义不属于本部分范围

7.1.4 标准端点描述符

USB-ICC 可只使用默认控制管道与主机通信，或者使用 bulk-IN 与 bulk-OUT 通过消息管道来通信。作为选择，USB-ICC 可以提供一个 interrupt-IN 端点，使 USB-ICC 能向主机指示特定事件。USB-ICC 可采用以下某一配置，见表 4。

表 4 USB-ICC 的端点配置

数据传输端点	使用控制传输		使用批量传输
	Version A	Version B	
默认控制管道	是	是	是
Bulk-IN	否	否	是
Bulk-OUT	否	否	是
interrupt-IN	否	可选	可选

端点描述符见表5、表6、表7。

表5 端点描述符 bulk-OUT

偏移	字 段	长度	值	描 述
0	bLength	1	07h	描述符的长度
1	bDescriptorType	1	05h	端点描述符类型
2	bEndpointAddress	1	01h～0Fh	USB-ICC 上该端点的地址。该地址是1到15之间的端点号 Bit 3...0 端点号 Bit 6...4 保留,必须置0 Bit 7 0 = OUT
3	bmAttributes	1	02h	这是一个批量端点
4	wMaxPacketSize	2	00xxh	最大数据传输长度,可为8,16,32,64
6	bInterval	1	00h	不适用于批量端点

表6 端点描述符 bulk-IN

偏移	字 段	长度	值	描 述
0	bLength	1	07h	描述符的长度
1	bDescriptorType	1	05h	端点描述符类型
2	bEndpointAddress	1	81h～8Fh	USB-ICC 上该端点的地址。该地址是1到15之间的端点号 Bit 3...0 端点号 Bit 6...4 保留,必须置0 Bit 7 1 = IN
3	bmAttributes	1	02h	这是一个批量端点
4	wMaxPacketSize	2	00xh	最大数据传输长度,可为8,16,32,64
6	bInterval	1	00h	不适用于批量端点

表7 端点描述符 interrupt-IN

偏移	字 段	长度	值	描 述
0	bLength	1	07h	描述符的长度
1	bDescriptorType	1	05h	端点描述符类型
2	bEndpointAddress	1	81h～8Fh	USB-ICC 上该端点的地址。该地址是1到15之间的端点号 应与 bilk-IN 的端点地址相区别 Bit 3...0 端点号 Bit 6...4 保留,必须置0 Bit 7 1 = IN
3	bmAttributes	1	03h	这是一个中断端点
4	wMaxPacketSize	2	00xyh	USB-ICC 的数据包长度。最小值应为02h
6	bInterval	1	xyh	轮询数据传输的时间间隔。以毫秒计。值应在1到255之间。为节省带宽,推荐值是255

7.2 分类特定描述符

智能卡设备类使用在 CCID 规范(见附录 D)中所描述的分类特定描述符。在芯片卡接口设备上下文中,USB-ICC 表示一个具有永久性插入卡片的单 slot 设备的配置。分类特定描述符可能的值反映了该设备配置。含 bReserved 或 dwReserved 的字段表示与 USB-ICC 无关的参数。尽管如此,为保持同 CCID 规范的一致性,USB-ICC 必须准确采用 bReserved 和 dwReserved 的值。

USB-ICC 的分类特定描述符见表 8。

表 8 USB-ICC 的分类特定描述符

偏移	字 段	长度	值	描 述
0	bLength	1	36h	描述符的字符长度
1	bDescriptorType	1	21h	CCID 功能描述符类型
2	bcdCCID	2		CCID 规范版本的 BCD 编码。当前 1.0 版本为 0100h CCID 规范 1.0 版本将被 USB-DWG 智能卡更新
4	bMaxSlotIndex	1	00h	最高可用 slot 的索引。USB-ICC 被认为是单 slot 的
5	bReserved	1	01h	该值应为 01h
6	dwProtocols	4	0000 0001h 0000 0002h	表示所支持的协议类型: 00000001h=协议 T=0 00000002h=协议 T=1 注:USB-ICC 支持 T=1 的 APDU 层交换或者 T=0 的字符层交换。dwProtocols 和 dwFeatures 的其他组合不受 USB-ICC 支持。这适用于批量传输模式及控制传输模式
10	dwReserved	4	0000 0DFCh	该值应为 0000 0DFCh
14	dwReserved	4	0000 0DFCh	该值应为 0000 0DFCh
18	bReserved	1	00h	该值应为 00h
19	dwReserved	4	0000 2580h	该值应为 0000 2580h
23	dwReserved	4	0000 2580h	该值应为 0000 2580h
27	bReserved	1	00h	该值应为 00h
28	dwMaxIFSD	4		对于协议 T=1,表示 USB-ICC 所支持的最大 IFSD。对于 T=0,可为任意值 对 T=1:000000FEh 对 T=0:任何值
32	dwReserved	4	0000 0000h	该值应为 0000 0000h
36	dwMechanical	4	0000 0000h	表示 USB-ICC 无专有特性

表 8（续）

偏移	字段	长度	值	描述
40	dwFeatures	4	0000 0840h	低字(＝0840)的值表示主机只发送对 USB-ICC 有效的请求
			0002 0840h 0004 0840h	高字的值是与 USB-ICC 进行数据交换的层次： 0000h 字符层交换 0002h 短 APDU 层交换 0004h 短和扩展 APDU 层交换 注：也可见 dwProtocols
44	dwMaxCCIDMessageLength	4		对于批量传输，值应在 261 ＋ 10 和 65544 ＋10 之间 注：值 10 是包头的大小。对于控制传输，值应在 261 和 65544 之间
48	bReserved	1	FFh	该值应为 FFh
49	bReserved	1	FFh	该值应为 FFh
50	wRFU	2	0000h	所有其他值均保留为将来使用
52	bRFU	1	00h	所有其他值均保留为将来使用
53	bMaxCCIDBusySlots	1	01h	USB-ICC 被认为是单 slot 的

8 主机和 USB-ICC 之间的数据传输

通过采用批量传输或控制传输可完成主机和 USB-ICC 之间的数据传输。对于控制传输，有两种可能的执行方式：Version A 和 Version B。批量传输同 CCID 规范一致，例如：它使用的是该规范中所定义的报文/请求的一个子集。

状态图表的符号参见附录 A。

8.1 批量传输

为在主机和 USB-ICC 之间传输命令、响应和相应的数据，须采用表 9 的报文。

表 9 Bulk-IN 和 bulk-OUT 报文

Bulk-OUT 报文名称	Bulk-IN 响应报文名称	描述
PC_to_RDR_IccPowerOn	RDR_to_PC_DataBlock	退出 USB-ICC 初始状态并在响应报文中返回 ATR
PC_to_RDR_IccPowerOff	RDR_to_PC_SlotStatus	将 USB-ICC 设置为初始条件
PC_to_RDR_XfrBlock	RDR_to_PC_DataBlock	主机和 USB-ICC 之间传输的报文

8.1.1 批量报文

所有经由批量端点传输的报文都以一个 10 字节的包头开头，后面可跟随数据。

包头的作用是在主机和 USB-ICC 之间交换控制和状态的信息。另外，命令报文和其响应报文被顺序编号。USB-ICC 在 bStatus 和 bError 字段返回它的状态和错误方面的信息。

8.1.1.1 PC_to_RDR_IccPowerOn 和 RDR_to_PC_DataBlock

PC_to_RDR_IccPowerOn 报文见表 10。

表 10 PC_to_RDR_IccPowerOn 报文

偏移	字 段	长度	值	描 述
0	bMessageType	1	62h	指 PC_to_RDR_IccPowerOn
1	dwLength	4	00000000h	该报文中没有额外的字节
5	bSlot	1	00h	USB-ICC 的 slot 编号
6	bSeq	1	00h～FFh	命令的次序编号
7	bReserved	1	01h	该值应为 01h
8	abRFU	2	0000h	其他所有值保留为将来使用

对此报文的响应是 RDR_to_PC_DataBlock 报文，见表 11。

表 11 含 ATR 的 RDR_to_PC_DataBlock 报文

偏移	字 段	长度	值	描 述
0	bMessageType	1	80h	指 RDR_to_PC_DataBlock
1	dwLength	4		ATR 的长度
5	bSlot	1	00h	USB-ICC 的 slot 编号
6	bSeq	1	与相应的 bulk-OUT 报文同值	相应命令报文的次序编号
7	bStatus	1		USB-ICC 状态信息
8	bError	1		故障时的错误编码
9	bChainParameter	1	00h	表示该报文含完整的 ATR
10	abData			ATR

8.1.1.2 **PC_to_RDR_IccPowerOff 和 RDR_to_PC_SlotStatus**

PC_to_RDR_IccPowerOff 报文见表 12。

表 12 PC_to_RDR_IccPowerOff 报文

偏移	字 段	长度	值	描 述
0	bMessageType	1	63h	指 PC_to_RDR_IccPowerOff
1	dwLength	4	00000000h	该报文中没有额外的字节
5	bSlot	1	00h	USB-ICC 的 slot 编号
6	bSeq	1	00h-FFh	命令的次序编号
7	abRFU	3	000000h	其他所有值保留为将来使用

对此报文的响应是 RDR_to_PC_SlotStatus 报文，见表 13。

表 13 RDR_to_PC_SlotStatus 报文

偏移	字 段	长度	值	描 述
0	bMessageType	1	81h	指 RDR_to_PC_SlotStatus
1	dwLength	4	00000000h	该报文中没有额外的字节
5	bSlot	1	00h	USB-ICC 的 slot 编号
6	bSeq	1	与相应的 bulk-OUT 报文同值	相应的命令报文的次序编号
7	bStatus	1		USB-ICC 状态信息
8	bError	1		故障时的错误代码
9	bReserved	1	00h	该值应为 00h

8.1.1.3 PC_to_RDR_XfrBlock 和 RDR_to_PC_DataBlock

PC_to_RDR_XfrBlock 命令用于传输 APDU 命令，见表 14。

表 14 PC_to_RDR_XfrBlock 报文

偏移	字段	长度	值	描述
0	bMessageType	1	6Fh	指 PC_to_RDR_XfrBlock 报文
1	dwLength	4		该报文中 abData 字段的长度
5	bSlot	1	00h	USB-ICC 的 slot 编号
6	bSeq	1	00h～FFh	相应命令报文的次序编号
7	bStatus	1	00h	应设置为 0
8	wLevelParameter	2		取决于在 dwFeatures 字段中的分类特定描述符汇报的交换层次： ——字符层： 从 bulk-IN 端点返回的预期数据长度 ——短 APDU 层：00h ——扩展 APDU 层： 表示 APDU 以该命令开始或结束： 0000h：C-APDU 开始并以该命令结束 0001h：C-APDU 以该命令开始并继续至下一个 PC_to_RDR_XfrBlock 0002h：该 abData 字段继续 C-APDU 并结束 C-APDU 0003h：该 abData 字段继续 C-APDU 并且跟随另一数据块 0010h：abData 字段为空，R-APDU 预计在下一 RDR_to_PC_DataBlock 中继续
10	abData			从主机发送至 USB-ICC 的数据块

对此报文的响应是 RDR_to_PC_DataBlock 报文，见表 15。

表 15 含数据块的 RDR_to_PC_DataBlock 报文

偏移	字段	长度	值	描述
0	bMessageType	1	80h	指 RDR_to_PC_DataBlock
1	dwLength	4		接收到的数据块的长度
5	bSlot	1	00h	USB-ICC 的 slot 编号
6	bSeq	1	与 bulk-OUT 报文同值	相应命令报文的次序编号
7	bStatus	1		USB-ICC 状态信息
8	bError	1		故障时的错误代码

表 15（续）

偏移	字 段	长度	值	描 述
9	bChainParameter	1		取决于在 dwFeatures 字段中的分类特定描述符汇报的交换层： ——字符层：00h ——短 APDU 层：00h ——扩展 APDU 层： 表示响应是否完整得以继续或者 C-APDU 能否继续： 00h：R-APDU 在该命令中开始和结束 01h：R-APDU 以该命令开始并继续 02h：该 abData 字段继续 R-APDU 并结束 R-APDU 03h：该 abData 字段继续 R-APDU 并有另一数据块跟随 10h：abData 字段为空，C-APDU 命令预计在下一 C_to_RDR_XfrBlock 命令中继续
10	abData			从 USB-ICC 发送至主机的数据

8.1.2 ATR 和数据传输

当 USB 设备与总线相连接并随之获得主机可使用设备提供的功能的状态时，设备即为“已配置”。为设定 USB-ICC 为初始状态、获得 ATR 和传输数据而传送的报文在状态图（图 2）中已经列出。传输采用 APDU 层交换。图 2 由短 APDU 和扩展 APDU 组成。

为保证正确的数据传输，应采用以下总体规则：

——如果 USB-ICC 并未处于“初始”状态，它接收到 PC_to_RDR_PowerOn，USB-ICC 应以 STALL 作响应。USB-ICC 应保持在其当前的状态。

——如果 USB-ICC 请求时间延长（见表 16），bSeq 的值（见 8.1.1）应保持不变。

——如果 USB-ICC 返回 RDR_to_PC_DataBlock 表示错误 ICC_MUTE 或 HW_ERROR，主机宜提交 PC_to_RDR_IccPowerOff 报文。

重要说明：USB 接口引擎状态不应影响当前执行的状态。例如，总线枚举不应导致任何状态转换。

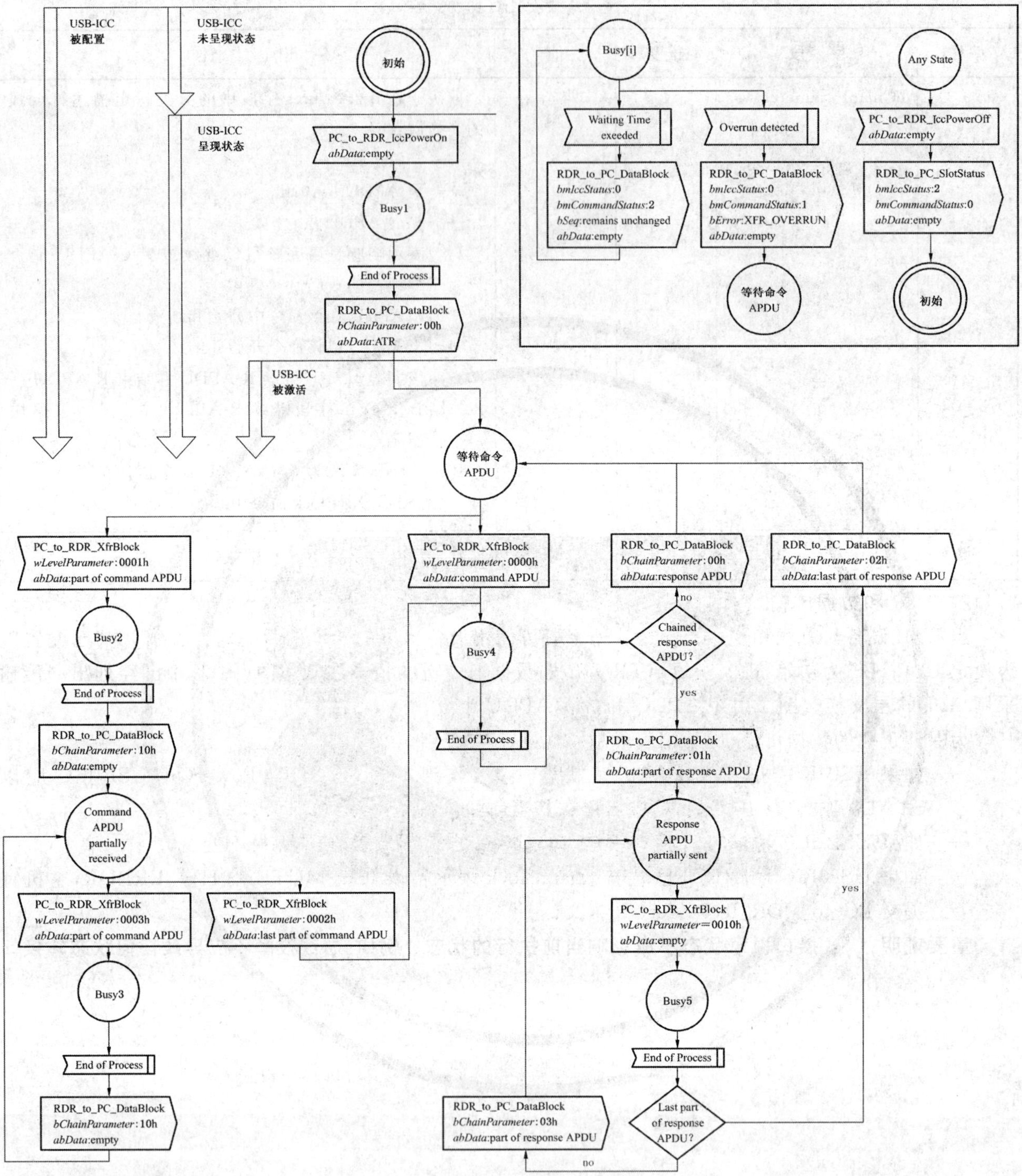

dwFeatures: 0002 0840h(短APDU)和
0004 0840h(扩展APDU)
dwProtocol: 0000 0002h(T=1)

图 2　批量传输的 USB-ICC 的状态图——短 APDU 和扩展 APDU 的 APDU 层传输

8.1.3 状态和错误条件

bulk-IN 报文 RDR_to_PC_SlotStatus 和 RDR_to_PC_DataBlock 包含有关 USB-ICC 的状态和处理命令是否成功完成的信息。如果出现故障,将返回错误代码。

bStatus 字段由两个位图字段组成,它们包含有关 USB-ICC 的状态(bmICCStatus)和处理命令(bmCommandStatus)的信息。表 16 和表 17 列出了状态和错误代码的值。

表 16 bStatus 字段位图

偏 移	字 段	长 度	值	描 述
0	bmIccStatus	1 (2 位)	0,1,2	0=USB-ICC 已呈现并激活 1=USB-ICC 已呈现但未激活 2=USB-ICC 未呈现 3=RFU
(2 位)		(4 位)		RFU
(6 位)	bmCommandStatus	(2 位)	0,1,2	0=处理正确 1=失败,bError 给出错误的情形 2=要求时间延长 3=RFU
1	bError	1		错误代码

表 17 bError 错误代码

错误名称	错误代码	可能的原因
ICC_MUTE	−2(FEh)	USB-ICC 的应用没有得到响应或者 ATR 无法由 USB-ICC 发送出
XFR_OVERRUN	−4(FCh)	在接收一个数据块时,USB-ICC 检测到缓存溢出
HW_ERROR	−5(FBh)	USB-ICC 检测到一个硬件错误
	−64 到−127 (C0h～81h)	用户定义
	−3(FDh) −8 到−14 (F8h～F2h) −16(F0h) −17(EFh) −32(E0h)	USB-ICC 不应使用这些值
	其他所有值(80 h 以及填充缺口的)	保留为将来用

对于错误代码的使用,应采用以下规则:

——如果 bmCommandStatus 的值等于 0 或 RFU,bError 的值应为 0。

——如果 bmCommandStatus 的值等于 1,bError 的值应为:

——错误代码=表 17 所描述的错误情形;

——偏移= 如果 USB-ICC 不能分解出(10 个字节)包头中的一个字段或者不支持其中的一个字段,则 bError 为正数,其值包含首个无效值的偏移(例如,假如主机把 bSlot 设定为 01h,USB-ICC 将返回 bError=05h)。USB-ICC 接收到不支持的命令,应将偏移的值设为 0。

8.2 控制传输

可对提供低速功能的USB-ICC采用控制传输模式。默认控制管道用于在主机和USB-ICC之间交换数据。

本条定义控制传输的分类特定请求。这些请求给应用层提供与批量传输相同的服务。

对于控制传输有两种执行方式，在此命名为 Version A 和 Version B。

8.2.1 Version A

8.2.1.1 特定请求

表18规定了 bRequest 的有效值。

表18 Version A 的分类特定请求

bRequest	值	方向 数据阶段	描　述
ICC_POWER_ON	62h	IN	退出USB-ICC的初始状态。在数据阶段返回ATR
ICC_POWER_OFF	63h	OUT	把USB-ICC设为初始条件
XFR_BLOCK	65h	OUT	从主机到USB-ICC的数据传输
DATA_BLOCK	6Fh	IN	从USB-ICC到主机的数据传输
GET_ICC_STATUS	A0h	IN	返回命令执行的状态

8.2.1.2 设置阶段

设置阶段包含分类特定请求和相应的参数。表19～表23列出了每项分类特定请求的值和参数，同时描述了主机和USB-ICC之间传输的数据。

对于参数，应采用以下总体规则：

——bInterface 的值与表3中给出的 bInterfaceNumber 的值相同。

——为 wValue 和 wIndex 字段中所使用的分类特定请求保留的参数值规定为 bRFU 和 wRFU。bRFU 的值应设为 00h，而 wRFU 的值应设为 0000h。

——如果USB-ICC接收到一个无效的请求或者一个有效请求包含一个无效的参数值（wValue，wIndex，wLength），USB-ICC应以STALL响应。

——对于输入请求，USB-ICC返回的数据长度应小于或等于 wLength 值。

——对于输出请求，wLength 应指出主机发送数据的确切数量。如果主机没有发送 wLength 规定的数据量，USB-ICC应返回STALL。

——对于 ICC_POWER_OFF 和 GET_ICC_STATUS，主机应发送在相应表格中指定的 wLength 的值。否则，USB-ICC应以STALL响应。

表19 Version A，ICC_POWER_ON 请求

bmRequestType	bRequest	wValue	wIndex	wLength	Data
10100001B	ICC_POWER_ON	wRFU	bRFU bInterface	ATR的长度	ATR
wIndex 字段规定了 bRFU 在高字节中和 bInterface 在低字节中。					

表20 Version A，ICC_POWER_OFF 请求

bmRequestType	bRequest	wValue	wIndex	wLength	Data
00100001B	ICC_POWER_OFF	wRFU	bRFU bInterface	0000h	空
wIndex 字段规定了 bRFU 在高字节中和 bInterface 在低字节中。					

表 21　Version A,XFR_BLOCK 请求

bmRequestType	bRequest	wValue	wIndex	wLength	Data
00100001B	XFR_BLOCK	bLevelParameter bRFU	bRFU bInterface	数据长度	C-APDU
wIndex 字段规定了 bRFU 在高字节中和 bInterface 在低字节中。wValue 字段规定了 bLevelParameter 在高字节中和 bRFU 在低字节中。					

表 22　Version A,DATA_BLOCK 请求

bmRequestType	bRequest	wValue	wIndex	wLength	Data
10100001B	DATA_BLOCK	wRFU	bRFU bInterface	数据长度	R-APDU
wIndex 字段规定了 bRFU 在高字节中和 bInterface 在低字节中。					

表 23　GET_ICC_STATUS 请求

bmRequestType	bRequest	wValue	wIndex	wLength	Data
10100001B	GET_ICC_STATUS	wRFU	bRFU bInterface	0001h	登记 USB-ICC 的状态
wIndex 字段规定了 bRFU 在高字节中和 bInterface 在低字节中。					

注：未使用分类特定驱动程序的产品可兼容本部分。在此情况下,bmRequestType 的第 5 位和第 6 位编码从 01B 变化至 10B;例如,对于 GET_ICC_STATUS 的 bmRequestType 将是 11000001B。

8.2.1.3　ATR 和数据传输

当 USB 设备与总线相连接,并且当主机可使用设备提供的功能时,设备即为"已配置"。为设定 USB-ICC 为初始状态、获得 ATR 和传输数据而传送的报文在状态图(图 3、图 4、图 5)中已经列出。

为保证正确的数据传输,应采用以下总体规则:

——如果 USB-ICC 接收到的请求不是状态图中所定义的,则 USB-ICC 应返回 STALL 并且保持在其当前状态。

——如果 StatusByte 显示卡未做出响应(见表 24),主机宜提交 ICC_POWER_OFF。

重要说明:USB 接口引擎的状态不应影响当前执行的状态。例如,总线枚举不应导致任何状态转换。

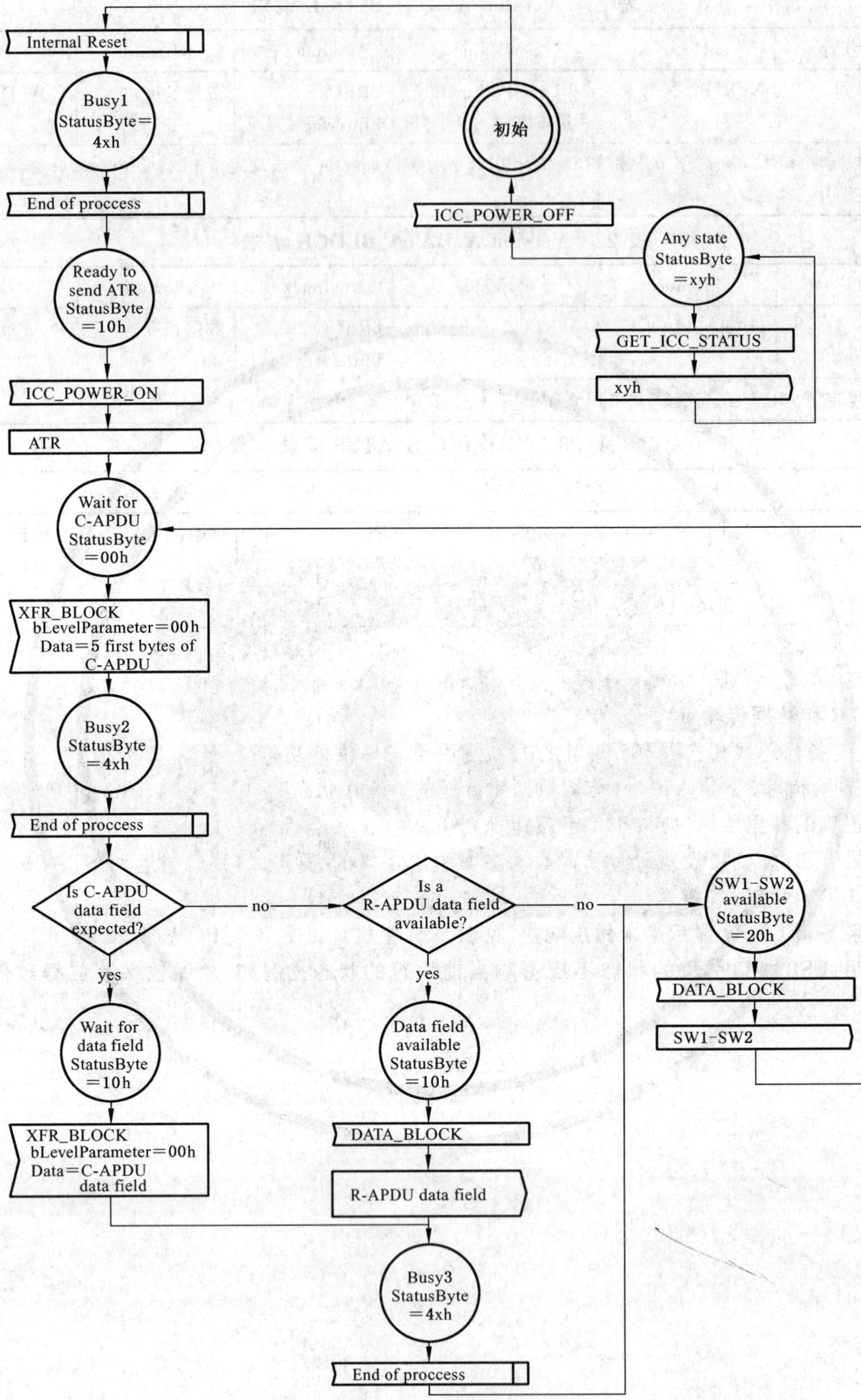

dwFeatures=0000 0840h

dwProtocols=0000 0001h(T=0)

图 3　使用字符层传输的控制传输(Version A)情形下的 USB-ICC 状态图

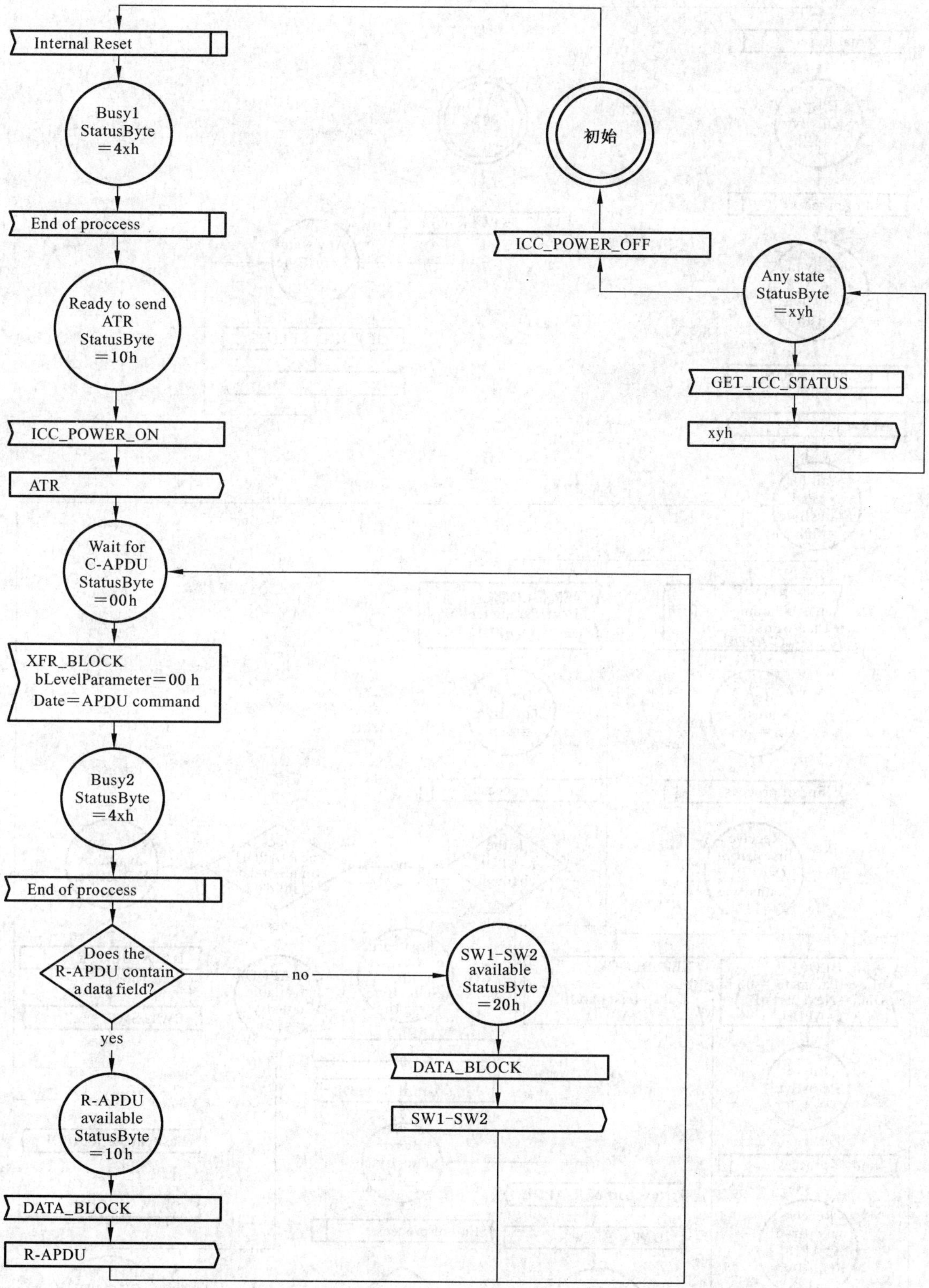

dwFeatures=0002 0840h

dwProtocols=0000 0002h(T=1)

图 4　使用短 APDU 的控制传输(Version A)情形下的 USB-ICC 状态图

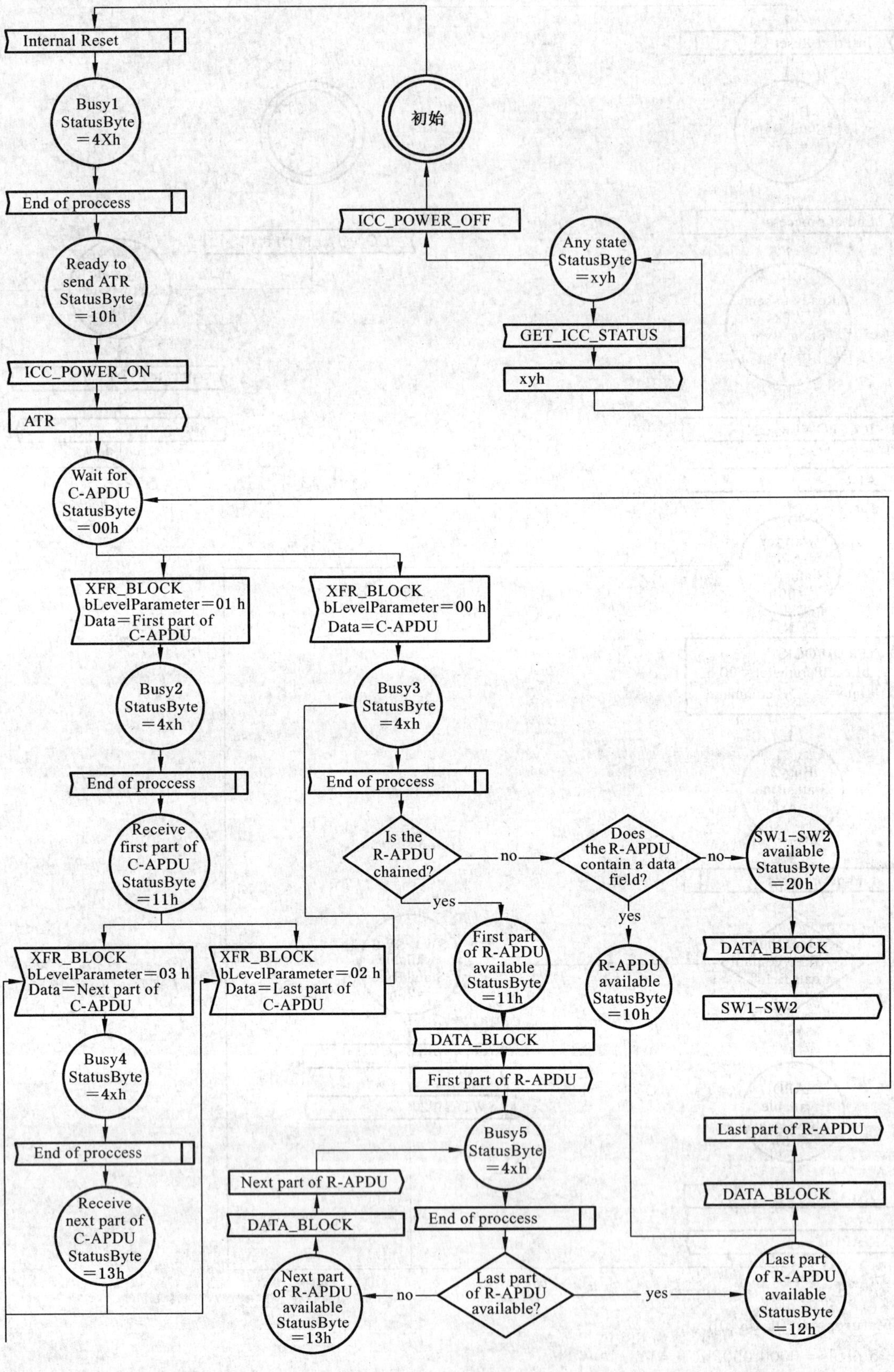

dwFeatures=0004 0840h

dwProtocols=0000 0002h

图 5 使用扩展 APDU 的控制传输(Version A)情形下的 USB-ICC 状态图

GET_ICC_STATUS 请求查询 C-APDU 的执行状态。按照该请求，USB-ICC 返回 StatusByte 以显示执行的状态。它可有表 24 中的值。

表 24 StatusByte 的描述

StatusByte	描 述
4xh	busy 此处 x 应循环递增加 当接收到busy 指示时，主机应随即提交 GET_ICC_STATUS 直至 USB-ICC 显示出另一值。时间间隔取决于驱动程序。为节省带宽，时间间隔应不少于 10 ms 注：当主机检测到低 4 位值在一段时间后无变化时，主机可暂停该设备。该暂停的时间段由驱动程序决定且不应少于 1 s
20h	ready to send status words only 表示之后的 DATA_BLOCK 数据阶段将只传送 SW1-SW2
1yh	如果 dwProtocols=00000001h 且 dwFeatures=00000840h 10h：ready to send data 或 10h：ready to receive data 当值为 10 时不返回状态字。 当 GET_ICC_STATUS 返回 StatusByte=20h，随后应提交 DATA_BLOCK 请求以获得状态字。 如果 dwProtocols=00000002h 且 dwFeatures=000z0840h(z=2 或 z=4)，则 StatusByte 有两种不同功能。 当 bLevelParameter 在前面的 XFR_BLOCK 请求（链式 C-APDU）中为 01h 或 03h，则 StatusByte 用以确认命令的链接(分别为 11h 或 13h)并且控制数据流(StatusByte = 4xh)。 当 bLevelParameter 在前面的 XFR_BLOCK 要求中为 00h 或 02h(C-APDU 结束)，StatusByte 则用以显示 R-APDU 的链接并且控制数据流(StatusByte = 4xh)： 10h APDU 响应开始并以下一个 DATA_BLOCK 请求结束 11h APDU 响应以下一个 DATA_BLOCK 请求开始并继续 12h APDU 响应继续并以下一个 DATA_BLOCK 请求结束 13h APDU 响应以下一个 DATA_BLOCK 请求继续且跟随下一个数据块 20h APDU 响应只包含状态字并以下一个 DATA_BLOCK 请求结束
80h	mute 卡没有做出响应
00h	USB-ICC 接收 C-APDU 就绪

8.2.1.4 APDU 层报文交换

在 R-APDU 的长度超过 DATA_BLOCK 请求的状态阶段中的 wLength 值的情况下，应在随后的数据块中发送 R-APDU。在这种情况下，USB-ICC 宜对一个扩展 R-APDU 使用同样的方法。

8.2.1.5 错误情形

在 StatusByte 中返回错误情形。如果卡没有做出响应，应返回值 80h。

8.2.1.6 中断传输

Version A 不适用于中断传输。

8.2.2 Version B

在 Version B 下的控制请求与在批量模式时使用消息管道的信息交换相似。这来自于每个 OUT-request 后都有一个 IN-request 跟随的事实。这种请求成对使用的方式反映了批量模式的 OUT-message 和 IN-message 的结构。

8.2.2.1 特定请求

表 25 规定了 bRequest 的有效值。

表 25　Version B 的分类特定请求

bRequest	值	方向 数据阶段	描　述
ICC_POWER_ON	62h	OUT	退出 USB-ICC 的初始状态。在随后的 DATA_BLOCK 请求的数据阶段返回 ATR
ICC_POWER_OFF	63h	OUT	把 USB-ICC 设为初始情形
XFR_BLOCK	65h	OUT	从主机到 USB-ICC 的数据传输
DATA_BLOCK	6Fh	IN	从 USB-ICC 到主机的数据传输。同样返回之前请求所创建的信息
SLOT_STATUS	81h	IN	该命令的数据阶段包含 bStatus，bError 和 bReserved bReserved 的值应为 00h

8.2.2.2　设置阶段

设置阶段包含分类特定请求和相应的参数。以下条款列出了每项分类特定请求的值和参数，并对在主机与 USB-ICC 之间所传输的数据进行了描述，见表 26～表 30。

分类特定请求的值和参数应做如下设置：

——bInterface 的值与表 3 中给出的 bInterfaceNumber 值相同。

——在 wValue 和 wIndex 字段里使用的分类特定请求的保留参数值规定为 bRFU，wRFU 和 bReserved。bRFU 的值应设为 00h，wRFU 的值应设为 0000h。bReserved 的值如表中所列。

——如果 USB-ICC 接收到一个无效的请求或者某个有效请求包含一个无效的参数值（wValue，wIndex，wLength），USB-ICC 应以 STALL 响应。

——对于输入请求，USB-ICC 返回的数据长度应小于或等于 wLength 值。

——对于输出请求，wLength 应指明主机发送的确切数据量。当 USB-ICC 接收到的数据多于设置阶段指明的数据量时，应以 STALL 响应。主机可以通过先行发送一个 IN-token 中止任何传输。在此情况下，USB-ICC 应以 ACK 确认 IN-token。如果接收的数据量与 wLength 不等，USB-ICC 应放弃这些数据。

——对于 ICC_POWER_ON，ICC_POWER_OFF 和 SLOT_STATUS，主机应发送相应表格中规定的 wLength 值，否则，USB-ICC 应以 STALL 响应。

表 26　Version B，ICC_POWER_ON 请求

bmRequestType	bRequest	wValue	wIndex	wLength	Data
00100001B	ICC_POWER_ON	bRFU bReserved＝01h	bRFU bInterface	0000h	空
wIndex 字段规定了 bRFU 在高字节中和 bInterface 在低字节中。wValue 字段规定了 bRFU 在高字节中和 bReserved 在低字节中。					

表 27　Version B，ICC_POWER_OFF 请求

bmRequestType	bRequest	wValue	wIndex	wLength	Data
00100001B	ICC_POWER_OFF	wRFU	bRFU bInterface	0000h	空
wIndex 字段规定了 bRFU 在高字节中和 bInterface 在低字节中。					

表 28 Version B,XFR_BLOCK 请求

bmRequestType	bRequest	wValue	wIndex	wLength	Data
00100001B	XFR_BLOCK	bLevelParameterb Reserved=00h	bRFU bInterface	数据长度	C-APDU
wIndex 字段规定了 bRFU 在高字节中和 bInterface 在低字节中。wValue 字段规定了 bRFU 在高字节中和 bReserved 在低字节中。					

表 14 中解释了 bLevelParameter 的用途。

表 29 Version B,DATA_BLOCK 请求

bmRequestType	bRequest	wValue	wIndex	wLength	Data
10100001B	DATA_BLOCK	wRFU	bRFU bInter- face	数据长度+1 wLength 值应大于等于 4。这样可允许 USB-ICC 返回最少量的完整状态信息(见表 31)	R-APDU 或由 ICC_POWER_ON 创建的信息。 注:DATA_BLOCK 请求总是在其数据阶段返回第一个字节(bResponseType 可见表 31),而后跟随正在处理的数据。
wIndex 字段规定了 bRFU 在高字节中和 bInterface 在低字节中。					

表 30 SLOT_STATUS 请求

bmRequestType	bRequest	wValue	wIndex	wLength	Data
10100001B	SLOT_STATUS	wRFU	bRFU bInterface	0003h	包含状态/错误信息: bStatus,bError, bReserved bReserved 值应为 00h
wIndex 字段规定了 bRFU 在高字节中和 bInterface 在低字节中。					

注:未使用分类特定驱动程序的产品可能兼容本部分。在此情况下,bmRequestType 第 5 位和第 6 位编码从 01B 变化至 10B;例如,对于 SLOT_STATUS 的 bmRequestType 将是 11000001B。

8.2.2.3 ATR 和数据传输

当 USB 设备与总线相连接,并且当主机可使用设备提供的功能时,设备即为“已配置”。为设定 USB-ICC 为初始状态、获得 ATR 和传输数据而传送的报文在状态图(图 6)中已经列出。此传输使用 APDU 层交换。图 6 包含短 APDUs 和扩展 APDU 传输。

为保证正确的数据传输,应对状态图表采用以下总体规则:

——如果 USB-ICC 接收到的请求不是状态图中所定义的,则 USB-ICC 应返回 STALL 并且保持在其当前状态。

——如果接口设备发送 DATA_BLOCK 且 USB-ICC 在数据阶段返回错误 ICC_MUTE 或 HW_ERROR,主机宜提交 ICC_POWER_OFF。

重要说明:USB 接口引擎的状态不应影响当前执行的状态。例如,总线枚举不应导致任何状态转换。

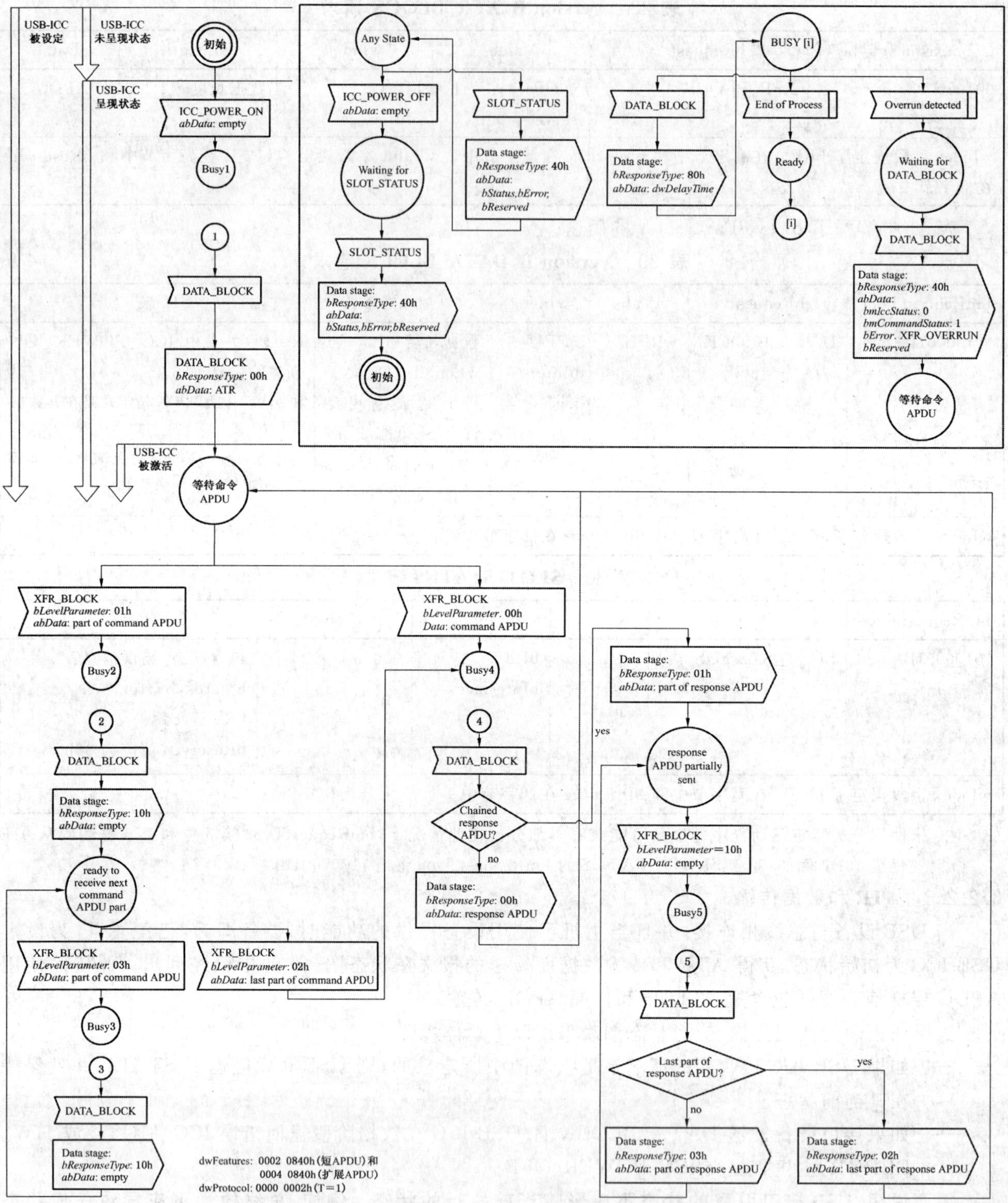

图 6 控制传输(Version B)的 USB-ICC 状态图

注：当主机发送了 ICC_POWER_OFF，USB-ICC 便进入到“未呈现状态”。9.3 描述了该情形下的 interrupt-IN 报文的使用。

根据 DATA_BLOCK 请求，USB-ICC 在数据阶段返回表 31 中的值。

表 31 DATA_BLOCK 的数据阶段

偏移	字段	描述
0	bResponseType	显示 abData 字段信息类型包含： 00h：abData 字段包含先前请求所创建的信息 40h：状态信息 abData 字段包含 bStatus，bError 和 bReserved=00h 80h：查询 abData 字段包含延迟时间（wDelayTime）直至主机等待发送出下一请求。该值以 10ms 为单位计（如：0078h=1.2s）。如果 wDelayTime 等于 0000h，主机将自行判断设定查询时间间隔。对于其他所有值，主机应使用给出的最佳值 对于扩展 R-APDU： 00h：R-APDU 开始并再次命令中结束 01h：R-APDU 以此命令开始并继续 02h：abData 字段继续 R-APDU 并结束 R-APDU 03h：abData 字段继续 R-APDU 并有另一数据块跟随 10h：空白 abData 字段，C-APDU 期望在下一个 XFR_BLOCK 中继续 另参见图 6 的状态图
1	abData	从 USB-ICC 发送到主机的数据

在 DATA_BLOCK 的 abData 字段中传输的信息取决于先前的请求。

8.2.2.4 对 XFR_BLOCK 的 bLevelParameter 编码

bLevelParameter 的值规定了命令 APDU 随后所传输的数据块的位置（第一数据块、中间、最后）。分配以下值：

00h：C-APDU 以此命令开始并结束

01h：C-APDU 以此命令开始并继续

02h：C-APDU 继续并结束 C-APDU

03h：C-APDU 继续并有另一数据块跟随

10h：数据阶段空白，R-APDU 可在下一个 DATA_BLOCK 请求中继续

另参见图 6 的状态图。

8.2.2.5 APDU 层报文交换

如果在 DATA_BLOCK 请求的设置阶段，R-APDU 的长度超过 wLength 的值，必须在随后的数据块中发送 R-APDU。对于这种数据块的传输方式，USB-ICC 应使用与扩展 R-APDU 相同的方式。

8.2.2.6 USB 请求报告的状态和错误情形

Version B 在 DATA_BLOCK 的数据阶段返回状态和错误情形。该情形由 bResponseType=40h 指示。另外，USB-ICC 在接收到一个无效请求或当一个有效请求包含一个无效参数值时（wValue，wIndex，wLength）将以一个 STALL 握手包作为响应。

如果 bResponseType=40h，abData 字段包含状态和错误信息。

bStatus 字段由两个位图字段组成，包含有关 USB-ICC 状态（bmICCStatus）和处理命令（bmCommandStatus）的信息。表 32 和表 33 列出了状态及错误代码的值。

表 32 bStatus 字段的位图

偏 移	字 段	长 度	值	描 述
0	bmIccStatus	1 (2位)	0,1,2	0=USB-ICC 已呈现并激活 1=USB-ICC 已呈现但未激活 2=USB-ICC 未呈现 3=RFU
(2位)		(4位)		RFU
(6位)	bmCommandStatus	(2位)	0,1	0=处理正确 1=失败,bError 给出错误的情形 2=RFU 3=RFU
1	bError	1		错误代码

表 33 bError 的错误代码

错误名称	错误代码	可能的原因
ICC_MUTE	−2 (FEh)	USB-ICC 的应用没有得到响应或者 ATR 无法由 USB-ICC 发送出
XFR_OVERRUN	−4 (FCh)	在接收一个数据块时,USB-ICC 检测到缓冲区溢出
HW_ERROR	−5 (FBh)	USB-ICC 检测到一个硬件错误
	−64 到 −127 (C0h～81h)	用户定义
	−3 (FDh) −8 到 −14 (F8h～F2h) −16 (F0h) −17 (EFh) −32 (E0h)	USB-ICC 不应使用这些值
	其他所有值(80h 以及填充缺口的)	保留为将来用

如果 bmCommandStatus 值等于 0 或 RFU,则 bError 值应为 0。

8.3 中断传输

批量传输模式和控制传输模式(Version B)可选地提供了一个 interrupt-IN 端点。该端点用来通知主机在主机和 USB-ICC 之间进行命令/响应交换时非同步发生的事件,见表 34。

USB-ICC 可向主机通报其虚拟插/拔。

8.3.1 虚拟插/拔事件

术语“虚拟”是用来表示在 USB-ICC 仍然通电时却把它视作已从接口设备移除。

表 34 Interrupt-IN 报文

偏移	字段	长度	值	描述
0	bMessageType	1	50h	指 NotifySlotChange
1	bmSlotIccState	1	000000xyB	USB-ICC 以最低两位显示状态(拔或插)。最低位(LSB)报告: 0b=USB-ICC 未呈现 1b=USB-ICC 已呈现 另一位报告自最后一个 notifySlotChange 报文发送以来 USB-ICC 的呈现状态是否改变: 0b=无改变 1b=改变 其他所有位应设置为零

为保证中断请求的正确操作,应符合以下条件:

——当 USB-ICC 通过 PC_to_RDR_IccPowerOn(ICC_POWER_ON)退出"初始"状态时,USB-ICC 应发送带有 bmSlotIccState=00000011B 的 NotifySlotChange 报文。

——USB-ICC 可能在任何时候进入"未呈现"状态。主机将以 bmSlotIccState=00000010B 接收 NotifySlotChange 报文。USB-ICC 在接收 PC_to_RDR_IccPowerOff(ICC_POWER_OFF)之后不应发送 NotifySlotChange 报文。

注:第一个条件使主机可以检测到无响应的卡。第二个条件保证中断报文"未呈现"是 USB-ICC 产生的一个非同步事件。它并不是由来自主机的一个 OUT 报文或请求产生的。

附　录　A
（资料性附录）
状态图的符号

	状态图中的初始状态
	状态图中的状态
	USB-ICC 接收数据 对于批量传输：报文类型和相应的参数/值被列出。 对于控制传输：控制请求和相应的参数/值被列出。
	USB-ICC 发送数据 对于批量传输：报文类型和相应的参数/值被列出。总是由 USB-ICC 启动该报文的传输。 对于控制传输：控制请求和相应的参数/值已列出。总是由 USB-ICC 通过发送 DTAT_BLOCK 或 SLOT_STATUS 启动该数据的传输。因此，这两个请求总是以两个箭头形方框来表示：一个为 IN-arrow（请求）方框，一个为 OUT-arrow（数据）方框
	USB-ICC 接收来自（USB-ICC）内部处理的数据
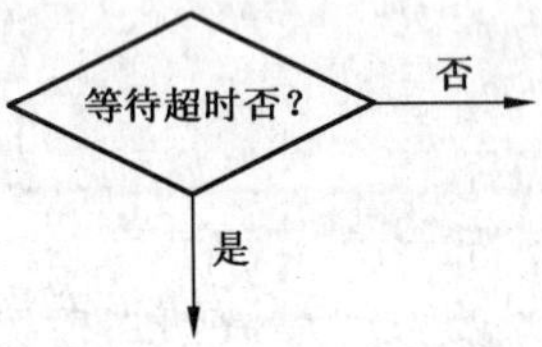	决策分支

附 录 B
（资料性附录）
USB 传输的模式说明

这里描述的序列并未穷尽所有可能的情况。它们作为 USB-ICC 必须能够处理的可能序列的范例提出。此范例不处理错误情况（USB 处理中的 STALL），也不处理在协议层所处理的情形（如，T=0，case 2，短 APDU，Ne 不被接受）。

批量传输：

APDU 层的报文交换，case 3 命令，短 APDU

PC_to_RDR_XfrBlock （1） **message** →

dwLength=Lc+00000005h

bSlot=00h，bSeq=00h，bReserved=00h，

wLeve/Parameter=0000h

abData=CLA，INS，P1，P2，Lc，Data(Lc)

（2） **message** ← **RDR_to_PC_DataBlock**

dwLength=00000002h

bSlot=00h，bSeq=00h

bStatus=00h，bError=00h

bChainParameter=00h

abData=SW1，SW2

批量传输：

APDU 层报文交换，case 3 命令，扩展 APDU

PC_to_RDR_XfrBlock （1） **message** →

dwLength=BufferLength

bSlot=00h，bSeq=00h，bReserved=00h，

wLevelParameter=0001h

abData=CLA，INS，P1，P2，Lc，

Data(BufferLength-7)

（2） **message** ← **RDR_to_PC_DataBlock**

dwLength=00000000h

bSlot=00h，bSeq =00h

bStatus=00h，bError=00h

bChainPararneter=10h

abData=empty

PC_to_RDR_XfrBlock （3） **message** →

dwLength=BufferLength

bSlot=00h，bSeq=01h，bReserved=00h，

wLevelParameter=0003h

abData=Data(BufferLength)

(4) **message** ← **RDR_to_PC_DataBlock**
dwLength=00000000h
bStot=00h,bSeq=01h
bStatus=00h,bError=00h
bChainParameter=10h
abData=empty

PC_to_RDR_XfrBlock (5) **message** →
dwLength=remaining part of data
bSlot=00h,bSeq=00h,bReserved=00h,
wLevelParameter=0002h
abData=Data(<buffer length)

(5) **message** ← **RDR_to_PC_DataBlock**
dwLength=00000002h
bSlot=00h,bSeq=02h
bStatus=00h,bError=00h
bChainParameter=00h
abData=SW1,SW2

控制传输,**Version A**:
Case 1 命令

dwFeatures=0000 0840h
dwProtocols= 0000 0001h

XFR_BLOCK (1) **request** →
wValue:bLeve/Parameter=00h;bRFU=00h
wIndex:bRFU=00h;bIntefface=00h
wLength=0005h
abData=CLA,INS,P1,P2,P3=00h (1) data →

GET_ICC_STATUS (2) **request** →
wValue:wRFU=0000h
wIndex:bRFU=00h;bIntefface=00h,
wLength=0001h (2) data ← StatusByte:4xh
StatusByte:20h

if(StatusByte=20h) Break
if(StatusByte=4xh) (2) Repeat
ready to send status words only

DATA_BLOCK (3) **request** →
wValue:wRFU=0000h

wIndex:bRFU=00h;bInterface=00h	
wLength=0002h	(3) data ← SW1,SW2
	End

控制传输,Version A:
Case 2 命令,短 APDU

dwFeatures=0000 0840h
dwProtocols=0000 0001h

XFR_BLOCK	(1) **request** →
wValue:bLeve/Parameter=00h,bRFU=00h	
wIndex:bRFU=00h,bInterface=00h	
wLength=0005h	
abData=CLA,INS,P1,P2,Le	(1) data →
GET_ICC_STATUS	(2) **request** →
wValue:wRFU=0000h	
wIndex:bRFU=00h,bInterface=00h	
wLength=0001h	(2) data ← StatusByte:4xh
	StatusByte:10h
if(StatusByte=10h)	Break
if(StatusByte=4xh)	(2) Repeat
	ready to send data
DATA_BLOCK	(3) **request** →
wValue:wRFU=0000h	
wIndex:bRFU=00h,bInterface=00h	
wLength=Le	(3) data ← Data(Le)
GET_ICC_STATUS	(4) **request** →
wValue:wRFU=0000h	
wIndex:bRFU=00h,bInterface=00h	
wLength=0001h	(4) data ← StatusByte:4xh
	StatusByte:20h
if(StatusByte=20h)	Break
if(StatusByte=4xh)	(4) Repeat
	ready to send status words only
DATA_BLOCK	(5) **request** →
wValue:wRFU=0000h	
wIndex:bRFU=00h,bInterface=00h	

wLength=0002h	(5) data	←	SW1,SW2
	End		

控制传输,Version A:

Case 3 命令,短 APDU

dwFeatures=0000 0840h

dwProtocols=0000 0001h

XFR_BLOCK	(1) **request**	→	
wValue:bLeve/Parameter=00h,bRFU=00h			
wIndex: bRFU=00h,bInterface=00h			
wLength=0005h			
abData=CLA,INS,P1,P2,Lc	(1) data	→	
GET_ICC_STATUS	(2) **request**	→	
wValue:wRFU=0000h			
wIndex:bRFU=00h,bInterface=00h			
wLength=0001h	(2) data	←	StatusByte:4xh
			StatusByte:10h
if(StatusByte=10h)	Break		
if(StatusByte=4xh)	(2) Repeat		
	ready to receive data		
XFR_BLOCK	(3) **request**	→	
wValue:bLeve/Parameter=00h,bRFU=00h			
wIndex:bRFU=00h,bInterface=00h			
wLength=Lc			
abData=Data(Lc)	(3) data	→	
GET_ICC_STATUS	(4) **request**	→	
wValue:wRFU=0000h			
wIndex:bRFU=00h,bInterface=00h			
wLength=0001h	(4) data	←	StatusByte:4xh
			StatusByte:20h
if(StatusByte=20h)	Break		
if(StatusByte=4xh)	(4) Repeat		
	ready to send status words only		
DATA_BLOCK	(5) **request**	→	
wValue:wRFU=0000h			
wIndex:bRFU=00h,bInterface=00h			
wLength=0002h	(5) data	←	SW1,SW2
	End		

控制传输,Version A:
APDU 层报文交换,Case 1 命令

dwFeatures=0002 0840h
dwProtocols=0000 0002h

XFR_BLOCK	(1) **request**	→	
wValue:bLeve/Parameter=00h,bRFU=00h			
wIndex:bRFU=00h,bInterface=00h			
wLength=0004h			
abData=CLA,INS,P1,P2	(1) data	→	
GET_ICC_STATUS	(2) **request**	→	
wValue:wRFU=0000h			
wIndex:bRFU=00h,bInterface=00h			
wLength=0001h	(2) data	←	StatusByte:4xh
			StatusByte:20h
if(StatusByte=20h)	Break		
if(StatusByte=4xh)	(2) Repeat		
DATA_BLOCK	(3) **request**	→	
wValue:wRFU=0000h			
wIndex:bRFU=00h,bInterface=00h			
wLength=0002h	(3) data	←	SW1,SW2
	End		

控制传输,Version A:
APDU 层报文交换,Case 2 命令,短 APDU

dwFeatures=0002 0840h
dwProtocols=0000 0002h

XFR_BLOCK	(1) **request**	→	
wValue:bLeve/Parameter=00h,bRFU=00h			
wIndex:bRFU=00h,bIntenface=00h			
wLength=0005h			
abData=CLA,INS,P1,P2,Le	(1) data	→	
GET_ICC_STATUS	(2) **request**	→	
wValue:wRFU=0000h			
wIndex:bRFU=00h,bInterface=00h			
wLength=0001h	(2) data	←	StatusByte:4xh
			StatusByte:10h

if(StatusByte=10h)	Break		
if(StatusByte=4xh)	(2) Repeat		
DATA_BLOCK	(3) **request**	→	
wValue:wRFU=0000h			
wIndex:bRFU=00h,bInterface=00h			
wLength=Le+02h	(3) data	←	Data(Le),SW1,SW2
	End		

控制传输,Version A:

APDU 层报文交换,Case 3 命令,短 APDU

dwFeatures=0002 0840h

dwProtocols= 0000 0002h

XFR_BLOCK	(1) **request**	→	
wValue:bLeve/Parameter=00h,bRFU=00h			
wIndex:bRFU=00h,bInterface=00h			
wLength=Lc+0005h			
abData=CLA,INS,P1,P2,Lc,Data(Lc)	(1) data	→	
GET_ICC_STATUS	(2) **request**	→	
wValue:wRFU=0000h			
wIndex:bRFU=00h,bInterface=00h			
wLength=0001h	(2) data	←	StatusByte:4xh StatusByte:20h
if(StatusByte=20h)	Break		
if(StatusByte=4xh)	(2) Repeat		
DATA_BLOCK	(3) **request**	→	
wValue:wRFU=0000h			
wIndex:bRFU=00h,bInterface=00h			
wLength=0002h	(3) data	←	SW1,SW2
	End		

控制传输,Version A:

APDU 层报文交换,Case 4 命令,短 APDU

dwFeatures=0002 0840h

dwProtocols=0000 0002h

XFR_BLOCK	(1) **request**	→	
wValue:bLeve/Patameter=00h,bRFU=00h			
wIndex:bRFU=00h,bInterface=00h			

wLength＝Lc＋0006h			
abData＝CLA,INS,P1,P2,Lc,Data(Lc),Le	(1) data	→	
GET_ICC_STATUS	(2) **request**	→	
wValue:wRFU＝0000h			
wIndex:bRFU＝00h,bInterface＝00h			
wLength＝0001h	(2) data	←	StatusByte:4xh StatusByte:10h
if(StatusByte＝10h)	Break		
if(StatusByte＝4xh)	(2) Repeat		
DATA_BLOCK	(3) **request**	→	
wValue:wRFU＝0000h			
wIndex:bRFU＝00h,bInterface＝00h			
wLength＝Le＋02h	(3) data	←	Data(Le),SW1,SW2
	End		

控制传输,**Version A**:

APDU 层报文交换,Case 2 命令,扩展 APDU

dwFeatures＝0004 0840h

dwProtocols＝0000 0002h

XFR_BLOCK	(1) **request**	→	
wVale:bLeve/Parameter＝00h,bRFU＝00h			
wIndex:bRFU＝00h,bInterface＝00h			
wLength＝0007h			
abData＝CIA,INS,P1,P2,P3＝00h,Le	(1) data	→	
GET_ICC_STATUS	(2) **request**	→	
wValue: wRFU＝0000h			
wIndex:bRFU＝00h,bInterface＝00h			
wLength＝0001h	(2) data	←	StatusByte:4xh StatusByte:10h StatusByte:11h
if(StatusByte＝10h OR StatusByte＝11h)	Break		
if(StatusByte＝4xh)	(2) Repeat		
if(10h)	Execute the next request		
DATA BLOCK	(3) **request**	→	
wValue:wRFU＝0000h			
wIndex:bRFU＝00h,bInterface＝00h			
wLength＝BufferLength			

	(3) data	←	Data(<=BufferLength-2), SW1,SW2
	End		
if(11h)	Loop the next two requests		
DATA_BLOCK wValue:wRFU=0000h wIndex:bRFU=00h,bInterface=00h wLength=BufferLength	**(n) request**	→	
	(n) data	←	Data(BufferLength)
GET_ICC_STATUS wValue:wRFU=0000h wIndex:bRFU=00h,bInterface=00h	**(n+1)**	**request** →	
wLength=0001h	(n+1) data	←	StatusByte:4xh StatusByte:12h StatusByte:13h
if(StatusByte=12h)	Break		
if(StatusByte=4xh)	(n+1) Repeat		
if(StatusByte=13h)	(n) Repeat		
DATA_BLOCK wValue:wRFU=0000h wIndex:bRFU=00h,bInterface=00h wLength=BufferLength	**(m) request**	→	
	(m) data	←	Data(<=BufferLength-2), SW1,SW2
	End		

控制传输,Version A:

APDU 层报文交换,Case 3 命令,扩展 APDU

dwFeatures=0004 0840h

dwProtocols=0000 0002h

XFR_BLOCK wValue:bLeve/Parameter=00h/01h,bRFU=00h wIndex:bRFU=00h,bInterface=00h wLength=BufferLength	(1) **request**	→
abData=CLA,INS,P1,P2,P3=00h,Lc, Data(BufferLength-7)	(1) data	→

GET_ICC_STATUS	(2) **request**	→	
wValue:wRFU=0000h			
wIndex:bRFU=00h,bInterface=00h			
wLength=0001h	(2) data	←	StatusByte:4xh
			StatusByle:20h
			StatusByte:11h
if(StatusByte=20h OR StatusByte=11h)	Break		
if(StatusByte=4xh)	(2) Repeat		
if(StatusByte=10h):	execute the next request		
DATA_BLOCK	(3) **request**	→	
wValue:wRFU=0000h			
wIndex:bRFU=00h,bInterface=00h			
wLength=0002h	(3) data	←	SW1,SW2
	End		
if(StatusByte=11h)	Loop the next two requests		
XFR_BLOCK	(n) **request**	→	
wValue:bLeve/Parameter=03h/02h,bRFU=00h			
wIndex:bRFU=00h,bInterface=00h			
wLength=BufferLength			
abData=Data(BufferLength)	(n) data	→	
GET_ICC_STATU S	(n+1) **request**	→	
wVatue:wRFU=0000h			
wIndex:bRFU=00h,bInterface=00h			
wLength=0001h	data	←	StatusByte:4xh
			StatusByte:20h
			StatusByte:13h
if(StatusByte=20h)	Break		
if(StatusByte=13h)	Repeat(n)		
if(StatusByte=4xh)	(n+1) Repeat		
DATA_BLOCK	(m) **request**	→	
wValue:wRFU=0000h			
wIndex:bRFU=00h,bInterface=00h			
wLength=0002h	(m) data	←	SW1,SW2
	End		

控制传输,Version B:

APDU 层报文交换,Case 1 命令,短 APDU

dwFeatures=0002 0840h
dwProtocols=0000 0002h

XFR_BLOCK	(1) **request**	→	
wValue:bLeve/Parameter=00h,bReserved=00h			
wIndex:bRFU=00h,bInterface=00h			
wLength=0004h			
abData=CLA,INS,P1,P2	(1) data	→	
DATA_BLOCK	(2) **request**	→	
wValue:wRFU=0000h			
wIndex:bRFU=00h,bInterface=00h			
wLength=0003h	(2) data	←	80h,wDelayTime
	or		
	(2) data	←	00h,SW1,SW2
if(bResponse Type=00h)	Break		
if(bResponse Type=80h)	(2) Repeat		
	End		

控制传输,**Version B**:

APDU 层报文交换,**Case 2** 命令,短 **APDU**

dwFeatures=0002 0840h
dwProtocols=0000 0002h

XFR_BLOCK	(1) **request**	→	
wValue:bLeve/Parameter=00h,bReserved=00h			
wIndex:bRFU=00h,bInterface=00h			
wLength=0005h			
abData=CLA,INS,P1,P2,Le	(1) data	→	
DATA_BLOCK	(2) **request**	→	
wValue:wRFU=0000h			
wIndex:bRFU=00h,bInterface=00h			
wLength=Le+0003h	(2) data	←	80h,wDelayTime
	or		
	(2) data	←	00h,Data(Le),SW1,SW2
if(bResponse Type=00h)	Break		
if(bResponse Type=80h)	(2) Repeat		
	End		

控制传输,**Version B**:

APDU 层报文交换,**Case3** 命令,短 **APDU**

dwFeatures＝0002 0840h
dwProtocots＝0000 0002h

XFR_BLOCK	(1) **request**	→	
wValue：bLeve/Parameter＝00h，bReserved＝00h			
wIndex：bRFU＝00h，bInterface＝00h			
wLength＝Lc＋0005h			
abData＝CLA，INS，P1，P2，Lc，Data(Lc)	(1) data	→	
DATA_BLOCK	(2) **request**	→	
wValue：wRFU＝0000h			
wIndex：bRFU＝00h，bInterface＝00h			
wLength＝0003h	(2) data	←	80h，wDelayTime
	or		
	(2) data	←	00h，SW1，SW2
if(bResponseType＝00h)	Break		
if(bResponseType＝80h)	(2) Repeat		
	End		

控制传输，**Version B**：
APDU 层报文交换，**Case 4** 命令，短 **APDU**

dwFeatures＝0002 0840h
dwProtocols＝0000 0002h

XFR_BLOCK	(1) **request**	→	
wValue：bLeve/Parameter＝00h，bResetved＝00h			
wIndex：bRFU＝00h，bInteffuntil＝00h			
wLength＝Lc＋0006h			
abData＝CLA，INS，P1，P2，Lc，Data(Lc)，Le	(1) data	→	
DATA_BLOCK	(2) **request**	→	
wValue：wRFU＝0000h			
wIndex：bRFU＝00h，bInterface＝00h			
wLength＝Le＋0003h	(2) data	←	80h，wDelayTime
	or		
	(2) data	←	00h，Data(Le)，SW1，SW2
if(bResponseType＝00h)	Break		
if(bResponseType＝80h)	(2) Repeat		
	End		

控制传输,**Version B**:

APDU 层报文交换,**Case** 2 命令,扩展 **APDU**

dwFeatures=0004 0840h

dwProtocols= 0000 0002h

XFR_BLOCK	(1) **request**	→	
wValue:bLeve/Parameter=00h,bReserved=00h			
windex:bRFU=00h,bInterface=00h			
wLength=0007h			
abData=CLA,INS,P1,P2,P3=00h,Le	(1) data	→	
	Loop the next request		
DATA_BLOCK	(2) **request**	→	
wValue:wRFU=0000h			
wIndex:bRFU=00h,bInterface=00h			
wLength=BufferLength	(2) data	←	80h,wDelayTime
	or		
	(2) data	←	00h,Data(Le),SW1,SW2
	or		
	(2) data	←	01h,Data(BufferLength)
	or		
	(2) data	←	03h,Data(BufferLength),
	or		
	(2) data	←	02h,Data(〈=BufferLength-2),SW1,SW2
if(bResponse Type=00h OR bResponse Type=02)	(2) End		
if(bResponse Type=01h OR bResponse Type=03)			
XFR_BLOCK	(3) **request**	→	
wValue:bLeve/Parameter=10h,bReserved=00h			
wIndex:bRFU=00h,bInterface=00h			
wLength=0000h			
abData=empty	(3)	→	
	(2) Repeat		
if (bResponse Type=80h)	(2) Repeat		

控制传输,**Version B**:

APDU 层报文交换,**Case** 3 命令,扩展 **APDU**

dwFeatures=0004 0840h

dwProtocols=0000 0002h

XFR_BLOCK (1) **request** →
wValue:bLeve/Parameter=00h/01h,bReserved=00h
wIndex:bRFU=00h,bInterface=00h
wLength=BufferLength
abData=CLA,INS,P1,P2,P3=00h,Lc, (1) data →
Data(BufferLength-7)

if(bLeve/Parameter=00h)

DATA_BLOCK (2) **request** →
wValue:wRFU=0000h
wIndex:bRFU=00h,bInterface=00h
wLength=0003h
(2) data ← 80h,wDelayTime
(2) Repeat

(2) data ← 00h,SW1,SW2
End

if(bLeve/Parameter=01h)

DATA_BLOCK (3) **request** →
wValue:wRFU=0000h
wIndex:bRFU=00h,bInterface=00h
wLength=0003h
(3) data ← 80h,wDelayTime
(3) Repeat
or
(3) data ← 10h

Loop the next two requests

XFR_BLOCK **(n) request** →
wValue:bLeve/Parameter=03h/02h,bReserved=00h
wIndex:bRFU=00h,bInterface=00h
wLength=BufferLength
abData=Data(BufferLength) (n) data →

DATA_BLOCK **(n+1)** **request** →
wValue:wRFU=0000h
wIndex:bRFU=00h,bInteface=00h
wLength=0003h (n+1) data ← 80h,wDelayTime
(n+1) Repeat

if(bLeve/Paramete=02h)	(n+1)	data	←	00h,SW1, SW2
	(n+1)	End		
if(bLeve/Paranmeter=03h)	(n+1)	data	←	10h
	(n+1)	Repeat		

附 录 C
（资料性附录）
USB 规范中的术语和定义

下列术语和定义摘自《通用串行总线规范》第 2 章，即 USB 规范的术语和定义、缩略语。

传输 Transfer

一次或多次总线事务，用于在软件客户端和其功能设备间传递信息。

传输类型 Transfer Type

定义软件客户端和其功能设备间的数据流的特性。定义了 4 种标准类型：控制、中断、批量和同步。

批量传输 Bulk Transfer

USB 传输类型之一。批量传输是非周期的、大数据量的通讯，通常用于支持那些可使用任意可用带宽，且可被延时直到带宽可用的传输。另见传输类型。

控制传输 Control Transfer

USB 传输类型之一。控制传输支持在客户端和其功能设备间的配置/命令/状态类型的通讯。另见传输类型。

默认管道 Default Pipe

USB 系统软件所创建的消息管道，用于在主机与 USB 设备的控制端点 0 之间传递控制和状态信息。

设备端点 Device Endpoint

USB 设备唯一可寻址的部分，是主机和设备之间通讯流的信息发送者或接收者。

端点地址 Endpoint Address

USB 设备上端点号与端点方向的组合。每一个端点地址支持一个方向的数据传输。

主机 Host

安装了 USB 主机控制器的主计算机系统。它包括主机硬件平台（CPU、总线等）和使用的操作系统。

字 Word

大小为 2 字节（16 位）的数据单元。

附 录 D
（资料性附录）
分类特定描述符——智能卡设备类

表 D.1 描述的是《USB 芯片/智能卡接口的 USB 接口、设备分类规范》中 3.5 所列出的分类特定描述符。

表 D.1 CCID 分类描述符

偏移	字段	长度	值	描述
0	bLength	1	36h	描述符的长度
1	bDescriptor Type	1	??	CCID 功能性描述符类型
2	bcdCCID	2	0100h	CCID 规范发行版本的 BCD 编码(即 2.10 为 0210h)
4	bMaxSlotIndex	1		该设备上最高可用 slot 的索引。所有 slot 编号都是从 00h 连续开始的 即该设备上的 0Fh=16 slot 编号从 00h 到 0Fh
5	bVoltageSupport	1		该值表示 CCID 能供给其 slot 的电压值以位计或者是以下列值执行的操作： ——01h 5.0V ——02h 3.0V ——04h 1.8V 其他位值为 RFU
6	dwProtocols	4	RRRR PPPP	RRRR——高位字——为 RFU=0000h PPPP——低位字——为支持的协议类型编码。 在某一特定位置“1”表示对相关的 ISO 协议的支持。 0001h=Protocol T=0 0002h=Protocol T=1 其他比特位均保留且必须设置为零。该字段旨在符合 PCSC规范的定义。见 PCSC 第 3 部分表 3-1 标签 0x0120 例如：00000003h 表示支持 T=0 和 T=1
10	dwDefaultClock	4		以 kHz 计的 ICC 默认时钟频率，编码为一个小 endian 整数值。 例如：3.58 MHz 编码为整数值 3580(00000DFCh) 这用在 ETU 和 WWT 计算当中，是在读取 ATR 数据时使用的时钟频率
14	dwMaximumClock	4		以 kHz 计的 ICC 支持的最大时钟频率，编码为小 endian 整数值。 例如：14.32 MHz 编码为整数值 14320(000037F0h)
18	bNumClockSupported	1		CCID 所支持的时钟频率数。如果 CCID 不允许手动设置时钟频率，该值应为 00h。否则，如果 CCID 是手动且该值为 00h，所支持的时钟频率则假定是 dwDefaultClock 所定义的默认时钟频率
19	dwDataRate	4		以每秒比特数计的默认 ICC I/O 数据速度，编码为小 endian整数值。 例如：9600bps 编码为整数值 9600(00002580h)

表 D.1（续）

偏移	字段	长度	值	描述
23	dwMaxDataRate	4		以每秒比特数计的最大支持 ICC I/O 的数据速度。 例如:115.2Kbps 编码为整数值 115200(0001C200h)
27	bNumDataRatesSupported	1		CCID 所支持的数据速度的数目。如果 CCID 不允许手工设置数据速度,那么该值应为 00h。 否则,如果读取器是手动且该值为 00h,所支持的数据速度则假定是 ISO 所定义的默认数据速度
28	dwMaxIFSD	4		▪ 指对于协议 T=1 CCID 所支持的最大 IFSD
32	dwSynchProtocols	4	RRRR PPPP= 00000000h	▪ RRRR——高位字——为 RFU=0000h PPPP——低位字——支持的协议类型编码。在某一特定位置"1"表示对相关的 ISO 协议的支持。 0001h 表示支持 2-线 协议[1] 0002h 表示支持 3-线协议[1] 0004h 表示支持 I^2C 协议[1] 其他所有的值均在该规范范围之外,且必须由供应商提供的驱动程序处理
36	dwMechanical	4	00000008h	见下面的注释。值以位计或者是以下列值执行操作: ▪ 00000000h 无特殊特征 ▪ 00000001h 卡接受功能[2] ▪ 00000002h 卡弹出功能[2] ▪ 00000004h 卡捕获功能[2] ▪ 00000008h 卡锁定/解锁功能 ▪ 00000010h 永久插入 ICC
40	dwFeatures	4		该值表示 CCID 所拥有的智能特性。 值以位计或者是以下列值执行操作: ▪ 00000000h 无特殊特征 ▪ 00000002h 基于 ATR 数据的自动参数配置 ▪ 00000004h ICC 插入时的自动激活 ▪ 00000008h 自动 ICC 电压选择 ▪ 00000010h 依据参数的 ICC 自动时钟频率变换 ▪ 00000020h 依据频率和 FI,DI 参数自动波特率变换 ▪ 00000040h CCID 制定的自动参数协商(依据厂商自定义算法使用热复位、冷复位或 PPS 来选择与 ICC 的通信参数) ▪ 00000080h 依据当前参数的由 CCID 制定的自动 PPS ▪ 00000100h CCID 能将 ICC 设置为时钟停止模式 ▪ 00000200h 除了 00 外的 NAD 值被接受(使用 T=1 协议) ▪ 00000400h 作为首次交换的自动 IFSD 交换(使用 T=1 协议) 以下只有某一个值可能呈现: ▪ 00010000h TPDU 层与 CCID 进行交换 ▪ 00020000h 短 APDU 层与 CCID 进行交换 ▪ 00040000h 短和扩展 APDU 层与 CCID 进行交换 只有值 00000040h 和 00000080h 之一可能呈现当值 00000040h 呈现时,主机不应试图改变 FI、DI 和当前选择的协议。 当选择了 APDU 层交换时,值 0000040h 或 00000080h 中之一必须被呈现,00000002h 也同样如此

表 D.1(续)

偏移	字段	长度	值	描述
44	dwMaxCCIDMessage Length	4		对于扩展 APDU 层,值应在 261+10(包头)和 65544+10 之间,否则,最小值就是 bulk-OUT 端点的 dwMaxPacketSize
48	bClassGetResponse	1		只对提供 APDU 层交换的 CCID 有用。 表示当 CCID 发送一个 Get Response 命令通过 T=0 协议执行一个 APDU 传输时,CCID 所使用的默认分类值。 FFh 值表示 CCID 响应 APDU 的分类
49	bClassEnvelope	1		只对提供扩展 APDU 层级交换的 CCID 有用。 表示当 CCID 发送一个 Envelope 命令通过 T=0 协议执行一个扩展 APDU 传输时,CCID 所使用的默认分类值。 FFh 值表示 CCID 响应 APDU 的分类
50	wLcdLayout	2	XXYYh	用来发送 PIN(个人密码)输入消息的 LCD 显示器的行数和字符数。 XX:行数 YY:每行的字符数 XXYY=0000h 无 LCD
52	bPINSupport	1	00h～03h	该值表示 CCID 具有何种 PIN 支持的特征。 值以位或者以下列值执行操作: 01h 支持 PIN 验证 02h 支持 PIN 更改
53	bMaxCCIDBusySlots	1	01h～0Fh	可同时处于 busy 状态的最大 slot 数量

1) CCID 规范发布的此版本不支持带 2 线、3 线和 I2C 协议的设备,因此 PPPP=0000h。该字段旨在兼容 PCSC 规范。

2) 为完整起见,CCID 规范发布的此版本已将 dwMechanical 参数的这些功能都已包括在内,但是并未包括电机驱动 CCID 的这些功能。将来发行的版本可能会尽量使这些机械功能的接口标准化。

参 考 文 献

[1] ISO 1177:1985 Information processing—Character structure for start/stop and synchronous character oriented transmission

[2] ISO/IEC 10536 (all parts) Identification cards—Contactless integrated circuit cards—Close coupled cards

[3] ISO/IEC 14443 (all parts) Identification cards—Contactless integrated circuit cards—Proximity cards

[4] ISO/IEC 15693 (all parts) Identification cards—Contactless integrated circuit cards—Vicinity cards

[5] PCSC specification (all parts) Interoperability Specification for ICCs and Personal Computer Systems

ICS 35.240.15
L 64

中华人民共和国国家标准

GB/T 16649.15—2010/ISO/IEC 7816-15:2004

识别卡　集成电路卡
第15部分:密码信息应用

Identification cards—Integrated circuit cards—
Part 15:Cryptographic information application

(ISO/IEC 7816-15:2004,IDT)

2010-12-01 发布　　2011-04-01 实施

中华人民共和国国家质量监督检验检疫总局
中国国家标准化管理委员会　发布

前　言

GB/T 16649 在总标题《识别卡　集成电路卡》下目前由下述部分构成：

——第 1 部分：带触点的卡　物理特性；

——第 2 部分：带触点的卡　触点的尺寸和位置；

——第 3 部分：带触点的卡　电信号和传输协议；

——第 4 部分：用于交换的结构、安全和命令；

——第 5 部分：应用标识符的国家编号体系和注册规程；

——第 6 部分：行业间数据元；

——第 7 部分：用于结构化卡查询语言（SCQL）的行业间命令；

——第 8 部分：与安全相关的行业间命令；

——第 9 部分：用于卡管理的命令；

——第 10 部分：带触点的卡　同步卡的电信号和复位应答；

——第 11 部分：通过生物识别方法的个人验证（制定中）；

——第 12 部分：带触点的卡　USB 电气接口和操作规程；

——第 13 部分：在多应用环境中用于应用管理的命令（制定中）；

——第 15 部分：密码信息应用。

本部分为 GB/T 16649 的第 15 部分。

本部分等同采用国际标准 ISO/IEC 7816-15:2004《识别卡　集成电路卡　第 15 部分：密码信息应用》（英文版）。

为便于使用，本部分作了下列编辑性修改：

a)　删除国际标准前言；

b)　将“本文件”改为“本部分”。

本部分的附录 A 是规范性附录，附录 B、附录 C 和附录 D 是资料性附录。

本部分由全国信息技术标准化技术委员会（SAC/TC 28）提出并归口。

本部分起草单位：中国电子技术标准化研究所、北京华大智宝电子系统有限公司。

本部分主要起草人：金倩、冯敬、李金良、耿力、袁理、王文峰、乔申杰。

引　言

GB/T 16649 是规定集成电路卡参数和交换中集成电路卡使用的国家标准。

具有密码功能的集成电路卡可以用于信息系统使用者的安全识别，以及其他核心安全服务，例如通过数字签名达成不可否认性、发行用于保密的编码密钥。GB/T 16649 的本部分的目的是基于可用的标准对这些服务提供一种构架。一个主要目的是提供解决方案，其可用于为具有若干可兼容卡的发行者的大型系统提供交换。该系统足够灵活以用于多种不同环境，同时还保持了对交互性的要求。

已经提供了多种数据结构来管理私有密钥和关键数据，以支持公共密钥证书基础设施、灵活管理用户和实体鉴别。

GB/T 16649 的本部分是基于 PKCS ＃15 v1.1(见参考文献)。这些文件之间的关系如下：

——两个文件的共同核心部分相同；

——删除了 PKCS ＃15 中不涉及 IC 卡的内容；

——GB/T 16649 的本部分包括了满足特定 IC 卡要求的增加部分。

识别卡 集成电路卡
第15部分:密码信息应用

1 范围

GB/T 16649的本部分规定了卡的一种应用。该应用包含密码功能的信息。本部分定义了用于密码信息的通用语法和格式,以及在适当时共享该信息的机制。

本部分旨在:

——便于运行于不同平台的各部分间的交互性(平台无关);

——使外部应用能利用多个制造商的产品和部分(厂商无关);

——使无需重写应用层的软件也能使用更先进的技术(应用无关);

——在维持现有的、相关的标准一致性的同时,进行必要的和可行的扩展。

本部分支持下列功能:

——在卡中存储密码信息的多个实例;

——使用密码信息;

——检索密码信息,这一功能的关键因素在于"目录文件"的概念,它提供了卡上对象和这些对象的实际格式之间的一个间接层;

——适当时,用GB/T 16649的其他部分中定义的数据对象来交叉引用密码信息;

——不同的鉴别机制;

——多个密码算法(它们的适用性不属于GB/T 16649的本部分的范围)。

本部分不包括卡内和/或外部的内部实现。不强制要求执行本部分的所有选项。

在本部分主要部分和附录A的模块中对ASN.1的定义有差异的情况下,以附录A为准。

2 规范性引用文件

下列文件中的条款通过GB/T 16649的本部分的引用而成为本部分的条款。凡是注日期的引用文件,其随后所有的修改单(不包括勘误的内容)或修订版均不适用于本部分,然而,鼓励根据本部分达成协议的各方研究是否可使用这些文件的最新版本。凡是不注日期的引用文件,其最新版本适用于本部分。

GB/T 13000 信息技术 通用多八位编码字符集(UCS)(ISO/IEC 10646:2003,IDT)

GB/T 16262(所有部分) 信息技术 抽象语法记法1(ASN.1)(idt ISO/IEC 8824)

GB/T 16263.1 信息技术 ASN.1编码规则 第1部分:基本编码规则(BER)、规范编码规则(CER)和非典型编码规则(DER)的规范(GB/T 16263.1—2006,ISO/IEC 8825-1:2002,IDT)

GB/T 16264.8 信息技术 开放系统互连 目录 第8部分:公钥和属性证书框架(GB/T 16264.8—2005,ISO/IEC 9594-8:2001,IDT)

GB/T 16649(所有部分) 识别卡 集成电路卡(ISO/IEC 7816,IDT)

GB/T 21078.1 银行业务 个人识别码的管理与安全 第1部分:ATM和POS系统中联机PIN处理的基本原则和要求(GB/T 21078.1—2007,ISO/IEC 9564-1:2002,MOD)

ISO/IEC 7816-11 识别卡 集成电路卡 第11部分:通过生物识别方法的身份验证

3 术语和定义

下列术语和定义适用于本部分。

3.1

绝对路径 absolute path

以文件标识符‘3F00’开始的路径。

3.2

应用 application

为满足特定功能所需的数据结构、数据元和程序模块。

[GB/T 16649.4—2010]

3.3

应用标识符 application identifier

标识应用的数据元(最多16字节)。

注：根据 GB/T 16649.4—2010 改编。

3.4

应用提供者 application provider

提供卡上应用的组成部分的实体。

[GB/T 16649.4—2010]

3.5

鉴别信息对象 authentication information object

提供关于鉴别(例如口令)的有关数据的信息的密码信息对象。

3.6

鉴别对象目录文件 authentication object directory file

包含鉴别信息对象的基本文件。

3.7

二进制编码的十进制 binary coded decimal

一种数字的表示方法，这里的数字以一串十进制数字表示，而每一位十进制数字被编码为一个4位的二进制数。

3.8

持卡者 cardholder

被发给卡的人。

3.9

发卡者 card issuer

发行卡的机构或实体。

3.10

证书目录文件 certificate directory file

包含证书信息对象的基本文件。

3.11

证书信息对象 certificate information object

提供关于证书信息的密码信息对象。

3.12

命令 command

启动一个操作并请求卡响应的报文。

3.13

密码信息应用 cryptographic information application

包含密码信息对象、其他安全数据元及其预定使用的信息的卡中应用。

3.14

密码信息对象　cryptographic information object

包含在 CIA 中的构造信息，它描述密码数据元，例如公共密钥或证书。

3.15

数据容器信息对象　data container information object

提供有关数据容器的信息的密码信息对象，例如一个文件。

3.16

数据容器对象目录文件　data container object directory file

包含数据容器信息对象的基本文件。

3.17

专用文件　dedicated file

包含文件控制信息和可分配的存储空间(可选)的结构。

[GB/T 16649.4—2010]

3.18

目录(DIR)文件　directory (DIR) file

可选的 EF，包含卡支持的应用列表和可选相关数据元。

[GB/T 16649.4—2010]

3.19

基本文件　elementary file

共用同一文件标识符和同一安全属性的数据单元或记录或数据对象的集合。

[GB/T 16649.4—2010]

3.20

文件标识符　file identifier

用于寻址文件的数据元(2 个字节)。

[GB/T 16649.4—2010]

3.21

函数　function

由一个或多个命令及合成作用完成的过程。

3.22

主文件　master file

唯一的 DF，它代表卡上层次结构文件的根。

[GB/T 16649.4—2010]

注：MF 具有文件标识符‘3F00’。

3.23

报文　message

通过接口设备向卡传输的字节串，或反向传输的字节串，不包括面向传输的(transmission-oriented)字符。

3.24

对象目录文件　object directory file

包含关于其他 CIA 目录文件信息的必备基本文件。

3.25

口令　password

应用可能需要的、用来鉴别卡的用户的数据。

[GB/T 16649.4—2010]

3.26

路径 path

无定界的文件标识符的链接。

[GB/T 16649.4—2010]

3.27

私有密钥目录文件 private key directory file

包含私有密钥信息对象的基本文件。

3.28

私有密钥信息对象 private key information object

提供关于私有密钥信息的密码信息对象。

3.29

提供者 provider

具有或已经获得权力来创建卡中DF的权力机构。

[GB/T 16649.4—2010]

3.30

公共密钥目录文件 public key directory file

包含公共密钥信息对象的基本文件。

3.31

公共密钥信息对象 public key information object

提供关于公共密钥信息的密码信息对象。

3.32

记录 record

在支持EF的记录中,可以被卡引用和处理的字节串。

[GB/T 16649.4—2010]

3.33

相对路径 relative path

以当前DF的文件标识符开始的路径。

3.34

保密密钥目录文件 secret key directory file

包含保密密钥信息对象的基本文件。

3.35

保密密钥信息对象 secret key information object

提供关于保密密钥信息的密码信息对象。

3.36

模板 template

构成结构化BER-TLV数据对象值字段的BER-TLV数据对象的集合。

注:根据GB/T 16649.4—2010改编。

4 符号和缩略语

4.1 符号

DF. x	专用文件x,其中x是文件的首字母缩写
EF. x	基本文件x,其中x是文件的首字母缩写

'0'～'9'和'A'～'F' 十六进制数字

4.2 缩略语

下列缩略语适用于本部分。

AID	应用标识符
AOD	鉴别对象目录
BCD	二进制编码的十进制数
CD	证书目录
CDE	密码数据元
CIA	密码信息应用
CIO	密码信息对象
CV	可校验卡
DCOD	数据容器对象目录
DDO	自由数据对象
DF	专用文件
DH	密钥交换算法
DSA	数字签名算法
EC	椭圆曲线
EF	基本文件
IDO	行业间数据对象，如 GB/T 16649.6 所定义
IFD	接口设备
KEA	密钥交换算法
MF	主文件
OD	对象目录
PKCS	公共密钥密码标准
PrKD	私有密钥目录
PuKD	公共密钥目录
RSA	公共密钥加密算法
SKD	保密密钥目录
SPKI	简单公共密钥基础设施
UCS	通用多八位编码字符集(见 GB/T 13000.1)
URL	统一资源定位符
UTC	世界标准时间
UTF-8	UCS 转换格式 8
WTLS	无线应用传输层安全协议

5 通则

本部分以加粗的 Helvetica 字体表示 ASN.1 符号。当 ASN.1 类型和值在标准文本中被引用时，它们通过以加粗的 Helvetica 字体表示而与标准文本相区分。涉及卡与 IFD 间的指定信息交换的命令名称，通过以 Courier 字体表示而与标准文本相区分。

如果在列表中的项以数字编号(而不是使用"——"或字母)，则表示那些项是在一个过程中的步骤。

6 密码信息对象

6.1 引言

本部分提供：

——说明包含在卡中的密码信息的对象描述；

——该信息的预计使用的描述；

——检索该信息的方式(当适当时)；

——用于提供编码基础信息的抽象语法；

——用于信息的对象模型。

以 CIO 形式描述的信息还可能包括访问控制信息。

6.2 CIO 类

本部分定义了 4 个 CIO 类：

——密码密钥信息对象；

——证书信息对象；

——数据容器信息对象；

——鉴别信息对象。

这些 CIO 的逻辑结构在图 1 中示出。密码密钥信息对象类具有 3 个子类：私有密钥、保密密钥和公共密钥信息对象。CIO 从更高级类继承属性，并且可以在卡上实例化。

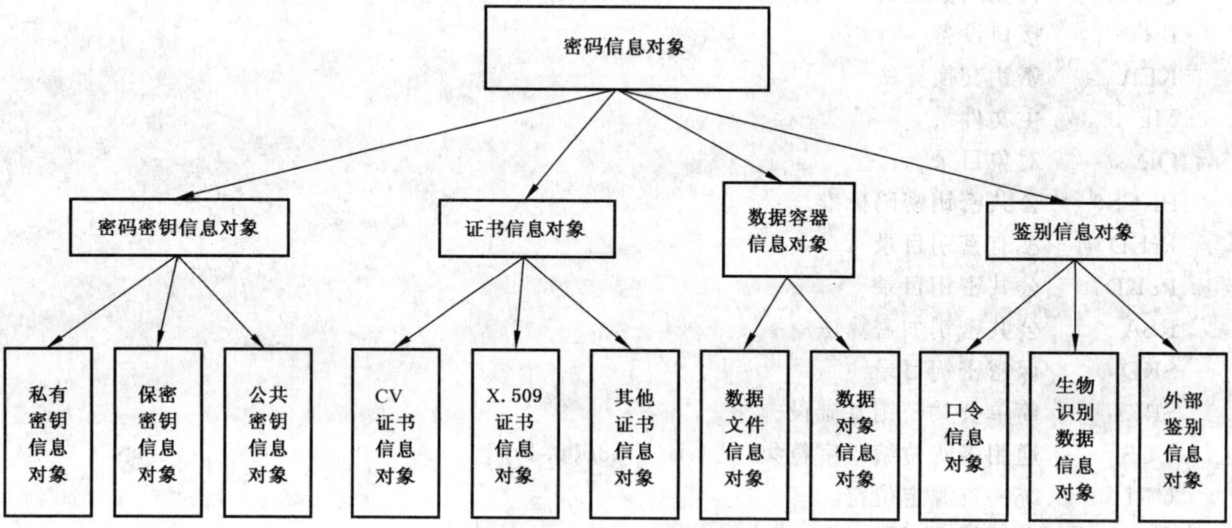

图 1 CIO 类层次

6.3 属性

所有的 CIO 具有多个属性。类型特定属性总是存在的。组特定属性和所有 CIO 共有的属性可以按图 2 中所示继承。属性在第 8 章中定义。

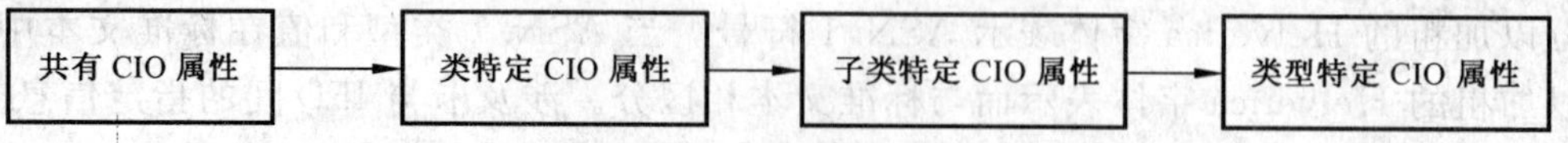

图 2 属性继承概念

6.4 访问限制

CDE 可以是私有的或公有的，私有表示它们不允许未授权访问。对私有 CDE 的访问(读、写等)由鉴别信息对象描述(其也包括鉴别过程)。条件访问(从持卡者角度)用用户信息、用户生物识别信息或密码方式的获知来实现。公有 CDE 不保护读操作。

7 CIO 文件

7.1 概述

CIO 包含在基本文件中，并且通常引用 CDE；CIO 在一些情况下可以直接包含 CDE。专用文件(DF.CIA)包含 CIO 基本文件。某些 CIO 文件可以存在于其他专用文件下，在这种情况下，它们从 DF.CIA 被引用。

7.2 IC 卡要求

当使用时，卡应符合 GB/T 16649 的有关部分：

——层次逻辑文件系统；

——直接或间接应用选择；

——访问控制机制；

——读操作；

——密码操作。

7.3 卡文件结构

支持本部分的典型的卡具有如下布局：

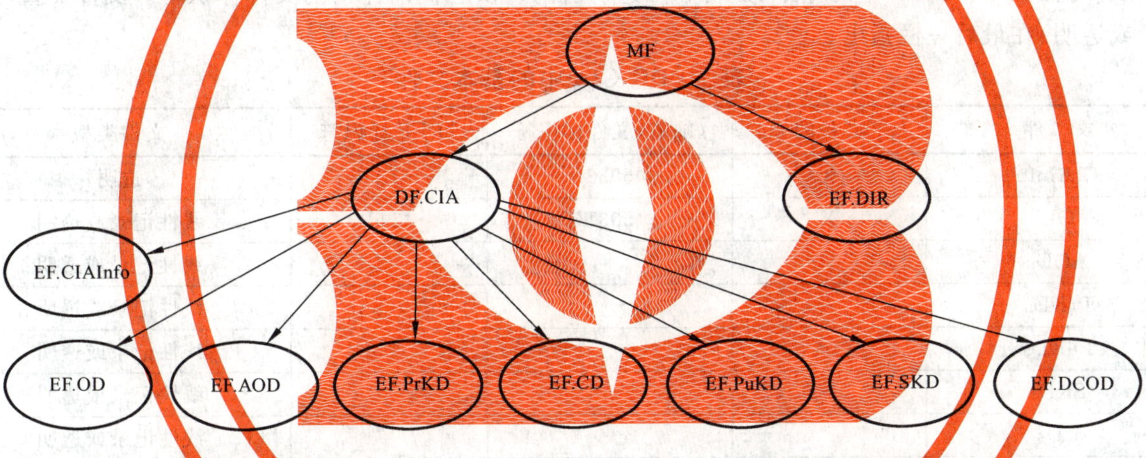

注：在本部分中，卡上的 EF.DIR 只在不支持如 GB/T 16649.4 中定义的使用 AID 作为 DF 名的应用选择，或者当多个 CIA 位于单张卡上时才需要。

图 3 DF.CIA 的示例内容

其他可能的拓扑结构在附录 C 中讨论。每个文件和目录的内容和用途在下面说明。

7.4 EF.DIR

如果在 MF 下存在 EF.DIR(文件标识符：‘2F00’)，则应包括一个或多个应用模板，如 GB/T 16649.4的定义。用于 CIA 的应用模板(标签‘61’)应至少包括下列 IDO：

——应用标识符(标签‘4F’)，数值在 7.5.5 中定义；

——路径(标签‘51’)，其值由应用提供者指定。

GB/T 16649.4 的其他 IDO 也可能存在，取决于应用提供者自由定义，特别建议应包括“自由数据对象”数据对象(标签‘73’)和“应用标签”数据对象(标签‘50’)。应用标签应包含由应用提供者选择的应用 UTF-8 编码的标签。如果存在“自由数据对象”数据对象，应包含 ASN.1 类型的 DER 编码(GB/T 16263.1)的值 CIODDO：

```
CIODDO ::= SEQUENCE {
providerId          OBJECT IDENTIFIER OPTIONAL,
odfPath             Path OPTIONAL,
ciaInfoPath         [0]Path OPTIONAL,
```

aid [APPLICATION 15]OCTET STRING (SIZE (l.. l6)),
(CONSTRAINED BY {--必须是按照 GB/T 16649.4 的 AID --})
OPTIONAL,

... --用于将来扩展

} --上下文标签 1 是过去用的,并且不再使用

注 1:PKCS #15 使用此标签。

注 2:根据 GB/T 16649.4,并且当在应用模板中存在时,由于隐含标签,标签[APPLICATION 19]('73')替代 CIODDO SEQUENCE('30')标签。示例见 D.8。

如果存在 providerID 域,则应包含唯一标识 CIA 提供者的对象标识符。如果存在 odfPath 和 ciaInfoPath 域,则应分别包含基本文件 EF.OD 和 EF.CIAInfo 的路径。这为发卡者提供了对这些文件使用非标准文件标识符而不影响互操作性的途径。当几个 CIA 位于一个卡上,这还给发卡者提供在 CIA 之间共享 CIAInfo 文件的机会。如果存在 aid 域,则应指示此 CIA 运用到的应用。

当卡上有几个 CIA 时,DIR 文件用于应用选择。其应用在 GB/T 16649.4 中说明。

7.5 DF.CIA 的内容

7.5.1 概述

表 1 列出了 DF.CIA 中的基本(必备和可选)文件,以及它们的保留的文件标识符。文件类型(线性记录或透明)在最后一栏指出。

表 1 DF.CIA 中的基本文件

文　件	必备的	(缺省)文件标识符	短 EF 标识符	文件类型
CIAInfo	X	'5032'	'12'	透明
OD	X	'5031'	'11'	线性记录或透明
AODs				线性记录或透明
PrKDs				线性记录或透明
PuKDs				线性记录或透明
SKDs				线性记录或透明
CDs				线性记录或透明
DCODs				线性记录或透明
—		'5033'		由于历史原因保留

7.5.2 CIAInfo EF

CIAInfo EF 应包含关于卡和其功能的信息,属于 CIO 的使用。下列信息应总是存在:

——版本号;

——卡特征。

下列信息可以找到:

——CIA 序列号;

——制造商标识符;

——卡标签;

——设置的安全环境;

——文件结构;

——支持算法;

——发卡者标识符;

——持卡者鉴别;

——最后一次更新时间。

7.5.3 EF. OD

对象目录文件(EF. OD)是基本文件,可以包含对其他 CIO EF 的引用。图 4 示出了 EF. OD 和其他 CIO EF 之间的关系(为简单起见,仅示出每种类型的一个引用文件)。用于 EF. OD 内容的 ASN. 1 语法在 8.3 中说明。

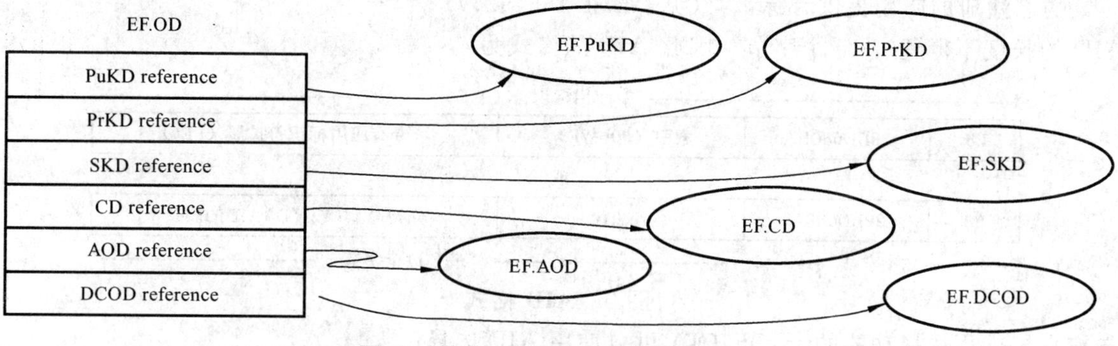

图 4 使用 EF. OD 间接检索 CIO

7.5.4 CIO 目录文件

每个 CIO 目录文件包含某些种类的 CIO:

——私有密钥目录文件包含私有密钥信息对象;

——公共密钥目录文件包含公共密钥信息对象;

——保密密钥目录文件包含保密密钥信息对象;

——证书目录文件包含证书信息对象;

——数据容器目录文件包含数据容器信息对象;

——鉴别对象目录文件包含鉴别信息对象。

在 DF. CIA 中可以存在多个相同种类的 CIO 目录文件。

对象目录文件 EF. OD 是唯一的,且包含对 CIO 目录文件的引用。

注 1:如果某一种类的 CIO 目录文件存在于 DF. CIA 中,则其通常不为空。

注 2:CIO 目录文件可以在卡的其他 DF 中找到。

注 3:CIO 可以直接存储在 EF. OD(没有任何间接性)中,或 CIO 目录文件中。CDE 同样可以直接存储在 CIO 中或被 CIO 引用。

注 4:间接使用简化了个性化,允许更灵活的访问规则,因此建议使用。

当 CIO 引用逻辑连接的 CDE(例如:私有密钥 CIO 和对应的公共密钥 CIO)时,CDE 应与 CIO 具有相同的标识符。

图 5 说明了这些文件的一般结构。

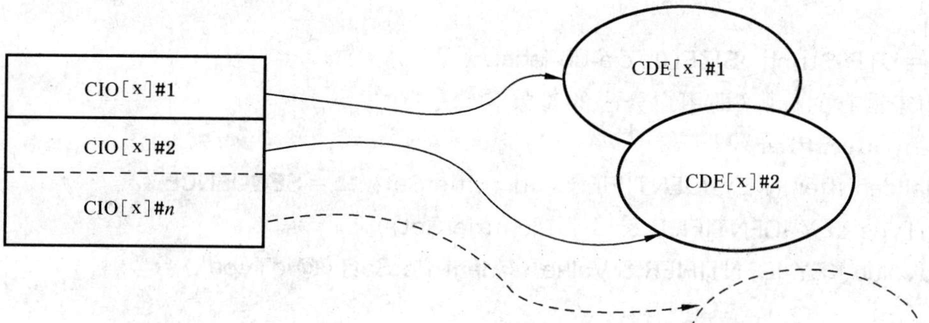

注:在图中,字母 x 代表保存信息的信息对象的种类。

图 5 使用 CIO 间接检索 CDE

7.5.5 DF.CIA 选择

DF.CIA 的 AID 包括两个字段，标准的标识符 E8 28 BD 08 0F(必备)，其后可选跟随以下之一：

——范围在‘00’～‘7F’的 1 个字节索引，其后是一个专有应用标识符扩展(PIX)；或

——一个(可能是右侧截断的)AID(例如一个使用 CIA 的应用)，其使用来自注册分类‘A’或‘D’的已注册的应用提供者标识符(见 GB/T 16649.4)。

AID 的长度不得超过 16 个字节。因此 AID 的格式为：

<--- 应用标识符 (AID) ---------------------------------->

E8	28BD080F	索引 (00～7F)	专有应用标识符扩展 (PIX)

或

E8	28BD080F	Ax/Dx	分类‘A’或‘D’AID的剩余

<---------- 5个字节 -------><-------------------------- 最多11个字节 ----------------------->

图 6 AID 格式

支持直接应用选择功能的卡，DF.CIA 可以使用 AID 选择。

注：由于历史原因，DF.CIA 可以使用 AID：A0 00 00 00 63 50 4B 43 53 2D 31 35 选择。

如果直接应用选择不可能，应使用具有如 7.4 中规定的内容的 EF.DIR 文件。

当卡上存在多个 DF.CIA 时，可通过 EF.DIR 中应用模板的信息加以区分。建议使用应用标签(标签‘50’)简化人机接口(例如厂商的简称)。

8 ASN.1 中的信息语法

8.1 指导原则和编码约定

本部分使用 ASN.1(GB/T 16262 所有部分)来说明 CIO。当存储于卡中时，CIO 值的 DER 编码是假定的。附录 A 包含所有 CIO 在 ASN.1 中的完整定义，本章仅是文字性说明。

CIO 目录文件的内容是 0、1 或更多相同类型的 DER 编码值的级连，见附录 D 的示例。

8.2 基本 ASN.1 定义的类型

8.2.1 Identifier

```
Identifier ::= OCTET STRING (SIZE (0.. cia-ub-identifier))
```

Identifier 类型用作 CIO 标识符。为实现交叉引用，两个或更多个 CIO 可以具有相同的 Identifier 值。一个示例是私有密钥和一个或多个对应的证书。

8.2.2 Reference

```
Reference ::= INTEGER (0.. cia-ub-reference)
```

此类型用于一般的引用目的。

8.2.3 Label

```
Label ::= UTF8String (SIZE(0.. cia-ub-label))
```

此类型用于所有的标签(即用户分配的对象名)。

8.2.4 CredentialIdentifier

```
CredentialIdentifier {KEY-IDENTIFIER : IdentifierSet} ::= SEQUENCE {
        idType KEY-IDENTIFIER.& id ({IdentifierSet}),
        idValue KEY-IDENTIFIER.& Value ({IdentifierSet}{@idType})
        }
KeyIdentifiers KEY-IDENTIFIER ::= {
        issuerAndSerialNumber        |
        issuerAndSerialNumberHash|
        subjectKeyId                 |
```

```
    subjectKeyHash          |
    issuerKeyHash           |
    issuerNameHash          |
    subjectNameHash,        |
    pgp2KeyId,              |
    openPGPKeyId,
    ...
    }
    KEY-IDENTIFIER ::= CLASS {
    &id INTEGER UNIQUE,
    &Value
    } WITH SYNTAX {
    SYNTAX &Value IDENTIFIED BY &id
    }
```

CredentialIdentifier 类型用于标识特定的密钥或证书。目前在私有密钥和证书的标识符 KeyIdentifiers 的集合中有 9 个成员：

——issuerAndSerialNumber：此类型的值应是包含了与私有密钥相配合的公共密钥的证书中的发行方专有名称和证书序列号的序列(SEQUENCE)。

——issuerAndSerialNumberHash：与 issuerAndSerialNumber 相关，但是其值是八位位组(OCTET STRING)，为节省空间包含的是该信息的 SHA-1 哈希值。

——subjectKeyId：此类型的值应是八位位组，其值和包含与私有密钥相配合的公共密钥的 GB/T 16264.8证书的 subjectKeyIdentifier 证书扩展相同。此标识符可用于证书链的遍历。

——subjectKeyHash：包含与私有密钥相配合的公共密钥的 SHA-1 哈希的八位位组。

——IssuerKeyHash：包含用于对请求的证书签名的公共密钥的 SHA-1 哈希的八位位组。

——IssuerNameHash：包含出现在证书中的发行者名称的 SHA-1 哈希的八位位组。

注：此标识符结合 subjectNameHash 标识符还可用于构造证书链。

——SubjectNameHash：包含出现在证书中的主题名称的 SHA-1 哈希的八位位组。

——pgp2KeyId：包含 PGP2 密钥标识符的八位位组(大小 (8))

注：PGP2 密钥标识符定义在 IETF RFC 2440 中(见参考文献)。

——openPGPKeyId：包含 OpenPGP 密钥标识符的八位位组(大小 (8))

注：OpenPGP 密钥标识符定义在 IETF RFC 2440 中(见参考文献)

8.2.5 Referencedvalue 和 Path

```
ReferencedValue ::= CHOICE {
    Path        Path,
    ur1         URL
    } --对象的语法由上下文确定
URL ::= CHOICE {
    ur1         CHOICE {printable PrintableString, ia5 IA5String},
    urlWithDigest [3] SEQUENCE {
     ur1        IA5String,
     digest     DigestInfoWithDefault
     }
    }
```

```
Path ::= SEQUENCE {
      efidOrPath          OCTET STRING,
      index               INTEGER (0.. cia-ub-index) OPTIONAL,
      length              [0] INTEGER (0.. cia-ub-index) OPTIONAL
      }( WITH COMPONENTS {..., index PRESENT, length PRESENT}|
      WITH COMPONENTS {..., index ABSENT, length ABSENT})
```

ReferencedValue 是对一些种类的 CIO 值的引用。这可以是一些外部的引用(通过 url 选项获得),或者是对卡上文件的引用(path 标识符)。该值的语法由上下文确定。

在 Path 的情况下,标识符 index 和 length 可以指明文件内特定的位置。如果该文件是线性记录文件,则当存在 index 时,应指明记录号(在 GB/T 16649.4 中定义),而 length 可置为 0(如果卡操作系统允许'READ RECORD'命令中的 Le 参数等于'00')。定长记录的长度也可在 CIAInfo 文件中找到(见 8.10)。如果文件是透明文件,则当存在 index 时,应指出在文件中的偏移,而 length 是段的长度(在'READ BINARY'命令中,index 则变成参数 P1 和/或 P2,而 length 是参数 Le)。通过使用 index 和 length,几个对象可以被保存在相同的透明文件中。

注:上述 length 为 0 表示由 efidOrPath 指向的文件是线性记录文件。

当 efidOrPath 是:

——空,则它没有引用文件;

——1 字节长,则它在高 5 位引用短 EF 标识符(低 3 位应设置为 0);

——2 字节长,则它通过它的文件标识符引用文件;

——长于 2 字节,并且由偶数字节组成,则它通过绝对或相对路径(即,文件标识符的级连)之一引用文件;

——长于 2 字节,并且由奇数字节组成,则它引用符合条件的路径(见 GB/T 16649.4)。

在 url 的情况下,URL 可以是简单的 URL,或是 URL 与在指定位置存储的对象的密码哈希值的组合。假定 CIO 卡是完整性受保护的,那么摘要(digest)也保护外部保护的对象。

注:URL 语法在 IETF RFC 2396 中定义(见参考文献)。

8.2.6 ObjectValue

```
ObjectValue { Type } ::= CHOICE {
Indirect      ReferencedValue,
Direct        [0] Type,
... --用于将来扩展
}
```

ObjectValue 类型的对象值,除非另外提及,应通过间接引用(即通过指向实际值驻留的另一个位置)存储。

8.2.7 PathOrObjects

```
PathOrObjects {ObjectType} ::= CHOICE {
Path          Path,
Objects       [0] SEQUENCE OF ObjectType,
... --用于将来扩展
}
```

PathOrObjects 类型用于引用驻留在 OD 内或另一个文件中的对象的序列。如果使用了 path 选项,则引用的文件应包含 0、1 或更多个给定类型的 DER 编码值的级连。任何数目的'FF'八位字节可以出现在该值的前面、之间或后面而没有任何含义(即作为未使用空间或删除的值的补位)。强烈建议 path 选项(见 7.5.4 中的注 4)。

8.2.8 **CommonObjectAttributes**

注：此类型是所有 CIO 共有属性的容器。

```
CommonObjectAttributes ::= SEQUENCE {
    Label              Label OPTIONAL,
    flags              CommonObjectFlags OPTIONAL,
    authId             Identifier OPTIONAL,
    userConsent    INTEGER (1.. cia-ub-userConsent) OPTIONAL,
    accessControlRules   SEQUENCE SIZE (1.. MAX) OF AccessControlRule OPTIONAL,
    ...
    } (CONSTRAINED BY {--如果设置了 flags. privte，则 authId 应存在。
    --其应在 AOD 中的一个鉴别对象中等于 authID -- })
CommonObjectFlags ::= BIT STRING {
    Private          (0),
    Modifiable       (1),
    Internal         (2)
    }--Bit(2)由于历史原因存在，并且不应被使用
AccessControlRule ::= SEQUENCE {
    accessMode          AccessMode,
    securityCondition   SecurityCondition,
    ... --用于将来扩展
    }
AccessMode ::= BIT STRING {
    read     (0),
    update   (1),
    execute  (2),
    delete   (3)
    }
SecurityCondition ::= CHOICE {
    Always              NULL,
    AuthId              Identifier,
    authReference       AuthReference,
    not                 [0] SecurityCondition,
    and                 [1]E QUENCE SIZE (2.. cia-ub-securityConditions) OF SecurityCondition,
    or                  [2] SEQUENCE SIZE (2.. cia-ub-securityConditions) OF SecurityCondition,
    ... --用于将来扩展
    }
AuthReference ::= SEQUENCE {
    authMethod AuthMethod,
    seIdentifier Reference OPTIONAL
    }
AuthMethod ::= BIT STRING {secureMessaging(0), extAuthentication(l), userAuthentication(2)}
```

label 纯粹用于显示的目的(人机接口)，例如当用户拥有对应一个密钥对的几个证书时(例如，“银行证书”、“E-mail 证书”)。

flags 域表示特定的对象是否是私有的,以及是否是只读类型。private 对象可能只能在恰当的鉴别(如口令校验)之后被访问。如果一个对象被标为 modifiable,则对象的值应能够更新。然而,如果一个对象是 private 和 modifiable 的,则只允许在鉴别成功之后才能更新。

authId 域,在私有对象的情况下,给出指回用于保护此对象的鉴别对象的交叉引用(鉴别对象的描述见 8.9)。

userConsent 域,在私有对象(或已指明访问条件的对象)的情况下,给出应用未经用户明确同意可以访问对象的次数(例如:值 3 表示在第 1 次、第 4 次、第 7 次等访问之前要求执行新的鉴别)。卡可以指定该值,例如通过使用'计数器对象'(见 GB/T 16649.8)。值为 1 意味着每次访问需要新的鉴别。

accessControlRules 域给出一种可替代的并且更细致的方式将访问可疑对象的各种方法的安全条件通知主机侧的应用。允许使用可用的鉴别方法的任何布尔表达式。如果不允许某些访问模式,则对其应没有访问控制规则(即内含的)。如果不存在该域,则访问控制规则不得不通过其他途径导出。authReference 选项使通过引用鉴别方法(authMethod)的类的安全环境和标识能与 GB/T 16649 的其他部分结合更紧密。

注 1:当 accessControlRules 域和 authID 域都存在时,在 accessControlRules 域中的信息优先。这是由于向下兼容的原因。

注 2:当访问控制的相关特性能通过例如研究 EFs FCI 导出,则该信息是可选的,并且当这些情况应用时是不必要的(见 GB/T 16649.4)。

注 3:以这些结构表示的访问控制信息反映了卡的访问控制规则,但并不强制要求卡这样使用。

8.2.9 CommonKeyAttributes

```
CommonKeyAttributes ::= SEQUENCE {
    iD              Identifier,
    usage           KeyUsageFlags,
    native          BOOLEAN DEFAULT TRUE,
    accessFlags     KeyAccessFlags OPTIONAL,
    keyReference    KeyReference OPTIONAL,
    startDate       GeneralizedTime OPTIONAL,
    endDate         [0] GeneralizedTime OPTIONAL,
    algReference    [1] SEQUENCE OF Reference OPTIONAL,
    ... --用于将来扩展
    }
KeyUsageFlags ::= BIT STRING {
    Encipher            (0),
    Decipher            (1),
    Sign                (2),
    signRecover         (3),
    keyEncipher         (4),
    keyDecipher         (5),
    verify              (6),
    verifyRecover       (7),
    derive              (8),
    nonRepudiation      (9)
    }
KeyAccessFlags ::= BIT STRING {
```

```
    Sensitive            (0),
    extractable          (1),
    alwaysSensitive      (2),
    neverExtractable     (3),
    cardGenerated        (4)
    }
KeyReference ::= INTEGER
```

iD 域应对每个密钥信息对象是唯一的，除了当公共密钥信息对象和其对应的私有密钥信息对象存储在相同的卡内时。这种情况下，该信息对象应共享相同的标识符(这可能是与一个或多个证书信息对象共享，见 8.2.15)。

usage 域(encipher，decipher，sign，signRecover，keyEncipher，keyDecipher，verify，verifyRecover，derive，及 nonRepudiation)表示密钥的可能用途。用于这些操作的实际算法和方法是固有的，不在 GB/T 16649 的本部分中定义。表 2 用于公共密钥的 GB/T 16264.8 keyUsage 标签、用于公共密钥的 CIO 标签和用于私有密钥的 CIO 标签之间进行映射。

表 2　CIO 密钥用途标志和 GB/T 16264.8 密钥用途标志之间的映射

GB/T 16264.8 公共密钥证书中的用于公共密钥的密钥用途标志	用于公共密钥的对应的 CIO 密钥用途标志	用于私有密钥的对应的 CIO 密钥用途标志
DataEncipherment	Encipher	Decipher
DigitalSignature，keyCertSign，cRLSign (没有报文恢复的签名算法)	Verify	Sign
DigitalSignature，keyCertSign，cRLSign (带有报文恢复的签名算法)	VerifyRecover	SignRecover
KeyAgreement	Derive	Derive
KeyEncipherment	KeyEncipher	KeyDecipher
NonRepudiation	NonRepudiation	NonRepudiation

注 1：实现时应验证特定密钥对的所有密钥用途标志是一致的。

注 2：仅对那些与本部分相关的 GB/T 16264.8 用途标志给予映射。

native 域识别与密钥配合的加密算法是否以卡硬件实现。

KeyAccessFlags 位应作如下解释：

——sensitive 指示密钥资料不能在卡外以纯文本显示；

——如果没有设定 extractable，密钥资料不能从卡获取，即使以加密形式；

——alwaysSensitive 指示密钥总是机密的；

——neverExtractable 指示密钥永远不能被获取；

——cardGenerated 指示密钥在卡上随机生成。

accessFlags 域在能够通过其他方式导出该值的情况下可以不存在。

keyReference 域只适用于具有加密功能的卡。如果存在，它包含对可疑密钥的卡特定引用(更详细的信息见 GB/T 16649.4 和 GB/T 16649.8)。

注：keyReference 域的值确定为用于密钥引用 DO(GB/T 16649.4)，并且任何值，甚至负数值都是可能的。

如果存在 startDate 和 endDate 域，则指示密钥有效期间的使用期限。

algReference 域通过从 EF.CIAInfo 文件引用 supportedAlgorithm 值标识密钥可以使用的算法。

8.2.10 CommonPrivateKeyAttributes

```
CommonPrivateKeyAttributes::= SEQUENCE {
    Name              Name OPTIONAL,
    keyIdentifiers    [0]SEQUENCE OF CredentialIdentifier{{KeyIdentifiers}}OPTIONAL,
    generalName       [1]GeneralNames OPTIONAL,
    ... --用于将来扩展
    }
```

当存在 name 域时，则给密钥的拥有者命名，如在对应证书的 subject 域中指定的。

keyIdentifiers 域的值可以与来自外部报文或协议的标识符匹配以选择适当的密钥给指定操作。该值也可以传输给接受方以指示使用的密钥。支持标识密钥的多种方法(见 8.2.4)。

当存在 generalName 域时，则提供标识密钥拥有者的其他方法。

8.2.11 CommonPublicKeyAttributes

```
CommonPublicKeyAttributes::= SEQUENCE {
    Name            Name OPTIONAL,
    Trustedusage    [0]Usage OPTIONAL,
    generalName     [1]GeneralNames OPTIONAL,
    keyIdentifiers  [2]SEQUENCE OF CredentialIdentifier {{KeyIdentifiers}} OPTIONAL,
    ... --用于将来扩展
}
```

CommonPublicKeyAttributes 类型的 name，generalName 和 keyIdentifiers 域的解释应与 CommonPrivateKeyAttributes 对应域的解释相同。

trustedUsage 域指示一个或多个公共密钥受到持卡者信任的用途(见 8.2.15)。

注："信任"的确切含义不在本部分的范围内。

8.2.12 CommonSecretKeyAttributes

```
CommonSecretKeyAttributes::= SEQUENCE {
    keyLen   INTEGER OPTIONAL, -- keylength (以位计)
    ... --用于将来扩展
    }
```

可选的 keyLen 域表示使用的密钥长度，某些情况下特殊算法可以具有可变的密钥长度。

8.2.13 GenericKeyAttributes

```
GenericKeyAttributes::= SEQUENCE {
    keyType CIO-ALGORITHM.& objectIdentifier ({AllowedAlgorithms}),
    keyAttr CIO-ALGORITHM.& Parameters ({AllowedAlgorithms}{@keyType})
    }
AllowedAlgorithms CIO-ALGORITHM::= {...}
```

此类型用来包含特定于给定种类的密钥的信息。AllowedAlgorithms 信息对象集的定义可能遵从标准化分布图或协议实现一致性陈述。要求该集合给 GenericKeyAttributes 的域指定表约束。

8.2.14 KeyInfo

```
KeyInfo {ParameterType, OperationsType} ::= CHOICE {
    paramsAndOps SEQUENCE {
    parameters ParameterType,
    operations OperationsType OPTIONAL
    },
```

```
        reference Reference--过去使用的,不再使用
}
```

注：PKCS＃15 使用引用选项。

这种类型是每个私有密钥和公共密钥类型的可选部分,包含卡支持的密钥参数和操作的算法特定的细节,或者对这些信息的引用。如果存在这种类型,算法特定值优先于被 CommonKeyAttributes. algReference 域引用的任何值。

8.2.15 **CommonCertificateAttributes**

```
CommonCertificateAttributes::=SEQUENCE {
        iD              Identifier,
        authority       BOOLEAN DEFAULT FALSE,
        identifier      CredentialIdentifier {{KeyIdentifiers}} OPTIONAL,
        certHash        [0] CertHash OPTIONAL,
        trustedUsage    [1] Usage OPTIONAL,
        identifiers     [2] SEQUENCE OF CredentialIdentifier {{KeyIdentifiers}} OPTIONAL,
        validity        [4] Validity OPTIONAL,
        ...
        }--上下文标签[3]由于历史原因保留
```

注：PKCS＃15 使用上下文标签[3]。

```
Usage::=SEQUENCE {
        keyUsage        KeyUsage OPTIONAL,
        extKeyUsage     SEQUENCE SIZE (1..MAX) OF OBJECT IDENTIFIER OPTIONAL,
        ...
        }(WITH COMPONENTS {..., keyUsage PRESENT} | WITH COMPONENTS {..., extKey-
Usage PRESENT})
```

当由证书信息对象引用的证书中的公共密钥对应于由私有密钥信息对象引用的私有密钥时,则信息对象与 iD 域应共享相同值。该要求将简化对应于特殊证书的私有密钥的搜索,反之亦然。对于相同密钥的多个证书,iD 域应共享相同值。

authority 域指示证书是否用于鉴别机构(例如证书鉴别机构)。

identifier 域仅仅由于历史的原因而存在,应改为使用 identifiers 域。

certHash 域,当证书存储在卡外时(ReferencedValue 的 url 选项),在安全方面此域是有用的,因为它能使用户验证证书没有被篡改。

trustedUsage 域指示一个或更多个经认证的公共密钥受到持卡者信任的用途。extKeyUsage 的对象标识符可以由有需要的任何组织定义。实际使用中,应采用此域指定的用途和证书中 keyUsage 扩展(如果存在)的交集,如果 trustedUsage 域不存在,则所有用途皆可能。

注 1:"信任"的确切含义不在本部分的范围内。

注 2:要查找持卡者的特定用途的证书,使用 commonKeyAttributes. usage 域,并对适当的证书进行交叉引用(commonKeyAttributes. iD)。

当请求方知道(并且传送)一些证书请求的识别信息时,identifiers 域简化了特殊证书的搜索。例如,当必须选择和发送用户证书给服务器作为用户鉴别的一部分,并且服务器提供特殊证书的识别信息给客户时,identifier 域可以被使用。使用 subjectNameHash 和 issuerNameHash 选项也便于建立快速链。

validity 域提供证书有效时间的信息。

8.2.16 **GenericCertificateAttributes**

```
GenericCertificateAttributes::=SEQUENCE {
```

```
        certType CIO-OPAQUE.&id ({AllowedCertificates}),
        certAttr CIO-OPAQUE.&Type ({AllowedCertificates}{@certType})
        }
AllowedCertificates CIO-OPAQUE ::= {...}
```

该类型用来包含特定于任何种类证书的信息。AllowedCertificates 信息对象集合的定义可能遵从于标准化分布图或协议实施一致性陈述。要求该集合给 GenericKeyAttributes 的域指定表约束。

8.2.17 **CommonDataObjectAttributes**

```
CommonDataObjectAttributes ::= SEQUENCE {
        applicationName      Label OPTIONAL,
        applicationOID       OBJECT IDENTIFIER OPTIONAL,
        iD                   Identifier OPTIONAL,
        ... --用于将来扩展
        }(WITH COMPONENTS {..., applicationName PRESENT}
        | WITH COMPONENTS {..., applicationOID PRESENT})
```

applicationName 域用来包含问题"属于(belongs)"中的数据容器对象所应用的名称。

applicationOID 域用来包括问题"属于(belongs)"中的数据容器对象所应用的注册的对象标识符。

为了避免应用名称冲突,建议至少使用 applicationOID。如 ASN.1 中所指示,至少域之一应以 CommonDataContainerObjectAttributes 类型值存在。

iD 域可以用于将某些数据容器对象与一些其他 CIO 结合,例如私有密钥信息对象。

8.2.18 **CommonAuthenticationObjectAttributes**

```
CommonAuthenticationObjectAttributes ::= SEQUENCE {
        AuthId               Identifier OPTIONAL,
        authReference        Reference OPTIONAL,
        seIdentifier         [0] Reference OPTIONAL,
        ... --用于将来扩展
        }
```

authId 应是唯一的标识符。其用于私有 CIO 中交叉引用的目的。

当存在 authReference 域时,应包含"密钥引用"对象的值(见 GB/T 16649.4),这是在安全环境中引用这些密钥的方式。

当存在 SeIdentifier 域时,应标识鉴别对象属于的安全环境。

8.2.19 **CIO 类型**

这个类型是所有类型 CIO 的模板。其参数有对象的类的属性、对象子类的属性以及对象类型属性。

```
CIO {ClassAttributes, SubClassAttributes, TypeAttributes} ::= SEQUENCE {
        commonObjectAttributes     CommonObjectAttributes,
        classAttributes            ClassAttributes,
        subClassAttributes         [0] SubClassAttributes OPTIONAL,
        typeAttributes             [1] TypeAttributes
        }
```

8.3 **CIOChoice 类型**

```
CIOChoice ::= CHOICE {
        privateKeys          [0] PrivateKeys,
        publicKeys           [1] PublicKeys,
```

```
        trustedPublicKeys       [2] PublicKeys,
        secretKeys              [3] SecretKeys,
        certificates            [4] Certificates,
        trustedCertificates     [5] Certificates,
        usefulCertificates      [6] Certificates,
        dataContainerObjects    [7] DataContainerObjects,
        authObjects             [8] AuthObjects,
        ... --用于将来扩展
        }
PrivateKeys ::=                 PathOrObjects {PrivateKeyChoice}
PublicKeys ::=                  PathOrObjects {PublicKeyChoice}
SecretKeys ::=                  PathOrObjects {SecretKeyChoice}
Certificates ::=                PathOrObjects {CertificateChoice}
DataContainerObjects ::=        PathOrObjects {DataContainerObjectChoice}
AuthObjects ::=                 PathOrObjects {AuthenticationObjectChoice}
```

EF.OD 应包含 0、1 或更多个 DER 编码 CIOChoice 值的级连。任何数目的“FF”八位字节可以出现在该值的前面、之间或后面而没有任何含义(即,作为未使用空间或删除的值的补位)。特定选择可以在文件中出现多次(例如,这可以应用不同访问控制规则来划分相同类型的对象集合而完成)。

预计 EF.OD 的输入通常将引用包含所指示类型的 CIO 的单独的文件(PathOrObjects 的 path 选项)。然而,如果对象和 EF.OD 文件具有相同的访问控制要求,则输入可以直接拥有(hold)CIO(PathOrObjects 的 objects 选项)。

trustedPublicKeys 域引用描述公共密钥信息的公共密钥信息对象,公共密钥信息受到持卡者信任而用于一些用途,例如作为证书路径处理的信任点(根)。

certificates 选项引用描述发卡或持卡者的证书的证书信息对象。

trustedCertificates 域引用描述受到持卡者信任而用于它们的指示的用途的证书的证书信息对象,例如,该域引用的 CA 证书可用作证书路径处理期间的信任点(根)。

注:为了在给定证书和/或公共密钥中保持希望的信任,它们在 trustedCertificates 和/或 trustedPublicKeys 域内的相配合的 CIO 需要适当保护以防止被修改(即,适当的访问控制)。该保护必须应用到 EF.OD 文件、任何 trustedCertificates 和/或 trustedPublicKeys 域引用的 CIO 文件和任何从单个 CIO 引用的实际的密钥或证书文件。

usefulCertificates 域表示用来描述不属于 trustedCertificates 或 certificates 域中任何一个的证书的证书信息对象,它可用于存储有用的终端实体证书或 CA 证书,例如,同事的加密密钥或简化证书路径处理的中间 CA 证书。

8.4 私有密钥信息对象

8.4.1 PrivateKeyChoice

```
PrivateKeyChoice ::= CHOICE {
        privateRSAKey       PrivateKeyObject {PrivateRSAKeyAttributes},
        privateECKey        [0] PrivateKeyObject {PrivateECKeyAttributes},
        privateDHKey        [1] PrivateKeyObject {PrivateDHKeyAttributes},
        privateDSAKey       [2] PrivateKeyObject {PrivateDSAKeyAttributes},
        privateKEAKey       [3] PrivateKeyObject {PrivateKEAKeyAttributes},
        genericPrivateKey   [4] PrivateKeyObject {GenericKeyAttributes},
        ... --用于将来扩展
```

```
    }
PrivateKeyObjed {KeyAttributes} ::= CIO {
    CommonKeyAttributes, CommonPrivateKeyAttributes, KeyAttributes}
```

此类型包含与私有密钥有关的信息。每个值由任何对象、任何密钥、任何私有密钥共有的属性，以及密钥特殊属性组成。

8.4.2 **RSA 私有密钥属性**

```
PrivateRSAKeyAttributes ::= SEQUENCE {
    value               Path,
    modulusLength       INTEGER,--以位表示的模数长度，例如，1024 位
    keyInfo             KeyInfo {NULL, PublicKeyOperations} OPTIONAL,
    ... --用于将来扩展
    }
```

此域的解释如下：

——PrivateRSAKeyAttributes. value：该值应是包含 RSA 私有密钥文件的路径。如果不需要规定文件的路径，路径的值可以置为空路径；

——PrivateRSAKeyAttributes. modulusLength：许多卡中，需要在给卡发送要签名的数据前，将数据格式化。为了能够将数据以正确的方式格式化，必须知道密钥的长度。长度应以位表示，如 1024 位；

——PrivateRSAKeyAttributes. keyInfo：关于应用于此密钥的参数以及卡可用此密钥执行的操作的信息。该值优先于任何 CommonKeyAttributes. algReference 域引用的 CIAInfo. supportedAlgorithms 值。如果通过其他途径可获得信息，则不需要该值。

8.4.3 **椭圆曲线私有密钥属性**

```
PrivateECKeyAttributes ::= SEQUENCE {
    Value           Path,
    keyInfo         KeyInfo {Parameters, PublicKeyOperations} OPTIONAL,
    ... --用于将来扩展
    }
```

此域的解释如下：

——PrivateECKeyAttributes. value：该值应是包含椭圆曲线私有密钥的文件的路径。如果不需要规定文件的路径，路径的值可以置为空路径；

——PrivateECKeyAttributes. keyInfo：见 8.4.2 中相应的域。

8.4.4 **Diffie-Hellman 私有密钥属性**

```
PrivateDHKeyAttributes ::= SEQUENCE {
    value          Path,
    keyInfo        KeyInfo {DomainParameters, PublicKeyOperations} OPTIONAL,
    ... --用于将来扩展
    }
```

此域的解释如下：

——PrivateDHKeyAttributes. value：该值应是 Diffie-Hellman 私有密钥文件的路径。如果不需要规定文件的路径，路径的值可以置为空路径；

——PrivateDHKeyAttributes. keyInfo：见 8.4.2 中相应的域。

8.4.5 **DSA 私有密钥属性**

```
PrivateDSAKeyAttributes ::= SEQUENCE {
```

```
    Value        Path,
    keyInfo      KeyInfo {DomainParameters, PublicKeyOperations} OPTIONAL,
    ... --用于将来扩展
    }
```

此域的解释如下：

——PrivateDSAKeyAttributes. value：该值应是包含DSA私有密钥文件的路径。如果不需要规定文件的路径，路径的值可以置为空路径；

——PrivateDSAKeyAttributes. keyInfo：见8.4.2中相应的域。

8.4.6 KEA私有密钥属性

```
PrivateKEAKeyAttributes ::= SEQUENCE {
    Value        Path,
    keyInfo      KeyInfo {DomainParameters, PublicKeyOperations} OPTIONAL,
    ... --用于将来扩展
    }
```

此域的解释如下：

——PrivateKEAKeyAttributes. value：该值应是包含KEA私有密钥文件的路径。如果不需要规定文件的路径，路径的值可以置为空路径；

——PrivateKEAKeyAttributes. keyInfo：见8.4.2中相应的域。

8.4.7 普通私有密钥信息对象

此类型用来包含特定于任何类型的私有密钥的信息，见8.2.13。

8.5 公共密钥信息对象

8.5.1 PublicKeyChoice

```
PublicKeyType ::= CHOICE {
    publicRSAKey        PublicKeyObject {PublicRSAKeyAttributes},
    publicECKey         [0] PublicKeyObject {PublicECKeyAttributes},
    publicDHKey         [1] PublicKeyObject {PublicDHKeyAttributes},
    publicDSAKey        [2] PublicKeyObject {PublicDSAKeyAttributes},
    publicKEAKey        [3] PublicKeyObject {PublicKEAKeyAttributes},
    genericPublicKey    [4] PublicKeyObject {GenericKeyAttributes},
    … --用于将来扩展
    }
PublicKeyObject {KeyAttributes} ::= CIO {
    CommonKeyAttributes, CommonPublicKeyAttributes, KeyAttributes}
```

此类型包含与公共密钥有关的信息。每个值由任何对象、任何密钥、任何公共密钥共有的属性以及密钥特殊的属性组成。

8.5.2 RSA公共密钥属性

```
PublicRSAKeyAttributes ::= SEQUENCE {
    value           ObjectValue {RSAPublicKeyChoice},
    modulusLength   INTEGER, --以位表示的模数长度，例如，1024位
    keyInfo         KeyInfo {NULL, PublicKeyOperations} OPTIONAL,
    ... --用于将来扩展
    }
RSAPublicKeyChoice ::= CHOICE {
```

```
    Raw        RSAPublicKey,
    Spki       [1] SubjectPublicKeyInfo,--见 GB/T 16264.8。必须包含 RSA 公共密钥。
    ...
    }
RSAPublicKey ::= SEQUENCE {
    Modulus          INTEGER,
    publicExponent   INTEGER
    }
```

此域的解释如下：

——PublicRSAKeyAttributes. value：该值应是包含 RSAPublicKeyChoice 值或者 RSA 公共密钥(的一些卡特定表示)的文件的路径；

——PublicRSAKeyAttributes. modulusLength：在许多卡中，需要在给卡发送要加密的数据前，将数据格式化。为了能够将数据以正确的方式格式化，必须知道密钥的长度。该长度应以位表示，如 1024 位；

——PublicRSAKeyAttributes. keyInfo：见 8.4.2 中相应的域。

8.5.3 椭圆曲线公共密钥属性

```
PublicECKeyAttributes ::= SEQUENCE {
    Value       ObjectValue {ECPublicKeyChoice},
    keyInfo     KeyInfo {Parameters, PublicKeyOperations} OPTIONAL,
    ... --用于将来扩展
    }
ECPublicKeyChoice ::= CHOICE {
    raw        ECPoint, -- 见 ANSI X9.62(见参考文献),
    spki       SubjectPublicKeyInfo,--见 GB/T 16264.8。必须包含椭圆曲线公共密钥
    ...
    }
```

此域的解释如下：

——PublicECKeyAttributes. value：该值应是包含 ECPublicKeyChoice 值或者椭圆曲线公共密钥(的一些卡特定表示)的文件的路径；

——PublicECKeyAttributes. keyInfo：见 8.4.2 中相应的域。

8.5.4 Diffie-Hellman 公共密钥属性

```
PublicDHKeyAttributes ::= SEQUENCE {
    Value       ObjectValue {DHPublicKeyChoice},
    keyInfo     KeyInfo {DomainParameters, PublicKeyOperations} OPTIONAL,
    ... --用于将来扩展
    }
DHPublicKeyChoice ::= CHOICE {
    Raw        DHPublicNumber,
    Spki       SubjectPublicKeyInfo,--见 GB/T 16264.8。必须包含 D-H 公共密钥。
    ...
    }
DHPublicNumber::=INTEGER
```

此域的解释如下：

——PublicDHKeyAttributes. value：该值应是包含 DHPublicKeyChoice 值或者 D-H 公共密钥（的一些卡特定表示）的文件的路径；

——PublicDHKeyAttributes. keyInfo：见 8.4.2 中相应的域。

8.5.5 DSA 公共密钥属性

```
PublicDSAKeyAttributes ::= SEQUENCE {
    Value       ObjectValue {DSAPublicKeyChoice},
    keyInfo     KeyInfo {DomainParameters, PublicKeyOperations} OPTIONAL,
    ... --用于将来扩展
    }
DSAPublicKeyChoice ::= CHOICE {
    Raw         DSAPublicKey,
    Spki        SubjectPublicKeyInfo,--见 GB/T 16264.8。必须包含 DSA 公共密钥。
    ...
    }
DSAPublicKey ::= INTEGER
```

此域的解释如下：

——PublicDSAKeyAttributes. value：该值应是包含 DSAPublicKeyChoice 值或者 DSA 公共密钥（的一些卡特定表示）的文件路径；

——PublicDSAKeyAttributes. keyInfo：见 8.4.2 中相应的域。

8.5.6 KEA 公共密钥属性

```
PublicKEAKeyAttributes ::= SEQUENCE {
    Value       ObjectValue {KEAPublicKeyChoice},
    keyInfo     KeyInfo {DomainParameters, PublicKeyOperations} OPTIONAL,
    ... --用于将来扩展
    }
KEAPublicKeyChoice ::= CHOICE {
    raw         KEAPublicKey,
    spki        SubjectPublicKeyInfo, --见 GB/T 16264.8。必须包含 KEA 公共密钥
    ...
    }
KEAPublicKey ::= INTEGER
```

此域的解释如下：

——PublicKEAKeyAttributes. value：该值应是包含 KEAPublicKeyChoice 值或者 KEA 公共密钥（的一些卡特定表示）的文件路径；

——PublicKEAKeyAttributes. keyInfo：见 8.4.2 中相应的域。

8.5.7 Generic Public key 信息对象

此类型用来包含特定于任何类型的公共密钥的信息，见 8.2.13。

8.6 保密密钥信息对象

8.6.1 SecretKeyChoice

```
SecretKeyChoice ::= CHOICE {
    algIndependentKey       SecretKeyObject {SecretKeyAttributes},
    genericSecretKey        [15] SecretKeyObject {GenericKeyAttributes},
    ... -- 用于将来扩展
```

} --注：上下文标签[0]~[14]是过去使用的并且不再使用

注：PKCS#15使用这些标签。

```
SecretKeyObject {KeyAttributes} ::= CIO {
        CommonKeyAttributes, CommonSecretKeyAttributes, KeyAttributes}
```

此类型包含与保密密钥有关的信息。每个值由任何对象、任何密钥、任何保密密钥共有的属性以及密钥特殊的属性组成。

8.6.2 与算法无关的密钥属性

这些对象代表可用于不同算法中的保密密钥，或用于导出其他的保密密钥。

```
SecretKeyAttributes ::= SEQUENCE {
        value ObjectValue { OCTET STRING },
        ... --用于将来扩展
        }
```

此域的解释如下：

——SecretKeyAttributes.value：该值应是包含八位位组或者（在卡能执行保密密钥操作的情况下）密钥的一些卡特定表示中的一个文件路径。

8.6.3 GenericSecretKey 类型

此类型用来包含特定于任何类型的保密密钥的信息，见8.2.13。

8.7 证书信息对象

8.7.1 CertificateChoice

```
CertificateChoice ::= CHOICE {
    x509Certificate              CertificateObject {X509CertificateAttributes},
    x509AttributeCertificate     [0] CertificateObject {X509AttributeCertificateAttributes},
    spkiCertificate              [1] CertificateObject {SPKICertificateAttributes},
    pgpCertificate               [2] CertificateObject {PGPCertificateAttributes},
    wtlsCertificate              [3] CertificateObject (WTLSCertificateAttributes},
    x9-68Certificate             [4] CertificateObject (X9-68CertificateAttributes},
    cvCertificate                [5] CertificateObject {CVCertificateAttributes},
    genericCertificateObject     [6] CertificateObject {GenericCertificateAttributes},
    ... --用于将来扩展
    }

CertificateObject {CertAttributes} ::= CIO {
        CommonCertificateAttributes, NULL, CertAttributes}
```

此类型包含与证书有关的信息。每个值由任何对象、任何证书的共有属性以及证书的特殊属性组成。

8.7.2 X.509 证书属性

```
X509CertificateAttributes ::= SEQUENCE {
        Value              ObjectValue { Certificate },
        subject            Name OPTIONAL,
        issuer             [0] Name OPTIONAL,
        serialNumber       CertificateSerialNumber OPTIONAL,
        ... --用于将来扩展
        }
```

此域的解释如下：

——X509CertificateAttributes. value：该值应是 ReferencedValue，其或标识在给定位置包含 DER 编码的证书的文件，或指向某些可找到证书的位置的 URL。

——X509CertificateAttributes. subject，X509CertificateAttributes. issuer 和 X509CertificateAttributes. serialNumber：这些域的含义与 GB/T 16264.8 中对应的域相同。

这些域的值应与在证书本身中对应的域值完全相同。使它们成为可选是为了节省空间，因为它们已在证书本身中存在。

8.7.3 X.509 属性证书属性

```
X509AttributeCertificateAttributes ::= SEQUENCE {
        value               ObjectValue { Attributecertificate },
        issuer              GeneralNames OPTIONAL,
        serialNumber        CertificateSerialNumber OPTIONAL,
        attrTypes           [0] SEQUENCE OF OBJECT IDENTIFIER OPTIONAL,
        ... --用于将来扩展
        }
```

此域的解释如下：

——X509AttributeCertificateAttributes. value：该值应是 ReferencedValue，它或者标识在给定位置包含 DER 编码的属性证书的文件，或者指向某些可找到属性证书位置的 URL；

——X509AttributeCertificateAttributes. issuer 和 X509AttributeCertificateAttributes. serialNumber：这些域值应与在属性证书本身中对应的域值完全相同。它们可以显式存储以易于查找；

——X509AttributeCertificateAttributes. attrTypes：当存在此可选域时，应包含在该属性证书中存在属性的对象标识符列表。这就为应用提供了无需读取和解析证书本身就可以查找特定属性证书的机会。

8.7.4 SPKI 证书属性

注：SPKI 证书在 IETF RFC 2693（见参考文献）中定义。

```
SPKICertificateAttributes ::= SEQUENCE {
        value ObjectValue { CIO-OPAQUE.&Type },
        ... --用于将来扩展
        }
```

此域的解释如下：

——SPKICertificateAttributes. value：该值应是一个 ReferencedValue，它或标识一个在给定位置包含 SPKI 证书的文件，或指向一些可找到证书位置的 URL。

8.7.5 PGP（Pretty Good Privacy 保密性极佳）证书属性

注：PGP 证书在 IETF RFC 2440（见参考文献）中定义。

```
PGPCertificateAttributes ::= SEQUENCE {
        value ObjectValue { CIO-OPAQUE.&Type },
        ... --用于将来扩展
        }
```

此域的解释如下：

——PGPCertificateAttributes. value：该值应是一个 ReferencedValue，它或标识一个在给定位置包含 PGP 证书的文件，或指向一些可找到证书位置的 URL。

8.7.6 WTLS 证书属性

注：WTLS 证书在“无线传输层安全协议（Wireless Transport Layer Security Protocol）”规范（见参考文献）中定义。

```
WTLSCertificateAttributes ::= SEQUENCE {
        value ObjectValue { CIO-OPAQUE.&Type },
        ... --用于将来扩展
        }
```

此域的解释如下：

——WTLSCertificateAttributes. value：该值应是一个 ReferencedValue，它或标识一个在给定位置包含 WTLS 编码证书的文件，或指向一些可找到证书的位置的 URL。

8.7.7 ANSI X9.68 域证书属性

注：X9.68 域证书在 ANSI X9.68:2—2001(见参考文献)中定义。

```
X9-68CertificateAttributes ::= SEQUENCE {
        value ObjectValue { CIO-OPAQUE.&Type },
        ... --用于将来扩展
        }
```

此域的解释如下：

——X9-68CertificateAttributes. value：该值应是一个 ReferencedValue，它或标识一个在给定位置包含 DER 或 PER(见 GB/T 16264.8)编码的 ANSI X9.68:2—2001 域证书的文件，或指向一些可找到证书位置的 URL。

8.7.8 卡可验证的证书属性

注：卡可验证的证书在 GB/T 16649.8 中定义。它们主要用于基于公共密钥的卡鉴别方法。

```
CVCertificateAttributes ::= SEQUENCE {
        value ObjectValue {CIO-OPAQUE.&Type},
        ... --用于将来扩展
        }
```

此域的解释如下：

——CVCertificateAttributes. value：该值应是一个 ReferencedValue，它或标识一个在给定位置包含 GB/T 16649.8 卡可验证证书的文件，或指向一些可找到证书位置的 URL。

8.7.9 通用证书属性

此类型用于包含特定于任何种类证书的信息，见 8.2.16。

8.8 数据容器信息对象

8.8.1 DataContainerObjectChoice

```
DataContainerObjectChoice ::= CHOICE {
        opaqueDO        DataContainerObject {OpaqueDOAttributes},
        iso7816DO       [0] DataContainerObject {ISO 7816DOAttributes},
        oidDO           [1] DataContainerObject {OidDOAttributes},
        ... --用于将来扩展
        }

DataContainerObject {DataObjectAttributes} ::= CIO {
        CommonDataContainerObjectAttributes, NULL, DataObjectAttributes}
```

该类型包含与数据容器对象有关的信息。每个值由任何对象、任何数据容器对象的共有属性以及数据容器对象的特殊属性组成。

8.8.2 不透明数据容器对象属性

这些对象的解释权留给访问这些对象的应用。

```
OpaqueDOAttributes ::= ObjectValue {CIO-OPAQUE.&Type}
```

8.8.3 **GB/T 16649 数据对象属性**

EF.DCOD可以包含关于一个或多个IDO的信息。这些对象应遵循如GB/T 16649.4中定义的可兼容标签分配方案。

```
ISO7816DOAttributes ::= ObjectValue {CIO-OPAQUE.&Type}
    (CONSTRAINED BY { --所有这些数据容器对象应按照GB/T 16649.4定义--})
```

EF.DCOD中的每个iso7816DO的输入将因此引用一个文件,该文件必须符合GB/T 16649.4。通过使用这些数据容器对象,可增强应用的交互性。

当被引用的CDE是将要被检索的数据对象时,例如在'GET DATA'命令中,应使用ObjectValue的direct选项,并且CIO-OPAQUE.&Type值应是该数据对象的标签。

8.8.4 **由OBJECT IDENTIFIERS标识的数据容器信息对象**

这种类型提供了通过已分配的对象标识符存储、搜索和检索数据容器对象的方法。这种类型信息的一个例子是任意ASN.1 ATTRIBUTE(见GB/T 16264.8)。

```
OidDOAttributes ::= SEQUENCE {
        Id          CIO-OPAQUE.&id ({AllowedOidDOs}),
        Value       CIO-OPAQU E.&Type ({Al lowedOid DOs}{@id})
        }
AllowedOidDOs CIO-OPAQUE ::= {...}
```

8.9 **鉴别信息对象**

8.9.1 **AuthenticationObjectChoice**

```
AuthenticationObjectChoice ::= CHOICE {
        pwd                 AuthenticationObject { PasswordAttributes},
        biometricTemplate   [0] AuthenticationObject{ BiometricAttributes},
        authKey             [1] AuthenticationObject {AuthKeyAttributes},
        external            [2] AuthenticationObject {ExternalAuthObjectAttributes},
        ... --用于将来扩展
        }
AuthenticationObject {AuthObjectAttributes} ::= CIO {
        CommonAuthenticationObjectAttributes, NULL, AuthObjectAttributes}
```

此类型包含关于特殊鉴别方法的信息。每个鉴别对象应具有不同的CommonAuthenticationObjectAttributes.authID,以明确鉴别对象对私有对象进行查询。

8.9.2 **口令属性**

```
PasswordAttributes ::= SEQUENCE {
    Pwdflags            PasswordFlags,
    pwdType             PasswordType,
    minLength           INTEGER (cia-lb-minPasswordLength.. cia-ub-minPasswordLength),
    storedlength        INTEGER (O.. cia-ub-storedPasswordLength),
    maxlength           INTEGER OPTIONAL,
    pwdReference        [0] Reference DEFAULT 0,
    padChar             OCTET STRING (SIZE(1)) OPTIONAL,
    lastpasswordchange  GeneralizedTime OPTIONAL,
    path                Path OPTIONAL,
    ... --用于将来扩展
    }
```

```
PasswordFlags ::= BIT STRING{
    case-sensitive               (0),
    local                        (1),
    change-disabled              (2),
    unblock-d isabled            (3),
    initialized                  (4),
    needs-padding                (5),
    unblockingPassword           (6),
    soPassword                   (7),
    disable-allowed              (8),
    integrity-protected          (9),
    confidentiality-protected    (10),
    exchangeRefData              (11)
    }(CONSTRAINED BY {--'unblockingPassword'和'soPassword'不能都设定--})
PasswordType ::= ENUMERATED {bcd,ascii-numeric,utf8,half-nibble-bcd,iso9564-1,...}
```

这些类型的解释如下：

——PasswordAttributes.pwdFlags：此域表示口令是否：

——是 case-sensitive，意味着用户给定口令区分大小写(见以下)；

——是 local，意味着口令对于其属于的应用是局部的；

注：认为非“局部的”的 pwd 是“全局的”。局部口令仅可用于保护给定应用内的数据。对于局部口令，不能保证验证的使用期，并且每次使用时可能需重新验证。与此相反，全局口令的成功验证意味着该验证保持有效直到卡移开或复位，或直到相同口令的新验证失败。全局口令经过验证的应用可以假定该口令保持有效，即使其他应用验证了它们自己的、局部的口令，选择了其他 DF 等。

——是 change-disabled，意为不可能改变口令；

——是 unblock-disabled，意为不可能解锁口令；

——是 initialized，意为口令已被初始化；

——是 needs-padding，意为根据给定口令的长度和存储长度，口令提交给卡之前可能需要被补位；

——是 unblockingPassword(GB/T 16649.4：复位码)，意为此口令可以用于解锁的目的，即，将相关的鉴别对象的重试计数器复位至其初始值；

——是 soPassword，意味着口令是一个安全员(管理员)的口令；

注：由于口令由 CIO 描述，它们也可以由其他的鉴别对象保护。这也给出了一种方式，使得可以指定一些口令用作解锁(即，复位重试计数器)其他的口令——使口令信息对象的 authID 指向解锁口令鉴别对象。

——是 disable-allowed，意为口令可以被禁用；

——应使用安全报文提交给卡(保护完整性)；

——应通过加密提交给卡(保护保密性)；

——可以仅通过提交新的引用数据给卡而改变，或者如果新旧引用数据都需要提交。如果此位被设定，则新旧引用数据都要提交，否则只需要提交新的引用数据(exchangeRefData)。

——PasswordAttributes.pwdType：此域确定口令的类型：

——bcd(二进制编码的十进制，每半个字节应包含口令的一个数)；

——ascii-numeric(口令的每个字节包含一个 ASCII(ANSI X3.4，见参考文献)编码位)；

——utf8(每个字符均根据 UTF-8 编码)；

——half-nibble-bcd(每个字节的低半字节应包含口令的一个数，高半字节应置为‘F’)；或

——iso9564-1(根据 GB/T 21078.1 编码)。

——PasswordAttributes. minLength：新口令（如果允许更改）的最小长度（按字符计）。

——PasswordAttributes. storedLength：存储到卡上的长度（按字节）。用于计算出需要补位的字符数。如果 pwdFlags 指示不需要补位（即不向卡发送补位字符），则值可以设为 0 或者不考虑。

——PasswordAttributes. maxLength：在一些卡中，不补位口令，因此需要知道所允许口令的最大长度（按字符）。

——PasswordAttributes. pwdReference：此域是对口令的卡指定的引用。当适用时，预计其在 GB/T 16649.4 的‘VERIFY’命令中被用作‘P2’参数。如果不存在，缺省值为 0。

——PasswordAttributes.. padChar：补位所用的字符（通常是‘FF’或‘00’）。如果 pwdFlags 指示该卡不需要补位，则不需要此域。如果 PasswordAttributes. pwdType 是 bcd 类型，则 padChar 应由值相同的两个半字节组成，任何半字节可以被用作“补位半字节”。例如‘55’是允许的，意味着用‘01012’补位，但‘34’是非法的。

——PasswordAttributes. lastPasswordChange：此域用于需要知道上次修改口令的日期的应用（例如，加强口令使用期限的策略）。当口令未设置（或者从未修改过）时，该值应是（使用 GB/T 16262.1 中定义的值-符号）‘000000000000Z’。另一个例子是：一个口令在 1999 年 1 月 6 日 19:34（7:34 PM）被修改过，则 UTC 应有一个值为‘19990106193400Z’的 lastPassword-Change。

——PasswordAttributes. path：口令所在的 DF 的路径。该路径应在对口令操作前由主机侧的应用进行选择，以便对口令操作提供适当的鉴别环境。若不存在，则持卡者的验证应在‘SELECT’操作以前总能执行。

8.9.2.1 对提供的口令编码

由主机方的应用将用户提供的口令编码成某种提交给卡的形式所采取的步骤如下：

a) 根据口令的类型转换口令：

  1) 如果口令是 utf8 口令，就将其转换成 UTF-8：x＝*UTF8*（*password*）。然后，如果 case-sensitive 位被关闭，则将 x 转换成大写：x＝*NLSUPPERCASE*（*x*）（*NLSUPPERCASE*＝locale dependent uppercase）

  2) 如果口令是一个 bcd 口令，则验证每个字符是否为数字，并将字符编码成 BCD 数字：x＝*BCD*（*password*）

  3) 如果口令是一个 ascii-numeric 或 iso9564-1 口令，则要验证每个字符在当前的代码页中是数字，并且——如果必要——将字符编码为 ASCII 数字：x＝*ASCII*（*password*）

  4) 如果口令是一个 half-nibble-bcd 口令，则验证每个字符是数字并且将字符编码为 BCD，作为每个字节的低半字节，将每个高半字节置为‘F16’：x＝*Half-BCD*（*password*）

b) 如果在 pwdFlags 域中有指示，则用补位字符 padChar 对 x 在右边补位，至存储长度 storedLength：x＝*PAD*（*x*，*padChar*，*storedLength*）。

c) 如果 pwdFlags. integrity-protected 或 pwdFlags. confidentiality-protected 位被设置，则应用适当的算法和密钥来转换和格式化口令。

d) 将口令提交给卡。

例如：(ascii-)数字口令 1234，存储长度为 8 字节，补位字符‘FF’，则提交给卡的值将是‘31323334FFFFFFFF’。

8.9.3 生物识别的参考数据属性

这种类型只与那些能够通过比较存储的生物识别参考数据与当前的生物识别验证数据来执行鉴别的卡有关，其包含关于保存的生物识别的参考数据（“模板”）的信息。

```
BiometricAttributes::= CHOICE{
    biometricTemplateAttributes    BiometricTemplateAttributes,
    bit                            [APPLICATION 96] BiometricInformationTemplate,
```

```
    bitGroup                    [APPLICATION 97] BiometricInformationTemplateGroup
    }
BiometricInformationTemplate::=OCTET STRING--应包含 ISO/IEC 7816-11 BIT 值
BiometricInformationTemplateGroup ::= OCTET STRING
——应包含 ISO/IEC 7816-11 BIT 组模板值
BiometricTemplateAttributes ::= SEQUENCE {
        bioflags        BiometricFlags,
        templateId      BiometricTemplateIdentifier,
        bioType         BiometricType,
        bioReference    Reference DEFAULT 0,
        lastChange      GeneralizedTime OPTIONAL,
        path            Path OPTIONAL,
        ... --用于将来扩展
        }
BiometricTemplateIdentifier ::= CHOICE {
        Oid             OBJECT IDENTIFIER,
        issuerId        OCTET STRING,
        ... --用于将来扩展
        }
BiometricFlags ::= BIT STRING {
        local                           (1),
        change-disabled                 (2),
        unblock-disabled                (3),
        initialized                     (4),
        disable-allowed                 (8),
        integrity-protected             (9),
        confidentiality-protected       (10)
        }
BiometricType ::= CHOICE {
        fingerPrint     FingerPrintInformation,
        iris            [0]IrisInformation,
        chained         [1]SEQUENCE SIZE (2..cia-ub-biometricTypes)OF BiometricType,
        ... --用于将来扩展
        }
FingerPrintInformation ::= SEQUENCE {
        hand      ENUMERATED {left, right},
        finger    ENUMERATED {thumb, pointerFinger, middleFinger, ringFinger, littleFinger},
        }
IrisInformation ::= SEQUENCE {
        eye ENUMERATED {left, right},
        ... --用于将来扩展
        }
```

BiometricAttributes 类型提供两种不同方式来表示关于存储的生物识别参考数据的信息：

——通过特定于本部分的信息(biometricTemplateAttributes 域);或
——通过 ISO/IEC 7816-11 中定义的信息(bit 和 bitGroup 域)。

BiometricTemplateAttributes 类型的域的含义如下:

——BiometricAttributes. bioFlags:与 PasswordAttributes. pwdFlags 相同,只不过用"生物识别的参考数据"取代了"口令";
——BiometricAttributes. templateId:此域识别发送到卡的数据结构;
——BiometricAttributes. bioType:此域确定保存在卡内的生物识别信息的类型,如右手食指。"chained"域意味着在同一验证过程内必须出现多于一个生物识别,可能通过使用链接命令,以便鉴别成功。
——BiometricAttributes. bioReference,BiometricAttributes. lastChange,及 BiometricAttributes. path:类似 PasswordAttributes 中对应的域,只不过用"生物识别参考数据"取代了"口令"。

8.9.4 用于外部鉴别的鉴别对象

注:本条仅描述对卡的鉴别方法,不讨论内部鉴别或双向鉴别。

```
ExternalAuthObjectAttributes ::= CHOICE {
        authKeyAttributes          AuthKeyAttributes,
        certBasedAttributes        [0] CertBasedAuthenticationAttributes,
        ... --用于将来扩展
        }
AuthKeyAttributes ::= SEQUENCE {
        derivedKey          BOOLEAN DEFAULT TRUE,
        authKeyId           Identifier,
        ... --用于将来扩展
        }
CertBasedAuthenticationAttributes ::= SEQUENCE {
        cha         OCTET STRING,
        ...
        }
```

这些类型的解释如下:

——AuthKeyAttributes. derivedKey:此域规定存在卡中的鉴别密钥是否是导出密钥(即,单个密钥)、组密钥或者用于导出单个密钥的主密钥;
——AuthKeyAttributes. authKeyId:此域规定如在 EF. SKD 中描述的鉴别密钥的标识符(CommonKeyAttribute. iD);
——CertBasedAuthenticationAttributes. cha:此域规定证书持有者的授权,如在卡可验证的证书(见 GB/T 16649.8)中所呈现的。如果包含该值的卡可验证的证书被验证,并且使用相应的密钥对的鉴别过程成功完成,则 cha 置为有效,并可访问由此证书持有者授权保护的私有对象。

8.10 加密的信息文件,EF. CIAInfo

此类型包含关于 DF. CIA 和卡的通用信息。

```
CIAInfo ::= SEQUENCE {
        version             INTEGER {v1(0),v2(1)}(v1|v2,...),
        serialNumber        OCTET STRING OPTIONAL,
        manufacturerID      Label OPTIONAL,
        label               [0] Label OPTIONAL,
        cardflags           CardFlags,
```

```
        seInfo                      SEQUENCE OF SecurityEnvironmentInfo OPTIONAL,
        recordInfo                  [1] RecordInfo OPTIONAL,
        supportedAlgorithms         [2] SEQUENCE OF AlgorithmInfo OPTIONAL,
        issuerId                    [3] Label OPTIONAL,
        holderId                    [4] Label OPTIONAL,
        lastUpdate                  [5] LastUpdate OPTIONAL,
        preferredLanguage           PrintableString OPTIONAL--根据 IETF RFC 1766(见参考文献)
        profileIndication           [6]SEQUENCE OF ProfileIndication OPTIONAL,
        ...
        }(CONSTRAINED BY {--每个 AlgorithmInfo.reference value 应是唯一的--})
    CardFlags ::= BIT STRING {
        Readonly                (0),
        loginRequired           (1),
        prnGeneration           (2),
        }--由于历史原因 Bit(3)保留
    SecurityEnvironmentInfo ::= SEQUENCE {
        se          INTEGER,
        owner       OBJECT IDENTIFIER OPTIONAL,
        aid         OCTET STRING
                    (CONSTRAINED BY {--必须根据 GB/T 16649.4 编码--}) OPTIONAL,
        ... --用于将来扩展
        }
    RecordInfo ::= SEQUENCE {
        oDFRecordLength             [0] INTEGER (0..cia-ub-recordLength) OPTIONAL,
        prKDFRecordLength           [1] INTEGER (0..cia-ub-recordLength) OPTIONAL,
        puKDFRecordLength           [2] INTEGER (0..cia-ub-recordLength) OPTIONAL,
        sKDFRecordLength            [3] INTEGER (0..cia-ub-recordLength) OPTIONAL,
        cDRecordLength              [4] INTEGER (0..cia-ub-recordLength) OPTIONAL,
        dCODFRecordLength           [5] INTEGER (0..cia-ub-recordLength) OPTIONAL,
        aODRecordLength             [6] INTEGER (0..cia-ub-recordLength) OPTIONAL
        }
    AlgorithmInfo ::= SEQUENCE {
        reference               Reference,
        algorithm               CIO-ALGORITHM.&id({AlgorithmSet}),
        parameters              CIO-ALGORITHM.&Parameters({AlgorithmSet}{@algorithm}),
        supportedOperations     CIO-ALGORITHM.&Operations({AlgorithmSet}{@algorithm}),
        algId                   CIO-ALGORITHM.&objectIdentifier ({AlgorithmSet}{@algorithm}),
        algRef                  Reference OPTIONAL
        }
    LastUpdate ::= CHOICE {
        generalizedTime             GeneralizedTime,
        referencedTime              ReferencedValue,
```

```
    ... --用于将来扩展
    }
ProfileIndication ::= CHOICE{
    profileOID          OBJECT IDENTIFIER
    profileName         UTF8String,
    ... --用于将来扩展
    }
```

EF.CIAInfo 应包含一个类型 CIAInfo 的 DER 编码值。

CIAInfo 类型的解释如下：

——CIAInfo.version：对 GB/T 16649 的本部分的当前版本，该域应设为 v2。将来的版本可以使用其他值。CIAInfo 值不应仅因为其具有未知版本而被拒绝。

注：版本号 v1 用于 PKCS#15 的相等结构中。

——CIAInfo.serialNumber：此域应包含 CIA 唯一的序列号，其由应用提供者选择。

——CIAInfo.manufacturerID：当存在此可选域时，应包含 UTF-8 编码的卡制造商的识别信息。

——CIAInfo.label：当存在此可选域时，应包含应用的识别信息。

——CIAInfo.cardflags：此域包含关于卡本身的信息。标志包括：卡是否是只读、是否需要用户被鉴别的加密功能、卡是否支持生成伪随机数。

——CIAInfo.seInfo：此可选域用来传送卡上预设的安全环境以及这些环境的所有者的信息。这些环境的定义目前超出了本部分的范围，更多的见 GB/T 16649.4。Aid 域指示该安全环境适用的(卡)应用。

——CIAInfo.recordInfo：此可选域有两个用途：

——指示基本文件 EF.OD，EF.PrKD，EF.PuKD，EF.SKD，EF.CD，EF.DCOD 和 EF.AOD 是否是线性记录文件或透明文件(如果该域存在，它们应是线性记录文件，否则它们应是透明文件)；以及

——如果它们是线性记录文件，它们是否是定长的。如果它们是定长的，RecordInfo 中相关的值应存在并且不等于零，并指示记录长度。如果某些文件是线性记录文件但不是定长的，那么 RecordInfo 中相应的值应设为零。

——CIAInfo.supportedAlgorithms：此可选域的目的是指示卡支持的加密算法、相关参数、操作及算法输入格式。AlgorithmInfo 的 reference 域是用于 PrKDs 和 PuKDs 交叉引用目的的唯一索引。algorithm 域的值是私有使用的。SupportedOperations 域的值(compute-checksum，compute-signature，verify-checksum，verify-signature，encipher，decipher，hash 和 derive-key)标识卡可用特定的算法执行操作。objId 域指示算法的对象标识符。algRef 域指示卡使用的表示此算法的标识符(并在卡接口作为例如“EXTERNAL AUTHENTICATE”命令的参数出现)。

注：algorithm 域的值可以从解释为 PKCS#11(见参考文献)中的机制数中选择。

——CIAInfo.issuerId：当存在此可选域时，应包含发卡者的识别信息(如发卡者)。

——CIAInfo.holderId：当存在此可选域时，应包含持卡者的识别信息(如持卡者)。

——CIAInfo.lastUpdate：当存在此可选域时，应包含(或指向)CIA 文件中最后一次更新的日期。此域与 CIAInfo.serialNumber 域一起存在，能使主机侧的应用迅速找出它们是否需要读 EF.OD，EF.CD 等，或者是否可用于高速缓存(如果可用)的复制。LastUpdate 类型的referencedTime 选项用于 EF.CIAInfo 需要写保护的那些情况。

——CIAInfo.preferredLanguage：持卡者首选的语言，根据 IETF RFC 1766(见参考文献)编码。

——CIAInfo.profileIndication：当存在此可选域时，应指示发卡所遵循的本部分的框架。

注：对本部分的标准化框架的定义将留给其他规范。

附 录 A
（规范性附录）
ASN.1 模块

本附录包括所有包含在本部分中的 ASN.1 类型、值和信息对象类的定义，以 ASN.1 模块 CryptographicInformationFramework 的形式。

```
CryptographicInformationFramework {iso(1) standard(0) 7816 15 1}
DEFINITIONS IMPLICIT TAGS::=
BEGIN
IMPORTS
informationFramework, authenticationFramework, certificateExtensions
        FROM UsefulDefinitions {joint-iso-itu-t(2) ds(5) module(1) usefulDefinitions(0) 3}
Name
        FROM InformationFramework informationFramework
Certificate, AttributeCertificate, CertificateSerialNumber, SubjectPublicKeyInfo, AlgorithmIdentifier,
Validity
        FROM AuthenticationFramework authenticationFramework
GeneralNames, KeyUsage
        FROM CertificateExtensions certificateExtensions
ECPoint, Parameters
        FROM ANSI-X9-62 {iso(1l) member-body(2) us(840) ansi-x962(10045) module(4) 1}
Domain Parameters
        FROM ANSI-X9-42 {iso(1) member-body(2) us(840) ansi-x942(10046) module(5) 1};
```

A.1 高位和低位边界

```
cia-ub-identifier               INTEGER::=255
cia-ub-reference                INTEGER::=255
cia-ub-index                    INTEGER::=65535
cia-ub-label                    INTEGER::=cia-ub-identifier
cia-lb-minPasswordLength        INTEGER::=4
cia-ub-minPasswordLength        INTEGER::=8
cia-ub-storedPasswordLength     INTEGER::=64
cia-ub-recordLength             INTEGER::=16383
cia-ub-userConsent              INTEGER::=15
cia-ub-securityConditions       INTEGER::=255
cia-ub-biometricTypes           INTEGER::=127
```

A.2 基本类型

A.2.1

```
Identifier::=OCTET STRING (SIZE (0..cia-ub-identifier))
```

A.2.2

```
Reference::=INTEGER (0..cia-ub-reference)
```

A.2.3

```
Label::=UTF8String (SIZE(0..cia-ub-label))
```

A.2.4

```
CredentialIdentifier {KEY-IDENTIFIER: IdentifierSet}::=SEQUENCE {
        idType KEY-IDENTIFIER.&id ({IdentifierSet}),
        idValue KEY-IDENTIFIER.&Value ({IdentifierSet}{@idType})
        }
KeyIdentifiers KEY-IDENTIFIER::={
        issuerAndSerialNumber          |
        issuerAndSerialNumberHash      |
        subjectKeyId                   |
        subjectKeyHash                 |
        issuerKeyHash                  |
        issuerNameHash                 |
        subjectNameHash,               |
        pgp2KeyId                      |
        openPGPKeyId                   |
        ...
        }
KEY-IDENTIFIER::=CLASS {
        &id    INTEGER UNIQUE,
        &Value
        }WITH SYNTAX {
        SYNTAX &Value IDENTIFIED BY &id
        }
IssuerAndSerialNumber::=SEQUENCE {
        issuer Name,
        serialNumber CertificateSerialNumber
        }
issuerAndSerialNumber KEY-IDENTIFIER::=
        {SYNTAX issuerAndSerialNumber IDENTIFIED BY 1}
issuerAndSerialNumberHash KEY-IDENTIFIER::=
        {SYNTAX OCTET STRING IDENTIFIED BY 3}
        --Assumes SHA-1 hash of DER encoding of IssuerAndSerialNumber
subjectKeyId KEY-IDENTIFIER::=
        {SYNTAX OCTET STRING IDENTIFIED BY 2}
        --From ISO/IEC 9594-8:1998 certificate extension
subjectKeyHash KEY-IDENTIFIER::=
        {SYNTAX OCTET STRING IDENTIFIED BY 4}
issuerKeyHash KEY-IDENTIFIER::=
        {SYNTAX OCTET STRING IDENTIFIED BY 5}
issuerNameHash KEY-IDENTIFIER::=
        {SYNTAX OCTET STRING IDENTIFIED BY 6}
```

```
        --SHA-1 hash of DER-encoded issuer name
subjectNameHash KEY-IDENTIFIER::=
        {SYNTAX OCTET STRING IDENTIFIED BY 7}
        --SHA-1 hash of DER-encoded subject name
pgp2KeyId KEY-IDENTIFIER::=
        {SYNTAX OCTET STRING (SIZE(8)) IDENTIFIED BY 8}
openPGPKeyId KEY-IDENTIFIER::=
        {SYNTAX OCTET STRING (SIZE(8)) IDENTIFIED BY 9}
```

A.2.5

```
ReferencedValue {Type}::=CHOICE {
        path      Path,
        url       URL
        }--对象的语法由上下文确定
URL::=CHOICE {
        url     CHOICE {printable PrintableString, ia5 IA5String},
        urlWithDigest [3] SEQUENCE {
          url     IA5String,
          digest DigestInfoWithDefault
          }
        }
alg-id-sha1 AlgorithmIdentifier::={
        algorithm      id-sha1,
        parameters     SHA1Parameters: NULL
        }
id-shal OBJECT IDENTIFIER::={iso(1) identified-organization(3) oiw(l4) secsig(3) algorithms(2) 26}
SHA1Parameters::=NULL
DigestInfoWithDefault::=SEQUENCE {
        digestAlg      AlgorithmIdentifier DEFAULT alg-id-sha1,
        digest         OCTET STRING (SIZE(8..128))
}
Path::=SEQUENCE {
        efidOrPath     OCTET STRING,
        index          INTEGER (0..cia-ub-index) OPTIONAL,
        length         [0] INTEGER (0..cia-ub-index) OPTIONAL
        }( WITH COMPONENTS {...,index PRESENT, length PRESENT}|
          WITH COMPONENTS {...,index ABSENT, length ABSENT})
```

A.2.6

```
ObjectValue { Type }::=CHOICE {
        indirect     ReferencedValue,
        direct       [0] Type
        }
```

A.2.7

```
PathOrObjects {ObjectType}::=CHOICE {
```

```
    path        Path,
    objects     [0] SEQUENCE OF ObjectType,
    ... --用于将来扩展
    }
```

A.2.8

```
CommonObjectAttributes::=SEQUENCE {
    label                   Label OPTIONAL,
    flags                   CommonObjectFlags OPTIONAL,
    authId                  Identifier OPTIONAL,
    userConsent             INTEGER (1..cia-ub-userConsent) OPTIONAL,
    accessControlRules      SEQUENCE SIZE (1..MAX) OF AccessControlRule OPTIONAL,
    ... --用于将来扩展
    } (CONSTRAINED BY { -- 如果设定了 flags.private，authId 应存在。
    --它应等于 AOD 中的一个鉴别对象的 authID -- })
CommonObjectFlags::=BIT STRING {
    private       (0),
    modifiable    (1),
    internal      (2)
    } --Bit(2)由于历史原因而存在，不再使用
AccessControlRule::=SEQUENCE {
    accessMode          AccessMode,
    securityCondition   SecurityCondition,
    ... --用于将来扩展
    }
AccessMode::=BIT STRING {
    Read      (0),
    Update    (1),
    Execute   (2),
    Delete    (3)
    }
SecurityCondition::=CHOICE {
    always            NULL,
    authId            Identifier,
    authReference     AuthReference,
    not               [0] SecurityCondition,
    and               [1] SEQUENCE SIZE (2..cia-ub-securityConditions) OF SecurityCondition,
    or                [2] SEQUENCE SIZE (2..cia-u b-securityConditions) OF SecurityCondition,
    ... --用于将来扩展
    }
AuthReference::=SEQUENCE {
    authMethod     AuthMethod,
    seIdentifier   INTEGER OPTIONAL
    }
```

```
AuthMethod::=BIT STRING {secureMessaging(0), extAuthentication(1), userAuthentication(2))
```

A.2.9

```
CommonKeyAttributes::=SEQUENCE {
        iD                  Identifier,
        usage               KeyUsageFlags,
        native              BOOLEAN DEFAULT TRUE,
        accessFlags         KeyAccessFlags OPTIONAL,
        keyReference        Reference OPTIONAL,
        startDate           GeneralizedTime OPTIONAL,
        endDate             [0] GeneralizedTime OPTIONAL,
        algReference        [1] SEQUENCE OF Reference OPTIONAL,
        ... --用于将来扩展
        }
KeyUsageFlags::=BIT STRING {
        Encipher            (0),
        Decipher            (1),
        sign                (2),
        signRecover         (3),
        keyEncipher         (4),
        keDecipher          (5),
        verify              (6),
        verifyRecover       (7),
        derive              (8),
        nonRepudiation      (9)
        }
KeyAccessFlags::=BIT STRING {
        Sensitive           (0),
        extractable         (1),
        alwaysSensitive     (2),
        neverExtractable    (3),
        cardGenerated       (4)
        }
KeyReference::=INTEGER
```

A.2.10

```
CommonPrivateKeyAttributes::=SEQUENCE {
        Name                Name OPTIONAL,
        keyIdentifiers      [0] SEQUENCE OF CredentialIdentifier {{KeyIdentifiers}} OPTIONAL,
        generalName         [1] GeneralName OPTIONAL,
        ... --用于将来扩展
        }
```

A.2.11

```
CommonPublicKeyAttributes::=SEQUENCE {
        name                Name OPTIONAL,
```

```
        trustedusage      [0] Usage OPTIONAL,
        generalName       [1] GeneralNames OPTIONAL,
        keyIdentifiers    [2] SEQUENCE OF CredentialIdentifier {{KeyIdentifiers}} OPTIONAL,
        ... --用于将来扩展
        }
```

A.2.12

```
CommonSecretKeyAttributes::= SEQUENCE {
        keyLen   INTEGER OPTIONAL, -- keylength (按位计)
        ... --用于将来扩展
        }
```

A.2.13

```
GenericKeyAttributes::= SEQUENCE {
        keyType CIO-ALGORITHM.&objectIdentifier ({AllowedAlgorithms}),
        keyAttr CIO-ALGORITHM.&Parameters ({AllowedAlgorithms}{@keyType})
        }
AllowedAlgorithms CIO-ALGORITHM::= {...}
```

A.2.14

```
KeyInfo {ParameterType, OperationsType}::= CHOICE {
        paramsAndOps      SEQUENCE {
        parameters        ParameterType,
        Operations        OperationsType OPTIONAL
        },
        Reference         reference --历史的,不再使用
        }
```

A.2.15

```
CommonCertificateAttributes::= SEQUENCE {
        iD              Identifier,
        authority       BOOLEAN DEFAULT FALSE,
        identifier      CredentialIdentifier {{KeyIdentifiers}} OPTIONAL,
        certHash        [0] OOBCertHash OPTIONAL,
        trustedUsage    [1] Usage OPTIONAL,
        identifiers     [2] SEQUENCE OF CredentialIdentifier{{KeyIdentifiers}} OPTIONAL,
        validity        [4] Validity OPTIONAL,
        ...
        } --上下文标签[3]由于历史原因而保留
Usage::= SEQUENCE {
        keyUsage      KeyUsage OPTIONAL,
        extKeyUsage SEQUENCE SIZE (1..MAX) OF OBJECT IDENTIFIER OPTIONAL,
        ...
        }(WITH COMPONENTS {..., keyUsage PRESENT} | WITH COMPONENTS {..., extKeyUsage
PRESENT})
CertHash::= SEQUENCE {
        hashAlg      [0] EXPLICIT AlgorithmIdentifier OPTIONAL,
```

```
        certId         [1]EX PLICIT CertId OPTIONAL,
        hashVal        BIT STRING
        }(CONSTRAINED BY { -- hashVal 通过整个 DER 编码的证书计算-- })
CertId::=SEQUENCE {
        Issuer              GeneralName,
        serialNumber        CertificateSerialNumber
        }
```

A.2.16

```
GenericCertificateAttributes::=SEQUENCE {
        certType CIO-OPAQUE.&id ({AllowedCertificates}),
        certAttr CIO-OPAQUE.&Type ({AllowedCertificates}{@certType})
        }
Allowed Certificates CIO-OPAQUE::={...}
```

A.2.17

```
CommonDataContainerObjectAttributes::=SEQUENCE {
        applicationName      Label OPTIONAL,
        applicationOID       OBJECT IDENTIFIER OPTIONAL,
        iD                   Identifier OPTIOANL
        ... --用于将来扩展
        } (WITH COMPONENTS {...,applicationName PRESENT}| WITH COMPONENTS {...,applica-
tionOID PRESENT})
```

A.2.18

```
CommonAuthenticationObjectAttributes::=SEQUENCE {
        authId               Identifier OPTIOANL,
        authReference        Reference OPTIONAL,
        seIdentifier         [0] Reference OPTIONAL,
        ... --用于将来扩展
        }
```

A.2.19

```
CIO{ClassAttributes, SubClassAttributes, TypeAttributes}::=SEQUENCE {
        commonObjectAttributes       CommonObjectAttributes,
        classAttributes              ClassAttributes,
        subClassAttributes           [0] SubClassAttributes OPTIONAL,
        typeAttributes               [1] TypeAttributes
        }
```

A.3 CIO

```
CIOChoice::=CHOICE {
        privateKeys              [0] PrivateKeys,
        publicKeys               [1] PublicKeys,
        trustedPublicKeys        [2] PublicKeys,
        secretKeys               [3] SecretKeys,
        certificates             [4] Certificates,
```

```
    trustedCertificates      [5] Certificates,
    usefulCertificates       [6] Certificates,
    dataContainerObjects     [7] DataContainerObjects,
    authObjects              [8] AuthObjects,
    ... --用于将来扩展
    }
PrivateKeys::=               PathOrObjects {PrivateKeyChoice}
PublicKeys::=                PathOrObjects {PublicKeyChoice}
SecretKeys::=                PathOrObjects {SecretKeyChoice}
Certificates::=              PathOrObjects {CertificateChoice}
DataContainerObjects::=      PathOrObjects {DataContainerObjectChoice}
AuthObjects::=               PathOrObjects {AuthenticationObjectChoice}
```

A.4 私有密钥信息对象

A.4.1

```
PrivateKeyChoice::=CHOICE {
    privateRSAKey        PrivateKeyObject {PrivateRSAKeyAttributes},
    privateECKey         [0] PrivateKeyObject {PrivateECKeyAttributes},
    privateDHKey         [1] PrivateKeyObject {PrivateDHKeyAttributes},
    privateDSAKey        [2] PrivateKeyObject {PrivateDSAKeyAttributes},
    privateKEAKey        [3] PrivateKeyObject {PrivateKEAKeyAttributes},
    genericPrivateKey    [4] PrivateKeyObject {GenericKeyAttributes},
    ... --用于将来扩展
    }
PrivateKeyObject {KeyAttributes}::=CIO{
    CommonKeyAttributes, CommonPrivateKeyAttributes, KeyAttributes}
```

A.4.2

```
PrivateRSAKeyAttributes::=SEQUENCE {
    value            Path,
    modulusLength    INTEGER, -- 以位表示的模长，例如，1024 位
    keyInfo          KeyInfo {NULL, PublicKeyOperations} OPTIONAL,
    ... --用于将来扩展
    }
```

A.4.3

```
PrivateECKeyAttributes::=SEQUENCE {
    value      Path,
    keyInfo    KeyInfo {Parameters, PublicKeyOperations}OPTIONAL,
    ... --用于将来扩展
    }
```

A.4.4

```
PrivateDHKeyAttributes::=SEQUENCE {
    value      Path,
    keyInfo    KeyInfo {DomainParameters, PublicKeyOperations} OPTIONAL,
```

```
    ... --用于将来扩展
    }
A. 4. 5
PrivateDSAKeyAttributes::=SEQUENCE {
    value        Path,
    keyInfo      KeyInfo {DomainParameters, PublicKeyOperations} OPTIONAL,
    ... --用于将来扩展
    }
A. 4. 6
PrivateKEAKeyAttributes::=SEQUENCE {
    value        Path,
    keyInfo      KeyInfo {DomainParameters, PublicKeyOperations} OPTIONAL,
    ... --用于将来扩展
    }
```

A. 5　公共密钥信息对象

```
A. 5. 1
PublicKeyChoice::=CHOICE {
    publicRSAKey        PublicKeyObject {PublicRSAKeyAttributes},
    publicECKey         [0] PublicKeyObject {PublicECKeyAttributes},
    publicDHKey         [1] PublicKeyObject {PublicDHKeyAttributes},
    publicDSAKey        [2] PublicKeyObject {PublicDSAKeyAttributes},
    publicKEAKey        [3] PublicKeyObject {PublicKEAKeyAttributes},
    genericPublicKey    [4] PublicKeyObject {GenericKeyAttributes},
    ... --用于将来扩展
    }
PublicKeyObject{KeyAttributes}::=CIO{
    CommonKeyAttributes, CommonPublicKeyAttributes, KeyAttributes}
A. 5. 2
PublicRSAKeyAttributes::=SEQUENCE {
    value            ObjectValue {RSAPublicKeyChoice},
    modulusLength    INTEGER, --以位表示的模长，例如，1024 位
    keyInfo          KeyInfo {NULL, PublicKeyOperations} OPTIONAL,
    ... --用于将来扩展
    }
RSAPublicKeyChoice::=CHOICE {
    raw     RSAPublicKey,
    spki    [1] SubjectPublicKeyInfo, -- 见 GB/T 16264.8，必须包含 RSA 公共密钥。
    ...
    }
RSAPublicKey::=SEQUENCE {
    Modulus      INTEGER,
```

```
    publicExponent   INTEGER
    }
```

A.5.3

```
PublicECKeyAttributes::=SEQUENCE {
    value     ObjectValue {ECPublicKeyChoice},
    keyInfo   KeyInfo {Parameters, PublicKeyOperations} OPTIONAL,
    ... --用于将来扩展
    }
ECPublicKeyChoice::=CHOICE {
    raw     ECPoint, --见 ANSI X9.62
    spki    SubjectPublicKeyInfo, --见 GB/T 16264.8，必须包含椭圆曲线公共密钥。
    ...
    }
```

A.5.4

```
PublicDHKeyAttributes::=SEQUENCE {
    value     ObjectValue {DHPublicKeyChoice},
    keyInfo   KeyInfo {DomainParameters, PublicKeyOperations} OPTIONAL,
    ... --用于将来扩展
    }
DHPublicKeyChoice::=CHOICE {
    raw     DHPublicNumber,
    spki    SubjectPublicKeyInfo, --见 GB/T 16264.8，必须包含 D-H 公共密钥。
    ...
    }
DHPublicNumber::=INTEGER
```

A.5.5

```
PublicDSAKeyAttributes::=SEQUENCE {
    value     ObjectValue {DSAPublicKeyChoice},
    keyInfo   KeyInfo {DomainParameters, PublicKeyOperations} OPTIONAL,
    ... --用于将来扩展
    }
DSAPublicKeyChoice::=CHOICE {
    raw     DSAPublicKey,
    spki    SubjectPublicKeyInfo, --见 GB/T 16264.8，必须包含 DSA 公共密钥。
    ...
    }
DSAPublicKey::=INTEGER
```

A.5.6

```
PublicKEAKeyAttributes::=SEQUENCE {
    value     ObjectValue {KEAPublicKeyChoice},
    keyInfo   KeyInfo {DomainParameters, PublicKeyOperations} OPTIONAL,
    ... --用于将来扩展
    }
```

```
KEAPublicKeyChoice::=CHOICE {
    raw     KEAPublicKey,
    spki    SubjectPublicKeyInfo, --见 GB/T 16264.8，必须包含 KEA 公共密钥。
    ...
    }
KEAPublicNumber::=INTEGER
```

A.6 保密密钥信息对象

A.6.1

```
SecretKeyChoice::=CHOICE {
    algIndependentKey      SecretKeyObject {SecretKeyAttributes},
    genericSecretKey       [15] SecretKeyObject {GenericKeyAttributes},
    ... --用于将来扩展
    } --注意：上下文标签[0]～[14]是过去使用的，并且不再使用
SecretKeyObject {KeyAttributes}::=CIO {
    CommonKeyAttributes, CommonSecretKeyAttributes, KeyAttributes}
```

A.6.2

```
SecretKeyAttributes::=SEQUENCE {
    value     ObjectValue { OCTET STRING },
    ... --用于将来扩展
    }
```

A.7 证书信息对象

A.7.1

```
CertificateChoice::=CHOICE {
    x509Certificate              CertificateObject { X509CertificateAttributes},
    x509AttributeCertificate     [0] CertificateObject {X509AttributeCertificateAttributes},
    spkiCertificate              [1] CertificateObject {SPKICertificateAttributes},
    pgpCertificate               [2] CertificateObject {PGPCertificateAttributes},
    wtlsCertificate              [3] CertificateObject {WTLSCertificateAttributes},
    x9-68Certificate             [4] CertificateObject {X9-68CertificateAttributes},
    cvCertificate                [5] CertificateObject {CVCertificateAttributes},
    genericCertificateObject     [6] CertificateObject {GenericCertificateAttributes},
    ... --用于将来扩展
    }
CertificateObject {CertAttributes}::=CIO {
    CommonCertificateAttributes, NULL, CertAttributes}
```

A.7.2

```
X509CertificateAttributes::=SEQUENCE {
    value           ObjectValue { Certificate },
    subject         Name OPTIONAL,
    issuer          [0] Name OPTIONAL,
    serialNumber    CertificateSerialNumber OPTIONAL,
```

```
    ... --用于将来扩展
    }
```

A.7.3

```
X509AttributeCertificateAttributes::=SEQUENCE {
    value           ObjectValue { AttributeCertificate },
    issuer          GeneralNames OPTIONAL,
    serialNumber    CertificateSerialNumber OPTIONAL,
    attrTypes       [0] SEQUENCE OF OBJECT IDENTIFIER OPTIONAL,
    ... --用于将来扩展
    }
```

A.7.4

```
SPKICertificateAttributes::=SEQUENCE {
    value    ObjectValue { CIO-OPAQUE.&Type },
    ... --用于将来扩展
    }
```

A.7.5

```
PGPCertificateAttributes::=SEQUENCE {
    value    ObjectValue { CIO-OPAQUE.&Type },
    ... --用于将来扩展
    }
```

A.7.6

```
WTLSCertificateAttributes::=SEQUENCE {
    value    ObjectValue { CIO-OPAQUE.&Type },
    ... --用于将来扩展
    }
```

A.7.7

```
X9-68CertificateAttributes::=SEQUENCE {
    value    ObjectValue { CIO-OPAQUE.&Type },
    ... --用于将来扩展
    }
```

A.7.8

```
CVCertificateAttributes::=SEQUENCE {
    value    ObjectValue { CIO-OPAQUE.&Type},
    ... --用于将来扩展
    }
```

A.8 数据容器信息对象

A.8.1

```
DataContainerObjectChoice::=CHOICE {
    opaqueDO      DataContainerObject {OpaqueDOAttributes},
    iso7816DO     [0] DataContainerObject (ISO7816DOAttributes},
    oidDO         [1] DataContainerObject {OidDOAttributes},
    ... --用于将来扩展
```

```
    }
DataContainerObject{DataObjectAttributes}::=CIO {
    CommonDataContainerObjectAttributes, NULL, DataObjectAttributes}
```

A.8.2

```
OpaqueDOAttributes::=ObjectValue {CIO-OPAQUE.&Type}
```

A.8.3

```
ISO7816DOAttributes::=ObjectValue {CIO-OPAQUE.&Type}
    (CONSTRAINED BY { --所有这样的数据容器对象应按照 GB/T 16649.4 定义-- })
```

A.8.4

```
OidDOAttributes::=SEQUENCE {
    Id        CIO-OPAQUE.& id ({AllowedOidDOs}),
    Value     CIO-OPAQUE.& Type ({AllowedOidDOs}{@id})
    }
AllowedOidDOs CIO-OPAQUE::={...}
```

A.9 鉴别信息对象

A.9.1

```
AuthenticationObejectChoice::=CHOICE {
    pwd                  AuthenticationObject { PasswordAttributes },
    biometricTemplate    [0] AuthenticationObject {BiometricAttributes},
    authKey              [1] AuthenticationObject {AuthKeyAttributes},
    external             [2] AuthenticationObject {ExternalAuthObjectAttributes},
    ... --用于将来扩展
    }
AuthenticationObject {AuthObjectAttributes}::=CIO{
    CommonAuthenticationObjectAttributes, NULL, AuthObjectAttributes}
```

A.9.2

```
PasswordAttributes::=SEQUENCE {
    pwdFlags          PasswordFlags,
    pwdType           PasswordType,
    minLength         INTEGER (cia-lb-minPasswordLength...cia-ub-minPasswordLength),
    storedLength      INTEGER (0..cia-ub-storedPinLength),
    maxLength         INTEGER OPTIONAL,
    pwdReference      [0] Reference DEFAULT 0,
    padChar           OCTET STRING (SIZE(1)) OPTIONAL,
    lastPasswordChange GeneralizedTime OPTIONAL,
    path              Path OPTIONAL,
    ... --用于将来扩展
    }
Password Flags::=BIT STRING {
    case-sensitive            (0),
    local                     (1),
    change-disabled           (2),
```

```
        unblock-disabled              (3),
        initialized                   (4),
        needs-padding                 (5),
        unblockingPassword            (6),
        soPassword                    (7),
        disable-allowed               (8),
        integrity-protected           (9),
        confidentiality-protected     (10),
        exchangeRefData               (11)
        }(CONSTRAINED BY { -- 'unblockingPassword' and 'soPassword'不能都设置 -- })
PasswordType::=ENUMERATED {bcd, ascii-numeric, utf8, half-nibble-bcd, iso9564-1,...}
```

A.9.3

```
BiometricAttributes::=CHOICE {
        biometricTemplateAttributes     BiometricTemplateAttributes,
        bit              [APPLICATION 96] BiometricInformationTemplate,
        bitGroup         [APPLICATION 97] BiometricInformationTemplateGroup
        }
BiometricInformationTemplate::=OCTET STRING --应包含 ISO/IEC 7816-11 BIT 值
BiometricInformationTemplateGroup::=OCTET STRING --应包含 ISO/IEC 7816-11 BIT 组模板值
BiometricTemplateAttributes::=SEQUENCE {
        Bioflags          BiometricFlags,
        templateId        BiometricTemplateIdentifier,
        biotype           BiometricType,
        bioReference      Reference DEFAULT 0,
        lastChange        GeneralizedTime OPTIONAL,
        path              Path OPTIONAL,
        ... --用于将来扩展
        }
BiometricTemplateIdentifier::=CHOICE {
        oid OBJECT        IDENTIFIER,
        issuerId          OCTET STRING,
        ... --用于将来扩展
        }
BiometricFlags::=BIT STRING {
        local                          (1),
        change-disabled                (2),
        unblock-disabled               (3),
        initialized                    (4),
        disable-allowed                (8),
        integrity-protected            (9),
        confidentiality-protected      (10)
        }
BiometricType::=CHOICE {
```

```
        fingerPrint          FingerPrintInformation,
        iris                 [0] IrisInformation,
        chained              [1]SEQUENCE SIZE (2..cia-ub-biometricTypes) OF BiometricType,
        ... --用于将来扩展
        }
FingerPrint::=SEQUENCE {
        hand          ENUMERATED {left, right},
        finger        ENUMERATED {thumb, pointerFinger, middleFinger, ringFinger, littleFinger},
        }
IrisInformation::=SEQUENCE {
        Eye     ENUMERATED {left, right},
        ... --用于将来扩展
        }
```

A.9.4

```
ExternalAuthObjectAttributes::=CHOICE {
        authKeyAttributes         AuthKeyAttributes,
        certBasedAttributes       [0]CertBasedAuthenticationAttributes,
        ... --用于将来扩展
        }
AuthKeyAttributes::=SEQUENCE {
        derivedKey       BOOLEAN DEFAULT TRUE,
        authKeyId        Identifier,
        ... --用于将来扩展
        }
CertBasedAuthenticationAttributes::=SEQUENCE {
        cha          OCTET STRING,
        ... --用于将来扩展
        }
```

A.10 加密和卡信息

```
CIAInfo::=SEQUENCE {
        version                  INTEGER {v1(0),v2(1)}(v1|v2,...),
        serialNumber             OCTET STRING OPTIONAL,
        manufacturerID           Label OPTIONAL,
        label                    [0] Label OPTIONAL,
        cardflags                CardFlags,
        seInfo                   SEQUENCE OF SecurityEnvironmentInfo OPTIONAL,
        recordInfo               [1] RecordInfo OPTIONAL,
        supportedAlgorithms      [2] SEQUENCE OF AlgorithmInfo OPTIONAL,
        issuerId                 [3] Label OPTIONAL,
        holderId                 [4] Label OPTIONAL,
        lastUpdate               [5] LastUpdate OPTIONAL,
        preferredLanguage        PrintableString OPTIONAL -- 按照 IETF RFC 1766
```

```
        profileIndication           [6] SEQUENCE OF ProfileIndication OPTIONAL,
        }(CONSTRAINED BY { -- 每个 AlgorithmInfo. reference 值必须是唯一的 -- })
CardFlags::= BIT STRING {
        readonly          (0),
        loginRequired     (1),
        prnGeneration     (2),
        } --Bit(3)由于历史原因而保留
SecurityEnvironmentInfo::= SEQUENCE {
        se        INTEGER,
        owner     OBJECT IDENTIFIER OPTIONAL
        aid       OCTET STRING
                  (CONSTRAINED BY { -- 必须按照 GB/T 16649.4 编码 --}) OPTIONAL,
        ... --用于将来扩展
        }
RecordInfo::= SEQUENCE {
        oDRecordLength          [0] INTEGER (0..cia-ub-recordLength) OPTIONAL,
        prKDRecordLength        [1] INTEGER (0..cia-ub-recordLength) OPTIONAL,
        puKDRecordLength        [2] INTEGER (0..cia-ub-recordLength) OPTIONAL,
        sKDRecordLength         [3] INTEGER (0..cia-ub-recordLength) OPTIONAL,
        cDRecordLength          [4] INTEGER (0..cia-ub-recordLength) OPTIONAL,
        dCODRecordLength        [5] INTEGER (0..cia-ub-recordLength) OPTIONAL,
        aODRecordLength         [6] INTEGER (0..cia-ub-recordLength) OPTIONAL
        }
AlgorithmInfo::= SEQUENCE {
        reference               Reference,
        algorithm               CIO-ALGORITHM.&id({AlgorithmSet}),
        parameters              CIO-ALGORITHM.&Parameters({AlgorithmSet}{@algorithm}),
        supportedOperations     CIO-ALGORITHM.&Operations({AlgorithmSet}{@algorithm}),
        objId                   CIO-ALGORITHM.&objectIdentifier({AlgorithmSet}{@algorithm}),
        algRef                  Reference OPTIONAL
        }
CIO-ALGORITHM::= CLASS {
        &id INTEGER UNIQUE,
        &Parameters,
        &Operations Operations,
        &objectIdentifier OBJECT IDENTIFIER OPTIONAL
} WITH SYNTAX {
        PARAMETERS &Parameters OPERATIONS &Operations ID &id [OID &objectIdentifier]
        }
CIO-OPAQUE::= TYPE-IDENTIFIER
PublicKeyOperations::= Operations
Operations::= BIT STRING {
        compute-checksum        (0), --H/W 计算 checksum
```

```
        compute-signature        (1), --H/W 计算 signature
        verify-checksum          (2), --H/W 计算 checksum
        verify-signature         (3), --H/W 计算 signature
        encipher                 (4), --H/W 数据加密
        decipher                 (5), --H/W 数据解密
        hash                     (6), --H/W 散列法
        generate-key             (7) --H/W 密钥生成
        }
cia-alg-null CIO-ALGORITHM::={
        PARAMETERS NULL OPERATIONS {{generate-key}} ID -1}
AlgorithmSet CIO-ALGORITHM::={
        cia-alg-null,
        ... --见 PKCS#11 的 &id 域(和参数)的可能值
        }
LastUpdate::=CHOICE {
        generalizedTime          GeneralizedTime,
        referencedTime           ReferencedValue,
        ... --用于将来扩展
        }(CONSTRAINED BY { -- referencedTime 的值应是类型 GeneralizedTime -- })
ProfileIndication::=CHOICE {
        profileOID         OBJECT IDENTIFIER,
        profileName        UTF8String,
        --用于将来扩展
        }
```

A.11 CIO DDO

```
CIODDO::=SEQUENCE {
        providerId         OBJECT IDENTIFIER OPTIONAL,
        odfPath            Path OPTIONAL,
        ciaInfoPath        [0] Path OPTIONAL,
        aid                [APPLICATION 15] OCTET STRING
                           (CONSTRAINED BY { -- 必须是按照 GB/T 16649.4 的 AID -- }) OPTIONAL,
        ... --用于将来扩展
        }  上下文标签 1 是过去使用的,并且不再使用
END
```

附 录 B
（资料性附录）
具有数字签名鉴别功能的卡的 CIA 示例

B.1 引言

本附录描述适合电子标识用途的 CIA 的示例和对它们的要求。该示例包括对卡和使用卡的主机侧的应用的要求。

B.2 CIOs

——私有密钥：CIO 卡应包含至少两个私有密钥，其中一个应仅用于数字签名目的（密钥使用标志：任何 sign，signRecover 和 nonRepudiation 的结合）。另一个密钥至少应能用于客户/服务器鉴别和具有设定在它的密钥使用标志中的 sign 和/或 decipher 值。鉴别 CDEs 或加密应保护所有的私有密钥。使用只签名密钥应要求持卡者用仅用于该密钥的鉴别 CDE 进行验证。该密钥长度应足够用于计划的用途。

该示例的私有密钥类型是：RSA 密钥、椭圆曲线密钥（该示例除了上述的以外，未对域参数设置限制）；和 DSA 密钥。

——保密密钥：此类型的 CDEs 可能在卡上存在也可能不存在，取决于应用提供者的设计。不要求主机侧应用处理这些密钥。

——公共密钥：此类型的 CDEs 可能在卡上存在也可能不存在，取决于应用提供者的设计。不要求主机侧应用处理这些密钥。

——证书：对于每个私有密钥，至少一个对应的证书应存储在卡中。证书应是 X509Certificate 类型。如果应用提供者存储 CA 证书在支持 GB/T 16649.4 逻辑文件组织、并且具有适当的文件访问机制的卡上，则建议它们存储在被保护的文件中。该文件应由只能被发卡者修改（或根本被不能修改）的 CD 文件引用。这包含了 CIOChoice 类型中的 trustedCertificates 选项的使用。

——数据容器对象：此类型的 CDEs 可能在卡上存在也可能不存在，取决于应用提供者的设计。不要求主机侧应用处理这些对象。

——鉴别对象：卡上应存在至少一个鉴别 CDE，控制对被保护 CDEs 的访问。分离的鉴别 CDE 应用于只签名密钥，如果这样的密钥存在。任何只签名私有密钥的使用应要求新的用户鉴别。在使用口令的情况下，任何一个口令的肯定的验证结果应不能使用与另一个口令相关的安全服务。

口令应是至少 4 个字符（BCE，UTF-8 或 ASCII）长。

当进行了连续的不正确的口令验证后，口令被锁住时，口令仅可通过发卡者定义的重置或特殊的解锁过程被解锁。

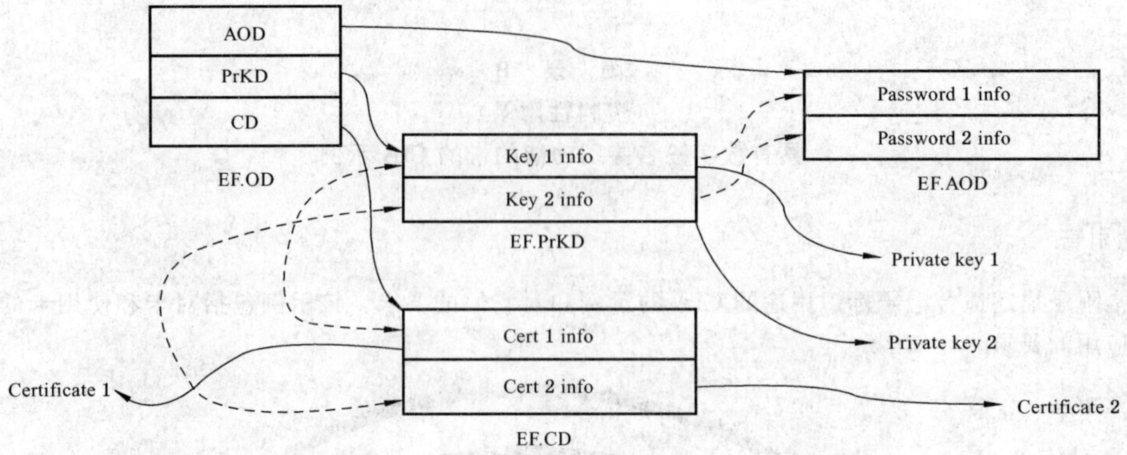

图 B.1　DF.CIA 中的文件关系，虚线箭头表示交叉引用

B.3　访问控制

私有密钥应是私有对象，并且应标记为 sensitive。包含私有密钥的文件应受到保护不能被删除和/或覆盖。应为 DF.CIA 和其中的基本文件设定表 B.1 中的访问条件。

表 B.1　建议的文件访问条件

文　件	访　问　条　件
DF.CIA	创建：用户鉴别或外部鉴别 删除：外部鉴别
EF.CIAInfo	读：允许 更新：用户鉴别或外部鉴别或不允许 增添：不允许
EF.OD	读：允许 更新：外部鉴别 增添：外部鉴别
EF.AOD	读：允许 更新：不允许 增添：用户鉴别或外部鉴别
EF.PrKD，EF.PuKD，EF.SKD，EF.CD 和 EF.DCOD	读：允许或用户鉴别 更新：用户鉴别或外部鉴别或不允许 增添：用户鉴别或外部鉴别或不允许
EF.CD 包含对信任的证书的引用	读：允许 更新：外部鉴别或不允许 增添：外部鉴别或不允许
其他 DF.CIA 中的 EFs	读：允许或用户鉴别 更新：用户鉴别或外部鉴别或不允许 增添：用户鉴别或外部鉴别或不允许
注 1：外部鉴别在 GB/T 16649.4 中说明。 注 2：外部鉴别应包括如 GB/T 16649.4 中说明的安全报文。	

注：如果应用提供者希望用鉴别对象保护 CIO 目录文件，则缺省地使用 EF.AOD 中的第一鉴别对象。显然，EF.OD和 EF.AOD 不能以此方式被保护。

附 录 C
（资料性附录）
示例拓扑结构

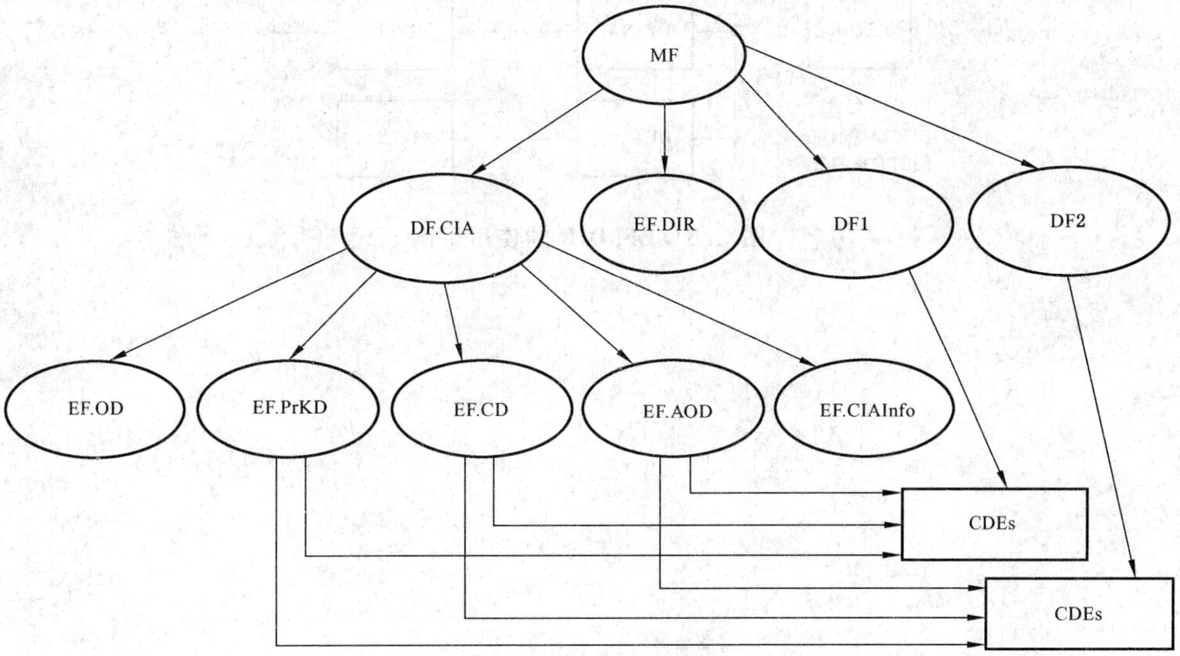

图 C.1 三个应用的示例，加密数据元存储在 CIA 的外部

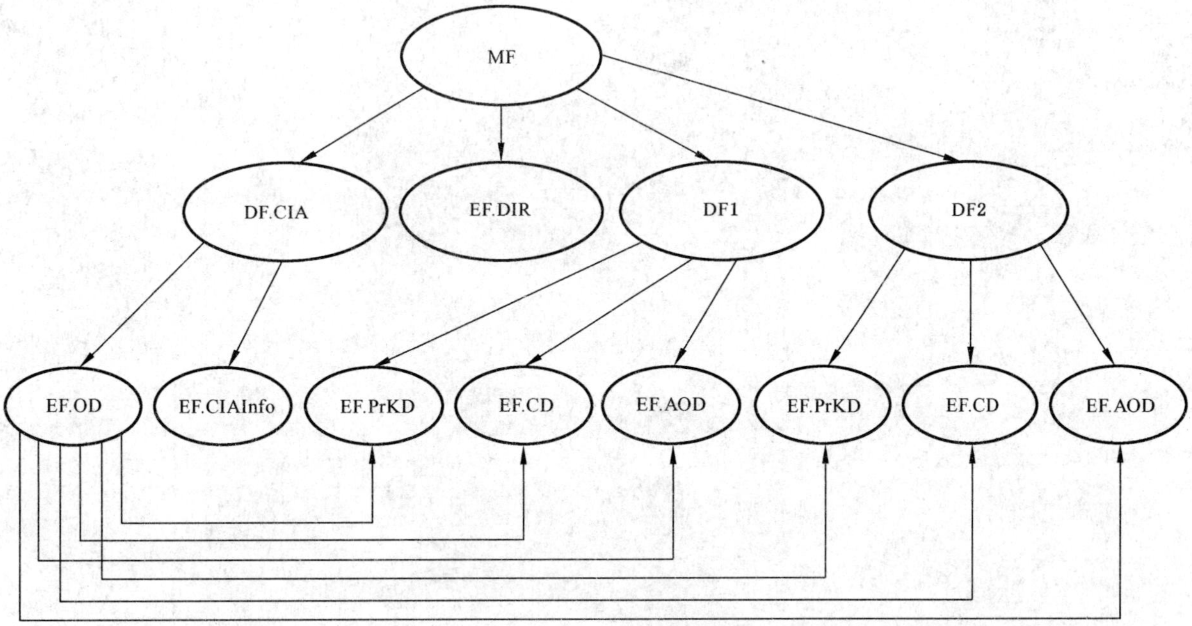

图 C.2 三个应用的示例，仅 EF.OD 和 EF.CIAInfo 在 DF.CIA 中

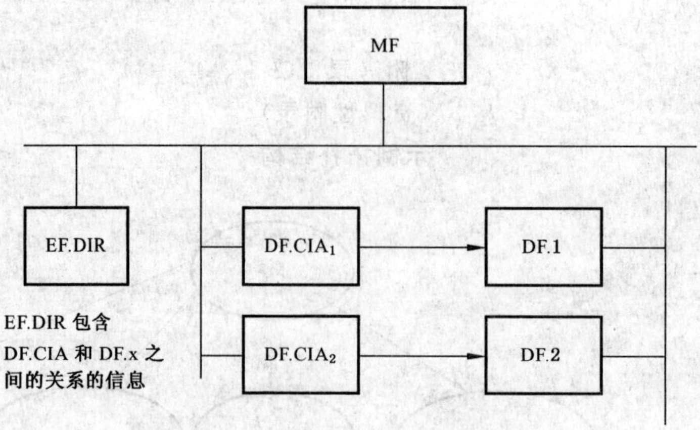

图 C.3 EF.DIR 的使用示例

附 录 D
（资料性附录）
CIO 值和它们的编码的示例

D.1 引言

本附录的每个子项，例如，D.x 指在卡文件结构中定义的一个 EFs。每个子项依次包括 3 个部分：

——第 1 个，例如，D.x.1，给出了与在 GB/T 16262 中定义的 ASN.1 值符号中的 DER 构造有关的 DEs 的名称和采样值；

——第 2 个，例如，D.x.2，将 ASN.1 语法与它们的创建的/原始的指示、采样值和长度合并；

——第 3 个，例如，D.x.3，给出当从文件读取时的实际的十六进制的 DER 代码。

该 3 部分以不同格式显示该值，以便示出它们可能出现在基于本部分规范中的不同方式。在第 1 部分中，单引号表示十六进制的字符串，这是 GB/T 16649 的常用记数法。它们后面是 H，也是常用记数法，例如'0202'H。双引号表示 TUF-8 字符串（可印刷的），例如"CIA application"。括号表示对象标识符，例如{1 2 840 113549 1 15 4 1}，实例见 GB/T 16649.4、附录 B，转换为十六进制字符串。

在第 2 部分中，前缀 0x 表示十六进制字符串，这是常用的编程记数法，例如，在常用的 GB/T 16649 记数法中，Ox3f005015 等于'3F005015'。没有此前缀的数代表其为十进制数，例如，12 的值等于它的十六进制的代码 0x0c 或'0C'。标签表示在方括弧[]之间。标签数以十进制给出。标签类在括弧中表示，除了上下文类，它为缺省值。原始的/创建的信息给出了在第 3 部分中使用的实际标签中的 b6 的值。每级缩进表示封装的级别。

在第 3 部分中，十六进制代码字节由空格分开，并且没有使用引号。每级缩进以 DO 报头（标签长度）开始，除了最后一级，它是初级 DO 的值：缩进原则与第 2 部分的相同。因此，所有 DOs 的报头属于出现在缩进的相同级别的相同的模板。

为了帮助理解，D.2 中加了行号。

D.2 EF.OD

D.2.1 ASN.1 值的计数法

```
1    privateKeys:
2         path:{
3              efidOrPath'4401'H
              },
4    certificates:
5         path:{
6              efidOrPath'4402'H
              },
7    dataContainerObjects:
8         path:{
9              efidOrPath'4403'H
              },
10   authObjects:
11        path:{
12             efidOrPath'4404'H
              }
```

D.2.2 ASN.1 的描述、标签、长度和值

```
   CIOChoice CHOICE
1     privateKeys:tag = [0] constructed;length = 6
        PrivateKeys CHOICE
2          path Path SEQUENCE:tag = [UNIVERSAL 16] constructed;length = 4
3             efidOrPath OCTET STRING:tag = [UNIVERSAL 4] primitive;length = 2
                0x4401

   CIOChoice CHOICE
4     certificates:tag = [4] constructed;length = 6
        Certificates CHOICE
5          path Path SEQUENCE:tag = [UNIVERSAL 16] constructed;length = 4
6             efidOrPath OCTET STRING:tag = [UNIVERSAL 4] primitive;length = 2
                0x4402

   CIOChoice CHOICE
7     dataContainerObjects:tag = [7] constructed;length = 6
        DataContainerObjects CHOICE
8         path Path SEQUENCE:tag = [UNIVERSAL 16] constructed;length = 4
9             efidOrPath OCTET STRING:tag = [UNIVERSAL 4] primitive;length = 2
                0x4403

   CIOChoice CHOICE
10    authObjects:tag = [8] constructed;length = 6
        AuthObjects CHOICE
11         path Path SEQUENCE:tag = [UNIVERSAL 16] constructed;length = 4
12            efidOrPath OCTET STRING:tag = [UNIVERSAL 4] primitive;length = 2
                0x4404
```

D.2.3 十六进制的 DER 编码

```
1    A0 06
2       30 04
3          04 02
              44 01
4    A4 06
5       30 04
6          04 02
              44 02
7    A7 06
8       30 04
9          04 02
              44 03
10   A8 06
11      30 04
12         04 02
```

44 04

D.3 EF.CIAInfo

D.3.1 ASN.1 值的计数法

```
cialnfoExample CIAInfo ::= {
        version             v2,
        serialNumber        '159752222515401240'H,
        manufacturerID      "Acme 公司",
        cardflags {
            prnGeneration
            }
        }
```

D.3.2 ASN.1 的描述、标签、长度和值

```
CIAInfo SEQUENCE:tag = [UNIVERSAL 16] constructed ;length = 30
  version INTEGER:tag = [UNIVERSAL 2] primitive;length = 1
    1
  serialNumber OCTET STRING:tag = [UNIVERSAL 4] primitive;length = 9
    0x159752222515401240
  manufacturerID Label UTF8String:tag = [UNIVERSAL 12] primitive;length = 10
    0x41636d652c20496e632e
  cardflags CardFlags BIT STRING:tag = [UNIVERSAL 3] primitive;length = 2
    0x0520
```

D.3.3 十六进制的 DER 编码

```
30 1E
    02 01
        01
    04 09
        15 97 52 22 25 15 40 12 40
    0C 0A
        41 63 6D 65 2C 20 49 6E 63 2E
    03 02
        05 20
```

D.4 EF.PrKD

在此示例中,两个私有密钥被引用。其他密钥相关文件,即,EF.PuKD 和 EF.SKD 具有相同的结构。预计相关的公共密钥也将以相同的标签在 EF.PuKD 中被引用。

D.4.1 ASN.1 值的计数法

```
privateRSAKey:{
    commonObjectAttributes{
        label"KEY1",
        flags {private},
        authId'01'H
            },
    classAttributes{
```

```
            iD'45'H,
            usage {decipher,sign,keyDecipher}
                },
        subClassAttributes{
            keyIdentifiers{
                {
                idType 4,
                idValue ParameterString:'4321567890ABCDEF'H
                }
            }
        },
    typeAttributes{
        value {
            efidOrPath'4B01'H
            },
        modulusLength 1024
        }
    },
    privateRSAKey:{
        commonObjectAttributes{
            label"KEY2",
            flags {private},
            authId'02'H
            },
        classAttributes{
            iD'46'H,
            usage{sign,nonRepudiation}
            },
        subClassAttributes{
            keyIdentifiers{
                {
                        idType 4,
                        idValue ParameterString:'1234567890ABCDEF'H
                        }
                }
            },
        typeAttributes{
            value {
                efidOrPath'4B02'H
                },
            modulusLength 1024
            }
        }
```

D.4.2 ASN.1的描述、标签、长度和值

```
PrivateKeyChoice CHOICE
  privateRSAKey SEQUENCE:tag = [UNIVERSAL 16] constructed;length = 59
    commonObjectAttributes CommonObjectAttributes SEQUENCE:
    tag = [UNIVERSAL 16] constructed;length = 13
      label Label UTF8String:tag = [UNIVERSAL 12] primitive;length = 4
        0x4b455931
      flags CommonObjectFlags BIT STRING:tag = [UNIVERSAL 3] primitive;
      length= 2
        0x0780
      authId Identifier OCTET STRING:tag = [UNIVERSAL 4] primitive;length = 1
        0x01
      classAttributes CommonKeyAttributes SEQUENCE: tag = [ UNIVERSAL 16 ]
      constructed;length = 7
      iD Identifier OCTET STRING:tag = [UNIVERSAL 4] primitive;length = 1
        0x45
      usage KeyUsageFlags BIT STRING:tag = [UNIVERSAL 3] primitive;length = 2
        0x0264
    subClassAttributes:tag = [0] constructed;length = 19
      CommonPrivateKeyAttributes SEQUENCE:tag = [UNIVERSAL 16] constructed;
      length = 17
        keyIdentifiers SEQUENCE OF:tag = [0] constructed;length = 15
          SEQUENCE:tag = [UNIVERSAL 16] constructed;length = 13
            idType INTEGER:tag = [UNIVERSAL 2] primitive;length = 1
              4
        idValue OpenType
          0x4321567890abcdef
    typeAttributes:tag = [1] constructed;length = 12
      PrivateRSAKeyAttributes SEQUENCE:tag = [UNIVERSAL 16] constructed;
      length = 10
        value Path SEQUENCE:tag = [UNIVERSAL 16] constructed;length = 4
            efidOrPath OCTET STRING:tag = [UNIVERSAL 4] primitive;length = 2
              0x4b01
        modulusLength INTEGER:tag = [UNIVERSAL 2] primitive;length = 2
          1024
PrivateKeyChoice CHOICE
  privateRSAKey SEQUENCE:tag = [UNIVERSAL 16] constructed;length = 60
    commonObjectAttributes CommonObjectAttributes SEQUENCE:
    tag = [UNIVERSAL 16] constructed,length = 13
      label Label UTF8String:tag = [UNIVERSAL 12] primitive;length = 4
        0x4b455932
      flags CommonObjectFlags BIT STRING:tag = [UNIVERSAL 3] primitive;
      length= 2
        0x0780
```

```
        authId Identifier OCTET STRING:tag = [UNIVERSAL 4] primitive;length = 1
          0x02
    classAttributes CommonKeyAttributes SEQUENCE:tag = [UNIVERSAL 16]
      constructed;length = 8
        iD Identifier OCTET STRING:tag = [UNIVERSAL 4] primitive;length = 1
          0x46
        usage KeyUsageFlags BIT STRING:tag = [UNIVERSAL 3] primitive;length = 3
          0x062040
      subClassAttributes:tag = [0] constructed;length = 19
        CommonPrivateKeyAttributes SEQUENCE:tag = [UNIVERSAL 16] constructed;
        length = 17
          keyIdentifiers SEQUENCE OF:tag = [0] constructed;length = 15
            SEQUENCE:tag = [UNIVERSAL 16] constructed;length = 13
              idType INTEGER:tag = [UNIVERSAL 2] primitive;length = 1
                4
              idValue OpenType
                0x1234567890abcdef
      typeAttributes : tag = [1] constructed;length = 12
        PrivateRSAKeyAttributes SEQUENCE:tag = [UNIVERSAL 16] constructed;
        length = 10
          value Path SEQUENCE:tag = [UNIVERSAL 16] constructed;length = 4
              efidOrPath OCTET STRING:tag = [UNIVERSAL 4] primitive;length = 2
                0x4b02
          modulusLength INTEGER:tag = [UNIVERSAL 2] primitive;length = 2
            1024
```

D.4.3 十六进制的 DER 编码

```
30 3B
      30 0D
            0C 04
                  4B 45 59 31
            03 02
                  07 80
            04 01
                  01
      30 07
            04 01
                  45
            03 02
                  02 64
      A0 13
            30 11
                  A0 0F
                        30 0D
                              02 01
```

```
                        04
                    04 08
                        43 21 56 78 90 AB CD EF
    A1 0C
        30 0A
            30 04
                04 02
                    4B 01
            02 02
                04 00
30 3C
    30 0D
        0C 04
            4B 45 59 32
        03 02
            07 80
        04 01
            02
    30 08
        04 01
            46
        03 03
            06 20 40
    A0 13
        30 11
            A0 0F
                30 0D
                    02 01
                        04
                    04 08
                        12 34 56 78 90 AB CD EF
    A1 0C
        30 0A
            30 04
                04 02
                    4B 02
                02 02
                    04 00
```

D.5 EF.CD

D.5.1 ASN.1值的计数法

x509Certificate：{

    commonObjectAttributes{

```
            label"CERT1",
            flags{ }
            },
        classAttributes{
            iD'45'H
            },
        typeAttributes{
            value indirect:
                path:{
                    efidOrPath'4331'H
                    }
            }
        },
    x509Certificate:{
        commonObjectAttributes{
            label"CERT2",
            flags{ }
            },
        classAttributes{
            iD'46'H
            },
    typeAttributes{
            value indirect:
                path:{
                    efidOrPath'4332'H
                    }
            }
        }
```

D.5.2 ASN.1的描述、标签、长度和值

```
CertificateChoice CHOICE
  x509Certificate SEQUENCE:tag = [UNIVERSAL 16] constructed;length = 27
    commonObjectAttributes CommonObjectAttributes SEQUENCE:
    tag = [UNIVERSAL 16] constructed;length = 10
      label Label UTF8String:tag = [UNIVERSAL 12] primitive;length = 5
        0x4345525431
      flags CommonObjectFlags BIT STRING:tag = [UNIVERSAL 3] primitive;
      length= 1
        0x00
    classAttributes CommonCertificateAttributes SEQUENCE:tag = [UNIVERSAL 16]
    constructed;length = 3
      iD Identifier OCTET STRING:tag = [UNIVERSAL 4] primitive;length = 1
        0x45
    typeAttributes : tag = [1] constructed;length = 8
```

```
      x509CertificateAttributes SEQUENCE:tag = [UNIVERSAL 16] constructed;
      length = 6
        value CHOICE
          indirect ReferencedValue CHOICE
            path Path SEQUENCE:tag = [UNIVERSAL 16] constructed;length = 4
              efidOrPath OCTET STRING:tag = [UNIVERSAL 4] primitive;
              length = 2
                0x4331
CertificateChoice CHOICE
  x509Certificate SEQUENCE:tag = [UNIVERSAL 16] constructed;length = 27
    commonObjectAttributes CommonObjectAttributes SEQUENCE:
    tag = [UNIVERSAL 16] constructed;length = 10
      label Label UTF8String:tag = [UNIVERSAL 12] primitive;length = 5
        0x4345525432
      flags CommonObjectFlags BIT STRING:tag = [UNIVERSAL 3] primitive;
      length= 1
        0x00
    classAttributes CommonCertificateAttributes SEQUENCE:tag = [UNIVERSAL 16]
    constructed;length = 3
      iD Identifier OCTET STRING:tag = [UNIVERSAL 4] primitive;length = 1
        0x46
    typeAttributes : tag = [1] constructed;length = 8
      x509CertificateAttributes SEQUENCE:tag = [UNIVERSAL 16] constructed;
      length = 6
        value CHOICE
          indirect ReferencedValue CHOICE
            path Path SEQUENCE:tag = [UNIVERSAL 16] constructed;length = 4
              efidOrPath OCTET STRING:tag = [UNIVERSAL 4] primitive;
              length = 2
                0x4332
```

D.5.3 十六进制的 DER 编码

```
30 1B
      30 0A
            0C 05
                  43 45 52 54 31
            03 01
                  00
      30 03
            04 01
                  45
      A1 08
            30 06
                  30 04
```

```
                    04 02
                          43 31
30 1B
    30 0A
        0C 05
            43 45 52 54 32
        03 01
            00
    30 03
        04 01
            46
    A1 08
        30 06
            30 04
                04 02 43 32
```

D.6 EF.AOD

D.6.1 ASN.1 值的计数法

```
pwd:{
    commonObjectAttributes{
        label"PIN1",
        flags{private}
        },
     classAttributes{
        authId'01'H
        },
     typeAttributes{
        pwdFlags { change-disabled,Initialized,needs-padding },
        pwdType bcd,
        minLength 4,
        storedLength 8,
        padChar'FF'H
        }
     },
pwd:{
    commonObjectAttributes{
        label"PIN2",
        flags{private}
        },
     classAttributes{
        authId'02'H
        },
     typeAttributes{
```

```
        pwdFlags { change-disabled,Initialized,needs-padding },
        pwdType bcd,
        minLength 4,
        storedLength 8,
        padChar'FF'H,
        path {
            efidOrPath'3F0050150100'H
            }
        }
    }
```

D.6.2 ASN.1 的描述、标签、长度和值

```
AuthenticationObjectChoice CHOICE
  pwd SEQUENCE:tag = [UNIVERSAL 16] constructed;length = 37
    commonObjectAttributes CommonObjectAttributes SEQUENCE:
    tag = [UNIVERSAL 16] constructed;length = 10
      label Label UTF8String:tag = [UNIVERSAL 12] primitive;length = 4
        0x50494e31
      flags CommonObjectFlags BIT STRING:tag = [UNIVERSAL 3] primitive;
      length= 2
        0x0780
    classAttributes CommonAuthenticationObjectAttributes SEQUENCE:
    tag = [UNIVERSAL 16] constructed;length = 3
      authId Identifier OCTET STRING:tag = [UNIVERSAL 4] primitive;length = 1
        0x01
    typeAttributes : tag = [1] constructed;length = 18
      PasswordAttributes SEQUENCE:tag = [UNIVERSAL 16] constructed;
      length = 16
        pwdFlags PasswordFlags BIT STRING:tag = [UNIVERSAL 3] primitive;
        length = 2
          0x022c
        pwdType PasswordType ENUMERATED:tag = [UNIVERSAL 10] primitive;
        length= 1
          0
        minLength INTEGER:tag = [UNIVERSAL 2] primitive;length = 1
          4
        storedLength INTEGER:tag = [UNIVERSAL 2] primitive;length = 1
          8
        padChar OCTET STRING:tag = [UNIVERSAL 4] primitive;length = 1
          0xff
AuthenticationObjectChoice CHOICE
  pwd SEQUENCE:tag = [UNIVERSAL 16] constructed;length = 47
    commonObjectAttributes CommonObjectAttributes SEQUENCE:
    tag = [UNIVERSAL 16] constructed;length = 10
      label Label UTF8String:tag = [UNIVERSAL 12] primitive;length = 4
        0x50494e32
      flags CommonObjectFlags BIT STRING:tag = [UNIVERSAL 3] primitive;
      length= 2
```

```
    0x0780
classAttributes CommonAuthenticationObjectAttributes SEQUENCE:
tag = [UNIVERSAL 16] constructed;length = 3
  authId Identifier OCTET STRING:tag = [UNIVERSAL 4] primitive;length = 1
    0x02
typeAttributes : tag = [1] constructed;length = 28
  PasswordAttributes SEQUENCE:tag = [UNIVERSAL 16] constructed;
  length = 26
    pwdFlags PasswordFlags BIT STRING:tag = [UNIVERSAL 3] primitive;
    length = 2
      0x022c
    pwdType PasswordType ENUMERATED:tag = [UNIVERSAL 10] primitive;
    length= 1
      0
    minLength INTEGER:tag = [UNIVERSAL 2] primitive;length = 1
      4
    storedLength INTEGER:tag = [UNIVERSAL 2] primitive;length = 1
      8
    padChar OCTET STRING:tag = [UNIVERSAL 4] primitive;length = 1
      0xff
    path Path SEQUENCE:tag = [UNIVERSAL 16] constructed;length = 8
      efidOrPath OCTET STRING:tag = [UNIVERSAL 4] primitive;length = 6
        0x3f0050150100
```

D.6.3 十六进制的 DER 编码

```
30 25
    30 0A
        0C 04
            50 49 4E 31
        03 02
            07 80
    30 03
        04 01
            01
    A1 12
        30 10
            30 02
                02 2C
            0A 01
                00
            02 01
                04
            02 01
                08
            04 01
                FF
```

```
30 2F
    30 0A
        0C 04
            50 49 4E 32
        03 02
            07 80
    30 03
        04 01
            02
    A1 1C
        30 1A
            30 02
                02 2C
            0A 01
                00
            02 01
                04
            02 01
                08
            04 01
                FF
            30 08
                04 06
                    3F 00 50 15 01 00
```

D.7 EF.DCOD

D.7.1 ASN.1 值的计数法

```
opaqueDO:{
    commonObjectAttributes{
        label"OBJECT1",
        flags{private,modifiable},
        authId'02'H
        },
    classAttributes{
        applicationName"APP"
        },
    typeAttributes indirect:
        path:{
            efidOrPath'4431'H,
            index 64,
            length 48
            }
    }
```

D.7.2 ASN.1的描述、标签、长度和值

```
DataContainerObjectChoice CHOICE
  opaqueDO SEQUENCE:tag = [UNIVERSAL 16] constructed;length = 39
    commonObjectAttributes CommonObjectAttributes SEQUENCE:
    tag = [UNIVERSAL 16] constructed;length = 16
      label Label UTF8String:tag = [UNIVERSAL 12] primitive;length = 7
        0x4f424a45435431
      flags CommonObjectFlags BIT STRING:tag = [UNIVERSAL 3] primitive;
      length= 2
        0x06c0
      authId Identifier OCTET STRING:tag = [UNIVERSAL 4] primitive;length = 1
        0x02
    classAttributes CommonDataContainerObjectAttributes SEQUENCE:
    tag = [UNIVERSAL 16] constructed;length = 5
      applicationName Label UTF8String:tag = [UNIVERSAL 12] primitive;
      length= 3
        0x415050
    typeAttributes : tag = [1] constructed;length = 12
      OpaqueDOAttributes CHOICE
        indirect ReferencedValue CHOICE
          path Path SEQUENCE:tag = [UNIVERSAL 16] constructed;length = 10
            efidOrPath OCTET STRING:tag = [UNIVERSAL 4] primitive;length = 2
              ox4431
            index INTEGER:tag = [UNIVERSAL 2] primitive;length = 1
              64
            length INTEGER:tag = [0] primitive;length = 1
              48
```

D.7.3 DCOD的十六进制的DER编码

```
30 27
      30 10
      0C 07
            4F 42 4A 45 43 54 31
      03 02
            06 C0
      04 01
            02
30 05
      0C 03
            41 50 50
A1 0C
      30 0A
            04 02
                  44 31
```

```
02 01
        40
80 01
        30
```

D.8　应用模板(在 EF.DIR 内)

在此示例中,仅示出一个应用模板 IDO(即,应用模板)。

D.8.1　ASN.1 值的计数法

```
applicationTemplateExample ApplicationTemplate::={
    aid  'A000000063504B43532D3135'H,
    label "RSA DSI",
    path '3F005015'H,
    ddo{
        providerId{ 1 2 840 113549 1 15 4 1 },
        aid'FAB123456789'H
        }
    }
```

D.8.2　应用模板中 ASN.1 的描述、标签、长度和值

```
ApplicationTemplate SET:tag = [APPLICATION 1] constructed;length = 53
  aid OCTET STRING:tag = [APPLICATION 15] primitive;length = 12
    0xa000000063504b43532d3135
  label UTF8String:tag = [APPLICATION 16] primitive;length = 7
    0x52534120445349
  path OCTET STRING:tag = [APPLICATION 17] primitive;length = 4
    0x3f005015
  ddo : tag = [APPLICATION 19] constructed;length = 12
    DDOTemplate OpenType
      providerId OBJECT IDENTIFIER:tag = [UNIVERSAL 6] primitive;length = 10
      { 1 2 840 113549 1 15 4 1 }
      aid OCTET STRING:tag = [APPLICATION 15] primitive;length = 6
```

D.8.3　应用模板的十六进制的 DER 编码

```
61 33
    4F 0C
        A0 00 00 00 63 50 4B 43 53 2D 31 35
    50 07
        52 53 41 20 44 53 49
    51 04
        3F 00 50 15
    73 14
    06 0A
        2A 86 48 86 F7 0D 01 0F 04 01
    4F 06
        FA B1 23 45 67 89
```

参 考 文 献

[1] GB/T 16263.2|ITU-T Recommendation X.691 (1997) 信息技术 ASN.1编码规则 第2部分:紧缩编码规则(PER)规范(GB/T 16263.2—2006,ISO/IEC 8825-2:2002,IDT)

[2] GB/T 16264.6|TU-T Recommendation X.520 (1997) 信息技术 开放系统互连 第6部分:选定的属性类型(GB/T 16264.6—2008,ISO/IEC 9594-6:2005,IDT)

[3] H ALVESTRAND. Tags for the Identification of Languages. IETF RFC 1766,March 1995

[4] ANSI X3.4—1986 Coded Character Sets-7-Bit American National Standard Code for Information Interchange

[5] ANSI X9.42—2001 Public Key Cryptography for the Financial Services Industry: Agreement of Symmetric Keys Using Discrete Logarithm Cryptography

[6] ANSI X9.62—1998 Public Key Cryptography for the Financial Services Industry:The Elliptic Curve Digital Signature Algorithm (ECDSA)

[7] ANSI X9.68: 2—2001 Digital Certificates for Mobile/Wireless and High Transaction Volume Financial Systems—Part 2:Domain Certificate Syntax

[8] T BERNERS-LEE,R FIELDING,L MASINTER. Uniform Resource Identifiers (URI):Generic Syntax. IETF RFC 2396,August 1998

[9] J CALLAS, L DONNERHACKE, H FINNEY, R THAYER. OpenPGP Message. IETF RFC 2440,November 1998

[10] C ELLISON, B FRANTZ, B LAMPSON, R RIVEST, B ThOMAS, T YLONEN. SPKI Certificate Theory. IETF RFC 2693,September 1999

[11] RSA Laboratories,PKCS #11 v2.11:Cryptographic Token Interface Standard

[12] RSA Laboratories,PKCS #15 v1.1:Cryptographic Token Information Syntax Standard

[13] WAP Forum,Wireless Application Protocol—Wireless Transport Layer Security Protocol Specification. Version 06-Apr—2001

ICS 25.040.40
L 67

中华人民共和国国家标准

GB/T 16656.11—2010/ISO 10303-11:2004
代替 GB/T 16656.11—1996

工业自动化系统与集成　产品数据表达与交换　第11部分:描述方法:EXPRESS 语言参考手册

Industrial automation systems and integration—Product data representation and exchange—Part 11:Description methods:The EXPRESS language reference manual

(ISO 10303-11:2004,IDT)

2010-12-01 发布　　2011-05-01 实施

中华人民共和国国家质量监督检验检疫总局
中国国家标准化管理委员会　发布

前　言

GB/T 16656《工业自动化系统与集成　产品数据表达与交换》是一个由多个部分组成的标准，各部分单独出版。GB/T 16656 的所属各部分又组成多个子系列，即：

——第 1 至第 19 部分规定了描述方法；
——第 20 至第 29 部分规定了实现方法；
——第 30 至第 39 部分规定了一致性测试方法与框架；
——第 40 至第 59 部分规定了集成通用资源；
——第 100 至第 199 部分规定了集成应用资源；
——第 200 至第 299 部分规定了应用协议；
——第 300 至第 399 部分规定了抽象测试套件；
——第 400 至第 499 部分规定了应用模块；
——第 500 至第 599 部分规定了应用解释构造；
——第 1000 至第 1999 部分规定了应用模块。

GB/T 16656《工业自动化系统与集成:产品数据表达与交换》现已发布了以下 26 个部分：

——第 1 部分：概述与基本原理；
——第 11 部分:描述方法:EXPRESS 语言参考手册；
——第 21 部分:实现方法:交换结构的纯正文编码；
——第 31 部分:一致性测试方法与框架:基本概念；
——第 32 部分：一致性测试方法与框架:测试实验室与客户的要求；
——第 34 部分：一致性测试方法与框架:应用协议实现的抽象测试方法；
——第 41 部分：集成通用资源:产品描述和支持原理；
——第 42 部分：集成通用资源:几何与拓扑表达；
——第 43 部分：集成通用资源:表达结构；
——第 44 部分：集成通用资源:产品结构配置；
——第 45 部分：集成通用资源:物料；
——第 46 部分：集成通用资源:可视化显示；
——第 47 部分：集成通用资源:形变公差；
——第 49 部分：集成通用资源:工艺结构与特性；
——第 101 部分：集成应用资源:绘图；
——第 105 部分：集成应用资源:运动学；
——第 201 部分：应用协议:显式绘图；
——第 202 部分：应用协议:相关绘图；
——第 203 部分：应用协议:配置控制设计；
——第 501 部分：应用解释构造:基于边的线框；
——第 502 部分：应用解释构造:基于壳的线框；
——第 503 部分：应用解释构造:几何边界的二维线框；
——第 513 部分：应用解释构造:基本边界表达；
——第 520 部分：应用解释构造:相关绘图元素；
——第 1001 部分:应用模块:外观赋值；

——第 1006 部分:应用模块:基础表达。

本部分为 GB/T 16656 的第 11 部分。

本部分等同采用国际标准 ISO 10303-11:2004《工业自动化与集成 产品数据表达与交换 第 11 部分:描述方法:EXPRESS 语言参考手册》(英文版)。

本部分代替 GB/T 16656.11—1996《工业自动化和集成 产品数据表达与交换 第 11 部分:描述方法:EXPRESS 语言参考手册》。

本部分与 GB/T 16656.11—1996 相比主要变化如下:

本部分规定了 EXPRESS 语言元素,每个语言元素在各自的上下文语境中用示例表示,先描述简单的元素,然后按照递增的方式描述更复杂的概念。本部分的修订是为了满足多模式规范的需求,新的概念构成了可扩展数据模型的体系架构,本部分的本次修订版本中增加了以下关键词:

——BASED_ON;

——END_SUBTYPE_CONSTRAINT;

——EXTENSIBLE;

——GENERIC_ENTITY;

——RENAMED;

——SUBTYPE_CONSTRAINT;

——TOTAL_OVER;

——WITH。

若模式中将这些关键词作为 EXPRESS 标识符,则在本修订版本中该模式是无效的。此外,本修订版中修改的内容保持与上一个版本的向上兼容性。

本部分的附录 A、附录 B、附录 C、附录 D、附录 E、附录 F 和附录 G 均为规范性附录,附录 H、附录 I、附录 J、附录 K、附录 NA 均为资料性附录。

本部分由中国机械工业联合会提出。

本部分由全国自动化系统与集成标准化技术委员会(SAC/TC 159)归口。

本部分主要起草单位:中国标准化研究院。

本部分主要起草人:詹俊峰、李文武、刘守华、柳青。

工业自动化系统与集成　产品数据表达与交换　第 11 部分:描述方法:EXPRESS 语言参考手册

1　范围

GB/T 16656 的本部分规定了能够定义产品数据的一种语言。这种语言被称作 EXPRESS。

本部分还规定了 EXPRESS 语言中资源构造子集的图形化表达,这种图形化表达被称作 EXPRESS-G。

在 GB/T 16656.1 中 EXPRESS 被定义为一种数据描述语言。它由各种语言元素构成,允许无二义性的数据定义,并对所定义数据的约束进行描述。

本部分适用于:

——数据类型;

——数据类型实例的约束。

本部分不适用于:

——数据库格式的定义;

——文件格式的定义;

——传输格式的定义;

——过程控制;

——信息处理;

——异常处理。

EXPRESS 不是一种编程语言。

2　规范性引用文件

下列文件中的条款通过 GB/T 16656 本部分的引用而成为本部分的条款。凡是注日期的引用文件,其随后所有的修改单(不包括勘误的内容)或修订版均不适用于本部分,然而,鼓励根据本部分达成协议的各方研究是否可使用这些文件的最新版本。凡是不注日期的引用文件,其最新版本适用于本部分。

GB/T 16656.1　工业自动化系统与集成　产品数据表达与交换　第 1 部分:概述与基本原理(GB/T 16656.1—2010,ISO 10303-1:1994,IDT)

GB/T 16262.1—2006　信息技术　抽象语法记法一(ASN.1)　第 1 部分:基本记法规范(ISO/IEC 8824-1:2002,IDT)

GB 13000.1　信息技术　通用多八位编码字符集(UCS)　第 1 部分:体系结构与基本多文种平面(GB 13000.1—1993,idt ISO/IEC 10646-1:1993)

3　术语和定义

3.1　GB/T 16656.1 中定义的术语

GB/T 16656.1 中确立下列术语和定义适用于本部分。

——Conformance requirement 一致性要求;

——Data 数据;

——Data specification language 数据规范化语言；

——Information 信息；

——Information model 信息模型；

——PICS proforma PICS 问卷。

3.2 GB/T 13000.1 中定义的术语

GB/T 13000.1 中确立的以及下列术语和定义适用于本部分。

——Graphic character 图形字符。

注：该定义仅包括那些在 GB/T 13000.1 中已定义了可视化表达的字符，不包括任何空的或有交叉的字符单元。

3.3 其他术语和定义

下列术语和定义适用于本部分。

3.3.1

复合实体数据类型　complex entity data type

一种实体的表达，复合实体数据类型确定了一个值域，该值域由公共属性和特定子类/超类图中实体数据类型的许可组合的约束定义。

3.3.2

复合实体(数据类型)实例　complex entity (data type) instance

命名复合实体数据类型的值。一个复合实体实例的名称用于引用该实例。

3.3.3

复合实体(数据类型)值　complex entity (data type) value

表达复合实体数据类型定义类中的单个信息的数据单元。它是该复合实体数据类型所确立的域中的一个成员。

3.3.4

常量　constant

特定域中命名数据类型的值。该取值不能被修改。

3.3.5

数据类型　data type

值域。

3.3.6

实体　entity

由共同特性定义的信息的类。

3.3.7

实体数据类型　entity data type

一个实体的表达。实体数据类型确定了由共同属性和约束定义的值域。

3.3.8

实体(数据类型)实例　entity (data type) instance

命名实体数据类型的值。一个实体实例的名称用于引用该实例。

3.3.9

(单一)实体(数据类型)值　(single) entity (data type) value

表达实体数据类型定义类中的单个信息的数据单元。它是该实体数据类型所确立的域中的一个成员。

3.3.10

实例　instance

命名数据类型的值。

3.3.11

多叶复合实体(数据类型)　multi-leaf complex entity (data type)

由多个实体数据类型构成的一种复合实体数据类型,其中的各实体数据类型都没有细分子类。

3.3.12

多叶复合实体(数据类型)实例　multi-leaf complex entity (data type) instance

命名的多叶复合实体数据类型的一个取值。一个多叶复合实体实例的名称用于引用该实例。

3.3.13

多叶复合实体(数据类型)值　multi-leaf complex entity (data type) value

表达多叶复合实体数据类型定义类中的单个信息的数据单元。它是该多叶复合实体数据类型所确立的域中的一个成员。

3.3.14

部分复合实体数据类型　partial complex entity data type

一个实体的可能表达。一个部分复合实体数据类型是子类/超类图中的一组实体数据类型,这组实体数据类型可构成部分或全部复合实体数据类型。

3.3.15

部分复合实体值　partial complex entity value

部分复合实体数据类型的一个取值。它本身没有含义,必须与其他部分复合实体值和名称组合共同形成一个复合实体实例。

3.3.16

实例集　population

实体数据类型实例的集。

3.3.17

主模式　primary schema

形成一个(可能循环)有向图的一组相互关联模式中的一个。主模式是一种受关注的模式,在有向图中可以有一个或多个主模式,图中的其他模式仅用来支持主模式。在将一个短模式转换为长模式时主模式要发挥特定作用(见附录 G)。

3.3.18

根模式　root schema

形成一个(可能循环)有向图的一组相互关联模式中的一个。根模式不是任何接口描述的对象,但其他所有模式都可通过根模式访问。根模式可被认为是有向图的代表。在将一个短模式转换为长模式时根模式要发挥特定作用(见附录 G)。

3.3.19

简单实体(数据类型)实例　simple entity (data type) instance

表达实体定义的类中单个信息的一个已命名数据单元。它是单一实体数据类型所确定的域中的一个成员。

3.3.20

子类/超类图　subtype/supertype graph

一个被声明的实体数据类型集合。子类/超类图中声明的实体数据类型通过子类语句相互关联。子类/超类图定义了一个或多个复合实体数据类型。

3.3.21

标记　token

一种语言的不可分解的词汇元素。

3.3.22

值　value

一个数据单元。

4 一致性要求

4.1 用 EXPRESS 表示的形式化描述

4.1.1 词法语言

EXPRESS 的形式化描述应与以下规定的给定级别保持一致。当一个形式化描述针对某一级别及其以下所有较低级别标识的所有检查都进行了验证后，则该形式化描述与该给定级别是一致的。

检查级别：

级别 1：引用检查。该级别包括的检查是为了确保形式化描述的语法和引用是有效的。如果一个形式化描述符合由附录 A 给出的基本语法规则(语法)扩展生成的语法，则它的语法是有效的。如果一个形式化描述的 EXPRESS 项的所有引用与第 10 章和第 11 章规定的范围和可见性规则保持一致，则它的引用是有效的。

级别 2：类型检查。该级别包括的检查是为了确保形式化描述与下列各项保持一致：

——表达式应符合第 12 章描述的规则；

——赋值应符合 13.3 描述的规则；

——反向属性声明应符合 9.2.1.3 的规则；

——属性重声明应符合 9.2.3.4 的规则。

级别 3：值的检查。该级别包括的检查是为了确保形式化描述符合第 7 章～第 16 章规定的类似“A 应大于 B” 形式的语句。这项检查限于 A 和 B 都能根据字面和/或常数求解的情况。

级别 4：全面检查：该级别包括的检查是为了确保形式化描述符合本部分规定的所有要求。

示例：本部分规定，当一个函数被调用时，在每个可能的处理路径中都应说明一个返回语句，这种情况应当得到检查。

4.1.2 图形形式

采用 EXPRESS-G 表达的形式化描述应与以下规定的检查级别保持一致。当一个形式化描述对于一个给定的级别和所有较低级别所标识的所有检查都进行了验证时，则该形式化描述与该给定检查级别相一致。

检查级别：

级别 1：符号与范围检查。该级别包括的检查是为了确保形式化描述分别与附录 D 中 D.5 和 D.6 定义的实体级和模式级描述相一致，也包括对形式化描述使用的附录 D 中 D.2、D.3 和 D.4 中定义的符号的检查。对形式化描述的检查还为了确保页引用和重说明属性分别与附录 D 中 D.4.1 和 D.5.5 的规定相一致。

级别 2：全面检查。该级别包括的检查是为了识别形式化描述中与附录 D 中定义的完整实体级或完整模式级说明不一致以及与第 7 章～第 16 章规定的要求不一致的内容。

4.2 EXPRESS 的实现

4.2.1 EXPRESS 语言分析程序

EXPRESS 语言分析程序的实现应能分析检查任何采用 EXPRESS 语言编写的形式化描述是否与附录 E 中规定的与该实现相关的约束相一致。如果一个 EXPRESS 语言分析程序能够对用 EXPRESS 编写的形式化描述进行特定级别(以及比该级别较低的所有级别)所要求的所有检查，则认为该 EXPRESS 语言分析程序与这个特定的检查级别(4.1.1 中定义的)相一致。

EXPRESS 语言分析程序的实现者应明确说明该实现对标识符的数量和长度、所处理数值的范围和实数值最大精度的约束条件，这些约束说明应按照附录 E 规定的格式记录下来，以便用于一致性测试。

4.2.2 图形编辑工具

EXPRESS-G 编辑工具的实现应能创建和显示形式化描述的 EXPRESS-G 图，并与附录 E 中规定的与该实现有关的约束相一致。如果EXPRESS-G编辑工具所创建和显示的形式化描述的EXPRESS-G图能与规定的检查级别(以及任何较低的级别)相一致,则认为该EXPRESS-G编辑工具与该特定检查级别是一致的。

EXPRESS-G编辑工具的实现者应明确说明该实现对标识符的数量和长度、模型每页可用符号的数量和最大页数的约束条件,这些约束说明应按照附录E规定的格式记录下来,以便用于一致性测试。

5 基本原则

假定本部分的用户熟悉以下概念。

用EXPRESS语言编写的模式(schema)描述了建立一个定义域(domain)的一组条件。可以对数据实例进行评价以确定它们是否在该定义域内。如果数据实例能满足所有条件,则认为它们是在该定义域内。如果数据实例不能满足任何条件,则该数据实例违背了条件,就不在该定义域内。当数据实例不包含可选属性的值而有些条件包含了那些可选属性时,则不能确定数据实例是否满足所有条件,此时认为该实例是在定义域内。

EXPRESS语言中的很多元素都赋有名称,该名称可允许其他语言元素引用相关联的表达,在其他语言元素的定义中使用这些名称就构成了对基础表达的引用。当语言的语法使用了名称的标识符时,为了理解这种结构,必须对基础表达进行检查。

EXPRESS语言中实体数据类型描述了一个定义域。定义域中的单个成员被假定可用某些唯一的相关标识符区分开。EXPRESS语言不规定这些标识符的内容或表达。

常数实体实例的声明定义了实体数据类型描述的定义域中一个可标识的成员。这些实体实例不能通过该定义域上的操作进行修改或删除。

EXPRESS中约束的过程描述可以声明或引用附加的实体实例为局部变量,这些变量被假设为定义域内临时的可标识成员。这些过程描述可以修改附加的实体实例,但不能修改定义域内的永久成员。这些定义域内的临时成员只能在它们被声明的过程代码范围内访问,且代码结束后就不再存在。临时成员可能会违反唯一性约束、全局规则以及局部规则,本部分没有定义当这些违反约束条件的实例数据作为实际参数传递给函数或过程时,这些函数或过程的处理方式。

EXPRESS语言没有描述实现环境,特别是EXPRESS没有规定:

——如何解决名称的引用;

——如何知道其他模式;

——如何或何时检查约束条件;

——如果一个约束条件不能满足时实现应当做什么;

——在实现中是否允许存在不符合EXPRESS模式的实例;

——在实现中是否、何时或如何创建、修改或删除实例。

6 语言描述语法

本章规定了EXPRESS语言的语法表示标记法。

附录A给出了EXPRESS语言的完整语法。为了说明具体语句的语法,部分语法规则在各章条中重新给出,这部分语法规则一般是不完整的,有时需要参考附录A查找缺失的语法规则。GB/T 16656本部分中的语法规则都用矩形方框给出,方框中的每条规则的左侧都有一个唯一的编号,用于语法规则之间的相互引用。

6.1 语法说明

EXPRESS语言的语法定义采用派生的沃思语法标记法(WSN)。

注:见参考文献[3]。

以下给出标记的约定以及 WSN 自己的定义。

```
syntax     = { production } .
production = identifier'=' expression '.' .
expression = term { '|' term } .
term       = factor { factor } .
factor     = identifier | literal | group | option | repetition .
identifier = character { character } .
literal    = '''' character { character } '''' .
group      = '(' expression ')' .
option     = '[' expression ']' .
repetition = '{' expression '}' .
```

——等号"="表示一个产生式。等号左边的元素被定义为等号右边元素的组合。除了在文字中出现的空格外，一个产生式的元素之间出现的任何空格都是无意义的。一个产生式用一个圆点"."结束。

——要素中的标识符表示出现在另一个产生式左边的非终结符号，标识符由字母、数字和下划线组成。语言的关键字是用标识符仅由大写字母组成的产生式表示的。

——文字一词表示不能进一步扩展的终结符号。文字是括在单引号中的独立的字符序列，其中的字符是 GB 13000.1 标准中第 00 组 00 面 00 行中的 21～7E 单元所定义的任何字符。当文字中出现单引号时必须写两次。

——各种括号的语义定义如下所示：

- 花括号"{ }"表示零或多次重复；
- 方括号"[ ]"表示可选参数；
- 圆括号"( )"表示括号中的这组产生式应作为单一的产生式使用；
- 竖线"|"表示应实际选择表达式中的某一项。

示例 1：字符串类型的语法如下：

```
语法：
311 string_type=STRING [width_spec].
341 width_spec='('width')'[FIXED].
340 width=numeric_expression.
```

完整的语法定义(附录 A)包括对 STRING、numeric_expression(数字表达式)和 FIXED 的定义。

示例 2：按照示例 1 给出的语法，可以进行以下替换：

a) string

b) string(22)

c) string(19)fixed

numeric_expression 的规则很复杂，可编写很多其他表达式。

6.2 专用字符标记

以下标记用于表示整个字符集和不易显示的专用字符：

——\a 表示 GB 13000.1 标准中第 00 组 00 面 00 行 21～7E 单元中的字符；

——\n 表示换行(依赖于系统)(见 7.1.5.2)；

——\q 是单引号(撇号)(')并包含在\a 中；

——\s 是空格字符；

——\x9、\xA 和\xD 分别表示 GB 13000.1 标准中第 00 组 00 面 00 行中第 9、10 和 13 位中的字符。

7 基本语言元素

本章规定构成一个 EXPRESS 模式的基本元素:字符集、注释、符号、保留字、标识符和文字。

基本语言元素由一系列正文组成,这些正文文字被划分为若干物理行。一个物理行有任意个(包括零个)字符,并由一个换行符(见 7.1.5.2)结束。

注:把一个模式的语句划分为若干行并插入一些空格符可构成不同的结构形式,以便于语句阅读。

示例:下面的两种形式是等效的。

```
entity point; x, y, z: real; end_entity;
ENTITY point;
x,
y,
z : REAL;
END_ENTITY;
```

7.1 字符集

EXPRESS 模式只能选用下列字符集中的字符:GB 13000.1 中 09、0A、0D 单元中的字符、20~7E 范围内的图形字符以及表示换行的特殊字符\n。这些字符集合称作 EXPRESS 字符集,字符集中的字符通过标准中分配给该字符的单元来引用,单元号采用十六进制表示。字符集中的可打印字符(GB 13000.1中的 21~7E 单元)共同构成了 EXPRESS 语言的标记,EXPRESS 语言的标记包括关键字、标识符、符号和文字。EXPRESS 字符集可进一步细分。

上述字符集是一种抽象的字符集合,独立于其在实现中的表达。

注 1:ISO/IEC 6429 规定了 ISO/IEC 10646 中位于 09、0A 和 0D 的字符语义,本部分没有对 ISO/IEC 6429 中规定的语义进行要求,但也不排除它们。

注 2:本条仅涉及用来描述 EXPRESS 模式的字符,而不规定字符串数据类型中许可字符的定义域。

7.1.1 数字

EXPRESS 使用阿拉伯数字 0~9(EXPRESS 字符集中 30~39 单元的字符)。

语法:

```
124 digit='0'|'1'|'2'|'3'|'4'|'5'|'6'|'7'|'8'|'9'.
```

7.1.2 字母

EXPRESS 使用英文字母表中的大写和小写字母(EXPRESS 字符集中的 41~5A 和 61~7A 单元的字符)。字母的大小写仅在显式字符串文字中有意义。

注:EXPRESS 语言可用大写、小写或混合形式(见前面的示例)。

语法:

```
128 letter='a'|'b'|'c'|'d'|'e'|'f'|'g'|'h'|'i'|'j'|'k'|'l'|
           'm'|'n'|'o'|'p'|'q'|'r'|'s'|'t'|'u'|'v'|'w'|'x'|
           'y'|'z'.
```

7.1.3 专用字符

专用字符(非字母和数字的可打印字符)主要用作标点符号和操作符,这些专用字符是 EXPRESS 字符集中 21~2F、3A~3F、40、5B~5E、60 和 7B~7E 单元的字符。

语法:

```
137 special=not_paren_star_quote_special|'('|')'|'*'|''''.
132 not paren_star_quote_special='!'|'"'|'#'|'$'|'%'|'&'|'+'|','|
                                 '-'|'.'|'/'|':'|';'|'<'|'='|'>'|
                                 '?'|'@'|'['|'\'|']'|'^'|'_'|'`'|
                                 '{'|'|'|'}'|'~'.
```

7.1.4 下划线

下划线字符(_,EXPRESS 字符集中 5F 单元的字符)可用在标识符和关键字中,但不能作为首字符使用。

7.1.5 空白

以下各条和 7.1.6 对空白进行了定义。空白一般用于分隔 EXPRESS 模式中的标记。

注:文字、常数中使用空白可改善模式的结构和可读性。

7.1.5.1 空格符

在两个标记之间可出现一个或多个空格(EXPRESS 字符集中单元 20 的字符),在 EXPRESS 语言的语法中\s 表示空格符。

7.1.5.2 换行符

在 EXPRESS 形式化描述中换行符表示一个物理行的结束。正常情况下换行符作为空格处理,但当结束一个末尾注释或者异常结束一个字串文字时,它就具有了特定意义。在 EXPRESS 语言语法中\n表示换行符。

换行符的表达是由具体实现确定的。

7.1.5.3 其他字符

单元 09、0A 和 0D 中的字符,除在显式字串文字中外,都应被作为空白处理。EXPRESS 语言语法中用 \xn 来表达这些字符,其中 n 表示 9、A 和 D 中的一个。

7.1.6 注释

注释用于编制文档,EXPRESS 语言分析器应对把它解释为空白。有两种形式的注释,即嵌入式注释和末尾注释。两种形式的注释都与一个采用注释标记的标识结构关联。

7.1.6.1 嵌入式注释

字符对(*表示一个嵌入式注释的开始,*)表示其结束。嵌入式注释可以出现在任意两个标记之间。

语法:

```
145 embedded_remark='(*'[remark_tag]{(not_paren_star{not_paren_star})|
                    lparen_then_not_lparen_star|('*'{'*'})|
                    not_raparen_star_then_rparen|embedded_remark}'*)'.
147 remark_tag='"'remark_ref{'.'remark_ref}'"'.
148 remark_ref=attribute_ref|constant_ref|entity_ref|enumeration_ref|
           function_ref|parameter_ref|procedure_ref|rule_label_ref|
           rule_ref|schema_ref|subtype_constraint_ref|type_label_ref|
           type_ref|variable_ref.
131 not_paren_star=letter|digit|not_paren_star_special.
128 letter='a'|'b'|'c'|'d'|'e'|'f'|'g'|'h'|'i'|'j'|'k'|'l'|
       'm'|'n'|'o'|'p'|'q'|'r'|'s'|'t'|'u'|'v'|'w'|'x'|
       'y'|'z'|'.
124 digit='0'|'1'|'2'|'3'|'4'|'5'|'6'|'7'|'8'|'9'.
133 not_paren_star_special=not_paren_star_quote_special|''''.
132 not_paren_star_quote_special='!'|'"'|'#'|'$'|'%'|'&'|'+'|','|
                           '-'|'.'|'/'|':'|';'|'<'|'='|'>'|
                           '?'|'@'|'['|'\'|']'|'^'|'_'|'`'|
                           '{'|'|'|'}'|'~'.
129 lparen_then_not_lparen_star='('{'('}not_lparen_star{not_lparen_star}.
130 not_lparen_star=not_paren_star|')'.
138 not_rparen_star_then_rparen=not_rparen_star{not_rparen_star}')'{')'}.
135 not_rparen_star=not_paren_star|'('.
```

EXPRESS 字符集中的任何字符都可用在嵌入式注释中，包括换行符，因此嵌入式注释可占多个物理行。

嵌入式注释可以嵌套。

注：必须注意嵌套注释应确保符号的配对。

示例：以下为嵌套的嵌入式注释的例子。

(* The'(*' symbol starts a remark, and the '*)' symbol ends it *)

7.1.6.2 末尾注释

末尾注释必须写在物理行的结尾。末尾注释用两个连续的短横线(--)开始，并以随后的换行符结束。

```
语法：
149 tail_remark='--'[remark_tag]{\a|\s|\x9|\xA|\xD}\n.
147 remark_tag='"'remark_ref{'.'remark_ref}'"'.
148 remark_ref=attribute_ref|constant_ref|entity_ref|enumeration_ref|
            function_ref|parameter_ref|procedure_ref|rule_label_ref|
            rule_ref|schema_ref|subtype_constraint_ref|type_label_ref|
            type_ref|variable_ref.
```

示例：--this is a remark that ends with a newline

7.1.6.3 注释标记

通过将注释标记作为注释中的起始字符序列，可以将注释关联到一个命名项上，即与一个标识符相关的项。注释标记后应紧跟标识注释的字符对。注释标记本身由项所声明的标识符引用组成，并被引号注释符括起来。

```
语法：
147 remark_tag='"'remark_ref{'.'remark_ref}'"'.
148 remark_ref=attribute_ref|constant_ref|entity_ref|enumeration_ref|
            function_ref|parameter_ref|procedure_ref|rule_label_ref|
            rule_ref|schema_ref|subtype_constraint_ref|type_label_ref|
            type_ref|variable_ref.
```

规则与约束：

a) remark_ref 应遵循 10.2 中规定的可视性规则。

b) 许可注释引用应按照下列方式采用 10.2 中规定的可视性规则：'.'左边的引用应标识出被引用对象的范围。

注：许可注释引用是一种采用'.'-标记(见前面定义的语法规则 147)的注释引用。

c) 如果根据上述可视性规则没有找到注释引用，则该注释将不被关联到任何项上。

d) 包含其他标记注释的已标记注释(通过嵌套方式)应完整地(包括被嵌套的注释)关联到被引用的项上。内部标记注释也应关联到它们相应的标识项上。

e) 如果被嵌套的注释和封闭注释引用了相同的标识项，则该嵌套注释应与该标识项关联 2 次，一次是在封闭注释中关联，另一次是直接关联。

示例 1：下列例子中的已标记注释引用了 ent 实体范围中的 attr 属性。

```
ENTITY ent;
attr: INTEGER;
END_ENTITY;
(*"ent.attr"The attr attribute… *)
```

示例 2：下面的例子中，已标记注释中对 my_second_schema 模式的引用后可以跟该模式中直接声明的任何标识符，例子中就使用了函数名 a_complicated_function。

```
SCHEMA my_second_schema;
...
FUNCTION a_complicated_function;
...
END_FUNCTION;
(*"my_second_schema.a_complicated_function" This complicated function… *)
...
END_SCHEMA;
```

7.2 保留字

EXPRESS 的保留字包括关键字、内部常数名、函数名和过程名。保留字不能作为标识符，以下各条详细描述了 EXPRESS 保留字的内容。

7.2.1 关键字

EXPRESS 的关键字见表 1。

注：关键字用表达文字的大写形式，这样便于阅读语法生成式。

表 1 EXPRESS 关键字

ABSTRACT	AGGREGATE	ALIAS	ARRAY
AS	BAG	BASED_ON	BEGIN
BINARY	BOOLEAN	BY	CASE
CONSTANT	DERIVE	ELSE	END
END_ALIAS	END_CASE	END_CONSTANT	END_ENTITY
END_FUNCTION	END_IF	END_LOCAL	END_PROCEDURE
END_REPEAT	END_RULE	END_SCHEMA	END_SUBTYPE_CONSTRAINT
END_TYPE	ENTITY	ENUMERATION	ESCAPE
EXTENSIBLE	FIXED	FOR	FROM
FUNCTION	GENERIC	GENERIC_ENTITY	IF
INTEGER	INVERSE	LIST	LOCAL
LOGICAL	NUMBER	OF	ONEOF
OPTIONAL	OTHERWISE	PROCEDURE	QUERY
REAL	RENAMED	REFERENCE	REPEAT
RETURN	RULE	SCHEMA	SELECT
SET	SKIP	STRING	SUBTYPE
SUBTYPE_CONSTRAINT	SUPERTYPE	THEN	TO
TOTAL_OVER	TYPE	UNIQUE	UNTIL
USE	VAR	WHERE	WHILE
WITH			

7.2.2 操作符保留字

操作符保留字见表 2，这些操作符的定义见第 12 章。

表 2 EXPRESS 操作符保留字

AND	ANDOR	DIV	IN
LIKE	MOD	NOT	OR
XOR			

7.2.3 内部常量

内部常量的名称见表 3，这些常量的定义见第 14 章。

表 3 EXPRESS 内部常量保留字

?	SELF	CONST_E	PI
FALSE	TRUE	UNKNOWN	

7.2.4 内部函数

内部函数的名称见表 4,这些函数的定义见 15 章。

表 4 EXPRESS 内部函数保留字

ABS	ACOS	ASIN	ATAN
BLENGTH	COS	EXISTS	EXP
FORMAT	HIBOUND	HIINDEX	LENGTH
LOBOUND	LOG	LOG2	LOG10
LOINDEX	NVL	ODD	ROLESOF
SIN	SIZEOF	SQRT	TAN
TYPEOF	USEDIN	VALUE	VALUE_IN
VALUE_UNIQUE			

7.2.5 内部过程

内部过程的名称见表 5,这些过程的定义见 16 章。

表 5 EXPRESS 内部过程保留字

INSERT	REMOVE

7.3 符号

符号是 EXPRESS 语言中有特定意义的专用字符或专用字符组。在 EXPRESS 中符号用作分隔符和操作符。分隔符用来表示相邻的词或语法元素的开始、分隔或结束,没有分隔符就不可能解释这些元素。操作符表示对与操作符有关的操作数应执行的运算,见第 12 章对操作符的解释。EXPRESS 符号见表 6。

表 6 EXPRESS 符号

<table>
<tr><td>.</td><td>,</td><td>;</td><td>:</td></tr>
<tr><td>*</td><td>+</td><td>-</td><td>=</td></tr>
<tr><td>%</td><td>'</td><td>\</td><td>/</td></tr>
<tr><td><</td><td>></td><td>[</td><td>]</td></tr>
<tr><td>{</td><td>}</td><td>|</td><td>e</td></tr>
<tr><td>(</td><td>)</td><td><=</td><td><></td></tr>
<tr><td>>=</td><td><*</td><td>:=</td><td>||</td></tr>
<tr><td>**</td><td>--</td><td>(*</td><td>*)</td></tr>
<tr><td>:=:</td><td>:<>:</td><td></td><td></td></tr>
</table>

7.4 标识符

标识符是模式中所声明的项的名称(见 9.3),包括模式本身。标识符不应与 EXPRESS 保留字相同。

标识符的第一个字符应当是字母,其余字符可以是字母、数字和下划线字符的任意组合。

EXPRESS 语言分析器的实现应参考附录 E 规定该实现能够读取的标识符最大字符数。

```
语法:
143 simple_id=letter{letter|digit|'—'}.
128 letter='a'|'b'|'c'|'d'|'e'|'f'|'g'|'h'|'i'|'j'|'k'|'l'|
           'm'|'n'|'o'|'p'|'q'|'r'|'s'|'t'|'u'|'v'|'w'|'x'|
           'y'|'z'.
124 digit='0'|'1'|'2'|'3'|'4'|'5'|'6'|'7'|'8'|'9'.
```

7.5 文字

文字是一种自定义的常数值。文字的类型取决于如何组合字符成为标记。文字类型包括二进制、整数、实数、字符串和逻辑类型。

语法：

```
251 literal=binary_literal|integer_literal|logical_literal|real_literal|string_literal.
```

7.5.1 二进制文字

二进制文字表示一个二进制数据类型的值，由符号%和后跟的一个或多个位(0 或 1)组成。

语法：

```
139 binary_literal='%'bit{bit}.
123 bit='0'|'1'.
```

EXPRESS 语言分析器的实现应按照附录 E 规定该实现能读取的二进制文字的最大位数。

示例：有效的二进制文字：%0101001100

7.5.2 整数文字

整数文字表示一个整数数据类型的值，由一个或多个数字组成。

语法：

```
141 integer_literal=digits.
125 digits=digit{digit}.
124 digit='0'|'1'|'2'|'3'|'4'|'5'|'6'|'7'|'8'|'9'.
```

注：整数文字的符号在语法中没有被建模，因为 EXPRESS 在表达式语法中采用了一元操作符的概念。

EXPRESS 语言分析器的实现应按照附录 E 规定该实现能读取的整数文字的最大整数值。

示例：有效的整数文字

4016

38

7.5.3 实数文字

实数文字表示一个实数数据类型的值，由一个数值部分和一个可选的指数部分组成，数值部分应包含一个小数点。

语法：

```
142 real_literal=integer_literal|
            (digits'.'[digits]['e'[sign]digits]).
125 digits=digit{digit}.
124 digit='0'|'1'|'2'|'3'|'4'|'5'|'6'|'7'|'8'|'9'.
304 sign='+'|'-'.
```

注：实数文字的符号在语法中没有被建模，因为 EXPRESS 在表达式语法中采用了一元操作符的概念。

EXPRESS 语言分析器的实现应按照附录 E 规定该实现能读取的实数文字的最大精度和最大指数。

示例 1：有效的实数文字

1.E6　　"E"可用大写或小写形式

3.5e-5

359.62

示例 2：无效的实数文字

.001　　小数点前至少要有一位数字

1e10　　小数点必须是实数文字的组成部分

1.e10　　实数文字中不能有空格

7.5.4　字符串文字

字符串文字表示一个字符串数据类型的值。它包括两种类型:简单字符串文字和编码字符串文字。简单字符串文字由单引号(')括起来的 EXPRESS 字符集(见 7.1)中的字符序列构成。简单字符串文字中的引号用两个连续引号表示。编码字符串文字是用双引号(")括起来的 GB 13000.1 四个八位组编码所表示的字符序列,编码方法定义如下:

a)　第一个八位=ISO/IEC 10646 中字符定义的组;

b)　第二个八位=ISO/IEC 10646 中字符定义的平面;

c)　第三个八位=ISO/IEC 10646 中字符定义的行;

d)　第四个八位=ISO/IEC 10646 中字符定义的单元。

八位编码序列应标识 ISO/IEC 10646 中的一个有效字符。

字符串文字不应跨越一个物理行边界,即字符串文字的引号之间不应出现换行符。

```
语法:
310 string_literal=simple_string_literal|encoded_string_literal.
144 simple_string_literal=\q{(\q\q)|not_quote|\s|\x9|\xA|\xD}\q.
134 not_quote=not_paren_star_quote_special|letter|digit|'('|')'|'*'.
132 not paren_star_quote_special='!'|'"'|'#'|'$'|'%'|'&'|'+'|','|
                                  '-'|'.'|'/'|':'|';'|'<'|'='|'>'|
                                  '?'|'@'|'['|'\'|']'|'^'|'_'|'`'|
                                  '{'|'|'|'}'|'~'.
128 letter='a'|'b'|'c'|'d'|'e'|'f'|'g'|'h'|'i'|'j'|'k'|'l'|
           'm'|'n'|'o'|'p'|'q'|'r'|'s'|'t'|'u'|'v'|'w'|'x'|
           'y'|'z'.
124 digit='0'|'1'|'2'|'3'|'4'|'5'|'6'|'7'|'8'|'9'.
140 encoded_string_literal='"'encoded_character{encoded_character}'"'.
126 encoded_character=octet octet octet octet.
136 octet=hex_digit hex_digit.
127 hex_digit=digit|'a'|'b'|'c'|'d'|'e'|'f'.
```

EXPRESS 语言分析器的实现应按照附录 E 的要求规定该实现能读取的简单字符串文字的最大字符数。

EXPRESS 语言分析器的实现还应按照附录 E 的要求规定该实现能读取的编码字符串文字的最大八位位组数(应当是 4 的倍数)。

示例 1　有效的简单字符串文字:

'Baby needs a new pair of shoes!'

读作…Baby needs a new pair of shoes!

'Ed''s Computer Store'

读作…Ed's Computer Store

示例 2　无效的简单字符串文字:

'Ed's Computer Store'

引号总应当是成对出现的。

'Ed''s Computer

Store'

不应当超过一个物理行。

示例 3 有效的编码字符串文字：

"00000041"

读作 A

"000000C5"

读作 Å

"0000795E00006238"

日本的表意文字神户(Kobe)。

示例 4 无效的编码字符串文字：

"000041"

应当为 4 个八位一组的编码。

"00000041 000000C5"

在""之间只能有十六进制字符。

7.5.5 逻辑文字

逻辑文字表示一个逻辑数据类型或布尔数据类型的值，包括内部常量 TRUE、FALSE 和 UNKNOWN。

注：UNKNOWN 与布尔数据类型不兼容。

> 语法：
> 255 logical_literal=FALSE|TRUE|UNKNOWN.

8 数据类型

本章定义了 EXPRESS 语言的数据类型。每个属性、局部变量或形式化参数都有一个关联的数据类型。

EXPRESS 数据类型可分为简单数据类型、聚合数据类型、命名数据类型、构造数据类型和广义数据类型。此外，还可以根据数据类型的应用分为可实例化数据类型、参数数据类型以及基础数据类型。有关这两种数据类型分类之间的关系说明详见 8.6。

对这些数据类型取值的许可操作详见第 12 章的规定。

8.1 简单数据类型

简单数据类型定义了 EXPRESS 语言中最小数据单元的值域，即这些数据单元不能再进一步分解为 EXPRESS 可识别的更小元素。简单数据类型分为数字型(NUMBER)、实型(REAL)、整型(INTEGER)、字符串型(STRING)、布尔型(BOOLEAN)、逻辑型(LOGICAL)和二进制型(BINARY)。

8.1.1 数字型数据类型

数字型(NUMBER)数据类型的定义域是 EXPPRESS 语言中的所有数字值。当更具体的数值表达不重要时，应使用 NUMBER 数据类型。

> 语法：
> 261 number_type=NUMBER.

示例：由于不知道数量(size)的上下文语境，因此不知道如何正确地表示它。例如参加足球比赛的人数是一个整数(INTEGER)，而球场的面积将是个实数(REAL)。

size : NUMBER;

注：在本部分未来版本中将进一步细分 NUMBER 数据类型，例如复数值域等。

8.1.2 实型数据类型

实型(REAL)数据类型的定义域是所有有理数、无理数和科学计算实数。它是 NUMBER 数据类型的专门化。

语法：
278 real_type＝REAL['('precision_spec')'].
268 precision_spec＝numeric_expression.

有理数和无理数可以精确表示为无限小数，科学计算数值表示仅在特定精度下已知的数量。精度说明(precision_spec)用有效数字位数表示。

实数文字由尾数部分和可选的指数部分构成，当去掉尾数部分的前置零以后，其构成数字的位数才是有效数字的位数。精度是有效数字的位数，这个精度对于应用是必要的。

规则和限制：

a) precision_spec 规定了所求解的数字的最小位数，该表达式的解应是一个正整数。

b) 当没有给定解的说明时，则实数的精度不受约束。

8.1.3 整型数据类型

整型(INTEGER)数据类型的定义域是所有整数数值，它是 REAL 数据类型的专门化。

语法：
241 integer_type＝INTEGER.

示例：下例实体中使用 INTEGER 数据类型表示一个名为 nodes 的属性，该属性的定义域是没有任何约束的所有整数。

```
ENTITY foo;
    nodes : INTEGER;
    ...
END_ENTITY;
```

8.1.4 逻辑型数据类型

逻辑型(LOGICAL)数据类型的定义域是三个文字：真(TRUE)、假(FALSE)和未知(UNKNOWN)。

语法：
256 logical_type＝LOGICAL.

以下规则适用于 LOGICAL 数据类型：FALSE＜UNKNOWN ＜TRUE。除了 UNKNOWN 不能赋值给布尔变量以外，LOGICAL 数据类型与布尔(BOOLEAN)数据类型是兼容的。

8.1.5 布尔型数据类型

布尔型(BOOLEAN)数据类型的定义域是两个文字：TRUE 和 FALSE。BOOLEAN 数据类型是 LOGICAL 数据类型的专门化。

语法：
182 boolean_type＝BOOLEAN.

与 LOGICAL 数据类型相似，以下规则也适用于 BOOLEAN 数据类型的取值：FLASE＜TRUE。

示例：下例中用 BOOLEAN 数据类型表示一个名为 planar 的属性。与 surface 实体实例相关联的 planar 的取值可以是 TRUE 或 FALSE。

```
ENTITY surface;
    planar : BOOLEAN;
    ...
END_ENTITY;
```

8.1.6 字符串数据类型

字符串(STRING)数据类型的定义域是字符序列。字符串中的许可字符是位于 GB 13000.1 中单元 09、0A 和 0D 的字符以及 20～7E 和 A0～10FFFF 范围内的图形符号。

```
语法:
311 string_type=STRING[width_spec].
341 width_spec='('width')'[FIXED].
340 width=numeric_expression.
```

STRING 数据类型可以定义为长度(字符个数)是固定的或可变的。如果该字符串没有规定为固定长度(在定义中通过使用 FIXED 保留字来定义),则它就是可变长的。

固定长度的 STRING 数据类型的定义域为恰好是类型定义中规定长度的所有字符序列的集合。

可变长度的 STRING 数据类型的定义域是长度小于或等于类型定义规定的最大长度的所有字符序列的集合。

如果没有规定长度,则定义域是长度不加约束的所有字符序列的集合。

可使用 12.5 描述的下标访问子字符串和单个字符。

在字符串内,字母的大写和小写都有效。

规则和限制:

字符串长度表达式的值是个正整数。

示例 1:下例定义了一个可变长字符串,它的值没有定义最大长度。

string1:STRING;

示例 2:下例定义了一个最大长度为 10 个字符的字符串,它的值的实际长度可以从 0 到 10 个字符。

string2:STRING(10);

示例 3:下例定义的字符串的长度是固定的 10 个字符,它的值应包含 10 个字符。

string3:STRING(10) FIXED;

8.1.7 二进制数据类型

二进制(BINARY)数据类型的定义域是每位为 0 或 1 的位序列。

```
语法:
181 binary_type=BINARY[width_spec].
341 width_spec='('width')'[FIXED].
340 width=numeric_expression.
```

BINARY 数据类型可以定义为固定长度的,也可以是变长的(位数)。如果没有被特别定义为固定长度的(在定义中通过使用 FIXED 保留字来定义),则该 BINARY 数据类型就是变长的。

固定长度 BINARY 数据类型的定义域是长度正好等于类型定义中所规定长度的所有位序列的集合。

变长 BINARY 数据类型的定义域是长度小于或等于类型定义中规定的最大长度的所有位序列的集合。

可以使用 12.3 描述的下标访问 BINARY 数据类型的各部分和单个位。

规则和限制:

长度表达式的计算值应为一个正整数。

示例:下例实体可用于保存字符的字形信息。

```
ENTITY character;
  representation : ARRAY [1 : 20] OF BINARY (8) FIXED ;
END_ENTITY;
```

8.2 聚合数据类型

聚合数据类型是以给定的基本数据类型(见 8.6.1)的取值集合为定义域,这些基本数据类型的值称为聚合集合的元素。EXPRESS 提供四种聚合数据类型的定义:数组(ARRAY)、列表(LIST)、包(BAG)和集合(SET)。每种聚合数据类型的取值都附有不同的特性。聚合(AGGREGATE)数据类型是这四种聚合数据类型的泛化(见 9.5.3.1)。

——数组(ARRAY)是一个有固定大小的有序集合,它通过一个整数序列进行索引。

示例 1:(几何)变换矩阵可以被定义为一个(数值)数组的数组。

——列表(LIST)是一个可根据位置访问的元素序列。列表中元素的数量是可变的,且可通过数据类型的定义约束。

示例 2:一个工艺计划的操作可以表示为一个列表,该操作是有序的,且可以向工艺计划中添加操作或者从工艺计划中删去操作。

——包(BAG)是一个允许出现重复元素的无序集合,包中元素的数量是可变的,且可通过数据类型的定义约束。

示例 3:装配问题中紧固件的集合可以表示为一个包,其中可能有许多相同的元素:螺钉,但在每个特定孔位上使用哪一个螺钉并不重要。

——集合(SET)是一个不允许出现两个相同实例元素的无序集合。集合中元素的数量是可变的,且可以通过数据类型的定义约束。

示例 4:世界人口数是一个集合。

注:EXPRESS 聚合是一维的。一般多维对象(例如数学矩阵)可以表示为基本数据类型为另外一个聚合数据类型的聚合数据类型。因此,聚合数据类型可以嵌套到能表示任意维度的任意深度。

示例 5:可以定义一个 LIST[1:3] OF ARRAY[5:10] OF INTEGER,它相当于是二维的。

8.2.1 数组数据类型

数组(ARRAY)数据类型的定义域是经索引的、大小固定的相似元素集合。由整数值表达式表示的上限和下限定义了索引值的范围以及每个数组集合的大小。ARRAY 数据类型定义可有选择地规定一个数组值不能包含有重复的元素,也可以规定一个数组值不必在每个索引位置都有一个元素。

语法:

```
175 array_type=ARRAY bound_spec OF [OPTIONAL] [UNIQUE]instantiable_type.
185 bound_spec='['bound_1':'bound_2']'.
183 bound_1=numeric_expression.
184 bound_2=numeric_expression.
```

若 m 为数组的下限,n 为上限,则该数组正好有 n－m+1 个元素。这些元素的索引是从 m 到 n,也包含 m 和 n 在内(见 12.6.1)。

注 1:数组的上下界限可以是正的、负的或零,但不能是不确定值的(?)(见 14.2)。

规则和限制:

a) bound_1 和 bound_2 的两个界限说明表达式的求解结果为正整数,且都不应为不确定值(?)。

b) bound_1 给定数组的下限,它应当是该数据类型数组值的最小有效索引。

c) bound_2 给定数组的上限,它应当是该数据类型数组值的最大有效索引。

d) bound_1 应当小于或等于 bound_2。

e) 如果规定了可选(OPTIONAL)关键字,则该数据类型数组值在一个或多个索引位置处可以有不确定值(?)。

f) 如果没有规定可选(OPTIONAL)关键字,则该数据类型数组值在任何索引位置处都不应有不确定值(?)。

g) 如果规定了唯一(UNIQUE)关键字,则该数据类型数组值中的每个元素都应与同一数组值中的其他每个元素不同(即实例不相等)。

注 2:OPTIONAL 和 UNIQUE 可以在同一个 ARRAY 数据类型定义中规定,这不排除在单个数组值中出现多个不确定值(?),这是因为不确定值(?)之间的比较会产生 UNKNOWN,所以它不违反唯一性原则。

示例:下例表示如何说明一个多维数组。

```
sectors :ARRAY [1 : 10] OF      --第一维
         ARRAY [11 : 14] OF     --第二维
         UNIQUE something;
```

第一个数组有数据类型为 ARRAY[11 : 14] OF UNIQUE something 的 10 个元素，在名为 sectors 的属性中共有 40 个数据类型为 something 的元素。在每个 ARRAY[11 : 14]中，不出现重复的元素，但是相同的 something 实例可以出现在两个不同的 ARRAY[11 : 14]值中，它们都在属性名为 sectors 的某一个值中。

8.2.2 列表数据类型

列表(LIST)数据类型的定义域是相似元素序列。可选项上下限为整列表达式，定义了 LIST 数据类型规定的集合中可以包含的最小和最大元素数量。LIST 数据类型定义可有选择地规定列表值中不能包含重复元素。

```
语法：
250 list_type=LIST[bound_spec]OF [UNIQUE]instantiable_type.
185 bound_spec='['bound_1' : 'bound_2']'.
183 bound_1=numeric_expression.
184 bound_2=numeric_expression.
```

规则和限制：

a) bound_1 表达式的求解结果应当是一个大于或等于零的整数值。它给出列表的下限，表示该数据类型的列表值中可包含的最小元素数量。bound_1 的表达式不应产生不定值(?)。

b) bound_2 表达式的求解结果应当是一个大于或等于 bound_1 的整数值，或者是一个不定值(?)。它给出列表的上限，表示该数据类型的列表值中可包含的最大元素数量。
如果该值是一个不定值(?)，则该数据类型的列表值中元素数量的上限不受限制。

c) 如果省略 bound_spec，则该列表的上下限为[0 : ?]。

d) 如果规定了关键字 UNIQUE，则在该数据类型列表值中的每个元素都应与同一列表值中的其他元素不同(即实例不相同)。

示例：下例定义了一个数组列表，该列表可包含 0～10 个数组，每个数组有 10 个整数类型的元素。在一个具体的列表中，其中的每个数组都与该列表中的其他数组不同。

```
complex_list : LIST[0 : 10] OF UNIQUE ARRAY[1 : 10] OF INTEGER;
```

8.2.3 包数据类型

BAG(包)数据类型的定义域是相似元素的无序集合。它的上下限是可选的，是整数值表达式，表示一个 BAG 数据类型定义的集合中可以包含的最小和最大元素数量。

```
语法：
180 bag_type=BAG[bound_spec]OF instantiable_type.
185 bound_spec='['bound_1' : 'bound_2']'.
183 bound_1=numeric_expression.
184 bound_2=numeric_expression.
```

规则和限制：

a) bound_1 表达式的求解结果应当是一个大于或等于零的整数值。它给出包的下限，表示该数据类型的包值中可包含的最小元素数量。bound_1 的表达式不应产生不定值(?)。

b) bound_2 表达式的求解结果应当是一个大于或等于 bound_1 的整数值，或者是一个不定值(?)。它给出包的上限，表示该数据类型的包值中可包含的最大元素数量。
如果该值是一个不定值(?)，则该数据类型的包值中元素数量的上限不受限制。

c) 如果省略 bound_spec,则该包的上下限为[0：?]。

示例:下例将一个属性定义为 BAG OF point(其中假定 point 是已在其他某处声明的已命名数据类型)。

a_bag_of_points ：BAG OF point；

属性 a_bag_of_points 的取值可以包含 0 个或多个 point,在 a_bag_of_points 的值中同一 point 的实例可以出现多次。

若要求它至少包含一个元素,则可以规定它的下限,如下所示：

a_bag_of_points ：BAG [1：?] OF point；

这样,属性 a_bag_of_points 的取值必须至少包含一个 point。

8.2.4 集合数据类型

SET(集合)数据类型的定义域是相似元素的无序集合。SET 数据类型是 BAG 数据类型的专门化。它的上下限是可选的,是整数值表达式,定义了 SET 数据类型定义的集合中可包含的最小和最大元素数量。SET 数据类型定义的集合不应包含实例相同的两个或多个元素(即重复元素)。

```
语法：
303 set_type=SET[bound_spec]OF instantiable_type.
185 bound_spec='['bound_1'：'bound_2']'.
183 bound_1=numeric_expression.
184 bound_2=numeric_expression.
```

规则和限制：

a) bound_1 表达式的求解结果应当是一个大于或等于零的整数值。它给出集合的下限,表示该数据类型的集合值中可包含的最小元素数量。bound_1 的表达式不应产生不定值(?)。

b) bound_2 表达式的求解结果应当是一个大于或等于 bound_1 的整数值,或者是一个不定值(?)。它给出集合的上限,表示该数据类型的集合值中可包含的最大元素数量。

如果该值是一个不定值(?),则该数据类型的集合值中元素数量的上限不受限制。

c) 如果省略 bound_spec,则该包的上下限为[0：?]。

d) 在 SET 数据类型的实例中每个元素都应与同一实例中的其他元素不同(即实例不相同)。

示例:下例将一个属性定义为 SET OF point(假定该数据类型是已在其他某处声明的已命名数据类型)。

a_set_of_points ：SET OF point；

属性 a_set_of_points 的值可以包含 0 个或多个 point,在 a_set_of_points 的值中每个 point 的实例都应与该集合中的其他 point 元素不同。

若要求它的取值为不多于 15 个 point,则可以规定它的上限,如下所示：

a_set_of_points ：SET [0：15] OF point；

这样,属性 a_set_of_points 的取值可以是不多于 15 个的 point。

8.2.5 聚合值唯一性

聚合元素的唯一性是基于实例比较确定的(见 12.2.2)。通过使用 VALUE_UNIQUE 函数(见 15.29)可以约束聚合值的唯一性。

示例:下例为一个集合被约束为值唯一。

```
TYPE value_unique_set = SET OF a;
WHERE
wr1:value_unique(SELF);
END_TYPE;
```

注:建模程序定义值的唯一性可以通过一对函数来说明,例如这对函数可称作 my_equal 和 my_unique,如下例伪代码所示。

```
FUNCTION my_equal(v1,v2: GENERIC:gen): LOG
  (* "my_equal" Returns TRUE if v1 'equals'
```

```
END_FUNCTION;

FUNCTION my_unique(c: AGGREGATE OF GENERIC
  (* "my_unique" Returns FALSE if two eleme
   Else returns UNKNOWN if any element c
   Otherwise returns TRUE *)
LOCAL
 result : LOGICAL;
 unknownp : BOOLEAN := FALSE;
END_LOCAL;
IF(SIZEOF(c) = 0) THEN
  RETURN(TRUE); END_IF;
REPEAT i := LOINDEX(c) TO (HIINDEX(c)-1)
  REPEAT j := (i+1) TO HIINDEX(c);
    result := my_equal(c[i], c[j]);
    IF (result = TRUE) THEN
       RETURN(FALSE); END_IF;
    IF (result = UNKNOWN) THEN
       unknownp := TRUE; END_IF;
  END_REPEAT;
END_REPEAT;
IF unknownp THEN
  RETURN(UNKNOWN);
ELSE
  RETURN(TRUE);
END_IF;
END_FUNCTION;
```

函数 my_equal 应当含有以下能够建立等效类的特性。下列中的 S 是所考虑对象的集合，my_equal(i, j)返回[FALSE,UNKNOWN,TRUE]之一，其中 i 和 j 在 S 中。

a) 对于 S 中的所有 i，my_equal(i, j)返回 TRUE(因为不定值(?)不在 S 中，不需要 my_equal(i, j)为 TRUE)；

b) 对于 S 中的所有 i 和 j，my_equal(i, j) = my_equal(j, i)；

c) 对于 S 中的所有 i、j 和 k，(my_equal(i, j) = TRUE) AND (my_equal(j, k) = TRUE)意味着 my_equal(i,k)＝TRUE。

8.3 命名数据类型

命名数据类型是指那些可以在形式化规范中说明的数据类型。有两种命名数据类型：实体数据类型和定义数据类型。本条只涉及命名数据类型的引用，这些数据类型的说明详见第 9 章的规定。

8.3.1 实体数据类型

实体数据类型是通过实体(ENTITY)声明建立的(见 9.2)。用户给实体数据类型赋值一个实体标识符，实体数据类型通过该标识符被引用。

> 语法：
> 152 entity_ref＝entity_id.

规则和限制：

entity_ref 应当是对当前范围可见的一个实体的引用(见第 10 章)。

示例：下例采用 point 实体数据类型作为一个属性的表达。

```
ENTITY point;
  x,y,z:REAL;
END_ENTITY;
ENTITY line;
    p0, p1 : point;
END_ENTITY;
```

例子中 line 实体有 2 个属性 p0 和 p1，它们的数据类型都是 point。

8.3.2 定义数据类型

定义数据类型是通过类型(TYPE)声明说明的(见 9.1)。定义数据类型由用户赋予一个类型标识符，并通过该标识符引用定义数据类型。

> 语法：
> 162 type_ref＝type_id.

规则和限制：

type_ref 应当是当前范围可见的定义数据类型的名称(见第 10 章)。

示例：下例的定义数据类型用来说明与一个属性相关的度量单位。

```
TYPE volume = REAL;
END_TYPE;
ENTITY PART;
...
    bulk : volume;
END_ENTITY;
```

例子中的 bulk 属性被表示为一个实数，但利用定义数据类型 volume 有助于明确该实数值的含义和语境。该实数值表示体积，而不是其他可被表达为实数的事物。

8.4 构造数据类型

EXPRESS 语言中有两种构造数据类型：枚举(ENUMERATION)数据类型和选择(SELECT)数据类型。这两种数据类型具有相似的语法结构，仅可用于提供定义数据类型的基本表达(见 9.1)。

8.4.1 枚举数据类型

枚举(ENUMERATION)数据类型的定义域是名称的集合。根据 ENUMERATION 数据类型的取值类型可确定名称集合的扩展内容。下列各种 ENUMERATION 数据类型是不同的：

——可扩展的 ENUMERATION；

——基于可扩展 ENUMERATION 的扩展 ENUMERATION；

——既不是可扩展的也不是扩展的 NUMERATION。

ENUMERATION 声明的名称是 ENUMERATION 数据类型唯一有效的取值。定义域中的每个名称都被引用为一个枚举项，并通过 enumeration_id 来标识。

对于既非可扩展也非扩展的 ENUMERATION 数据类型，其定义域是所声明的枚举项的有序集合。

可扩展 ENUMEATION 数据类型的定义域是所声明枚举项的集合再加上构成所有扩展枚举数据类型定义域的枚举项集合的并集。可扩展枚举数据类型是一种泛化的枚举数据类型，它采用 EXTENSIBLE 保留字进行说明。

扩展枚举数据类型的定义域是所声明的枚举项加上在其所基于的可扩展枚举数据类型中不通过扩展而是直接规定的枚举项的集合。扩展 ENUMEATION 数据类型通过使用保留字 BASED_ON 进行说明。

一个枚举数据类型既可以是可扩展的也可以是扩展的枚举数据类型。一个可扩展 ENUMERATION 可以不规定枚举项，还可以基于另一个可扩展 ENUMERATION，不规定任何扩展基础 ENUMERAION 的枚举项。based_on 关系是可传递的，即尽管有多层 based_on 关系，扩展枚举依然基于最高层的可扩展枚举；它包含所有来自中间可扩展枚举和最高层可扩展枚举的枚举项。

注 1：在单一语境中被扩展了 2 次或多次的一个可扩展枚举可以比它所扩展的枚举具有更大的定义域，此时它实际上就是一种泛化。

注 2：本部分的上个版本中规定枚举项的顺序定义了取值顺序。在本版本中除下列规则 d)规定的外，不再另外规定顺序，这是为了适用于可扩展枚举数据类型，因为扩展项的顺序是无法确定的。

语法：

```
213 enumeration_type=[EXTENSIBLE] ENUMERATION[(OF
                  enumeration_items)|enumeration_extension].
211 enumeration_items='('enumeration_id{','enumeration_id}')'.
209 enumeration_extension=BASED_ON type ref[WITH enumeration_items].
```

规则和限制：

a) 枚举数据类型应仅用作定义数据类型的基本数据类型。

b) 只有在定义中使用保留字 EXTENSIBLE 时，枚举数据类型才是可扩展的。

c) enumeration_extension 中的 type_ref 应当引用一个可扩展枚举类型。

d) 为了比较，既非可扩展也非扩展的枚举数据类型的取值顺序可以通过它们在 enumeration_id 列表中的相对位置确定；首次出现的项的顺序应小于第二项；第二项应小于第三项，依此类推。

e) 可扩展枚举或扩展枚举没有取值顺序。

f) 既非可扩展也非扩展的枚举应在定义域中规定枚举项。

g) 非可扩展的扩展枚举应当规定扩展了它所基于的可扩展枚举的定义域的枚举项。

h) 两个不同的 ENUMERATION 数据类型在其名称集合中可包含相同的 enumeation_id。如果这些枚举数据类型不是对相同可扩展枚举数据类型的扩展，则它们的 enumeration_id 描述了不同的概念，即使它们的局部名称是相同的。在这种情况下，任何对 enumeation_id 的引用(例如在表达式中)都需要通过数据类型标识符来限定，以确保引用是无歧义的，这种引用的形式是 type_id. enumeration_id。

注 3：为限制 enumeration_id 而使用的 type_id 通常被定义为一个 ENUMERATION 数据类型。

示例 1：下面的例子使用 ENUMERATION 数据类型描述各种交通工具所具有的不同行驶方式。

```
TYPE car_can_move = ENUMERATION OF
   (left, right, backward, forward);
END_TYPE;
TYPE plane_can_move = ENUMERATION OF
   (left, right, backward, forward, up, down);
END_TYPE;
```

上面的例子中枚举项 left 有两个独立的定义，由它所在每个数据类型给定。标识符 left 的这两个定义之间没有任何联系。只对 left 或 right 本身进行引用会产生歧义。因此对这两个值的引用应当通过数据类型名称限定，例如采用这种形式：car_can_move. left。

i) 可扩展枚举和它的扩展项确定了由 enumeration_id 组成的定义域。在该定义域中，相同 enumeration_id 的所有表现形式都具有相同的取值，即使当 enumeration_id 是在构成定义域的多个枚举数据类型中规定的。

示例 2：下面例子中的 EXPRESS 产生一个单一的名为 red 的枚举项，stop_light 和 canadian_flag 都扩展了颜色的定义域。

```
TYPE colour = EXTENSIBLE ENUMERATION; END_TYPE;
```

```
TYPE stop_light = ENUMERATION BASED_ON colour WITH (red, yellow,
green); END_TYPE;
TYPE canadian_flag = ENUMERATION BASED_ON colour WITH (red,
white); END_TYPE;
```

j) 说明枚举数据类型的类型声明不应包含定义域规则(局部)。

注 4：上述规则确保了一个定义数据类型对枚举数据类型的命名，且该定义数据类型不是枚举数据类型的专门化。

示例 3：下面的例子说明了如何将可扩展枚举用于模拟一个语境相关的批准概念。general_approval 如同其名称所示，是最普遍的批准概念，只显式定义了两个值。通过将 general_approval 声明为可扩展枚举，使得在声明其扩展的模式中它可以取一个语境相关的值。如果用于表达属性的定义域，则该属性的许可取值都是语境相关的。

```
SCHEMA s1;
TYPE general_approval = EXTENSIBLE ENUMERATION OF (approved, rejected);
END_TYPE;
END_SCHEMA;
SCHEMA s2;
USE FROM s1 (general_approval);
TYPE domain2_approval = EXTENSIBLE ENUMERATION BASED_ON general_approval WITH (pending);
END_TYPE;
END_SCHEMA;
SCHEMA s3;
USE FROM s1 (general_approval);
TYPE domain3_approval = EXTENSIBLE ENUMERATION BASED_ON general_approval WITH (cancelled);
END_TYPE;
END_SCHEMA;
SCHEMA s4;
USE FROM s2 (domain2_approval);
REFERENCE FROM s3 (domain3_approval);
TYPE specific_approval = ENUMERATION BASED_ON domain2_approval WITH (rework);
END_TYPE;
END_SCHEMA;
SCHEMA s5;
USE FROM s1 (general_approval);
TYPE redundant_approval = ENUMERATION
END_TYPE;
END_SCHEMA;
```

在模式 s1 的语境中：

——general_approval 的定义域为(approved, rejected)。

在模式 s2 的语境中：

——general_approval 的定义域为(approved, rejected, pending)；

——domain2_approval 的定义域为(approved, rejected, pending)。

在模式 s3 的语境中：

——general_approval 的定义域为(approved, rejected, cancelled)；

——domain3_approval 的定义域为(approved, rejected, cancelled)。

在模式 s4 的语境中：

——general_approval 的定义域为(approved, rejected, pending, cancelled, rework)；

——domain2_approval 的定义域为(approved, rejected, pending, rework)；

——domain3_approval 的定义域为(approved, rejected, cancelled)；

——specific_approval 的定义域为(approved, rejected, pending, rework)。

在模式 s5 的语境中：

——general_approval 的定义域为(approved，rejected)；

——redundant_approval 的定义域为(approved，rejected)。

8.4.2 选择数据类型

选择(SELECT)数据类型定义了在多个命名数据类型中进行选择的一种数据类型。SELECT 数据类型在其定义域中是对这些命名数据类型的泛化。对于将 SELECT 数据类型作为基本表达的定义类型而言，可以通过声明局部规则对其定义域增加约束条件。SELECT 数据类型可以是可扩展的，也可以不是。

对于既非可扩展也不是扩展的 SELECT 数据类型，其定义域是选择列表中命名数据类型定义域的并集。

可扩展 SELECT 数据类型的定义域是其自身选择列表中命名数据类型定义域的并集加上所有扩展的 SELECT 数据类型定义域的并集。可扩展 SELECT 数据类型用保留字 EXTENSIBLE 来说明。

扩展 SELECT 数据类型的定义域是其自身选择列表中命名数据类型，加上它所基于的可扩展 SELECT 数据类型中直接规定而非通过扩展的命名数据类型。扩展 SELECT 数据类型用保留字 BASED_ON 来说明。

一个 SELECT 数据类型可以既是可扩展的又是扩展的选择数据类型。可扩展 SELECT 数据类型可以不定义选择列表，还可基于另外一个可扩展 SELECT 数据类型且不规定扩展了基础 SELECT 的选择列表。

可扩展 SELECT 数据类型通过使用保留字 GENERIC_ENTITY，可约束其定义域中只包含 ENTITY 实例。对于这种情况，所有 SELECT 元素都应当是通用实体元素，而通用实体元素既可被定义为 ENTITY 数据类型，也可被定义为通用实体元素的 SELECT 集合。该 SELECT 数据类型的所有扩展都应是通用实体 SELECT 数据类型，且应说明 GENERIC_ENTITY 保留字。

```
语法：
302 select_type=[EXTENSIBLE[GENERIC_ENTITY]]SELECT
                 [select_list|select_extension].
301 select_list='('named_types{','named_types}')'.
300 select_extension=BASED_ON type_ref[WITH select_list].
```

规则和限制：

a) 选择列表中的每一项都应是一个 ENTITY 数据类型或者定义数据类型。

b) SELECT 数据类型只能被用作一个定义数据类型的基本类型。

c) SELECT 数据类型只有在其定义中规定了 EXTENSIBLE 保留字时才能扩展。

d) select_extension 中的 type_ref 应当引用一个可扩展的选择数据类型。

e) 既非可扩展也非扩展的 SELECT 数据类型应当规定一个非空的选择列表作为其定义域。

f) 非可扩展但却是扩展的 SELECT 数据类型应规定一个扩展了它所基于的可扩展 SELECT 数据类型定义域的非空选择列表。

注：SELECT 数据类型的取值可以是其选择列表中规定的多个命名数据类型中的取值。

示例 1：如果 a 和 b 是 c 的子类，且通过 ANDOR 表达式关联，若用 SELECT(a，b)定义了一个数据类型，则 SELECT 数据类型的值可以同时是 a 和 b。

示例 2：在一个给定的语境中必须在多种类型的事物中做出一个选择。

```
TYPE attachment_method = EXTENSIBLE SELECT(nail, screw);
END_TYPE;
TYPE permanent_attachment = SELECT BASED ON attachment_method WITH (glue, weld);
```

```
END_TYPE;
ENTITY nail;
    length:REAL;
    head_area:REAL;
END_ENTITY;
ENTITY screw;
    length : REAL;
    pitch : REAL;
END_ENTITY;
ENTITY glue;
    composition : material_composition;
    solvent : material_composition;
END_ENTITY;
ENTITY weld;
    composition : material_composition;
END_ENTITY;
ENTITY wall_mounting;
    mounting:product;
    on:wall;
    using:attachment_method;
END_ENTITY;
```

wall_mounting 通过一种固定方式将 product 固定到 wall 上，初始的固定方式描述了临时的固定方法。然后这些方法被扩展增加了永久固定方法。wall_mounting 的取值有一个 using 属性，该属性是 nail、screw、glue 或 weld 之一。

8.5 广义数据类型

语法： 223 generalized_types=aggregate_type|general_aggregation_types| generic_entity_type|generic_type.

广义数据类型用于说明具体数据类型的广义化，且仅能用于非常特定的语境中。通用(GENERIC)类型是所有数据类型的广义化。聚合(AGGREGATE)数据类型是所有聚合数据类型的广义化。通用聚合数据类型是对放松了部分约束条件的聚合数据类型的广义化。GENERIC_ENTITY 数据类型是所有实体数据类型的广义化，且是 GENERIC 数据类型的子类。GENERIC_ENTITY 数据类型用于约束 EXTENSIBLE SELECT 数据类型(见 8.4.2)，它是函数和过程中形式参数的有效数据类型，也是 ABSTRACT ENTITY 数据类型声明中表达属性类型的有效数据类型(见 9.5.3.3)。这些数据类型的定义详见 9.5.3。

8.6 数据类型使用分类

在本部分第 8 章中，EXPRESS 数据类型根据特性分为简单数据类型、聚合数据类型、构造数据类型、命名数据类型和广义数据类型。本条描述了根据数据类型的使用情况而进行的分类。

在 EXPRESS 中，数据类型的使用有六种不同的形式：

——用作聚合数据类型的元素的数据类型；

——用作定义或扩展一个选择数据类型的选择列表成员；

——用作数据类型的基本类型；

——用作实体数据类型属性的数据类型；

——用作常数的数据类型；

——用作函数和过程中形参与局部变量的数据类型。

此外，实体数据类型还有许多特殊用途（见第9章），这些都不适用于其他数据类型，不在这里描述。

根据数据类型的用途，可把它们分为如下几类：

——可实例化数据类型，用于表达聚合元素和常数数据类型；

——参数数据类型，用于表达显式和导出属性，以及函数和过程中的形参、函数返回结果和局部变量；

——基础数据类型，用于表达定义数据类型；

——命名数据类型，用于选择列表的成员——SELECT 数据类型取值的可能表达。

有些数据类型可作为这些方式中的任何方式使用，而另一些数据类型只能在特定的环境中使用。它们的区别概括见表7。

表7 数据类型的使用

类型	a	b	c	d
简单数据类型	●	●	●	
聚合数据类型	●	●	●	
命名数据类型	●	●	●[a]	●
构造数据类型			●	
广义数据类型		●		

a) 可实例化数据类型——聚合元素和常数的表达；

b) 参数数据类型——显式或导出属性、形参、局部变量或函数结果的表达；

c) 基础数据类型——定义类型的表达（见9.1）；

d) 命名数据类型——SELECT 数据类型的可能表达。

[a] 只有属于命名数据类型的定义数据类型才可用作基础数据类型。

命名数据类型的规定见8.3。以下各条定义可实例化数据类型、参数数据类型和基础数据类型。

8.6.1 可实例化数据类型

可实例化数据类型用于表达常数、聚合数据类型的元素以及非抽象实体数据类型的属性（见9.2.1）。

可实例化数据类型包括简单数据类型、聚合数据类型以及命名数据类型。

```
语法：
240 instantiable_type＝concrete_types|entity_ref.
193 concrete_types＝aggregation_types|simple_types|type_ref.
```

规则和限制：

a) 常数的数据类型不应当是抽象实体数据类型（见9.4）；

b) 非抽象实体数据类型的每个属性的数据类型应当是或者应当被重声明为可实例化数据类型（见9.2.1）。

8.6.2 参数数据类型

参数数据类型用于实体数据类型属性的表达以及算法（函数和过程）中形参的表达。参数数据类型也可用于表达函数返回结果以及算法中声明的局部变量的数据类型。

参数数据类型包括可实例化数据类型和广义数据类型。即所有 EXPRESS 数据类型都是参数数据类型（但构造数据类型只能被用作基于这些数据类型的定义数据类型）。

```
语法：
266 parameter_type＝generalized-types|named_types|simple_types.
223 generalized_types＝aggregate_type|general_aggregation_types|
                        generic_entity_type|generic_type.
```

规则和限制：

a） 满足可实例化数据类型规定的任何参数数据类型，对于那些要求可实例化类型的应用而言都可被当作一种可实例化类型；

b） 基本类型是可实例化数据类型的任何通用聚合数据类型(见9.5.3.5)都被当作可实例化类型。

注：像诸如ARRAY[1：3] OF REAL这样的句法构造满足两种句法生成式——aggregation_type和general_aggregation_type，则可以认为无论语法中要求满足哪一种生成式，它都是可实例化的。

8.6.3 基础数据类型

基础数据类型用于表达定义数据类型。

基础数据类型包括简单数据类型、聚合数据类型、构造数据类型和定义数据类型。

```
语法：
332 underlying_type＝concrete_types|constructed_types.
193 concrete_types＝aggregation_types|simple_types|type_ref.
```

9 声明

本章定义EXPRESS中的各类声明。EXPRESS声明可创建一个新的EXPRESS项并将标识符与其关联。通过相关联的名称，就可以在任何地方引用EXPRESS项(见第10章)。

下列声明表明了EXPRESS的主要功能：

——类型(Type)；

——实体(Entity)；

——子类约束(Subtype_constraint)；

——模式(Schema)；

——常数(Constant)；

——函数(Function)；

——过程(Procedure)；

——规则(Rule)。

声明既可以是显式的也可以是隐式的。本章描述了显式声明，在后续子条款中将描述隐式声明以及相关的项和建立项的条件。

9.1 类型声明

类型声明创建一个定义数据类型(见8.3.2)并赋予一个引用标识符。type_id被特别声明为定义数据类型的名称。用underlying_type表达该数据类型，该定义数据类型的定义域与underlying_type的定义域相同，还可用where_clause作进一步的约束(如果需要)。该定义数据类型是基础类型的专门化，因此与基础类型兼容。对于构造数据类型有一个例外，其中的定义数据类型用于命名该构造数据类型，即使在SELECT数据类型具有局部约束规则时，此定义数据类型也不是构造数据类型的专门化。

注1：多个定义数据类型可关联到相同的表达，名称有助于理解underlying_type的使用意图(或语境)。

```
语法：
327 type_decl＝TYPE type_id'＝'underlying_type';'[where_clause]END_TYPE';'.
332 underlying_type＝concrete_types|constructed_types.
```

规则和限制：

TYPE声明不应产生循环类型定义。

示例1：下例声明说明了一个名为person_name的定义数据类型，其基础表达类型是STRING。定义类型person_name可用作属性、局部变量和形式化参数的表达。这样比简单使用STRING能传达更多的含义。

```
TYPE person_name = STRING;
END_TYPE;
```

定义域规则(WHERE 语句)

定义域规则规定了定义数据类型的定义域的约束条件。定义数据类型的定义域是受定义域规则约束的基础表达的定义域。定义域规则要使用 WHERE 关键字。

语法: 338 where_clause＝WHERE domain_rule';'{domain_rule';'}.

可以给每个 domain_rule 赋予一个规则标签。

注 2:当给定了标签时,可在注释标记中使用规则标签(见 7.1.6.3)或者在实现中标识规则,例如在文档、错误报告和执行规格说明书等。推荐在这些应用中采用规则标签。

规则和限制:

a) 每个定义域规则表达式的求解结果应当是逻辑值(TRUE、FALSE 或 UNKNOWN)或不确定值(?)。

b) 每个定义域规则中关键字 SELF(见 14.5)应至少出现一次。对于基础数据类型定义域的特定取值,通过在规则中用该值替换 SELF 的每一个出现情况,可以求解定义域规则。

c) 当表达式求解值为 TRUE 时,则满足定义域规则;当求解值为 FALSE 时,则违反定义域规则;当求解值为不定解(?)或 UNKNOWN 值时,则既不满足也不违反定义域规则。

d) 定义数据类型的定义域由不违反任何定义域规则的基础数据类型定义域中的所有值组成。

e) 在给定的 TYPE 声明中,定义域规则的标签应当是唯一的。

示例 2:下例创建了一个定义数据类型,它约束基础整数数据类型仅能取正整数值。

```
TYPE positive = INTEGER;
WHERE
  notnegative:SELF>0;
END_TYPE;
```

任何被声明为 positive 类型的属性、局部变量或形式化参数都被约束只能取正整数值。

9.2 实体声明

ENTITY(实体)声明定义了一个实体数据类型并说明了引用它的标识符。

每个属性表示实体的一个特性,在每个实体实例中与实际的取值相关联。属性的数据类型就规定了可能取值的定义域。

每个约束表示下列实体特性之一:

——限制实体属性取值的数量、种类和构成。这些限制在属性声明中规定。

——对于一个给定的实例,要求的属性值之间的关系或者属性值的许可约束条件。这些限制在局部规则中出现,并被作为定义域规则。

——该实体数据类型所有实例的属性值之间所需的关系,出现在:

- 唯一性要求,它们被作为唯一性约束要求;
- 反向要求,它们被作为基数约束要求;
- 全局规则(见 9.6)。

——多于一个实体类型的实例之间所需的关系。这些限制不出现在实体声明自身中,而是作为全局规则出现(见 9.6)。

在 EXPRESS 中,只能通过实体构造函数(见 9.2.6)或复合实体构造操作符(见 12.10)创建一个实体实例。

语法：
```
206 entity_decl=entity_head entity_body END_ENTITY';'.
207 entity_head=ENTITY entity_id subsuper';'.
204 entity_body={explicit_attr}[derive_clause][inverse_clause]
        [unique_clause][where_clause].
```

规则和限制：

a) 实体声明中说明的每个属性标识符和标签在该声明范围内应当是唯一的；

b) 子类不应说明与它的某个超类中的属性有相同标识符的属性，除非子类要重声明一个从其某个超类继承的属性(见 9.2.3.4)。

9.2.1 属性

ENTITY 数据类型的属性表示了实体的本质特征、特点和特性。属性声明建立了 ENTITY 数据类型和该属性引用的数据类型之间的关系。

属性的名称表示了它所关联的值在该属性所属 ENTITY 的语境中具有的作用。

有三类属性：

——显式属性：为创建一个实体实例而应由实现提供具体值的属性。

——导出属性：由某种计算得到具体值的属性。

——反向属性：由以特定方式使用该实体的实体实例构成具体值的属性。

每个属性都建立了声明实体数据类型的一个实例与某些其他实例之间的关系。由非聚合数据类型表达的属性建立了该数据类型的简单关系，而由聚合数据类型表达的属性建立了聚合值间的集合关系和那些聚合值元素间的个别关系。此外，每一个属性都建立了它的基本数据类型和声明实体数据类型之间的一个隐式反向关系。

注：关于这些关系的详细讨论见附录 H。

9.2.1.1 显式属性

显式属性表示为创建一个实例而由实现提供取值的特性。每个显式属性标识了不同的特性。一个显式属性声明建立了一个或多个具有所示定义域的显式属性，且为每个属性赋予一个标识符。

语法：
```
215 explicit_attr=attribute_decl{','attribute_decl}':'[OPTIONAL]
        parameter_type';'.
177 attribute_decl=attribute_id|redeclared_attribute.
266 parameter_type=generalized_types|named_types|simple_types.
```

注 1：redeclared_attribute 的语法允许属性重声明，详见 9.2.3.4。

规则和限制：

a) 除非显式属性被声明为 OPTIONAL，否则该实体数据类型的每个实例都应给此属性赋予一个值。

注 2：如果显式属性的数据类型是可扩展的枚举数据类型，且没有规定枚举项，则该实体不能被实例化，除非该枚举数据类型的某些扩展至少被声明了一个枚举项。如果显式属性的数据类型是可扩展的选择数据类型，且没有规定选择元素，则该实体不能被实例化，除非该选择数据类型的某些扩展至少被声明了一个命名类型。

b) 在一个给定的实体实例中，关键字 OPTIONAL 表明该属性不必取值。如果该属性没有值，则该值被认为是不定值(?)。

c) 显式属性既不能直接也不能间接被声明为 GENERIC 数据类型。

注 3：虽然事实上语法生成式允许上述声明。

注 4：OPTIONAL 表明该属性对于此实体数据类型的实例总是有意义的，但对于某些实例而言没有具有该属性规定作用的取值。OPTIONAL 并不表示该属性对于实体数据类型的某些实例而言是无意义的，当属性对于某些实例是无意义的时用子类化建模比较合适(见 9.2.3)。

注 5：必须注意对于可选属性的引用,特别是在规则中,因为它们可能没有取值。可以利用内部函数 EXIST 确定一个值是否存在或者利用内部函数 NVL 为该计算提供一个默认值。如果两者都不适用,则可能获得一个无法预期的结果。

示例:下列声明是等效的。

```
ENTITY point;
  x,y,z:REAL;
END_ENTITY;
ENTITY point;
  x:REAL;
  y:REAL;
  z:REAL;
END_ENTITY;
```

9.2.1.2 导出属性

导出属性表示通过表达式求解计算确定取值的特性。导出属性的声明使用了 DERIVE 关键字,其声明由属性标识符、表达类型以及用于计算属性值的表达式组成。

语法:
200 derived_attr=attribute_decl':'parameter_type':='expression';'.
177 attribute_decl=attribute_id|redeclared_attribute.
266 parameter_type=generalized_types|named_types|simple_types.

注 1：qualified_attribute 语法用于属性重声明,详见 9.2.3.4。

声明中的表达式可以引用范围内的任何属性、常数(包括 SELF)或函数标识符。

规则和限制:

a) expression 的赋值应当是兼容的(见 13.3);

b) 对于一个特定的实体实例,导出属性的取值由求解表达式、用当前实例替换 SELF 出现的每个位置以及用相应的属性值替换属性引用出现的每个位置来确定;

c) 导出属性既不应直接也不应间接被声明为 GENERIC 数据类型。

注 2：虽然事实上语法生成式允许这样的声明。

示例:下例中,圆由中心点、中心轴和半径定义。除这些显式属性外,还需要考虑一些重要特性,例如面积和周长。可将它们定义为导出属性,它们的值由表达式决定。

```
ENTITY circle;
    centre : point;
    radius : REAL;
    axis : vector;
DERIVE
    area : REAL := PI*radius**2;
    perimeter : REAL := 2.0*PI*radius;
END_ENTITY;
```

9.2.1.3 反向属性

如果某实体通过一个显式属性与当前实体建立了关系,则可利用反向属性在当前实体的语境中描述这种关系。反向属性还可用来对这一关系作进一步的约束。

反向属性的声明紧随 INVERSE 关键字后,每个反向属性应单独说明。

对反向关系的基数约束可通过对反向属性的边界说明来规定,与显式属性的规定方式相同。

注 1：附录 H 提供了有关显式属性与反向属性的详细信息。

反向属性可用实体数据类型或者基本类型为实体数据类型的 BAG、SET 类型表达，该实体数据类型被当作引用实体。

反向属性声明也命名了引用实体的一个显式属性，对于当前实体数据类型的特定实例，反向属性的取值包括实例或者按照规定作用使用当前实例的引用实体数据类型的实例。在引用实体的超类/子类图中，当由于属性名称相同而出现语义二义性时，显式属性的名称应当比原来声明该属性的实体的名称优先考虑。

反向属性的三种可能的表示类型都对两个实体间的关系施加了特定的约束。

包数据类型：如果有边界说明，则它规定了可使用当前实体实例的引用实体实例的最小和最大数量。由于包中同一个实例可出现多次，所以引用实体的一个或多个实例都可引用当前实例，且一个特定的实例可多次引用当前实例。

注 2：如果反向属性被表示为一个非唯一聚合数据类型，即没有规定 UNIQUE 关键字的列表或数组或者一个包，则当前实体的特定实例可被引用实体的特定实例多次使用。

注 3：如果反向属性被表示为一个唯一聚合数据类型，即规定了 UNIQUE 关键字的列表或数组或者一个集合，则当前实体的特定实例只能被引用实体的特定实例使用一次。

反向属性的可选择性通过说明其下限为 0 来表示，即当前实体的给定实例不必被引用实体的任何实例所引用。

集合数据类型：和包数据类型相似，可以附加约束确保引用实例是唯一的。此项约束还表示一个特定的引用实例只能在反向作用中使用一次当前的实例。

注 4：如果反向属性被表示为一个唯一聚合数据类型，即规定了 UNIQUE 关键字的列表或数组或者一个集合，则反向属性无需再附加任何唯一性约束。

实体数据类型：反向属性正好包含按照规定作用使用当前实例的引用实体的一个实例，这种情况下反向关系的基数是 1∶1。

语法：

```
248 inverse_attr=attribute_decl':'[(SET|BAG)[bound_spec]OF] entity_ref
                 FOR[entity_ref'.'] attribute_ref';'.
177 attribute_decl=attribute_id|redeclared_attribute.
185 bound_spec='['bound_1':'bound_2']'.
183 bound_1=numeric_expression.
184 bound_2=numeric_expression.
```

规则和限制：

a) 一个实体要对被声明的当前实体定义正向关系时，应当与定义一个显式属性一样。

b) 定义正向关系的实体中的显式属性的数据类型应当属于以下类型：

——被声明的当前实体；

——被声明实体的超类；

——基于包含了上述类型之一的选择数据类型的定义数据类型；

——基础类型是上述类型之一的聚合数据类型。

c) 在反向属性声明中被引用的实体可以是声明正向关系的实体的子类，这种情况下反向属性只包含该子类的实例。以这种方式引用的子类不应将正向属性重声明为反向属性。

d) 如果定义正向关系的实体中显式属性的名称在该实体子类/超类图中不是唯一的，则应当在 FOR 关键字后使用该实体数据类型的名称来限定此显式属性的名称。

e) 反向属性既不能直接也不能间接地被声明为 GENERIC 数据类型。

注 5：尽管事实上语法生成式允许这样的声明。

示例：假定声明了一个用于门装配的实体如下：

```
ENTITY door;
  handle : knob;
  hinges : SET [1 : ?] OF hinge;
END_ENTITY;
```

然后在门把手的声明中希望增加约束，即只有当门把手在门的一个实例中用于把手(handle)的作用时它才存在。

```
ENTITY knob;
  ...
INVERSE
  opens : door FOR handle;
END_ENTITY;
```

另外一方面，仅希望规定一个门把手是被零个或一个门使用的(例如它或者是在门上的，或者还未装在门上)。

```
ENTITY knob;
  ...
INVERSE
  opens : SET [0 : 1] OF door FOR handle;
END_ENTITY;
```

9.2.2 局部规则

局部规则确定了实体实例的定义域，故适用于该实体数据类型的所有实例。有两种局部规则，唯一性规则在所给实体数据类型的所有实例之间控制属性值的唯一性。定义域规则对给定实体数据类型的每个实例的属性值或这些值之间的其他约束条件进行描述。

每个局部规则都可以有一个给定的规则标签。

注：当给定了规则标签时，它可用于注释标记中(见 7.1.6.3)或者标识实现规则，例如在文档编制、错误报告、实施说明等中。本部分推荐将规则标签用于这些目的。

9.2.2.1 唯一性规则

对单个属性或属性组合的唯一性约束可以在唯一性规则中说明。唯一性规则紧随在关键字UNIQUE后，规定单个属性名或者属性名列表。规定单个属性名的规则称作简单唯一性规则，它规定了在定义域中的实体数据类型的任何两个实例对于该命名属性而言不应使用相同的实例；规定两个或多个属性名的规则称作联合唯一性规则，它规定了实体数据类型的两个实例对于该命名实例不应有相同的实例组合。

注：比较操作是通过实例是否相等而不是通过取值是否相等进行的(见 12.2.2)。

语法：

```
333 unique_clause = UNIQUE unique_rule ';' { unique_rule ';' } .
334 unique_rule = [ rule_label_id ':' ] referenced_attribute { ','
                  referenced_attribute } .
280 referenced_attribute = attribute_ref | qualified_attribute .
```

规则和限制：

a) 当一个被标识为可选的(OPTIONAL)的显式属性(见 9.2.1.1)出现在唯一性规则中时,如果该属性对于特定的实体实例没有取值,则该唯一性规则既没有被违背也没有被认定,因此该实体实例是定义域中的成员。

示例 1:如果一个实体有 a、b 和 c 三个属性,则可定义:

```
ENTITY e;
   a,b,c : INTEGER ;
UNIQUE
   ur1 : a;
   ur2 : b;
   ur3 : c;
END_ENTITY;
```

这意味被声明的该实体数据类型的两个实例对于 a、b 或 c 不能取相同的值。

示例 2:定义一个 person_name 实体如下所示:

```
ENTITY person_name;
    last : STRING;
    first : STRING;
    middle : STRING;
    nickname : STRING;
END_ENTITY;
```

它可以如下使用:

```
ENTITY employee;
   badge : NUMBER;
   name : person_name;
   …
UNIQUE
   ur1: badge, name;
   …
END_ENTITY;
```

在该示例中,person_name 实体的两个实例的四个属性可以有相同的取值集合。但是对于 employee实体,要求 badge 和 name 在一起作为一个整体时必须是唯一的。因此,employee 实体的两个实例,可以有相同的 badge 属性值和相同的 name 属性值,但不允许既有相同的 name 又有相同的 badge,因为这两个属性值的组合必须是唯一的(见 9.6 描述属性取值唯一性的方法)。

9.2.2.2 定义域规则(WHERE 子语句)

定义域规则针对每个实体实例的单个属性或属性组合的取值进行了约束规定。所有定义域规则在关键字 WHERE 后给出。

语法: 338 where_clause＝WHERE domain_rule';'{domain_rule';'}.

规则和限制:

a) 每个定义域规则表达式求解的结果应当是一个逻辑值(TRUE、FALSE 或 UNKNOWN)或者不确定值(?)。

b) 每个定义域规则表达式应包含一个对 SELF,或在本实体中或其任何超类中声明的属性的引用。

c) 关键字 SELF 在具体实现中应引用被声明实体的一个实例。

d) 当表达式结果为 TRUE 时,则满足定义域规则;当表达式结果为 FALSE 时,则不满足定义域规则;当表达式结果为不确定值(?)或 UNKNOWN 时,则既不满足也不违反定义域规则。

e) (定义域中)的实体的有效实例是不违反定义域规则的。

示例 1:一个 unit_vector 实体要求矢量的长度正好为 1,该约束可说明如下:

```
ENTITY unit_vector;
  a, b, c : REAL;
WHERE
  length_1 : a**2 + b**2 + c**2 = 1.0;
END_ENTITY;
```

定义域规则中的可选属性:

一个包含可选属性的定义域规则应如下处理:

规则和限制:

a) 当属性有一个值时,同其他定义域规则一样进行计算。

b) 当属性没有值时,在计算定义域规则表达式的值时将不确定值(?)作为该属性的值。包含不确定值(?)的表达式求值在第 12 章说明。

示例 2:将前一个示例修改后如下:

```
ENTITY unit_vector;
  a, b : REAL;
     c : OPTIONAL REAL;
WHERE
  length_1 : a**2 + b**2 + c**2 = 1.0;
END_ENTITY;
```

该定义域规则的目的是确保 unit_vector 是单位化的。但当属性 c 的值是一个不确定值(?)时,无论属性 a 和 b 取何值,该定义域规则表达式的求值结果总是 UNKNOWN。

当可选属性的值为不确定值(?)时,可使用 NVL 标准函数(见 15.18)得到一个合理的值。当可选属性有值时,NVL 函数返回该值;否则,返回一个替代值。

```
ENTITY unit_vector;
  a, b : REAL;
     c : OPTIONAL REAL;
WHERE
  length_1 : a**2 + b**2 + NVL(c,0.0)**2 = 1.0;
END_ENTITY;
```

9.2.3 子类和超类

EXPRESS 语言允许将实体规定为其他实体的子类,子类实体是超类实体的专门化。这就在实体之间建立了继承关系(即子类/超类),子类实体将继承其超类实体的特性(即属性和约束)。连续的子类/超类关系建立了一个继承图,其中子类的每个实例都是其超类的实例。

由子类/超类关系建立的继承图应当是非循环的。

一个完整定义了实体所有有效特性的实体说明就是说明了一个简单实体数据类型。一个建立了与超类之间的继承关系的实体说明就是说明了一个复合实体数据类型。在继承图中的复合实体数据类型共享其超类的特性。复合实体数据类型可以具有其超类中未包含的附加特性。

> 语法:
> 312 subsuper=[supertype_constraint][subtype_declaration].

下列事实属于子类/超类关系。这些事实涉及到子类/超类图。子类/超类图是一种多根的有向非循环图,其中的节点表示实体类型,连线表示子类/超类关系。沿着 SUBTYPE OF 连线引向超类,而相反方向则是从超类引向子类。

规则和限制：

a） 若有超类和子类，则超类约束应优先于子类约束。

b） 子类可有多个超类。

c） 超类可以有多个子类。

d） 超类本身可以是一个或多个其他实体类型的子类，即子类/超类图中的路径可经过若干个节点。

e） 子类/超类关系是可以传递的，即如果A是B的子类，B是C的子类，则A也是C的子类。一个特定实体类型的超类实体应当是可能经过和开始于该实体并跟随SUBTYPE OF链接的那些实体。

f） 一个子类不应当是它所有超类列表任何类型的超类，即子类/超类图是非循环的。

9.2.3.1 说明子类

含有SUBTYPE声明的实体是一个子类实体。子类声明应当标识它的所有直接超类。子类实体数据类型的实例是其每个超类的实例。

语法：
318 subtype_declaration＝SUBTYPE OF'('entity_ref{','entity_ref}')'.

9.2.3.2 说明超类

超类实体可通过显式或隐式方式说明。含有ABSTRACT SUPERTYPE声明的实体被显式说明为一个超类。若实体是在至少另一个实体的SUBTYPE声明中命名的，则它被隐式说明为超类。

语法：
319 supertype_constraint＝abstract_entity_declaration|
abstract_supertype_declaration|supertype_rule.
164 abstract_entity_declaration＝ABSTRACT.
166 abstract_supertype_declaration＝ABSTRACT SUPERTYPE[subtype_constraint].
313 subtype_constraint＝OF'('supertype_expression')'.
320 supertype_expression＝supertype_factor{ANDOR supertype_factor}.
321 supertype_factor＝supertype_term{AND supertype_term}.
323 supertype_term＝entity_ref|one_of|'('supertype_expression')'.
263 one_of＝ONEOF'('supertype_expression{','supertype_expression}')'.
322 supertype_rule＝SUPERTYPE subtype_constraint.

规则和限制：

超类表达式中所引用的所有子类都应包含一个子类声明，将当前实体标识为一个超类。

示例：奇数是整数的子类，因而整数是奇数的超类。

```
ENTITY integer_number;
   val : INTEGER;
END_ENTITY;
ENTITY odd_number
   SUBTYPE OF (integer_number);
WHERE
  not_even : ODD(val);
END_ENTITY;
```

9.2.3.3 属性继承

超类中的属性标识符在其子类范围中是可见的(见第10章)。因此子类继承了其超类的所有属性。这允许子类使用继承属性既可规定约束,也可规定自己的属性。如果子类有多个超类,则子类继承其所有超类的属性,这被称作多继承性。

规则和限制:

a) 实体不应将属性名称声明为与从某个超类继承的属性名称相同,除非要对继承属性进行重声明(见9.2.3.4)。

b) 当一个子类从两个互不关联的超类继承了属性时,它们在相同属性标识符下可能是完全不同的属性。解决名称二义性问题的方法是通过在属性标识符前增加被继承属性的超类实体名称作为前缀。

示例:该例表明实体e12如何继承了两个名称为attr的属性,为了标识这两个属性哪一个被约束而在属性名称前增加了前缀。

```
ENTITY e1;
   attr : REAL;
   …
END_ENTITY;
ENTITY e2;
   attr : BINARY;
   …
END_ENTITY;
ENTITY e12
   SUBTYPE OF (e1,e2);
   …
WHERE
  positive : SELF\e1.attr >0.0; --attr as declared in e1
END_ENTITY;
```

子类可从不同的超类中继承相同的属性,而这些超类是从同一个超类中继承该属性的,这被称作重复继承。在这种情况下,子类只能继承该属性一次,即在该实体数据类型的一个实例中该属性只有一个值。

9.2.3.4 属性重声明

在超类中声明的一个属性可以在子类中重声明。超类中的属性依然保留,但该属性取值的许可定义域由子类中的重说明规定。

原始声明可以用以下几种方法修改:

——属性的名称被修改;

——属性的数据类型被改变为原始数据类型的专门化(见9.2.7);

示例1:一个NUMBER数据类型属性可以被改变为一个INTEGER数据类型或者是一个REAL数据类型。

——如果属性的原始数据类型是基于选择类型的定义数据类型,则它可被改变为选择类型,标识一个子集或者原始选择列表中项的专门化;或者改为原始选择列表中某一项的专门化;

——超类中的可选属性可被改变为子类中的强制属性;

——超类中的显式属性可被改变为子类中的导出属性;

——超类中的属性可在子类中赋予一个新的标识符。这个新标识符遵守第10章关于子类属性标识符定义的所有范围和可见性规则,该子类的声明中包含了此属性的重声明;但此标识符总是指向超类中的原始属性。

注1:新标识符的声明不会从名称范围中删除原来的标识符。该实体数据类型中原来的属性标识符依然保留,且在它的任何子类中依然可用。

语法: 279 redeclared_attribute=qualified_attribute[RENAMED attribute_id]. 275 qualified_attribute=SELF group_qualifier attribute_qualifier. 232 group_qualifier='\'entity_ref. 179 attribute_qualifier='.'attribute_ref.

规则和限制:

a) 重声明中的数据类型应当与超类中声明的数据类型相同,或者是后者的专门化。9.2.7 规定的专门化规则适用于它。

b) 重声明属性的名称应当采用 qualified_attribute 的语法形式给出。

c) 如果定义原始属性的数据类型有一个定义域规则约束,则定义重声明属性的数据类型应当也被约束使得重声明属性的定义域是原始属性定义域的子集。

d) qualified_attribute 语法中的 group_qualifier 应当既要标识声明原始属性的实体数据类型,又要标识重声明来自另一个超类的属性的实体数据类型。

e) 如果超类的一个属性在两个相互排斥的子类中被重声明,则包含两个子类的一个实例中该属性应取一个值,该值应对两个重声明都有效。

f) 如果属性赋予了一个新的标识符,则该标识符应当与当前实体数据类型的任何超类中的任何属性名称都不同。

注 2:原始属性中的 WHERE 规则适用于该属性的重声明(见 9.2.3.5)。

示例 2:有些几何系统使用浮点坐标系,而有些系统使用整数坐标空间。GENERIC_ENTITY 和 RENAMED 的概念说明了一般的可用性和根据特定领域用途的专门应用。

```
ENTITY point;
  x : NUMBER;
  y : NUMBER;
END_ENTITY;
ENTITY integer_point
  SUBTYPE OF (point);
  SELF\point.x RENAMED integer_x : INTEGER;
  SELF\point.y RENAMED integer_y : INTEGER;
END_ENTITY;
ENTITY line ABSTRACT;
  start : GENERIC_ENTITY;
  end : GENERIC_ENTITY;
END_ENTITY;
ENTITY integer_point_line;
  SUBTYPE OF (line);
  SELF\line.start RENAMED integer_start : integer_point;
  SELF\line.end RENAMED integer_end : integer_point;
END_ENTITY;
```

示例 3:下面的例子表明了如何将某个聚合数据类型中的元素改变为唯一的元素,如何将某一聚合数据类型中元素数量减少以及将一个可选属性改变成为一个强制属性。

```
ENTITY super;
  things : LIST [3 : ?] OF thing;
  items : BAG [0 : ?] OF widget;
  may_be : OPTIONAL stuff;
```

```
END_ENTITY;
ENTITY sub
   SUBTYPE OF (super);
   SELF\super.things : LIST [3 : ?] OF UNIQUE thing;
   SELF\super.items : SET [1 : 10] OF widget;
   SELF\super.may_be : stuff;
END_ENTITY;
```

示例4:在下例中,圆用中心点、轴和半径定义。圆的变体用中心点和圆上的两个点定义。这三个点表示定义该类圆的数据。除这些数据外,还需要说明其他重要特征——半径和轴,这可以通过将它们重声明为导出属性而实现,它们的取值由表达式确定。

```
FUNCTION distance(p1, p2 : point) : REAL;
   (* "distance" Compute the shortest distance between two points* )
END_FUNCTION;
FUNCTION normal(p1, p2, p3 : point) : vector;
   (* "normal" Compute normal of a plane given three points on the plane* )
END_FUNCTION;
ENTITY circle;
   centre : point;
   radius : REAL;
   axis : vector;
DERIVE
  area : REAL := PI*radius**2;
END_ENTITY;
ENTITY circle_by_points
SUBTYPE OF (circle);
   p2 : point;
   p3 : point;
DERIVE
   SELF\circle.radius : REAL := distance(centre,p2);
   SELF\circle.axis : vector := normal(centre, p2, p3);
WHERE
  not_coincident : (centre <> p2)   AND
                   (p2 <> p3)      AND
                   (p3 <> centre);
   is_circle : distance(centre,p3) =
               distance(centre,p2);
END_ENTITY;
```

在子类中,三个定义点(centre, p2 和 p3)是显式属性,而 radius、axis 和 area 是导出属性,这些导出属性的取值通过对赋值操作符后的表达式计算确定。radius 和 axis 的值是通过函数调用得到的;area 的值是通过表达式的计算得到的。

9.2.3.5 规则继承

适用于超类所有实例的每个局部或全局规则也适用于它的子类的所有实例。因此,子类继承了超类的所有规则。如果子类有多个超类,则子类将继承超类的所有约束规则。

通过规则继承不可能修改或删除与子类相关联的任何规则,但可以增加新规则以进一步约束子类。

规则和限制:

一个实体实例应满足对其每个实体数据类型规定的所有约束条件。

注1:如果在两个(或多个)实体数据类型中规定的约束条件出现相互矛盾,则包含这些实体数据类型的实例是无

效的。

示例：下例中，graduate 是一个教课和上课的 person，它从超类（teacher 和 student）继承了属性和约束条件，并从它们的共同超类（person）继承了属性和约束条件。graduate 与 teacher 不同之处在于它不能教授研究生课程。

```
SCHEMA s;
ENTITY person;
   ss_no : INTEGER;
   born : date;
   …
DERIVE
   age : INTEGER := years_since(born);
UNIQUE
   un1 : ss_no;
END_ENTITY;
ENTITY teacher
    SUBTYPE OF (person);
    teaches : SET [1 : ?] OF course;
    …
WHERE
   old : age >= 21;
END_ENTITY;
ENTITY student
   SUBTYPE OF (person);
   takes : SET [1 : ?] OF course;
   …
WHERE
  young : age >= 5;
END_ENTITY;
ENTITY graduate
   SUBTYPE OF (student, teacher);
   …
WHERE
  limited : NOT (GRAD_LEVEL IN teaches);
END_ENTITY;
TYPE course = ENUMERATION OF (…, GRAD_LEVEL, …);
END_TYPE;
…
END_SCHEMA; --end of schema S
```

注 2：如果子类从其超类中继承了相互矛盾的约束条件，则不能存在符合要求的子类实例，因为任何实例都将违反其中一个约束条件。

9.2.4 抽象实体数据类型

EXPRESS 允许声明不能直接被实例化而仅可通过其子类实例化的 ENTITY 数据类型。ABSTRACT ENTITY（抽象实体）数据类型可声明数据类型为广义数据类型的显式和导出属性（见 8.5），这些属性随后可以在该 ABSTRACT ENTITY（抽象实体）数据类型的子类中重声明为可实例化的数据类型。如果 ABSTRACT ENTITY（抽象实体）数据类型的子类本身也是 ABSTRACT ENTITY（抽象实体）数据类型，则不需要将不可实例化的继承属性重声明为可实例化的数据类型；否则，不允许在子类中出现不可实例化的继承属性或者子类直接声明的属性。

类型标识符(见 9.5.3.4)可用于确保两个或多个广义数据类型的属性在引用时是相同的数据类型。

规则和限制:

a) ABSTRACT ENTITY(抽象实体)数据类型的声明包括在 ENTITY 数据类型声明中使用 ABSTRACT 关键字,而不是 SUPERTYPE 关键字(见 9.2.5.1 ABSTRACT SUPERTYPE(抽象超类))。

b) ABSTRACT ENTITY(抽象实体)数据类型是不可实例化的,除非它是一个复合实体数据类型的组成部分,而且该复合实体中所有数据类型为广义数据类型的属性都已经被重声明为可实例化的数据类型。

注 1:规则 b)表示每个抽象实体数据类型都满足抽象超类约束(见 9.2.5.1)。

注 2:重声明可以直接在其可实例化的子类中出现或者在它的一个超类中出现(见 9.2.4)。

示例:在一个通用的批准模型中,人们可能希望识别一组需要批准的事物。该模型可被用在其他很多模式中,用于识别实际被批准的项。

```
ENTITY general_approval ABSTRACT;
  approved_items : BAG OF GENERIC_ENTITY;
  status : approval_status;
END_ENTITY;
```

9.2.5 子类型/超类型约束

一个被显式或隐式声明为超类(见 9.2.3.2)的实体数据类型的实例也可以是它的一个或多个子类的实例(见 H.2)。

语法:

```
319 supertype_constraint=abstract_entity_declaration|
                          abstract_supertype_declaration|supertype_rule.
164 abstract_entity_declaration=ABSTRACT.
166 abstract_supertype_declaration=ABSTRACT SUPERTYPE[subtype_constraint].
313 subtype_constraint=OF'('supertype_expression')'.
320 supertype_expression=supertype_factor{ANDOR supertype_factor}.
321 supertype_factor=supertype_term{AND supertype_term}.
323 supertype_term=entity_ref|one_of|'('supertype_expression')'.
263 one_of=ONEOF'('supertype_expression{','supertype_expression}')'.
322 supertype_rule=SUPERTYPE subtype_constraint.
```

在可被实例化的子类/超类图上可以规定约束,这些约束可以利用 SUPERTYPE 语句在超类声明中描述。还可以利用 SUBTYPE_CONSTRAINT 声明,把它们单独规定为规则。(见 9.7)

注 1:为了保证已有模式能继续使用,本部分对于在实体中使用了 ONEOF、ANDOR 或 AND 关键字的子类/超类约束的声明认为依然有效。但不推荐使用它们,在本部分的下一个版本中将取消这些内容,而建议用 SUBTYPE_CONSTRAINT(见 9.7)代替。

SUBTYPE_CONSTRAINT 表示 supertype_expression 声明中的约束集合。一个 SUBTYPE_CONSTRAINT 中可包含任意数量的 AND 约束和 ONEOF 约束,每个都可解释为一个独立的约束。

此外,在更复杂的约束说明中,每个 ONEOF、AND 和 ANDOR 表达式都被解释为一个超类实例的集合。在解释 supertype_expression 时,采用下列规则:

——在 supertype_expression 中的实体数据类型名被解释为构成该数据类型整体的实体实例的集合,就像全局规则一样(见 9.6);

——supertype_expression 中表达式的结果被解释为超类实例的集合,详见下面有关 ONEOF、

AND 和 ANDOR 的说明。

尽管 SUBTYPE_SONTRAINT 中 supertype_expression 的最终结果是一个实体实例的集合，但该集合是没有意义的，即整个 supertype_expression 的结果没有说明任何约束条件，因为不需要包括超类的所有实例，并且它可能包含一些任何一个所声明的约束条件都不适用的实例。

注 2：因此，独立约束条件可以通过 ANDOR 关联，它仅为 supertype_expression 的（无含意的）整体结果增加实例。

附录 B 提供了形式化方法，用于确定在下述多个可能的约束条件下可实例化的子类/超类的潜在组合。即：附录 B 描述了满足整个 SUBTYPE_CONTRAINT 条件的超类整体的特性。

9.2.5.1 抽象超类

EXPRESS 语言允许对不被直接实例化的超类进行声明，为此一个实体数据类型应当在超类约束说明中包含 ABSTRACT SUPERTYPE 短语。抽象超类不应被实例化，除非它至少与它的一个子类关联使用。

注：这就意味着包含 ABSTRACT SUPERTYPE 而没有任何子类的模式是不完整的，且不能被实例化，除非在引用模式中声明了子类。

示例：在交通运输模型中，运输工具可以被表示为一个 ABSTRACT SUPERTYPE，因为该实体数据类型的所有实例都要作为它的子类（例如公路运输工具或水路运输工具），运输工具这个实体数据类型不应独立实例化。

```
ENTITY vehicle
   ABSTRACT SUPERTYPE;
END_ENTITY;
ENTITY land_based
   SUBTYPE OF (vehicle);
   ...
END_ENTITY;
ENTITY water_based
   SUBTYPE OF (vehicle);
   ...
END_ENTITY;
```

9.2.5.2 ONEOF

ONEOF 约束表示 ONEOF 列表中的各超类实例集合之间是相互排斥的，任何一个超类实例集合中的实例都不应出现在列表中其他超类实例集合中。

```
语法：
263 one_of=ONEOF'('supertype_expression{','supertype_expression}')'.
320 supertype_expression=supertype_factor{ANDOR supertype_factor}.
321 supertype_factor=supertype_term{AND supertype_term}.
323 supertype_term=entity_ref|one_of|'('supertype_expression')'.
```

ONEOF 约束可以和其他超类约束组合用于编写复合约束。当一个 ONEOF 约束作为一个超类实例出现在另一个约束中时，它表示的实体实例集合是 ONEOF 列表中超类实例集合的并集。

注：短语 ONEOF(a,b,c)按照自然语言可表示为“一个实例应由实体数据类型 a、b、c 中的一个且仅由一个组成”。

示例：一个超类的实例可以通过它的单独一个子类的实例化来建立，这种约束使用 ONEOF 约束来说明。宠物有很多种，但一个宠物不可能同时属于两种或多种宠物类型。

```
ENTITY pet
   ABSTRACT SUPERTYPE OF (ONEOF(cat,
                                rabbit,
                                dog,
                                ...));
```

```
    name : pet_name;
    ...
END_ENTITY;
ENTITY cat
    SUBTYPE OF (pet);
    ...
END_ENTITY;
ENTITY rabbit
    SUBTYPE OF (pet);
    ...
END_ENTITY;
ENTITY dog
    SUBTYPE OF (pet);
    ...
END_ENTITY;
```

9.2.5.3 ANDOR

由 ANDOR 表达式确定的实例集合的一个实例可以是超类实例集合的实例也可以两者都是。因此 ANDOR 没有规定一个约束。在一个复合约束中，ANDOR 表示的实体实例集合，是超类实例集合的并集。

注：ANDOR 仅用于复合约束中构造一个并集。b ANDOR c 表示"类型 b 的所有实例和类型 c 的所有实例，也包括恰好同时既是类型 b 又是类型 c 的所有实例。"

示例：一个人可以是上夜校的雇员，因此他可以同时是一个员工，又是一名学生。

```
ENTITY person
    SUPERTYPE OF (employee ANDOR student);
    ...
END_ENTITY;
ENTITY employee
    SUBTYPE OF (person);
    ...
END_ENTITY;
ENTITY student
    SUBTYPE OF (person);
    ...
END_ENTITY;
```

9.2.5.4 AND

AND 约束表示两个超类实例确定的集合应当是一致的。即左边的超类实例集合中的任何一个实例应当是右边的超类实例集合的实例，且右边的超类实例集合的任何一个实例也应当是左边的超类实例集合的实例。

当 AND 表达式作为一个超类实例出现在一个复合约束中时，它表示其全部超类实例集合，且它们是一致的。

注：b AND c 用自然语言可表示为"一个实例应由类型 b 和类型 c 共同组成"。

示例：人可以分为男性和女性，也可以分为本国人和外国人。

```
ENTITY person
    SUPERTYPE OF (ONEOF(male,female) AND
                  ONEOF(citizen,alien));
    ...
```

```
END_ENTITY;
ENTITY male
   SUBTYPE OF (person);
   …
END_ENTITY;
ENTITY female
   SUBTYPE OF (person);
   …
END_ENTITY;
ENTITY citizen
   SUBTYPE OF (person);
   …
END_ENTITY;
ENTITY alien
   SUBTYPE OF (person);
   …
END_ENTITY;
```

9.2.5.5 超类操作符的优先级

超类表达式的运算顺序是从左向右，优先级高的操作符先进行运算。表 8 为超类表达式操作符的优先级规则，表中同一行的操作符具有相同的优先级，行的排列顺序是按照优先级递减的顺序。

表 8 超类表达式操作符优先级

优先级	操作符
1	( )ONEOF
2	AND
3	ANDOR

示例：下面两个表达式是不同的：

```
ENTITY x
   SUPERTYPE OF (a ANDOR b AND c);
END_ENTITY;
ENTITY x
   SUPERTYPE OF ((a ANDOR b) AND c);
END_ENTITY;
```

9.2.5.6 子类间的缺省约束

如果一个实体的声明中没有描述超类约束，则子类（如果有）应当是相互包含的，就如同所有子类都在 ANDOR 结构中被隐式地表达了。

当超类约束在该实体子类的子集中规定时，该约束应当象为所有被提到的子类规定的一样，且与其他子类具有 ANDOR 关系。

示例：9.2.5.3 中示例的模型与如下使用缺省的结构是等效的：

```
ENTITY person
   …
END_ENTITY;
ENTITY employee
   SUBTYPE OF (person);
   …
END_ENTITY;
ENTITY student
```

```
    SUBTYPE OF (person);
    ...
END_ENTITY;
```

9.2.6 隐式声明

当声明一个实体时，同时也就隐含地声明了一个构造函数。构造函数的标识符与实体标识符相同，构造函数声明的可见度也与实体声明的可见度相同。

当构造函数被调用时，应返回给调用点一个相对该实体数据类型而言的部分复合实体值。该部分复合实体值中的每个属性应由在构造函数调用中通过简单复制而传递的实际参数给定，简单复制即通过引用而复制一个实体实例，亦即该属性是对用作实际参数的实例的引用，简单类型是复制取值，复合类型则是复制它们的元素。构造函数应仅提供在特定实体实例中的显式属性。

> 语法：
> 205 entity_constructor＝entity_ref′(′[expression{′,′expression}]′)′.

当构造一个复合实体实例(出现在超类/子类图中的实体的实例)时，每个成员实体的构造函数应使用 || 操作符相连接(见 12.10)。

规则和限制：

a) 构造函数对该实体数据类型中声明的每个显式属性都应有一个形式参数，这不包括从超类中继承的属性和该实体数据类型中重声明的属性。

b) 形式参数的顺序应当与该实体中显式属性声明的顺序保持一致。

c) 每个形式参数的参数数据类型应当与相应属性的数据类型一致。

d) 如果一个实体未包含显式属性，则应传递一个空参数表(即括号不能省略)。

注：这与显式声明的函数不同。

e) 当调用隐式定义的构造函数时，可选(OPTIONAL)属性可以赋不确定值(?)，表示显式属性尚未被赋值。

f) 如果一个复合实体实例中存在有包含从某个超类的显式属性重声明而得到的导出属性的子类时，该超类的构造函数应为这些重声明的属性赋值，在有导出值时这些值将被忽略。

示例：假设有以下实体声明：

```
ENTITY point;
   x, y, z : REAL;
END_ENTITY;
```

一个点的隐式声明构造函数可以是：

```
FUNCTION point(x,y,z : REAL):point;
```

当赋值给该实体数据类型的实例时可使用此构造函数。

```
CONSTANT
   origin : point := point(0.0, 0.0, 0.0);
END_CONSTANT;
```

9.2.7 特化

特化(Specialization)是一个原始声明增加约束后的一种形式，以下是已经定义的特化：

——子类实体是其任何超类实体的特化；

——ENTITY 是 GENERIC_ENTITY 的特化；

——EXTENSIBLE GENERIC_ENTITY SELECT 是 GENERIC_ENTITY 的特化；

——仅包含 ENTITY 数据类型的 SELECT 数据类型是 GENERIC_ENTITY 的特化；

——聚合数据类型是 AGGREGATE 的特化；

——如果 a、b、c 是 d、e、f 的特化，则 a、b、c 的 SELECT 数据类型是 d、e、f 的 SELECT 的特化；

——如果 a、b、c 是一个超类实体的子类，则 a、b、c 的 SELECT 数据类型是该超类的特化；

——INTEGER 和 REAL 都是 NUMBER 的特化；

——INTEGER 是 REAL 的特化；

——BOOLEAN 是 LOGICAL 的特化；

——LIST OF UNIQUE item 是 LIST OF item 的特化；

——ARRAY OF UNIQUE item 是 ARRAY OF item 的特化；

——ARRAY OF item 是 ARRAY OF OPTIONAL item 的特化；

——SET OF item 是 BAG OF item 的特化；

——如果 AGG 表示 ARRAY、BAG、LIST 或 SET 中的一个，且假定 item 是 original 的特化，则 AGG OF item 是 AGG OF original 的特化；

——如果 AGG 表示 ARRAY、BAG、LIST 或 SET 中的一个，则 AGG [b : t]是 AGG [l : u]的特化，条件是 b ≤ t 且 l ≤ b ≤ u 和 l ≤ t ≤ u；

——如果 BSR 表示 BINARY、STRING 或 REAL 中的一个数据类型，则 BSR(长度)是 BSR 的特化；

——若 short 小于 long，则 BSR(short)是 BSR(long)的特化；

——使用关键字 FIXED 的 BINARY 数据类型是可变长度 BINARY 数据类型的特化；

——使用关键字 FIXED 的 STRING 数据类型是可变长度 STRING 数据类型的特化；

——基于可扩展构造数据类型的构造数据类型是该可扩展构造数据类型的特化；

——定义数据类型是用于声明该定义数据类型的基础数据类型的特化。

9.3 模式

模式(SCHEMA)声明定义了相关 ENTITY 说明与其他数据类型声明的集合的一个公共范围。SCHEMA 在开发环境或者标准化过程中会发生变化。为了标识一个特定版本的 SCHEMA，本部分定义了模式版本标识符。本部分仅将它定义为一个文字字符串，而没有规定该标识符的格式，也没有定义引用该标识符的其他数据结构和利用该标识符管理模式变更的方法。因此，尽管两个模式有不同的模式版本标识符但却有相同的模式名称，则它们依然被作为相同的模式处理。

注：对于 GB/T 16656 系列标准中定义的模式而言，要求使用信息对象标识符，其中包含了一个版本标识符。GB/T 16262.1—2006 定义了对象标识符的含意，并在 GB/T 16656.1 中进行了描述。推荐使用该对象标识符作为模式版本标识符。

示例 1：Geometry(几何)可能作为一个模式的名称，该模式包含点、曲线、曲面以及其他相关数据类型的声明。

示例 2：模式可能存在多个版本，也可能包含语言版本标识符。下面的示例中 support_resource_schema 使用了信息对象标识符。

```
SCHEMA geometry_schema 'version_1';
END_SCHEMA;

SCHEMA geometry_schema 'version_2';
END_SCHEMA;

SCHEMA support_resource_schema '{ISO standard 10303 part(41) object(1) version(8)}';
END_SCHEMA;

SCHEMA support_resource_schema '{ISO standard 10303 part(41) object(1) version(9)}';
```

```
END_SCHEMA;
```

在模式的声明中，声明出现的顺序是不重要的。

一个模式中的声明通过接口说明(见第 11 章)可在另外一个模式的范围内成为可见的。

```
语法：
296 schema_decl=SCHEMA schema_id [schema_version_id]','schema_body
              END_SCHEMA';'.
298 schema_version_id=string_literal.
295 schema_body={interface_specification}[constant_decl]
              {declaration|rule_decl}.
242 interface_specification=reference_clause|use_clause.
199 declaration=entity_decl|function_decl|procedure_decl|
              subtype_constraint_decl|type_decl.
```

9.4 常量

常量声明用于说明命名的常量。常量标识符的范围应当是该常量声明出现在的函数、过程、规则或模式内。出现在 CONSTANT 声明中的命名常量应当有一个通过表达式计算得到的显式的初始值。常量的声明应当是非循环的。

注：对非循环的常量声明要求是确保总是一个有效的初始化，该初始化不必出现在声明的顺序中。

```
语法：
195 constant_decl=CONSTANT constant_body {constant_body}END_CONSTANT';'.
194 constant_body=constant_id':'instantiable_type':='expression';'.
240 instantiable_type=concrete_types|entity_ref.
```

规则和限制：

a) 常量值在初始化后不能被修改。

b) 命名常量在常量声明以外出现的任何具体值应与初始化值自身的具体值等效。

c) expression(表达式)应返回一个与规定的基本数据类型兼容的值。

示例：下例是有效的常量声明：

```
CONSTANT
  thousand : NUMBER := 1 000;
  million : NUMBER := thousand ** 2;
  origin : point := point(0.0, 0.0, 0.0);
END_CONSTANT;
```

9.5 算法

算法是产生某些预期结果的语句序列。本部分规定的两种算法是函数和过程。

形式参数定义了算法的输入。当调用一个算法时，实际参数将提供实际的参数值或实例。实际参数应当在数据类型、顺序和数量方面与形式参数保持一致。

如有必要，算法中的局部声明应当在算法名之后给出。根据需要这些声明可以是类型、局部变量、其他算法等。

局部声明之后是算法的主体内容。

9.5.1 函数

函数是一种对参数进行操作处理并返回一个单一的特定数据类型结果值的算法，在表达式中对函数的调用(见12.8)应当在调用处计算得出结果值。

函数的结束是通过执行一个 RETURN 语句，与 RETURN 语句关联的表达式的值定义了该函数调用产生的结果。

```
语法：
220 function_decl=function_head algorithm_head stmt{stmt}END_FUNCTION';'.
221 function_head=FUNCTION function_id ['('formal_parameter
                 {';'formal_parameter}')']':'parameter_type';'.
218 formal_parameter=parameter_id{','parameter_id}':'parameter_type.
266 parameter_type=generalized_types|named_types|simple_types.
173 algorithm_head={declaration}[constant_decl][local_decl].
199 declaration=entity_decl|function_decl|procedure_decl|
               subtype_constraint_decl|type_decl.
```

规则和限制：

a) 函数被调用时，该 FUNCTION 应当在每个可能的处理路径上规定 RETURN 语句。

b) 函数内的每个 RETURN 语句都应规定一个结果可被返回给调用点的表达式。

c) 每个 RETURN 语句中规定的表达式应当与函数所声明的返回类型是赋值兼容的。

d) 函数不允许有附加影响。因为一个 FUNCTION 的形式参数不应规定为 VAR 类型，所以在函数内对这些参数的改变不被反映到调用点。

注：被声明为实体数据类型的局部变量可以通过形式参数进行实例赋值，对这些局部变量的改变会影响形式参数，因为赋值是参与引用方式。根据上述规则，形式参数的变化不被反映到调用点上，因此在试图返回这些局部变量值时需要特别注意。

e) 如果当前函数是在 FUNCTION、PROCEDURE 或 RULE 的 algorithm_head 中声明的，则函数可以修改在范围以外声明的局部变量或参数。

9.5.2 过程

过程是一种从调用点接收参数并以某种方式对它们进行处理以便产生预期结果状态的算法。当形式参数前增加了 VAR 关键字时，在过程内对这些参数的改变仅反映到调用点上。

```
语法：
271 procedure_decl=procedure_head algorithm_head{stmt} END_PROCEDURE';'.
272 procedure_head=PROCEDURE procedure_id ['('[VAR]formal_parameter
                  {';'[VAR]formal_parameter}')']';'.
218 formal_parameter=parameter_id{','parameter_id}':'parameter_type.
266 parameter_type=generalized_types|named_types|simple_types.
173 algorithm_head={declaration}[constant_decl][local_decl].
199 declaration=entity_decl|function_decl|procedure_decl|
               subtype_constraint_decl|type_decl.
```

规则和限制：

如果当前过程是在 FUNCTION、PROCEDURE 或 RULE 的 algorithm_head 中声明的，则过程可以修改在范围以外声明的局部变量或参数。

9.5.3 参数

函数或过程可以有形式参数。每个形式参数都规定了名称和参数数据类型，该名称是参数的标识符，在函数或过程范围内应当是唯一的。过程的形式参数还可以声明为VAR(可变的)，即如果参数在过程内被改变，则该变化在调用点是可传递的。没有声明为VAR的参数也可以在函数或过程内改变，但当控制返回到调用主体时，这些变化不会反映到调用点上。

语法：

218 formal_parameter＝parameter_id{′,′parameter_id}′:′parameter_type.

266 parameter_type＝generalized_types|named_types|simple_types.

示例：下例说明表明形式参数是如何被声明的。

```
FUNCTION dist(p1, p2 : point) : REAL ;
…
PROCEDURE midpt(p1, p2 : point; VAR result : point) ;
```

广义数据类型(AGGREGATE、通用聚合数据类型、GENERIC和GENERIC_ENTITY)(见8.5)被用于表示函数和过程的形式参数数据类型的广义化。此外，AGGREGATE、通用聚合数据类型(见9.5.3.5)以及通用实体数据类型(GENERIC_ENTITY)可用于声明ABSTRACT ENTITY数据类型的显式或导出属性。通用聚合数据类型还可用于对具体聚合数据类型的基础数据类型的广义化。

9.5.3.1 聚合数据类型

AGGREGATE数据类型是所有聚合数据类型的广义化。

当调用一个含有聚合数据类型的形式参数的过程或函数时，传递的实际参数应当是一个ARRAY、BAG、LIST或SET数据类型。函数或过程可以执行的操作处理依赖于实际参数的数据类型。

注：在函数或过程被调用时，不论被传递的实际聚合数据类型是什么，类型标签(见9.5.3.4)可用来确保两个或多个用AGGREGATE数据类型表达的参数具有相同的数据类型，或者返回的数据类型与所传递的参数之一是相同的。

当ABSTRACT ENTITY数据类型声明中显式或导出属性被表达为AGGREGATE数据类型时，该实体子类中的这类属性应声明为ARRAY、BAG、LIST或SET。

语法：

171 aggregate_type＝AGGREGATE[′:′type_label] OF parameter_type.

329 type_laber＝type_label_id|type_label_ref.

266 parameter_type＝generalized_types|named_types|simple_types.

规则和限制：

a) AGGREGATE数据类型只能用作函数或过程的形式参数类型，或者函数返回结果的类型，或者函数或过程中局部变量的类型，或者作为ABSTRACT ENTITY数据类型声明中显式或导出属性的表达。

b) 如果AGGREGATE数据类型被用作函数的返回值类型或者函数或过程中局部变量的类型，则需要使用类型标签引用。类型标签引用应指向形式参数声明的类型标签(见9.5.3.4)。

c) 如果AGGREGATE数据类型被用作ABSTRACT ENTITY数据类型声明中显式或导出属性的表达，则在该实体数据类型的非抽象子类中该属性应当被重声明为一个ARRAY、BAG、LIST或SET。

示例1：下例是一个接收数值聚合的函数，它应当返回与所传递的聚合类型相同的类型，且包含按比例变换的数值。

```
FUNCTION scale (input : AGGREGATE:intype OF REAL;
                scalar: REAL): AGGREGATE:intype OF REAL;
```

```
LOCAL
   result : AGGREGATE:intype OF REAL := input;
END_LOCAL;
IF SIZEOF(['BAG','SET'] * TYPEOF(input)) > 0 THEN
  REPEAT i := LOINDEX(input) TO HIINDEX(input);
     result := result - input[i]; --remove the original
     result := result + scalar * input[i]; --insert the scaled
  END_REPEAT;
ELSE
  REPEAT i := LOINDEX(input) TO HIINDEX(input);
     result[i] := scalar * input[i];
  END_REPEAT;
END_IF;
RETURN(result);
END_FUNCTION;
```

9.5.3.2 通用数据类型

GENERIC 数据类型是所有其他数据类型的广义化。

当调用一个含有通用参数的过程或函数时，所传递的实际参数可能不是 GENERIC 数据类型。可执行的操作处理依赖于实际参数的数据类型。

注：在调用时不论所传递的实际参数数据类型是什么，可以使用类型标签(见 9.5.3.4)确保两个或多个用 GENERIC 数据类型表达的参数具有相同的数据类型，或者返回值的数据类型与所传递的参数之一保持一致。

> 语法：
> 231 generic_type=GENERIC[':'type_label].
> 329 type_label=type_label_id|type_label_ref.

规则和限制：

a) GENERIC 数据类型只能用作函数或过程的形式参数类型，或者函数返回结果的类型，或者函数或过程中局部变量的类型。

b) 如果 GENERIC 数据类型被用作函数的返回值类型或者函数或过程中局部变量的类型，则需要使用类型标签引用。类型标签引用应指向形式参数声明的类型标签(见 9.5.3.4)。

示例 1：下例表示数值或矢量相加的通用函数。

```
FUNCTION add(a,b: GENERIC:intype): GENERIC:intype;
  LOCAL
    nr : NUMBER; --integer or real
    vr : vector;
  END_LOCAL;
  IF ('NUMBER' IN TYPEOF(a)) AND ('NUMBER' IN TYPEOF(b)) THEN
      nr := a+b;
      RETURN(nr);
  ELSE
     IF ('THIS_SCHEMA.VECTOR' IN TYPEOF(a)) AND
        ('THIS_SCHEMA.VECTOR' IN TYPEOF(b)) THEN
        vr := vector(a.i + b.i,
                     a.j + b.j,
                     a.k + b.k);
```

```
        RETURN(vr);
      END_IF;
    END_IF;
    RETURN (?); --"add" if we receive input that is invalid, return a no-value
  END_FUNCTION;
```

9.5.3.3 通用实体数据类型

GENERIC_ENTITY 数据类型是所有实体数据类型的广义化。

当调用一个含有 GENERIC_ENTITY 数据类型形式参数的过程或函数时，所传递的实际参数应当是一个实体实例。可执行的操作处理依赖于实际参数的数据类型。

注：在调用时不论所传递的实际参数数据类型是什么，可以使用类型标签（见 9.5.3.4）确保两个或多个用 GENERIC_ENTITY 数据类型表达的参数具有相同的数据类型，或者返回值的数据类型与所传递的参数之一保持一致。

当 ABSTRACT_ENTITY 数据类型声明中的显式或导出属性被表达为 GENERIC_ENTITY 类型时，在该实体子类中的这类属性应被声明为一个具体的实体数据类型。

语法：
230 generic_entity_type＝GENERIC_ENTITY[':'type_label].
329 type_label＝type_label_id|type_label_ref.

规则和限制：

a) GENERIC_ENTITY 数据类型只能用作函数或过程的形式参数类型，或者函数返回结果的类型，或者函数或过程中局部变量的类型，或者作为 ABSTRACT ENTITY 数据类型声明中显式或导出属性的表达。

b) 如果 GENERIC_ENTITY 数据类型被用作函数的返回值类型或者函数或过程中局部变量的类型，则需要使用类型标签引用。类型标签引用应指向形式参数声明的类型标签（见 9.5.3.4）。

示例 1：下例函数检查一个特定的实例 sample 是否被已知实体数据类型的两个实例 type1 和 type2 所引用。将形式参数 sample 声明为 GENERIC_ENTITY 类型可允许任何实体数据类型的实例作为该函数的有效输入。

```
FUNCTION check_relating (type1 : instance_of_type_1;
                         type2 : instance_of_type_2;
                         sample : GENERIC_ENTITY): BOOLEAN;
RETURN ((type1 IN USEDIN(sample, ''))
       AND
       (type2 IN USEDIN(sample, '')));
END_FUNCTION;
```

9.5.3.4 类型标签

在函数或过程调用时，应使用类型标签将属性或实际参数的数据类型与其他属性或实际参数、局部变量或函数返回值的数据类型相关联。类型标签的声明用于以下数据类型：

——函数或过程的形式参数声明中的 AGGREGATE、GENERIC_ENTITY 和 GENERIC 数据类型。它们可以被 FUNCTION 或 PROCEDURE 的形式参数声明或局部变量声明或者 FUNCTION 的返回数据类型声明中的 AGGREGATE、GENERIC_ENTITY 和 GENERIC 数据类型引用。

——抽象实体的显式属性或导出属性声明中的 AGGREGATE 和 GENERIC_ENTITY 数据类型。它们可以被该实体数据类型声明的其他部分中的 AGGREGATE 或 GENERIC_ENTITY 数据类型引用。

```
语法:
329 type_label=type_label_id|type_label_ref.
```

规则和限制:

a) 在形式参数、显式或导出属性声明中首次出现的类型标签就是对该类型标签的声明,该类型标签的后续出现都是对它首次出现的引用。

b) 传递给引用了标签类型的函数或过程的参数应当与声明该类型标签的被传递参数的数据类型兼容。

c) 如果函数的局部变量和返回值数据类型是通过一个类型标签引用到参数数据类型上的,则它们应当与声明该类型标签的参数数据类型保持一致。

d) 如果属性的数据类型是通过一个类型标签引用到一个属性数据类型的,则它们应当与声明该类型标签的属性数据类型保持一致。

示例:下例表明在函数调用中如何使用类型标签进行数据类型兼容性检查。

```
ENTITY a;
…
END_ENTITY;
ENTITY b SUBTYPE OF (a);
…
END_ENTITY;
ENTITY c SUBTYPE OF (b);
…
END_ENTITY;
…
FUNCTION test ( p1: GENERIC:x; p2: GENERIC:x): GENERIC:x;
…      --                     ^               ^          ^
…      --                    声明            引用       引用
END_FUNCTION;
…
LOCAL
  v_a : a := a(…);
  v_b : b := a(…) || b(…); -- ||操作符在 12.10 中描述
  v_c : c := a(…) || b(…) || c(…);
  v_x : b;
END_LOCAL;
v_x := test(v_b, v_a);     --无效的 v_a 与类型 b 不兼容
v_x := test(v_a, v_b);     --无效赋值,函数将返回类型 a
```

类型标签应用的其他示例详见第 15 章。

9.5.3.5 通用聚合数据类型

通用聚合数据类型是广义数据类型的组成部分,一个通用聚合数据类型表示相应聚合数据类型(ARRAY、BAG、LIST 和 SET)的广义化,该聚合数据类型允许其元素类型是一个广义数据类型。即如以下说明所示,一个 general_list_type 是 list_type 的广义化,数组、包和集合数据类型也都类似。

```
语法：
224 general_aggregation_types=general_array_type|general_bag_type|
                        general_list_type|general_set_type.
225 general_array_type=ARRAY[bound_spec] OF [OPTIONAL] [UNIQUE]
                   parameter_type.
185 bound_spec='['bound_1' : 'bound_2']'.
183 bound_1=numeric_expression.
184 bound_2=numeric_expression.
266 parameter_type=generalized_types|named_types|simple_types.
226 general_bag_type=BAG[bound_spec] OF parameter_type.
227 general_list_type=LIST [bound_spec] OF [UNIQUE] parameter_type.
229 general_set_type=SET [bound_spec] OF parameter_type.
```

通用聚合数据类型对相应聚合数据类型的广义化方式如下：

——说明一个通用数组类型时不规定索引边界值。这通过在形式参数说明中不规定数组的边界值来实现。

注：在算法部分应使用 HIINDEX 和 LOINDEX 函数确定数组的实际索引边界值。

——当基础数据类型被用作函数或过程的形式参数时，可以是 GENERIC、GENERIC ENTITY、AGGREGATE 或通用聚合数据类型；当基础数据类型用于 ABSTRACT ENTITY 时，可以是 GENERIC ENTITY、AGGREGATE 或通用聚合数据类型。以下将做更形式化的说明。

假设 G 是通用聚合数据类型，EG 是其元素的(广义)数据类型。对于函数或过程的一个形式参数而言，假设 A 是相应实际参数的数据类型；对于抽象实体数据类型的一个属性而言，假设 A 是一个非抽象子类重声明属性的数据类型；对于其他情况，假设 EA 是 A 的元素的数据类型。

——如果 G 是一个通用数组类型，则 A 应当是一个 ARRAY 数据类型。如果 G 的索引范围被规定，则 A 的索引范围应当与之相同。

——如果 G 是一个通用包类型，则 A 应当是一个 BAG 数据类型。如果 G 的边界被规定，则 A 的边界应当与之相同。

——如果 G 是一个通用列表类型，则 A 应当是一个 LIST 数据类型。如果 G 的边界被规定，则 A 的边界应当与之相同。

——如果 G 是一个通用集合类型，则 A 应当是一个 SET 数据类型。如果 G 的边界被规定，则 A 的边界应当与之相同。

——如果 EG 是广义数据类型，则 EA 按照 9.5 中对该广义数据类型的规定也应当符合 EG 的要求。

——如果 EG 不是广义数据类型，按照 13.3 规定，EA 应当与 EG 保持赋值兼容。

示例：下例表明如何在一个形式参数声明中描述一个 SET。该描述不能在属性声明中，因为 SET 的基础数据类型不包含 GENERIC。

```
FUNCTION dimensions(input: SET [2 : 3] OF GENERIC): INTEGER;
```

9.5.4 局部变量

算法中的局部变量在 LOCAL 关键字之后进行声明。局部变量仅在声明它的算法范围内是可见的，局部变量可以被赋值，也可出现在表达式中。

语法：
252 local_decl＝LOCAL local_variable{local_variable}END_LOCAL';'.
253 local_variable＝variable_id{','variable_id}':'parameter_type
[':='expression]';'.
266 parameter_type＝generalized_types|named_types|simple_types.

局部变量的初始化：

局部变量可以出现在另一个依赖它的局部变量初始化中。该依赖局部变量的声明应当是非循环的。如果没有进行初始化，则局部变量将赋不确定值(?)。

注 1：对局部变量声明的非循环要求是为了确保总是有一个有效的初始化，它不必出现在声明序列中。

注 2：因为不确定值(?)与所有数据类型兼容，故允许用不确定值(?)进行显式初始化。

示例：变量 r_result 用值 0.0 进行初始化。

```
LOCAL
  r_result : REAL := 0.0;
  i_result : INTEGER;
END_LOCAl;
...
EXISTS(r_result) --TRUE
EXISTS(i_result) -- FALSE，假定它未被赋值
```

9.6 规则

规则允许在一个模式范围内对适用于一个或多个实体数据类型的约束进行定义。局部规则(包括实体声明中的唯一性约束和定义域规则)声明了个别适用于实体数据类型的每个实例的约束。RULE 声明允许对整体适用于一个实体数据类型的整个定义域或者多个实体数据类型的实例的约束进行定义。RULE 的一种应用是以协调方式对不同实体中的属性值进行约束。

规则声明对规则进行了命名并规定了受其影响的实体。

语法：
291 rule_decl＝rule_head algorithm_head{stmt} where_clause END_RULE';'.
292 rule_head＝RULE rule_id FOR'('entity_ref{','entity_ref}')'';'.
173 algorithm_head＝{declaration}[constant_decl] [local_decl].
199 declaration＝entity_decl|function_decl|procedure_decl|
subtype_constraint_decl|type_decl.

规则的主体由局部声明、可执行语句和定义域规则组成。规则的最终结果表明某些全局约束是否能够满足。规则是通过执行语句求值的，然后求解每个定义域规则的结果。如果作为参数传递的实体数据类型的实例集合违犯了一个规则，则这些实例就不符合该 EXPRESS 模式的要求。

规则和限制：

a) 每个定义域规则的求解结果应当是一个 LOGICAL 值或不确定值(?)。

b) 当表达式求解的结果为 TRUE 时，该表达式得到满足；如果结果为 FALSE，则表达式未被满足；如果表达式求解的结果是一个不确定值(?)或者 UNKNOWN 值，则该表达式既不被违反也不被满足。

c) 规则的标题中规定的实体数据类型的实体实例集合不应违反定义域规则。

d) 对于一个有效定义域中的实例集合而言，必须满足该定义域的所有全局规则，包括满足在被

检查实例集合中没有实例的实体数据类型的规则。

注：可规定一个全局规则确保该数据类型至少存在一个实例。因不存在该实体数据类型的实例而不检查此规则将不能强化所需的语义。

示例 1：下列规则要求在第 1 和第 7 个八分圆中有相同数量的点。

```
RULE point_match FOR (point);
LOCAL
  first_oct ,
  seventh_oct : SET OF POINT := [];     -清空点的集合(见 12.9)
END_LOCAL
   first_oct := QUERY(temp <* point | (temp.x > 0) AND
                                      (temp.y > 0) AND
                                      (temp.z > 0) );
seventh_oct := QUERY (temp <* point | (temp.x < 0) AND
                       (temp.y < 0) AND
                       (temp.z < 0) );
WHERE
  SIZEOF(first_oct) = SIZEOF(seventh_oct);
END_RULE;
```

示例 2：使用 RULE 规定实体属性的联合值唯一性。

```
ENTITY b;
    a1 : c;
    a2 : d;
    a3 : f;
UNIQUE
  ur1 : a1, a2;
END_ENTITY;
```

b 中的联合唯一性约束适用于 c 和 d 的示例。下列 RULE 进一步约束联合唯一性是基于值的。

```
RULE vu FOR (b);
   ENTITY temp;
      a1 : c;
    a2 : d;
    END_ENTITY;
LOCAL
   s : SET OF temp := [];
END_LOCAL;
REPEAT i := 1 TO SIZEOF(b);
    s := s + temp(b[i].a1, b[i].a2);
END_REPEAT;
WHERE
   wr1 : VALUE_UNIQUE(s);
END_RULE;
```

隐式声明：

在一个 RULE 中，每个总体(population)被隐含地声明为一个局部变量，它包含定义域中命名实体数据类型的所有实例集合。这个实体实例的集合受该规则的控制。

语法：
267 population＝entity_ref.

规则和限制：

只能在一个全局规则中引用一个特定的 population，该全局规则引用规则标题中相应的实体数据类型。

示例 3：假定有下列声明：

RULE coincident FOR (point)；

隐式声明的局部变量将是：

```
LOCAL
   point : SET OF point;
END_LOCAL;
```

9.7 子类约束

9.2.3 中描述了子类和超类的概念。9.2.5 中描述了子类/超类约束的概念。约束可以施加在实体声明之外被实例化的子类/超类图上，这些可通过声明一个 SUBTYPE_CONSTRAINT 来规定。

语法：
315 subtype_constraint_decl = subtype_constraint_head subtype_constraint_body END_SUBTYPE_CONSTRAINT';'.
316 subtype_constraint_head = SUBTYPE_CONSTRAINT subtype_constraint_id FOR entity_ref ';'.
314 subtype_constraint_body =[abstract_supertype] [total_over] [supertype_expression';'].
165 abstract_supertype = ABSTRACT SUPERTYPE ';'.
326 total_over = TOTAL_OVER '(' entity_ref { ','entity_ref } ')' ';'.
320 supertype_expression = supertype_factor { ANDOR supertype_factor }.
321 supertype_factor = supertype_term { AND supertype_term } .
323 supertype_term = entity_ref | one_of | '(' supertype_expression ')'.
263 one_of = ONEOF '(' supertype_expression { ','supertype_expression } ')'.

SUBTYPE_CONSTRAINT 用于规定以下可能的超类/子类实例化的约束：

——超类是抽象的且只能通过它的子类实例化；

——超类的子类集合提供了全覆盖，即如果规定了全覆盖，则该超类的任何子类的一个实例也应当是 TOTAL_OVER 说明中规定的至少一个子类的实例；

——部分子类之间的关系。

下列各条中将对上述每个方面进行详细规定。附录 B 描述了确定在下述多个可能约束条件下被实例化的潜在的子类/超类组合的形式化方法。

9.7.1 抽象超类约束

在 9.2.5.1 中规定的 ABSTRACT SUPERTYPE 声明也可以在 SUBTYPE_CONSTRAINT 中声明。

规则和限制：

用 SUBTYPE_CONSTRAINT 为包含 ABSTRACT SUPERTYPE 关键字的超类定义一个 ABSTRACT SUPERTYPE。

示例:在一个通用分类模型中,可能需要识别一个称作 class 的实体,它在上下文语境中是可实例化的。在一个更具体的模型中,可能需要使用 class ENTITY,并约束它只能通过其局部声明的子类进行实例化。

```
SCHEMA general_classification_model;
ENTITY class;
   name : class_name;
END_ENTITY;
END_SCHEMA;
SCHEMA specific_classification_model;
USE FROM general_classification_model;
ENTITY class_of_facility
    SUBTYPE OF (class);
END_ENTIY;
ENTITY class_of_organization
    SUBTYPE OF (class);
END_ENTITY;
SUBTYPE_CONSTRAINT independent_classification FOR class;
    ABSTRACT SUPERTYPE;
    ONEOF(class_of_facility, class_of_organization);
END_SUBTYPE_CONSTRAINT;
END_SCHEMA;
```

9.7.2 全覆盖子类

全覆盖 TOTAL_OVER 约束规定了超类的每个实例应当是一个或多个给定子类集合的一个实例。即对于特定的上下文语境而言,超类的定义域完全等于命名子类定义域的并集。

示例 1:person 概念完全被男人和女人这两个概念所覆盖。可能还有其他概念,但每个 person 或者是男人或者是女人。因此,可以说 person 完全被 male 和 female 所覆盖。

如果两个或多个子类约束为相同的实体数据类型规定了 TOTAL_OVER 约束,则这些 TOTAL_OVER 约束应综合考虑,即 TOTAL_OVER(a,b)和 TOTAL_OVER(c,d)都应当被满足。

规则和限制:

a) 对于一个给定超类,在一个或多个 TOTAL_OVER 约束中规定的所有子类应当是该超类的直接子类。

b) 其他被定义或约束的子类的实例也应当是在 TOTAL_OVER 说明中命名的一个或多个子类的实例。

c) 由于一个超类可能有多个上下文语境,因此它也可能有多个 TOTAL_OVER 约束。

示例 2:下列规定了每个 person 是一个 male 或者是一个 female。该例子没有描述 male 和 female 之间的关系,因此有可能创建一个既是 male 又是 female 的实例。子类 employee 总是应当与 male 和 female 概念相结合,且不能独立实例化。

```
ENTITY person;
   name : personal_name;
END_ENTITY;
ENTITY male
    SUBTYPE OF (person);
    ...
END_ENTITY;
ENTITY female
    SUBTYPE OF (person);
    ...
```

```
END_ENTITY;
ENTITY employee
    SUBTYPE OF (person);
    ...
END_ENTITY;
SUBTYPE_CONSTRAINT person_sex FOR person;
    ABSTRACT SUPERTYPE;
    TOTAL_OVER (male, female);
END_SUBTYPE_CONSTRAINT;
```

9.7.3 重复子类及其说明

一个特定超类的两个或多个直接子类在具体的上下文语境中可以允许有重叠的实例化。可以使用 SUBTYPE_CONSTRAINT 规定一组特定的直接子类是如何关联的。

9.7.3.1 ONEOF

9.2.5.2 规定的 ONEOF 约束可以在 SUBTYPE_CONSTRAINT 中声明。

示例：通过只实例化一个子类可建立超类的一个实例。该约束可使用 ABSTRACT 和 ONEOF 约束声明。有很多种 pet(宠物)，但单个 pet 不可能同时属于两种或多种 pet。

```
ENTITY pet
    name : pet_name;
    ...
END_ENTITY;
SUBTYPE_CONSTRAINT separate_species FOR pet;
    ABSTRACT SUPERTYPE;
    ONEOF(cat, rabbit, dog, ...);
END_SUBTYPE_CONSTRAINT;
ENTITY cat
    SUBTYPE OF (pet);
    ...
END_ENTITY;
ENTITY rabbit
    SUBTYPE OF (pet);
    ...
END_ENTITY;
ENTITY dog
    SUBTYPE OF (pet);
    ...
END_ENTITY;
```

9.7.3.2 ANDOR

9.2.5.3 规定的 ANDOR 约束可以在 SUBTYPE_CONSTRAINT 中声明。

示例：一个 person 可能是上夜校的 employee(职员)，因此可以同时是一名 employee(职员)和 student(学生)。

```
ENTITY person
    ...
END_ENTITY;
SUBTYPE_CONSTRAINT employee_may_be_student FOR person;
    employee ANDOR student;
END_SUBTYPE_CONSTRAINT;
ENTITY employee
```

```
    SUBTYPE OF (person);
    ...
END_ENTITY;
ENTITY student
    SUBTYPE OF (person);
    ...
END_ENTITY;
```

9.7.3.3 AND

9.2.5.4 规定的 AND 约束可以在 SUBTYPE_CONSTRAINT 中声明。

示例：person(人)可分为 male(男人)和 female(女人)两类，也可以分为 citizen(本国人)和 alien(外国人)两类。

```
ENTITY person;
    ...
END_ENTITY;
SUBTYPE_CONSTRAINT no_mixing FOR person;
   SUPERTYPE OF
      (ONEOF(male, female) AND
      ONEOF(citizen, alien));
END_SUBTYPE_CONSTRAINT;
ENTITY male
    SUBTYPE OF (person);
    ...
END_ENTITY;
ENTITY female
    SUBTYPE OF (person);
    ...
END_ENTITY;
ENTITY citizen
    SUBTYPE OF (person);
    ...
END_ENTITY;
ENTITY alien
    SUBTYPE OF (person);
    ...
END_ENTITY;
```

10 范围和可见性

EXPRESS 声明创建的标识符可以用于模式其他部分(或其他模式)中引用被声明的项。有些 EXPRESS 构造隐式声明了 EXPRESS 项，并附加了标识符给这些项。在被声明项的标识符可以被引用的地方，这些被声明项就称作是可见的。只有标识符是可见的项才可被引用。关于可见性规则的描述见 10.2，有关使用标识符引用项的内容详见 12.7。

一些特定的 EXPRESS 项定义了一个被称作项的范围的文本区域(块)。范围限定了其中所声明的标识符的可见性。范围可以嵌套，即定义了范围的一个 EXPRESS 项可被包含在另一个项的范围中。有一些约束是关于哪些项可出现在一个特定的 EXPRESS 项的范围中。这些约束通常是由 EXPRESS 语言的语法施加的(见附录 A)。

对于下列表 9 中的每个项，本章以下各条分别从一般条件和具体要求两方面规定了所定义范围的限制，以及被声明标识符的可见性(如果有)。

10.1 范围规则

以下为通用规则，适用于 EXPRESS 语言许可的各种形式的范围定义，表 9 为定义范围的项列表。

规则和限制：

a) 所有声明应当在一个范围内。

b) 在单个范围中，一个标识符只能被声明一次或者显式接口引用一次(见第 11 章)。通过两个或多个共享相同初始化声明的路径而被显式接口引用到当前模式中的一个实体或类型标识符仅被计算为一次。

c) 范围应当被正确嵌套，即范围不能相互重叠(这是 EXPRESS 语言语法强制要求的)。

本部分没有规定范围嵌套的许可深度，但 EXPRESS 语言分析器的实现可以规定范围嵌套的最大深度。

表 9 范围与定义项的标识符

项	范 围	标识符
别名语句	●	●[a]
属性		●
常数		●
枚举		●
实体	●	●
函数	●	●
参数		●
过程	●	●
查询表达式	●	●[a]
重复语句	●	●[a,b]
规则	●	●[c]
规则标签		●
模式	●	●
子类约束	●	●
类型	●	●
类型标签		●
变量		●

[a] 在声明的定义范围中该标识符是一个隐式声明的变量。

[b] 当规定了一个增量控制时，该变量仅被隐式声明。

[c] 对于该规则约束的所有实体，声明一个隐式变量。

10.2 可见性规则

以下描述标识符的可见性规则，声明标识符的 EXPRESS 项列表见表 9。

规则和限制：

a) 一个标识符在声明它的范围内是可见的。该范围被称作此标识符的局部范围。

b) 如果一个标识符在一个特定范围内是可见的，则根据规则 d)，它在该范围内所定义的所有范围中也是可见的。

c) 根据规则 f)，一个标识符在其局部范围之外的任何范围中是不可见的。

d) 当范围 P 中一个可见的标识符 i,在 P 所包含的某些内部范围 Q 中被重声明时,则:
——如果 P 中声明的 i 指向一个命名数据类型或者类型标签,且 Q 中声明的 i 没有指向一个命名数据类型或者类型标签,则 P 中声明的 i 和 Q 中声明的 i 在 Q 中都是可见的;
——否则,只有范围 Q 中声明的 i 在 Q 及 Q 中所声明的任何范围内是可见的。范围 P 中声明的 i 在 P 以及没有重声明 i 的任何内部范围内是可见的。

e) 内部常数、函数、过程和 EXPRESS 数据类型被认为是在一个假想的全局范围内声明的。所有模式都被嵌套在这个范围内。与内部常数、函数、过程、EXPRESS 数据类型和模式相关的标识符在 EXPRESS 定义的所有范围中都是可见的。

f) 定义数据类型范围中声明的枚举项标识符是可见的,不论该定义数据类型是在什么范围内可见,除非外部范围包含了对某些其他项的相同标识符的一个声明。

注:如果随后的外部范围包含了一个相同标识符的声明,则枚举项仍然是可访问的,但必须用定义数据类型的标识符作为前缀(见 12.7.2)。

g) 通过接口引用说明可以使一个模式中的声明相对于另一个模式中的项是可见的(见第 11 章)。

示例:下列模式描述了根据上述规则被允许的标识符和引用例子。

```
SCHEMA example;
   CONSTANT
   b:INTEGER := 1 ;
   c:BOOLEAN := TRUE ;
   END_CONSTANT;
   TYPE enum = ENUMERATION OF ( e, f, g );
   END_TYPE;
   ENTITY entity1;
      a: INTEGER;
   WHERE
      wr1: a >0;--"entity1.wr1" 遵守规则(a):a 在局部范围中是可见的
      wr2: a <>b ;--"entity1.wr2" 遵守规则(b):b 在外部范围是可见的
   END_ENTITY;
   ENTITY entity2;
      c:REAL;--"entity2.c" 遵守规则(c) 常数 c 在这里是不可见的
   END_ENTITY;
   ENTITY d;
      attr1:INTEGER;
      attr2:enum;
   WHERE
      wr1:ODD(attr1);--"d.wr1" 遵守规则(d) ODD 在任何地方都是可见的
      wr2:attr2 <> e;--"d.wr2" 遵守规则(e) e 在该范围之外是可见的
   END_ENTITY;--"d.wr2"被类型 enum 定义
END_SCHEMA;
```

10.3 显式项规则

下列子条款更详细描述了适用于不同 EXPRESS 项的一般范围和可见性规则。

10.3.1 别名语句

ALIAS(别名)语句的定义见 13.2。

可见性:别名语句中隐式声明的标识符在该语句定义的范围中是可见的。

范围:一条别名语句定义一个新的范围。该范围从关键字 ALIAS 开始到结束别名语句的关键字 END_ALIAS 为止。

10.3.2 属性

可见性：属性标识符在声明它的实体以及该实体所有子类的范围中是可见的。

10.3.3 常数

可见性：常数标识符在声明它的函数、过程、规则或模式的范围中是可见的。

10.3.4 枚举项

可见性：在枚举项被声明的定义数据类型是可见的每一个范围中，该枚举项标识符都是可见的，除非该外部范围包含一个其他项的相同标识符的声明。

10.3.5 实体

可见性：实体标识符在声明它的函数、过程、规则或模式的范围中是可见的。当满足10.2定义的条件时，实体标识符在重声明该标识符的内部范围中依然是可见的。

范围：实体声明定义了一个新的范围。该范围从关键字ENTITY开始到结束实体声明的关键字END_ENTITY为止。实体超类中声明的属性通过继承关系在子类实体中是可见的。

注：子类实体的范围不被认为是嵌套在超类范围中。

声明：以下EXPRESS项可声明标识符且标识符在实体声明范围中是可见的：

——属性（显式、导出和反向）；

——规则标签（唯一性和定义域规则）。

示例1：两个实体中的属性标识符batt不冲突，就像它们是在两个不同的范围中声明的一样。

```
ENTITY entity1;
    aatt:INTEGER;
    batt:INTEGER;
END_ENTITY;
ENTITY entity2;
    a:entity1;
    batt:INTEGER;
END_ENTITY;
```

示例2：以下说明是不正确的，因为属性标识符aatt同时被继承和声明在illegal的范围中（见9.2.3.3）。两个实体中的规则标签lab不矛盾，因为它们在不同的范围中；若不考虑属性aatt的错误，illegal的有效实例遵守了两个定义域规则。

```
ENTITY may_be_ok;
    quantity:REAL;
    aatt:REAL;
WHERE
    lab : quantity >= 0.0;
END_ENTITY;
ENTITY illegal
    SUBTYPE OF (may_be_ok);
    aatt:INTEGER;
    batt:INTEGER;
WHERE
    lab : batt<0;
END_ENTITY;
```

10.3.6 函数

可见性：函数标识符在声明它的函数、过程、规则或模式范围内是可见的。

范围：函数声明定义了一个新范围。该范围从关键字FUNCTION开始直到结束函数声明的关键字END_FUNCTION为止。

声明:下列 EXPRESS 项可声明在函数声明范围内是可见的标识符:

——常数;

——实体;

——枚举;

——函数;

——参数;

——过程;

——类型;

——类型标签;

——变量。

示例:下列声明是不正确的,因为形式参数标识符 parm 也被用作了局部变量的标识符。

```
FUNCTION illegal(parm : REAL) : LOGICAL;
LOCAL
  parm:STRING;
END_LOCAL;
  ...
END_FUNCTION;
```

10.3.7 参数

可见性:形式参数标识符在声明它的函数或过程范围内是可见的。

10.3.8 过程

可见性:过程标识符在声明它的函数、过程、规则或模式中是可见的。

范围:过程声明定义了一个新范围。该范围从关键字 PROCEDURE 开始直到结束该过程的关键字 END_PROCEDURE 为止。

声明:下列 EXPRESS 项可声明在过程声明范围内是可见的标识符:

——常量;

——实体;

——枚举;

——函数;

——参数;

——过程;

——类型;

——类型标签;

——变量。

10.3.9 查询表达式

详见 12.6.7 对 QUERY 表达式(查询表达式)的定义。

可见性:查询表达式中的隐式声明标识符在该查询表达式定义的范围内是可见的。

范围:查询表达式定义了一个新范围。该范围从关键字 QUERY 后的左括号“(”开始直到终止该查询表达式的“)”为止。

10.3.10 重复语句

详见 13.9 对 REPEAT 语句(重复语句)的定义。

可见性:在增量控制重复语句中的隐式声明标识符在该重复语句范围内是可见的。

范围:重复语句定义了一个新范围。该范围从关键字 REPEAT 开始直到结束该重复语句声明的关键字 END_REPEAT 为止。

10.3.11 规则

可见性:规则标识符在声明它的模式范围内是可见的。

注:规则标识符可被实现或注释标记使用(见 7.1.6.3)。

范围:规则声明定义了一个新范围。该范围从关键字 RULE 开始直到结束该规则的关键字 END_RULE 为止。

声明:下列 EXPRESS 项可声明在规则声明范围内是可见的标识符。

——常量;

——实体;

——枚举;

——函数;

——过程;

——规则标签;

——类型;

——变量。

示例:下面的声明是不正确的,因为受该规则影响的实体标识符 point 被隐式声明为该规则内的变量,同时又被显式声明为局部变量。

```
RULE illegal FOR (point);
LOCAL
  point : STRING;
END_LOCAL;
  …
END_RULE;
```

10.3.12 规则标签

可见性:规则标签在声明它的实体、规则或类型范围内是可见的。

注:规则标签可以被实现或注释标记中使用(见 7.1.6.3)。

10.3.13 模式

可见性:模式标识符对所有其他模式而言是可见的。

注:符合标准的实现可以提供一种范围机制,允许将一组模式集合作为一个范围处理。

范围:模式声明定义了一个新范围。该范围从关键字 SCHEMA 开始直到结束该模式声明的关键字 END_SCHEMA 为止。

声明:下列 EXPRESS 项可声明在模式声明的范围中是可见的标识符:

——常数;

——实体;

——枚举;

——函数;

——过程;

——规则;

——子类约束;

——类型。

示例:下列模式声明有 2 个方面是不正确的。标识符 adef 已经通过 USE 语句被导入但又被重声明为一种类型的名称。其次,fdef 的名称已被用作两个声明的标识符(恰巧为一个实体和一个函数,尽管项的类型是不相关的)。

```
SCHEMA incorrect;
USE FROM another_schema (adef);
  FUNCTION fdef(parm : NUMBER):INTEGER;
```

```
    …
    END_FUNCTION;
    TYPE adef = STRING;
    END_TYPE;
    ENTITY fdef;
    …
    END_ENTITY;
END_SCHEMA;
```

10.3.14 子类约束

可见性：子类约束标识符在声明它的模式范围内是可见的。

注：子类约束标识符可被实现或者在注释标记中使用(见 7.1.6.3)。

范围：子类约束扩展了声明它的实体范围。该范围扩展从关键字 SUBTYPE_CONSTRAINT 开始直到结束该子类约束声明的关键字 END_SUBTYPE_CONSTRAINT 为止。

10.3.15 类型

可见性：类型标识符在声明它的函数、过程、规则或模式中是可见的。在满足 10.2 规定条件时，类型标识符在重声明它的内部范围中依然是可见的。

范围：类型声明产生了一个新范围。该范围从关键字 TYPE 开始直到结束该类型声明的关键字 END_TYPE 为止。

声明：下列 EXPRESS 项可声明在类型声明范围中是可见的标识符：

——枚举；

——规则标签(定义域规则)。

10.3.16 类型标签

可见性：类型标签在声明它的下列范围中是可见的：

——实体以及该实体的所有子类；

——函数；或

——过程。

它被范围中的首次出现而隐式声明。对于函数和过程而言，首次出现应当在形式参数说明中，随后被声明的类型标签可在形式参数说明的其他任何地方被引用，或者在函数或过程的局部声明中被引用。如果它在函数中被声明，则该类型标签可在该函数的返回结果的类型说明中被引用。

10.3.17 变量

可见性：变量标识符在声明它的函数、过程或规则的范围中是可见的。

11 接口描述

本条款对某些构造进行了说明，这些构造能使某个模式中声明过的项在另一个模式中是可见的。有两种接口描述(USE 与 REFERENCE)可以使项具有可见性。USE 描述允许一个模式中声明过的项在声明 USE 构造的模式中被独立地实例化。

如果某一实体实例不发挥由任何其他实体实例的属性所说明的作用，则该实体实例就是独立的。对于一个独立的实体实例而言，ROLESOF(见 15.20)函数将返回一个空集。对于一个在模式中被局部声明过或者在这种模式中被使用过的实体数据类型而言，它或者可以被独立地实例化，或者在这种模式中发挥某一实体的一种属性所说明的作用。

为了发挥模式中实体实例属性所描述的作用，只能实例化显式引用的实体或隐式调用的实体。

语法：

242 interface_specification = reference_clause | use_clause.

外来声明就是指出现在一种外来模式中(除当前模式外的任何模式)的任何一种声明(例如一个实体)。

对于这两种接口的另一种区别就是使用(USE)规范仅仅适用于被命名的数据类型(实体数据类型或者被定义的数据类型),而引用(REFERENCE)规范则适用于除规则与模式之外的所有声明。

在当前模式中,可以对一个外来表达(EXPRESS)项赋予新名称。如果某一表达(EXPRESS)项跟随关键词 AS 之后,则这种表达(EXPRESS)项就可以通过新名称引用到当前模式之中。

11.1 USE 接口描述

通过使用(USE)描述的方式,就可以使在外来模式中声明过的一种实体数据类型或者被定义数据类型具有可用性。使用(USE)描述给出了外来模式的名称,并有选择性地给出了在这种外来模式中声明的实体数据类型或者被定义数据类型的名称。对于在外来模式中声明的或者使用的(USE)的所有被命名数据类型而言,如果没有对命名类型(named_types)作出具体规定,那么就将它们当作已作过局部声明来处理。

语法:

```
336 use_clause = USE FROM schema_ref ['('named_type_or_rename
                 {','named_type_or_rename}')'] ';'.
337 named_type_or_rename = named_types [AS (entity_id | type_id)].
```

11.2 REFERENCE 接口描述

引用(REFERENCE)描述可以使以下在外来模式中声明过的表达(EXPRESS)项在当前模式中具有可视性:

——常量;

——实体;

——函数;

——过程;

——类型。

引用(REFERENCE)描述给出了外来模式的名称,并选择给出在其中声明的表达(EXPRESS)项的名称。如果没有规定性名称,则在外来模式中声明或者使用的(USE)的所有表达(EXPRESS)项在当前模式中都具有可视性。

语法:

```
281 reference_clause=REFERENCE FROM schema_ref ['('resource_or_rename
                 {','resource_or_rename }')'] ';'.
288 resource_or_rename=resource_ref [AS rename_id].
289 resource_ref=constant_ref | reference_id | function_ref | procedure_ref |
                 type_ref .
336 rename_id=constant_id | entity_id | function_id | type_id.
```

由于不能将被引用(REFERENCE)外来声明当作局部声明,因此,它也就不能单独地进行实例化,但是可以在当前模式中实例化来扮演由某一实体的一种属性所描述的角色。

11.3 USE 和 REFERENCE 的相互作用

如果一种实体数据类型或者被定义数据类型在当前模式中既被使用(USE),又被引用(REFERENCE),那么使用(USE)规优先发挥作用。

示例 1:声明

```
USE FROM s1(a1);
```

```
REFERENCE FROM s1(a1);
```

将 a1 当作一个局部声明。

如果一种被命名数据类型被使用(USE)到当前模式之中,那么这种被命名数据类型可以被另一种模式从当前模式中使用(USE)或者引用(REFERENCE)(即:使用(USE)描述在以在模式之间进行链接)。

示例 2:给定下面两种模式声明:

```
SCHEMA s1;
 ENTITY e1;
 END_ENTITY;
END_SCHEMA;

SCHEMA s2;
   USE FROM s1(e1 AS e2);
END_SCHEMA;
```

则,下面的说明是等价的:

```
SCHEMA s3;                    SCHEMA s3;
USE FROM s1(e1 AS e2);             USE FROM s2 (e2);
END_SCHEMA;                         END_SCHEMA;
```

由于引用(REFERENCE)描述不能将被引用的 EXPRESS 项当作局部声明,因此不能对引用对象进行链接。

11.4 隐式接口

一种外来声明可以引用当前模式不可见的标识符。那些被隐式引用的 EXPRESS 项对于全面理解当前模式而言是必需的,但是它们对于当前模式中已被声明过的 EXPRESS 项而言,是不可见的。每一个被隐式接口对接的项反过来又可以引用其他在当前模式中不可见的 EXPRESS 项;而这些项对于全面理解当前模式也是必需的。

示例:被隐式接口对接的项以及隐式接口的链接。

```
SCHEMA s1;
TYPE t1 = REAL;
END_ TYPE;

ENTITY e1;
  a :t1;
  END_ENTITY;
ENTITY e2;
  a1 :e1;
END_ENTITY;
END_SCHEMA;

SCHEMA s2;
REFERENCE FROM s1(e2);
ENTITY e3;
  a3 :e2;
END_ENTITY;
END_SCHEMA;
```

实体 e2 被用作属性 a3 的数据类型。由于实体 e2 在其定义中需要实体 e1,因此,e1 通过模式 s2 被隐含地进行了接口对接。然而,由于实体 e1 尚未在模式 s2 中进行显性对接,因此,实体 e1 不能在模式 s2 中被明确地指代。类似地,实体 e1 在其定义中需要实体 t1;因此,实体 t1 通过模式 s2 被隐性地进行了接口对接。

在下面的子条款中，使用了一些被接口对接的字码来表达使用(USE)、引用(REFERENCE)或者隐式接口对接的含义。

11.4.1 常量接口

如果一个常量被接口对接，则以下数据类型将被隐含地进行了接口对接：

——在接口对接的常量的声明中被使用的任何被定义数据类型；

——在接口对接的常量的声明中被使用的任何实体数据类型；

——在接口对接的常量的声明中被使用的任何常量；

——在接口对接的常量的声明中被使用的任何函数。

11.4.2 定义数据类型接口

如果一种被定义数据类型被进行了接口对接，则以下数据类型将被隐含地进行接口对接：

——在接口对接的类型声明中使用的所有被定义数据类型，包括可扩充的被定义数据类型，这种接口对接的数据类型可通过采用 BASED_ON 关键词而进行扩充，但是不包括当这种接口对接的数据类型为选择(SELECT)类型时所有的可选择性项，也不包括基于这些接口对接类型而派生的可选择数据类型的可选择性项；

——在接口对接的被定义数据类型的表达声明中被使用的所有常量或者函数；

——在接口对接的被定义数据类型的域规则中被使用的所有常量或者函数；

——由一种选择数(SELECT)据类型表达的所有被定义数据类型，在这种选择(SELECT)数据类型的选择表单中包含有接口对接的被定义数据类型。

示例：通过一种选择(SELECT)数据类型来隐含性地对接到一种被定义数据类型上。

```
SCHEMA s1;
TYPE sel1 = SELECT(e1,t1);
END_TYPE;
TYPE t1 = INTEGER;
END_TYPE;
ENTITY e1;
END_ENTITY;
END_SCHEMA;

SCHEMA s2;
REFERENCE FROM s1(t1);
END_SCHEMA;
```

模式 s2 中含有一个对数据类型 t1 的显性引用，并且由于数据类型 sel1 是由一种含有数据类型 t1 的选择(SELECT)数据类型来表达，因此数据类型 sel1 被隐含性地引用了。

11.4.3 实体数据类型接口

如果一种实体数据类型被接口对接，则以下数据类型将被隐含性地接口对接：

——属于接口对接实体数据类型的子类的所有实体数据类型；

注：对于接口对接实体数据类型的子类而言，无论它们是否出现在表达式的一个超类(SUPERTYPE)之中，它们都将不得作为这种接口对接的结果而被隐含性地对接。

——对于引用对接实体数据类型与零型或者其他大于零类型的实体数据类型的所有规则而言，在当前模式中它们要么被显性地对接，要么被隐含性地对接；

——对接口对接的实体数据类型的所有子类约束；

——在接口对接的实体数据类型的属性声明中被采用的所有常量、被定义数据类型、实体数据类型或者函数；

——在接口对接的实体数据类型的域规则中被使用的所有常量、被定义数据类型、实体数据类型或者函数；

——由一种选择(SELECT)数据类型来表达的所有被定义数据类型，这种选择(SELECT)数据类型在选择表单中对接口对接的实体数据类型作了规定。

如果对一种接口对接的实体数据类型的隐含性接口进行了汇集，则可将子类／超类图精减为紧随链接超类(SUPERTYPE)之后的结果。在附录C中给出了用来计算精减所得的结果子类／超类图所支持的实例化算法。

11.4.4 函数接口

如果一个函数被接口对接，则以下数据类型将被隐含性地接口对接：

——在对接函数的参数声明中使用的所有被定义数据类型或者实体数据类型；

——在对接函数的返回类型声明中使用的所有被定义数据类型或者实体数据类型；

——在对接函数的局部变量声明中使用的所有被定义数据类型或者实体数据类型；

——在对接函数中使用的所有常量、函数或者程序。

11.4.5 过程接口

如果一种过程被接口对接，则以下数据类型将被隐含性地接口对接：

——在对接过程的参数声明中被使用的所有被定义数据类型或者实体数据类型；

——在对接过程的局部变量声明中使用的所有被定义数据类型或者实体数据类型；

——在对接过程中使用的所有常量、函数或者程序。

11.4.6 规则接口

如果一种描述被接口对接，则以下数据类型将被隐含性地接口对接：

——在接口描述中局部变量的声明中被使用的所有被定义数据类型或者实体数据类型；

——在接口描述中使用的所有常量、函数或者程序。

11.4.7 子类约束接口

如果一个子类约束被接口对接，则没有隐含性对接的项。

在接口对接的子类约束中规定的那些约束要根据接口连接进行更改，以便禁止任何复合实体数据类型在当前模式中进行实例化，这种当前模式是外来模式中所不允许存在的(见附录C)。

12 表达式

表达式由操作符、操作数以及函数调用组合而成，并且要对它们进行运算以产生一个结果值。

```
语法：
216 expression=simple_expression[rel_op_extended simple_expression].
283 rel_op_extended=rel_op | IN | LIKE.
282 rel_op='<' | '>' | '<=' | '>=' | '<>' | '=' | ':<>:' | ':=:'.
305 simple_expression=term{add_like_op term}.
325 term=factor{multiplication_like_op factor}.
217 factor=simple_factor['**' simple_factor].
306 simple_factor=aggregate_initializer | entity_constructor |
                  Enumeration_reference | interval | query_expression |
                  ([unary_op]('('expression')' | primary)).
331 unary_op='+' | '-' | NOT.
269 primary=literal | (qualifiable_factor{qualifier}).
257 multiplication_like_op='*' | '/' | DIV | MOD | AND | '||'.
168 add_like_op='+' | '-' | OR | XOR.
```

有些操作符仅要求一个操作数，而其他的一些操作符则要求有两个操作数。仅要求一个操作数的操作符要位于操作数之前。而要求有两个操作数的操作符则要在那两个操作符之间。本条款对操作符进行了定义并规定了与每一种操作符一起使用的操作数的数据类型。

操作符有七级：

a) 算术操作符接受数字操作数并产生数字运算结果。一种算术操作符的结果值的数据类型由所操作符与操作数的数据类型(见 12.1)来决定。

b) 关系操作符接受可变数据类型，并将其作为操作数，产生逻辑运算结果(TRUE，FALSE 或者 UNKNOWN)。

c) 二进制操作符接受二进制操作数，并产生二进制的运算结果。

d) 逻辑操作符接受逻辑操作数，并产生逻辑运算结果。

e) 串算符接受字符串操作数，并产生串算符运算结果。

f) 聚合操作符将一些聚合值与其他聚合值或者以变量形式存在的个体元素进行合并，并产生聚合结果。

g) 组件引用与索引操作符可以从实体实例与聚合值中提取构件。

一种表达式的计算由操作符的优先顺序来控制，这种操作符优先顺序构成了表达式的一部分内容。对于用括号括起来的表达式，在被当作单个操作数进行运算之前，就要对它进行计算。

计算顺序为由左至右，且具有最高优先顺序的操作符最先进行运算。表 10 规定了所有 EXPRESS 操作符的优先顺序规则。表中同一行的操作符具有相同的优先顺序，操作符各行之间按照优先顺序递减的顺序进行排列。

表 10 操作符优先级

优先级	说明	操作符
1	组件引用	[].\
2	一元操作符	+－NOT
3	取幂运算	**
4	乘法/除法运算	*/DIV MOD AND ‖
5	加法/减法运算	－ +OR XOR
6	关系运算	=〈〉〈=〉=〈〉:=:IN LIKE
注：‖ 是指复合实体结构操作符。		

处于两个具有不同优先顺序的操作符之间的操作数被绑定到具有较高优先顺序的操作符上。而处于两个具有相同优先顺序的操作符之间的操作数被绑定到左边的那个操作符上。

示例 表达式－10＊＊2 的算法为(－10)＊＊2，其运算结果为 100。而表达式 10/20＊30 的算法为(10 / 20)＊30，其运算结果为 15.0。

12.1 算术操作符

要求一个操作数的算术操作符是恒等(＋)和否定(－)操作符。操作数是数字类型(数字、整数或者实数)。如果操作符为＋，则结果等于操作数，如果操作符为－，则运算结果与操作数相反。如果操作数为不确定值(?)，则不管使用哪种操作符，其运算结果均为不确定值(?)。

要求有两个操作数的算术操作符包括加号(＋)、减号(－)、乘号(＊)、实数除号(/)、乘方(＊＊)、整除(DIV)以及按模计算符号(MOD)。操作数为数字类型(数字、整数或者实数)。

加、减、乘、除操作符执行同名的数学运算法则。如果两个操作数均为整数数据类型，则除了除法以外，这些运算将产生一个整数结果，换句话说，也是一个实数结果(在两个操作数都没运算结果为不确定值(?)的情况下)。实数除号(/)操作符将产生一个实数结果(在两个操作数的运算结果都不为不确定值(?)的情况下)。

按模计算符号与整除运算产生一个整数结果(在两个操作数的运算结果都不为不确定值(?)的情况下)。如果两个操作数之一为实数数据类型,则在运算之前要将其舍位为一个整数类型;因此,所有小数部分都要舍去。如果 a 与 b 为整数,则后面这种运算总是正确的:(a DIV b) * b+c *(a MOD b)=a,这里假设 b>=0 时,c=1,当 b<0 时, c=-1。a MOD b 的绝对值要小于 b 的绝对值。符号 a MOD b 与符号 b 相同。

如果一个算术操作符的任何一个操作数的运算结果为不确定值(?),则表达式运算的结果即为不确定值(?)。

实数的取整

在必要时,根据精确度 p(要么对实数类型进行明确说明,要么受到附录 E 中规定的实现限制),要对实数进行取整,取整时采用下列算法规则:

a) 将数字表示法转换成指数形式,并去除所有的前导零。

b) 将数字指针 k 设定指向小数点右边的 p 个数位。

c) 如果实数的值为正,则进行以下操作:

——如果第 k 位数字在 5~9 的范围之内,则在第 $k-1$ 位数字上加 1,舍去第 k 位数字及其后面的所有数字,然后转到第 e 步;

——如果第 k 位数字在 0~4 的范围之内,则直接舍去第 k 位数字其后面的所有数字,然后转到第 h 步。

d) 如果实数的值为负,则进行以下操作:

——如果第 k 位的数字在 6~9 的范围之内,则在第 $k-1$ 位数字上加 1,舍去第 k 位数字及其后面的所有数字,然后转到第 e 步;

——如果第 k 位的数字在 0~5 的范围之内,则直接舍去第 k 位数字其后面的所有数字,然后转到第 h 步。

e) 将数字指针 k 设定到 $k-1$。

f) 如果第 k 位数字在 0~9 的范围之内,则转到第 h 步。

g) 如果第 k 位数字的值为 10,则在第 $k-1$ 位数字上加 1,并将第 k 位数字设定为 0,然后转到第 e 步。

h) 现在数字就被取整了。

注:这种取整机制效果只能对 0.5~1 以及-0.5~0 的数字进行取整。

例:本例说明了如何定义一个实数小数部分的有效数位的位数,即:其精确度。

```
LOCAL
  distance:REAL(6);
  x1、y1、z1 :REAL;
  x2、y2、z2 :REAL;
END_LOCAL;
…
x1:= 0.;y1 = 0.; z1 = 0.;
x2:= 10.;y2 = 11.; z2 = 12.;
…
Distance:= SQRT((x2 - x1) * * 2 + (y2 - y1) * * 2 + (z2 - z1) * * 2;
```

distance 被计算为数值 1.910 497 3…e+1,但是具有一个精确值 1.910 50 e+1,这是因为规范要求精确到六位数字;因此,结算结果只保留了六位有效数字。

12.2 关系操作符

关系操作符包括值比较操作符、实例比较操作符、成员操作符(IN)以及字符串匹配(LIKE)。一个关系表达式的运算结果为一个逻辑值 TRUE、FALSE 或者 UNKNOWN。如果两个操作数中的一个计算为不确定值(?),则表达式的运算结果为 UNKNOWN。

12.2.1 值比较操作符

值比较操作符为：

——等号(＝)；

——不等号(〈〉)；

——大于号(＞)；

——小于号(＜)；

——大于或等于号(＞＝)；

——小于或等于号(＜＝)。

这些操作符可运用于数字型、逻辑型、字符串型以及二进制型操作数。这些操作符还可以运用于在枚举集合中声明的可列项中,这些枚举集合是不可扩充的,也不是由可扩充枚举集合派生而得到的。另外,＝与〈〉操作符可运用于聚合与实体数据类型的取值以及在可扩充枚举集合中或者由可扩充枚举集合派生的枚举集合中声明的可列项中。见12.11。

对于两个给定的值:a 与 b,对于所有数据类型而言,a〈〉b 等价于 NOT(a＝b)。如果 a 与 b 既不是聚合数据类型,也不是实体数据类型,则:

下列表达式之一为正确的:a＜b,a＝b 或者 a＞b。

a＜＝b 等价于(a＜b)或者(a＝b)

a＝b 等价于(a＞b)或者(a＝b)

12.2.1.1 数字比较

如果将值比较操作符运用到数字操作数上,则要复合实数的数学运算顺序。

注:如果只对两个实数作比较,则不考虑精确度规范。

例:假定:

a:REAL(3):＝1.23

b:REAL(5):＝1.230 0;

则表达式 a＝b 的运算结果为 TRUE。

12.2.1.2 二进制比较

要比较两个二进制值,则需要比较每一个值的同一数位上的二进制数,首先从第一对(最左边的)数字开始,然后比较第二位的数字对,依此类推,直到发现有一对同位数字不相等或者所有同位数字都已检验完毕为止。如果发现一对同位数字不等,则含有 0 数字的那个二进制数值就小于另一个二进制数值。则不必再进行往下比较。如果没有发现不等的同位数对,则认为较短(用二进制长度函数比较)的二进制数值小于另一个二进制数值。如果两个数值的长度相同,并且所有数对都相等,则这两个二进制数值就相等。

12.2.1.3 逻辑比较

对于两个逻辑(或者布尔型)值的比较,则要遵循以下顺序:

FALSE＜UNKNOWN＜TRUE。

12.2.1.4 字符串比较

要比较两个字符串值,则需要将每个值的同位字符进行比较,首先从第一对(最左边的)字符开始,然后比较第二位的字符对,依此类推,直到发现有一对同位字符不相等或者所有同位字符都已检验完毕为止。如果发现一对同位字符不等,则含有较小字符(按照 ISO/IEC 10646 对字符的八位字节值的定义来确定)的那个字符串值就小于另一个字符串值。则不必再进行往下比较。如果没有发现不等的同位字符对,则认为较短(用长度函数比较)的字符串值小于另一个字符串值。如果两个字符串值的长度相同,并且所有字符串对都相等,则这两个字符串值就相等。

12.2.1.5 枚举项比较

在一个不可扩充以及由可扩充枚举集合派生而得到的枚举集合中,对于枚举项的值比较,则要根据它们在枚举数据类型的声明中的相对位置来进行。见 8.4.1 规则 d)。

对于数据类型值而言,如果这种数据类型为可扩充枚举类型或者由一种可扩充枚举类型派生而得到的枚举类型,则对于数据类型值的比较仅定义相等或不等值这两种结果。如果两个值代表同一枚举项,则这两个值相等,否则,不等。

12.2.1.6 聚合值比较

为聚合值定义的值比较操作符包括:相等(=)与不等(〈〉)两种。仅在两种聚合值的数据类型为兼容类型情况下,才能对这两个聚合值进行比较,见 12.11。

所有聚合值的比较都要对每一个操作数中的元素数量进行检查:如果 SIZEOF (a)〈〉SIZEOF (b),则两个聚合值不等。聚合比较是通过值对比来对聚合值的元素进行比较。如果任何一种元素比较所计算的结果为 FALSE,则聚合比较的运算结果为 FALSE。对于一个具体的聚合比较而言,如果一种或多种元素比较所计算的结果为 UNKNOWN,并且其他的所有比较运算结果为 TRUE,则聚合比较的运算结果就为 UNKNOWN。否则,聚合比较的运算结果为 TRUE。

对聚合相等性的定义,则取决于需要比较的聚合数据类型。

——当且仅当 a 数组的每一个元素值与 b 数组中对应的同位置的每一个元素值相等时,两个数组 a 与 b 才相等,即:a[i]=b[i](见 12.6.1);

——当且仅当表格 a 中的每一个元素值与表格 b 中对应的同位值的每一个元素值相等时,两个表格 a 与 b 才相等;

——对于两个元包或者集合 a 与 b,当且仅当每一个元素 VALUE_IN a 出现与元素 VALUE_IN b 相同次数,并且每一个元素 VALUE_IN b 出现与元素 VALUE_IN a 相同次数时,元包或者集合 a 与 b 才相等。

12.2.1.7 实体值比较

当两个实体实例对应的属性赋值相等时,则通过值比较可得出这两个实体实例相等的结论。由于实体实例可能具有由实体数据类型来表达的属性,因此,对于实体实例而言,它们可能具有自我参照性。如果由简单数据类型来表达的所有属性都具有相同的值,并且在两个实体实例中的那些相同属性均具有自我参照性,则在实体实例具有自我参照性的情况下,通过值比较就可以得出实体实例相等的结论。

更准确地说,假设要对两个实例 l 与 r 进行比较。如果 l:=:r,则 l=r。否则,作出以下定义:

——对所考察的实例群定义一个排序。实际上,这个实例群是有限的,因此可以构建一种排序。

——出于方便对问题的讨论,对聚合索引操作符进行了定义,这种聚合索引操作符遵循排序规则,从而对于任何聚合 agg 以及任何指数 i 与 j,条件 i<j 等价于条件 agg[i] <agg[j]。

——将引用路径定义为一种或多种属性或者索引引用的一种顺序。为了将引用路径 s 运用到实例 i 上,则要记录路径 s(i)。如果仅仅只有最后一次引用产生不确定值(?)结果,则路径 s(i)就是可估值的。

则等式 l=r 的值将取决于以下情况的前提条件,这些情况的运算结果为:

a) 如果 TYPEOF(l)〈〉TYPEOF(r),则等式 l=r 的值为 FALSE。

b) 如果存在一条引用路径 s,并且路径 s(l)与 s(r)中恰好只有一条是可估值的,则等式 l=r 的值为 FALSE。

c) 如果存在一条引用路径 s,并且路径 s(l)与 s(r)都产生简单类型值,但是 s(l)〈〉s(r),则等式 l=r的值为 FALSE。

d) 如果存在一条引用路径 s,并且路径 s(l)与 s(r)要么产生实体类型值,要么被声明为选择数据类型,并且 TYPEOF(s(l))〈〉TYPEOF(s(r)),则等式 l=r 的值为 FALSE。

e) 如果存在一条引用路径 s,并且路径 s(l)不存在(NOT EXISTS),或者路径 s(r)不存在(NOT EXISTS),则等式 l=r 的值为 UNKNOWN。

f) 否则,等式 l=r 的值为 TRUE。

例 1 下划线算法就可能是上述值比较测试的一种实现。这种算法用于例证性说明，而不是用来规定任何具体的实现类型。

设 l 与 r 为这种算法中的一般(GENERIC)类型变量。

a) 将 l 初始值设定为左边实体实例，并将 r 初始值设定为右边实体实例。

b) 如果这两个实例为相同的实例，即：l：=：r，则表达式的运算结果为 TRUE。

c) 将一个空白表单 plist 初始化为含有实体实例标识符的有序对。

注 1：实例标识符的代表为实现细节。

d) 通过下面规定的等深算法(deep equal algorithm)来比较 l 与 r。

e) 表达式的运算结果为等深算法(deep equality algorithm)的返值。

等深算法

a) 如果 l、r 或者两者均为不确定值(?)，则这种算法的返值为 UNKNOWN。

b) 如果 TYPEOF(l)<>TYPEOF(r)，则这种算法的返值为 FALSE。

c) 如果 l 与 r 不是实体实例，则通过适当的相等性测试，可得出这种算法的返值为 l=r。

d) 如果 l 与 r 为相同的实体实例，即：l ：=：r，则算法的返值为 TRUE。

e) 如果实例对(l，r)出现在列单 plist 中，则算法返值为 TRUE。

f) 如果实例对(l，r)没有出现在列单 plist 中，则进行以下操作：

1) 将实例对(l，r)添加到列单 plist 中。

2) 对于为 l 与 r 定义的每一种属性 a 而言，用等深算法(deep equality algorithm)来比较 l. a 与 r. a，这里设 l=l. a 且 r=r. a。

注 2：这就是递归调用。

3) 如果在步骤(2)中，任何属性的等深算法的返值结果为 FALSE，则这种算法的当前调用结果为 FALSE。另外，如果对于任何属性而言，这种算法的返值均为 UNKNOWN，则这种调用的结果即为 UNKNOWN。否则，这种调用的结果为 TRUE。

注 3：这就保证了在任何比较为 FALSE 的情况下，其结果也为 FALSE。如果所有比较为 TRUE，则其结果也为 TRUE。如果其中一个比较为 UNKNOWN，而其他所有比较均为 TRUE，则结果为 UNKNOWN。

示例 2 局部变量 i1 与 i2 属于类型 loop_of_integer，并且在本例中进行赋值时，它们不等值。

```
ENTITY loop_of_integer;
  int :INTEGER;
  next:loop_of_integer;
END_ENTITY;

LOCAL
    i1,i2 :loop_of_integer;
END_ LOCAL;
...
i1: = loop_of_integer(5,loop_of_integer(3,SELF));
i2: = loop_of_integer(3,loop_of_integer(5,SELF));
IF i1 = i2 THEN - evaluates to false
```

实体值比较可运用到实例实例和类限定(见 12.7.4)实体实例。对于实体实例而言，所要考察的实例的所有子类与超类的属性都要进行比较。对于类限定实体实例而言，仅比较在实体声明中被声明为属性的那些属性，这里，实体声明是指对类限定词中命名的实例数据类型的实体声明(这不包括在规定的实体数据类型中被重声明的后继属性)。

12.2.2 实例比较操作符

实例比较操作符包括：

——实例相等(:=:);

——实例不等(:<>:)。

这些操作符可以运用到数字型、逻辑型、字符串型、二进制型、枚举型、聚合型以及实体数据类型的操作数上。一个实例比较操作符的两个操作数要为数据类型兼容型。见12.11。

对于已知的两个操作数:a与b,对于所有数据类型而言,(a:<>:b)等价于NOT (a:=:b)。

如果实例比较操作符运用到数字型、逻辑型、字符串型、二进制型以及枚举数据类型上,则这些实例比较操作符等价于对应的值比较操作符。即:对于这些数据类型而言,(a:=:b)等价于(a=b),而(a:<>:b)等价于(a<>b)。

12.2.2.1 聚合实例比较

为聚合值定义的实例比较操作符包括相等(:=:)与不等(:<>:)两种。仅当两个聚合值的数据类型为兼容性时,它们才可以进行比较,见12.11。

所有聚合比较都要对每一个操作数中的元素数量进行检查:如果SIZEOF (a)<>SIZEOF (b),则两个聚合不等。聚合比较是通过实例比较来对聚合值的元素进行比较的。如果任何一种元素比较所计算的结果为FALSE,则聚合比较的运算结果为FALSE。对于一个具体的聚合比较而言,如果一种或多种元素比较所计算的结果为UNKNOWN,并且其他的所有比较运算结果为TRUE,则聚合比较的运算结果就为UNKNOWN。否则,聚合比较的运算结果为TRUE。

对聚合实例的相等性的定义,则取决于需要比较的聚合数据类型。

——当且仅当a数组的每一个元素与b数组中对应的同位置的每一个元素为同一实例时,两个数组a与b才相等,即:a[i]=b[i](见12.6.1);

——当且仅当表格a中的每一个元素与表格b中对应的同位值的每一个元素为同一个实例时,两个表格a与b才相等;

——对于两个元包a与b,当且仅当每一个元素IN a出现与元素IN b相同次数,并且每一个元素IN b出现与元素IN a相同次数时,元包a与b才为实例相等;

——对于两个集合a与b,当且仅当每一个元素IN a为元素IN b,并且每一个元素IN b也为IN a时,两个集合a与b才为实例相等;

——当且仅当集合中的每一个元素在元包中仅仅出现一次,并且元包中不含有集合中没有的元素时,这个元包才与集合实例相等。

例:两个数组的实例比较。

```
LOCAL
  a1,a2 :ARRAY[1 : 10] OF b;
END_ LOCAL;
IF (a1:=:a2) THEN …
```

12.2.2.2 实体实例比较

实体实例相等(:=:)与实体实例不等(:<>:)这两种操作符接受两个相互兼容的实体实例,并且结算结果为一个逻辑值。

如果a的计算结果为b的同一实体实例,则a:=:b计算结果为TRUE;即:实现相关标识符相同。如果a的计算结果为不同于b的实体实例,则其结算结果为FALSE。如果两个操作数之一为不确定值(?),则计算结果为UNKNOWN。

除非作特别提示,否则,在聚合比较过程中以及唯一规则检查过程中等情况下对两个实体实例的比较,都要采用实体实例比较。

例 所有孩子都有妈妈,但是只有一些孩子可能有兄弟或者姐妹。这个例子可以通过以下程序进行模型化:

```
ENTITY child
```

```
SUBTYPE OF (person);
  mother : female;—— we are not interested in more than one generation
  father :male;
END_ENTITY;
ENTITY sibling
SUBTYPE OF (child);
  sibling :SET [1 : ?] sibling;
WHERE
          --make sure that the current entity instance
          --is not one of its siblings
not_identical:SIZEOF (QUERY(i<* siblings | i: = :SELF)) = 0;
          --make sure that each of the siblings shares either a mother
          --or a father with the current entity instance
same_parent : SIZEOF (QUERY(i<* siblings |
              (i.mother : = : SELF.mother)OR
                             (i.father : = : SELF.father)) =
              SIZEOF (siblings));
END_ENTITY;
```

12.2.3 成员操作符

成员操作符 IN 可以检测某聚合中一个项的成员关系,并且运算结果为一个逻辑值。右边的操作数的运算结果为一个聚合数据类型值,而左边的那个操作数要与这个聚合值的基本类型相容。e IN agg 这个表达式的运算结果如下:

a) 如果两个操作数之一为不确定值(?),则表达式的运算结果为 UNKNOWN;

b) 如果存在一个成员 agg[i],从而 e:=:agg[i],则表达式的运算结果为 TRUE;

c) 如果存在不确定值(?)成员 agg[i],则表达式的运算结果为 UNKNOWN;

d) 否则,表达式的运算结果为 FALSE。

注:函数 VALUE_IN(见 15.28)可用来确定聚合的一个元素是否具有特殊值。

模型定义的成员关系检测可以通过一对函数进行说明,并且需要调用例子 my_equal(见 8.2.5 中的注释)以及 my_in,如同下面的伪代码所示:

```
FUNCTION my_in(c:AGGREGATE OF GENERIC:gen;v:GENERIC:gen):LOGICAL;
  (* "my_in"Returns UNKNOWN if v or c is indeterminate(?)
      Else returns TRUE if any element of c has the 'value'v
      Else returns UNKNOWN if any comparison is UNKNOWN
      Otherwise returns FALSE *)
LOCAL
  result:LOGICAL;
  unknownp:BOOLEAN: = FALSE;
END_LOCAL
IF ((NOT EXISTS(v)) OR (NOT EXISTS (c)) THEN
  RETURN(UNKNOWN);END_IF;
REPEATi: = LOINDEX(c)TO HIINDEX(c);
result: = my_equal(v,c[i]);
IF (result = TRUE)THEN
```

```
    RETURN(result);END_IF;
    IF (result = UNKNOWN) THEN
        unknownp: = TRUE;END_IF;
    END_REPEAT;
  IF(unknownp)THEN
      RETURN(UNKNOWN);
    ELSE
      RETURN(FALSE);
    END_IF;
    END_FUNCTION;
```

例如,这种伪代码可用作:

```
LOCAL
  v:a;
  c:SET OF a;
END_LOCAL;
IF my_in(c,v)THEN…
```

12.2.4 区间表达式

区间表达式用来检测一个值是否落在一个已知的区间之中。它含有三个相容性的操作数(见12.11)。这三个操作数要属于一种具有限定排序的类型,即:简单类型(见8.1)和被定义数据类型,这里,被定义数据类型的底层类型要么为简单类型,要么为枚举类型。

语法:

```
243 interval='{'interval_low interval_op interval_item interval_op
              interval_high'}'.
246 interval_low = simple_expression.
247 interval_op ='<'|'='.
245 interval_item = simple_expression.
244 interval_high = simple_expression.
```

注:区间表达式

{interval_low interval_op interval_item interval_op interval_high}

在语法上等价于

(interval_low interval_op interval_item)AND (interval_op interval_high)

区间表达式的运算结果为一个逻辑值,如果两种关系运算的运算结果为TRUE,则这个逻辑值为TRUE。如果这两种关系运算之一的运算结果为FALSE,则这个表达式运算结果的逻辑值为FALSE。如果任何一个操作数为不确定值(?),则表达式运算结果的逻辑值为UNKNOWN。

例:当b的值大于5.0而又小于或等于100.0时,进行以下检测:

```
LOCAL
  b:REAL: = 20.0;
END_LOCAL;
…
IF {5.0<b< = 100.0} THEN - evaluates to TRUE
…
```

12.2.5 相似操作符

相似操作符通过模式匹配算法来比较两个字符串值，且其运算结果为一个逻辑值，这种模式匹配算法将在下面进行说明。左边的操作数为目标字符串。而右边的操作数为模式字符串。

模式匹配算法定义如下。将模式串的每一个字符与目标串的对应字符进行比较。如果对应的任何字符对不能匹配，则匹配失败，从而表达式的运算结果为 FALSE。

在模式串中，某些特殊的字符可以比目标串多一个字符。对于这些字符，表 11 中对其进行了定义。按照表 11 的定义，所有对应的字符必须相同或者匹配，这样表达式的运算结果就为 TRUE。如果两个操作数之一为不确定值(?)，则表达式的运算结果为 UNKNOWN。

如果任何一个特殊模式匹配字符与自身相匹配，则模式要具有一种模式换码序列。模式换码序列由换码符(\)构成，其后跟随着要进行匹配的特殊字符。

示例 1 为了匹配字符@，则要用到换码序列\@。

下面的例子对这些模式匹配字符进行了说明：

示例 2 如果 a：='\AAAA'，则产生以下运行结果：

a LIKE '\\AAAA'--> TRUE

a LIKE '\AAAA'--> FALSE

a'\\A? AA'-->TRUE

a'\\! \\AAA' -->TRUE

a'\\&'-->TRUE

a'\\ $'-->FALSE

示例 3 如果 a：='The quick red fox'；，则产生以下运行结果：

a LIKE ' $ $ $ $'--> TRUE

示例 4 如果 a ：='Page 407'；，则有以下运行结果：

a LIKE ' $ *'--> TRUE

12.3 二进制操作符

除了在 12.2.1.2 中定义的关系操作符之外，还为二进制数据类型定义了另外两种操作符：索引([])操作符与并置操作符(+)。

12.3.1 二进制索引

二进制索引操作符接受两个操作数，即：二进制索引值与索引说明。这种操作符的运算结果为一个二进制长度值(index_2 - index_1 + 1)。其结果二进制值等于整个 index_2 中包含的 index_1 位置上的序列比特位。如果需要二进制长度值为 1，则仅需要对 index_1 作出说明。对 1 的一个索引指的是最左边的比特位。

表 11 模式匹配字符

字符	含义
@	与任何字母匹配
^	与上面情况的任何字母匹配
?	与任何字符匹配
&	与字符串余部相匹配
#	与任何数位匹配
$	与以空格字符或者字符串尾形式结束的子字符串相匹配
*	与任何数量的字符相匹配
\	开始一个模式转换序列
!	否定字符(与其他字符一起使用)

注：否定字符(!)不仅仅是用在模式匹配字符之前，它可用于任何字符之前与除了否定字符之外的任何字符相匹配。

```
语法
239 index_qualifier='['index_1[':'index_2]']'.
237 index_1 = index.
236 index = numeric_expression.
238 index_2 = index.
```

规则与约束：

a) index_1 的运算结果要为一个正整数或者不确定(?)值。

b) 1≤index_1≤二进制长度(二进制值)，否则返值为不确定值(?)。

c) 如果对 index_2 进行规定，则其运算结果为正整数或者不确定(?)值。

d) index_1≤index_2≤二进制长度(二进制值)，否则返值为不确定值(?)。

e) 如果 index_1 或者 index_2 其中一个的运算结果为不确定(?)值，则返值为不确定值(?)。

f) 如果索引表达式的运算结果为不确定值(?)值，则返值为不确定值(?)。

示例 1：对于一个被称为镜像(image)的二进制的第四比特位，可通过以下方法检验：

```
image：= %01010101
IF image[4] = %1 THEN … --evaluate to TRUE
IF image[4 : 4] = %1 THEN …--equivalent expression
```

示例 2：在一个被称为镜像(image)的二进制的整个十个比特位中，其第四个比特位可通过以下方法进行检验：

```
IF image[4 : 10] = % 011110 THEN …
```

12.3.2 二进制链接操作符

二进制合并操作符(+)是一种由两个二进制值共同组成的二进制操作符。两个操作数的运算结果均为一个二进制值，并且表达式的运算结果也为一个二进制值，这个二进制值含有两个操作数的合成式，且第一个操作数位于左边。如果两个操作数之一的运算结果为不确定值(?)，则表达式的运算结果就为不确定值(?)。

示例 二进制值可以像下面那样并置：

```
image：= %101000101 + %101001;
(* image now contains the binary %101000101101001 *)
```

12.4 逻辑操作符

逻辑操作符包括 NOT、AND、OR 以及 XOR。每一个操作符产生一个逻辑结果。AND、OR 以及 XOR 要求有两个逻辑操作数，而 NOT 操作符仅要求一个逻辑操作数就行了。如果两个操作数之一的运算结果为不确定值(?)，则对这个操作数进行操作时，其逻辑值将默认为 UNKNOWN。

12.4.1 NOT 操作符

NOT 操作符仅要求一个逻辑操作数(位于 NOT 操作符的右边)，其运算结果的逻辑值如表 12 所示。

表 12 NOT 操作符

操作数值	运算结果值
TRUE	FALSE
UNKNOWN	UNKNOWN
FALSE	TRUE

12.4.2 AND 操作符

AND 操作符要求有两个逻辑操作数，其运算结果的逻辑值如表 13 所示。AND 操作符具有可换向性。

表 13 **AND 操作符**

操作数 1 的值	操作数 2 的值	运算结果值
TRUE	TRUE	TRUE
TRUE	UNKNOWN	UNKNOWN
TRUE	FALSE	FALSE
UNKNOWN	TRUE	UNKNOWN
UNKNOWN	UNKNOWN	UNKNOWN
UNKNOWN	FALSE	FALSE
FALSE	TRUE	FALSE
FALSE	UNKNOWN	FALSE
FALSE	FALSE	FALSE

12.4.3 **OR 操作符**

OR 操作符要求有两个逻辑操作数,其运算结果的逻辑值如表 14 所示。OR 操作符也具有换向性。

表 14 **OR 操作符**

操作数 1 的值	操作数 2 的值	运算结果值
TRUE	TRUE	TRUE
TRUE	UNKNOWN	TRUE
TRUE	FALSE	TRUE
UNKNOWN	TRUE	TRUE
UNKNOWN	UNKNOWN	UNKNOWN
UNKNOWN	FALSE	UNKNOWN
FALSE	TRUE	TRUE
FALSE	UNKNOWN	UNKNOWN
FALSE	FALSE	FALSE

12.4.4 **XOR 操作符**

XOR 操作符要求有两个逻辑操作数,其运算结果的逻辑值如表 15 所示。OR 操作符也具有换向性。

表 15 **XOR 操作符**

操作数 1 的值	操作数 2 的值	运算结果值
TRUE	TRUE	FALSE
TRUE	UNKNOWN	UNKNOWN
TRUE	FALSE	TRUE
UNKNOWN	TRUE	UNKNOWN
UNKNOWN	UNKNOWN	UNKNOWN
UNKNOWN	FALSE	UNKNOWN
FALSE	TRUE	TRUE
FALSE	UNKNOWN	UNKNOWN
FALSE	FALSE	FALSE

12.5 字符串操作符

除了在12.2.1.4与12.2.5中定义的关系操作符之外，还为字符串类型定义了另外两种操作符：索引([])操作符与并置操作符(+)。

12.5.1 字符串索引

字符串索引操作符接受两个操作数，即：被索引的字符串值与索引说明。这种操作符的运算结果为一个字符串长度值(index_2 − index_1 + 1)。其结果字符串值等于整个 index_2 中包含的 index_1 位置上的字符序列。如果需要字符串长度值为1，则仅需要对 index_1 作出说明。对1的一个索引指的是最左边的那个字符。

```
语法：
239 index_qualifier='['index_1[':'index_2]']'.
237 index_1 = index.
236 index = numeric_expression.
238 index_2 = index.
```

规则与约束：

a) index_1 的运算结果要为一个正整数或者不确定(不确定值(?))。

b) 1≤index_1≤长度(字符串值)，否则返值为不确定值(?)。

c) 如果对 index_2 进行规定，则其运算结果为正整数或者不确定值(?)。

d) index_1≤index_2≤长度(字符串值)，否则返值为不确定值(?)。

e) 如果 index_1 或者 index_2 其中一个的运算结果为不确定值(?)，则返值为不确定值(?)。

f) 如果索引表达式的运算结果为不确定值(?)，则返值为不确定值(?)。

示例1 对于一个被称为名称(name)的字符串的第7个字符，可通过以下方法检验：

```
name := "00125FE1"THEN
IF name [7]= "00125FE1"THEN …--assuming ISO 10646 representation
IF name [7 : 7]= "00125FE1"THEN …--equivalent expression
```

示例2 在一个被称为名称(name)的字符串的整个十个字符中，其第7个字符可通过以下方法进行检验：

```
IF name [7 : 10]'Some' THEN …
```

12.5.2 字符串并置操作符

字符串并置操作符(+)是一种由两个字符串值共同组成的字符串操作符。两个操作数的运算结果均为一个字符串值。并且表达式的运算结果也为一个字符串值，这个字符串值含有两个操作数的合成式，且第一个操作数位于左边。如果两个操作数之一的运算结果为不确定值(?)，则表达式的运算结果就为不确定值(?)。

示例 字符串值可以像下面那样并置：

```
name:= 'ABC' + '' + 'DEF'
(* name now contains the string'ABC DEF' *)
```

12.6 聚合操作符

聚合操作符包括：索引([])、交(*)、并(+)、差(−)、子集(<=)、超集(>=)以及查询(QUERY)。这些操作符将在下面的子条款中进行定义。在12.2中定义的关系操作符：相等(=)、不等(<>)、实例相等(:=:)、实例不等(:<>:)以及成员操作符(IN)，也都可以运用于所有的聚合值上。

注：有几种聚合运算需要对包含在聚合值中的元素进行隐性比较；对于所有这类情况，实例比较法均可使用。

12.6.1 聚合索引

聚合索引操作符接受两个操作数，即：被索引的聚合值与索引说明。这种操作符的运算结果为聚合值中的单个元素。所选用元素的数据类型为被索引聚合值的基本类型。

```
语法：
239 index_qualifier ='['index_1[':'index_2]']'.
237 index_1 = index.
236 index = numeric_expression.
238 index_2 = index.
```

规则与约束：

a) 不得出现 index_2；只能在聚合值中索引单个元素。

b) index_1 的运算结果为一个整数值。

c) LOINDEX(聚合值)≤index_1≤HIINDEX(聚合值)，否则，返值为不确定值(?)。

d) 如果聚合值的类型为一个数组或者列单，则表达式的运算结果为聚合值中 index_1 所指示位置的那个元素。

e) 对于介于 LOINDEX(聚合值)与 HIINDEX(聚合值)之间的每一个 index_1 而言，如果聚合值的类型为一个元包或者一个集合，则表达式的计算结果为聚合值的一个不同元素。

f) 只要聚合值还未被修改，则在具有相同 index_1 的同一聚合值上重复聚合索引，将会产生相同的返值元素。对于聚合数据类型元包(BAG)或者集合(SET)而言，如果其聚合值已被修改，则在修改过的聚合值上重复聚合索引的结果将无法预测。

g) 如果 index_1 或者 index_2 其中一个的运算结果为不确定值(?)，则返值为不确定值(?)。

h) 如果索引表达式的运算结果为不确定值(?)，则返值为不确定值(?)。

示例　对元包与集合的索引可以用来迭代聚合值中的所有值。

```
FUNCTION set_produce(a_set : SET OF INTEGER) : INTEGER;
LOCAL
  result: INTEGER := 1;
END_LOCAL;
  REPEAT index := LOINDEX(a_set) TO HIINDEX(a_set);
Result := result * a_set [index];
  END_REPEAT;

  RETURN(result);
END_FUNCTION;
```

当从 REPEAT 状态中退出时，result 将产生的结果为 a_set 中的所有整数。

12.6.2 交操作符

交操作符(*)接受两个聚合值操作数，并且其运算结果为一个聚合值。在表 16 中给出了这种运算所容许的操作数类型以及相应的运算结果类型。结果的聚合值被隐含地声明为一个带有上下限[0 ··?]的聚合，这种带有上下限的聚合的类型如表 16 中规定的那样。操作数的基本数据类型要具有相容性(见 12.11)。如果两个操作数作交运算的结果不含有元素，则结果的聚合值大小为 0。

如果这两个操作数之一为一个集合，则运算结果将为一个集合，这个集合含有两个操作数中存在的每一个元素。

如果两个操作数均为元包,并且对于一个具体的元素 e 而言,它在一个元包中出现了 m 次,而在另一个元包中出现了 n 次(这里假设 m 小于或等于 n),则运算结果将含有 m 个 e 元素。如果两个操作数之一的运算结果为不确定值(?),则表达式的运算结果为不确定值(?)。

表 16 交操作符-操作数与运算结果类型

第一个操作数	第二个操作数	运算结果
Bag	Bag	Bag
Bag	Set	Set
Set	Set	Set
Set	Bag	Set

12.6.3 并操作符

并操作符(+)接受两个操作数,其中有一个必须为一个聚合值,这种运算的结果为一个聚合值。在表 17 中给出了这种运算所容许的操作数类型以及对应的运算结果类型。并运算由以下情况的前提条件来确定,这些情况为:

a) 如果左边的操作数为一个元包值,而右边的操作数为一个元包、列单或者集合值,则运算结果为左边的操作数加上右边操作数的所有元素,这里,右边操作数所属的元包、列单或者集合值的元素要与左边操作数元包的基本类型相容。

b) 如果左边的操作数为一个集合值,而右边的操作数为一个元包、列单或者集合值,且其中的元素要与左边操作数所属集合的基本类型相容,则结果由初始设定结果所产生的集合为左边的操作数。对于右边操作数的每一个不在结果集合中的元素,要将这些元素添加到结果集合中。

c) 如果两个操作数均为相容性列单,则结果列单为左边的操作数,并将右边的操作数附加到列单的末尾。

注 1:即使两个操作数都被声明为单一列单(LIST OF UNIQUE),结果的列单仍可能含有重复元素。

d) 如果一个操作数(E)的类型与另一个操作数(A)的基本类型相容,则操作数 E 将被如下添加到操作数 A 中:

——如果操作数 A 为一个集合值,则结果集合为 A,即使操作数 E 不在操作数 A 中也要将其添加到 A 中。

——如果操作数 A 为一个列单值,则结果列单为 A。如果 E 为左边的操作数,则将 E 安插在位置 1 上,如果 E 为右边的操作数,则将 E 安插在 SIZEOF(A+1)的位置上。

——如果 A 为一个元包值,则结果元包为 A,并将 E 添加进去。

e) 如果两个操作数之一的运算结果为不确定值(?),则表达式的运算结果为不确定值(?)。

12.6.4 差操作符

差操作符(-)接受两个操作数,其中左边的操作数必须为一个聚合值,并且这种运算的结果为一个聚合值。表 18 中给出了这种运算所容许的操作数类型以及对应的运算结果类型。结果聚合值含有除开第二个操作数中的元素之外的所有第一个操作数中的元素。也就是说,对于既在第一个操作数中又在第二个操作数中的每一个元素,在结果聚合值中它将被从第一个操作数中删除。结果聚合值被隐含地声明为一个带有上下限[0 ··?]的聚合,这种聚合的类型同表 18 中规定的那样。两个操作数的基本类型要相容(见 12.11)。返回聚合值的数据类型要与第一个操作数的数据类型相同。如果两个操作数均为元包,对于具体的一个元素 e,它在第一个操作数中出现了 m 次,而在第二个操作数中出现了 n 次。如果 m 大于 n,则结果聚合值为含有 m-n 个元素 e,如果 m 小于或者等于 n,则结果聚合值中将不出现元素 e。如果第二个操作数中含有第一个操作数所没有的元素,则这些元素将被忽略,并且它们不构成结果聚合值的内容。如果两个操作数之一的元素结果为不确定值(?),则表达式的运算结果就为不确定值(?)。

表 17　并操作符－操作数与运算结果类型

第一个操作数	第二个操作数	运算结果
Bag	Bag	Bag
Bag	Element	Bag
Element	Bag	Bag
Bag	Set	Bag
Bag	List	Bag
Set	Set	Set
Set	Element	Set
Element	Set	Set
Set	Bag	Set
Set	List	Set
List	List	List[a]
Element	List	List[b]
List	Element	List[c]

[a] 第二个列单的第一个元素紧随在第一个列单的最后一个元素之后。

[b] 在结果的列单中，新元素成为第一个元素。

[c] 在结果的列单中，新元素成为第一个元素。

表 18　差操作符－操作数与运算结果类型

第一个操作数	第二个操作数	运算结果
Bag	Bag	Bag
Bag	Set	Bag
Bag	Element	Bag
Set	Set	Set
Set	Bag	Set
Set	Element	Set

例　如果 A 为一个整数元包[1,2,1,3]，则 A－1 的运算结果为[1,2,3]，这个结果等价于[2,1,3]。

12.6.5　子集操作符

子集操作符(<=)接受两个在表 19 中所定义的操作数，其运算结果为一个逻辑(LOGICAL)值。当且仅当任意一个元素 e 在第一个操作数中出现 n 次，而在第二个操作数中至少出现 n 次时，表达式的运算结果才为 TRUE。如果两个操作数之一为不确定值(?)，则表达式的运算结果为 UNKNOWN。否则，其运算结果为 FALSE。

两个操作数要均为相容类型(见 12.11)。

表 19　子集与超集操作符－操作数类型

第一个操作数	第二个操作数
Bag	Bag
Bag	Set
Set	Bag
Set	Set

12.6.6　超集操作符

超集操作符(>=)接受两个在表 19 中所定义的操作数，其运算结果为一个逻辑(LOGICAL)值。当且仅当任意一个元素 e 在第二个操作数中出现 n 次，而在第一个操作数中至少出现 n 次时，表达式的运算结果才为 TRUE。如果两个操作数之一为不确定值(?)，则表达式的运算结果为 UNKNOWN。否则，其运算结果为 FALSE。

两个操作数要均为相容类型(见 12.11)。

b>=a 应完全等价于 a<=b。

12.6.7 查询表达式

查询(QUERY)表达式对一个聚合值中的每一个元素分别地使用一个逻辑表达式(logical_expression)，其运算结果为一个聚合值，对于这个聚合值中的元素而言，其逻辑表达式(logical_expression)的运算结果为 TRUE。假设子集中的所有元素都满足逻辑表达式所表示的条件，则这种运算可以产生一个聚合值的子集。

```
语法：
277 query_expression = QUERY '('varialbe_id'<*'aggregate_source'|'
logical_expression')'.
170 aggregate_source = simple_expression.
254 logical_expression =expression.
```

规则与约束：

a) 在查询表达式范围内，varialbe_id 被隐含地声明为一个变量。

注：这个变量不得在其他地方声明，并且它不能存留在表达式之外。

b) aggregate_source 的运算结果为一个聚合值(数组(ARRAY)、元包(BAG)、表单(LIST)或者集合(SET))。

c) 如果 aggregate_source 的运算结果为不确定值(?)，则表达式的返值为不确定值(?)。

d) 第三个操作数(logical_expression)为一个表达式，其运算结果为一个逻辑值。

元素将从源聚合中被逐一地接受，并在 logical_expression 中取代 varialbe_id。这样，logical_expression 就被计算出来了。如果 logical_expression 的运算结果为 TRUE，则将元素添加到结果中；否则，不得将它添加到结果中。如果 logical_expression 的运算结果为不确定值(?)，则这个元素就不是结果聚合的一个成员。对源聚合中的每一个元素重复这种运算。根据聚合数据类型的特殊种类便可以将结果聚合值植入。

数组：结果数组具有与源数组相同的基本类型和上下限，但是数组的元素却是任选的(OPTIONAL)。每一个元素最初均为不确定值(?)。对于源数组中的任何元素而言，如果 logical_expression 的运算结果为 TRUE，则要将这种元素置于结果数组中对应的引用位置上。

元包：结果元包具有与源元包相同的基本类型和上限。其下限为 0。结果元包最初时为空白。对于源元包中的任何元素而言，如果 logical_expression 的运算结果为 TRUE，则将要这种元素添加到结果元包中。

表单：结果表单具有与源表单相同的基本类型和上限。其下限为 0。结果表单最初时为空白。对于源表单中的任何元素而言，如果 logical_expression 的运算结果为 TRUE，则将要这种元素添加到结果表单中。并保持源表单的顺序。

集合：结果集合具有与源集合相同的基本类型和上限。其下限为 0。结果集合最初时为空白。对于源集合中的任何元素而言，如果 logical_expression 的运算结果为 TRUE，则将要这种元素添加到结果集合中。

注：如果聚合源为一个空白聚合，则空白聚合就是结果聚合。

示例 1 假设 colour 为一个被定义类型，其基础类型为包含了 pink 与 scarlet 两个元素的枚举类型。则可使用下面的规则来从 colours 数组中提出要么为 pink，要么为 scarlet 的元素。

```
LOCAL
  colours : ARRAY OF colour;
```

```
  reds    : ARRAY OF OPTIONAL colour;
END_LOCAL;
…
reds := QUERY( element <* colours | ( element = pink) OR
                                    ( element = scarlet ));
…
```

示例 2 本规则采用一个查询表达式来对实体类型点的所有实例进行检验。结果集合中含有原点位置的所有实例。

```
RULE two_points_at_origin FOR (point);
WHERE
  SIZEOF(QUERY(temp<* point | temp = point(0.0,0.0,0.0))) = 2
END_RULE;
```

本例对三个隐含性声明的使用进行了说明。第一个声明为变量 point,它被规则主题隐含性地声明为所有点实例的集合。第二个声明为变量 temp,在计算查询表达式的过程中,它拥有聚合值 point 的连续元素。第三个声明为由其实体声明产生的构造器 point。

12.7 引用

如果一个在局部作用域中可见的项被本地性使用,则这个项就要被对项进行声明的标识符引用。

12.7.1 简单引用

简单引用仅仅是指对在当前作用域中给出的项名称(标识符)的引用。

以这种方式引用的项为:

——在实体声明 * 中的属性;

——常量 *;

——枚举类型 * 中的元素;

——实体 * *;

——一种算法 * 实体中的局部变量;

——一种算法 * 实体中的参数;

——程序;

——规则;

——接口描述中的模式;

——类型。

标有(*)的那些项在表达式中可以以这种简单方式进行引用。实体(标有 * *)要么作为构造器(见 9.2.6)被引用,要么作为全球规则中(见 9.6)的一个局部变量被引用。

例 有效简单引用

```
line ( * entity type * )
Circle ( * entity type * )
RED ( * enumeration item * )
z_depth ( * attribute * )
```

12.7.2 前缀引用

在这种情况下,如果一个枚举项的相同名称在多个被定义数据类型中进行了声明,且这多个被定义数据类型在同一作用域中可见(见第 10 章),则这个枚举项的名称之前要缀上其被定义数据类型的标识符,以便单独对其进行识别。前缀引用要在被定义数据类型名称之后加上句点(.),句点(.)之后为枚举项名称。

例 本例说明枚举项 red 在用作 stop_signal 时,它是如何被单独识别的。

```
TYPE traffic_light = ENUMERATION OF (red, amber, green);
```

```
END_TYPE;
TYPE rainbow = ENUMERATION OF
                (red, orange, yellow, green, blue, indigo, violet);
END_TYPE;
stop_signal :traffic_light := traffic_light.red;
ink_colour :rainbow := blue;
```

12.7.3 属性引用

属性引用是指对一个实体实例中的单个属性的引用。属性引用左边的表达式的计算结果为一个实体实例或者为一个部分的复合实体值。被引用的属性标识符要紧跟句点(.)之后标明。

> 语法：
> 179 attribute_qualifier ＝'.'attribute_ref.

如果属性引用用在一个表达式中，则其返值为实体实例中规定的属性或者为一个部分的复合实体值。如果属性引用左边的表达式的运算结果为不确定值(?)，则属性引用表达式的运算结果就为不确定值(?)。如果属性引用左边的表达式的运算结果为一个部分的复合实体值，则属性右边的属性名称要出现在这个部分的复合实体数据类型的实体声明之中。如果属性引用左边的表达式的声明类型为一个实体数据类型，则属性引用右边的属性名称要在该实体数据类型中或者该实体数据类型的一个超类或子类中进行声明。如果属性引用左边的表达式的声明类型为一个选择数据类型，则属性引用右边规定的属性名称要在实体中进行声明，这个实体在选择表单中已被命名，或者在选择表单中命名的一个实体的一个超类或子类中已被命名。如果所规定的属性在实体实例或者部分的复合实体值中不存在，则返值为不确定值(?)。如果发现两种或多种属性具有相同的名称，则引用不明确，且返值为不确定值(?)。

注：在这种情况下，如果出现引用不明确，则建议使用组引用限定符来现在引用范围。

例 本例说明了对属性引用的使用：

```
ENTITY point;
  x,y,z : REAL;
END_ENTITY;

ENTITY coloured_point
SUBTYPE OF (point);
  colour :colour;
END_ENTITY;
...
PROCEDURE foo;
LOCAL
  first : point := point(1.0,2.0,3.0);
  second : coloured_point := point(1.0,2.0,3.0) || coloured_point(red);
  x_coord : REAL;
END_LOCAL;
...
x_coord := first.x;--"foo"the value 1.0
IF first.colour = red THEN (*"foo"colour is a valid reference since that
                               attribute is present in the subtype
                               coloured_point, however, in this case the
                               attribute reference will return
```

```
            indeterminate(?) since it is not present
            in this instance. *)
IF second.colour = red THEN --"foo"TRUE since colour is a valid reference
```

12.7.4 组引用

组引用(\)是指对一个复合实体实例中的一个部分的复合实体值的引用。组引用左边的表达式的运算结果为一个复合实体实例。这个被引用的部分的复合实体值的实体数据类型要在反斜线(\)之后进行说明。

> 语法：
> 232 group_qualifier = '\'entity_ref.

如果组引用被用在一个表达式中，则其返值为一个部分的复合实体值，这个部分的复合实体值对应于在被引用的复合实体实例中的被命名实体数据类型。如果组引用左边的表达式的运算结果为不确定值(?)，则组引用表达式的运算结果就为不确定值(?)。如果组引用左边的表达式的声明类型为一个实体数据类型，则组引用右边列表规定的实体名称要为一个实体，并且这个实体与该实体数据类型处于同一子类/超类图中。如果组引用左边的表达式的声明类型为一个选择数据类型，则组引用右边列表规定的实体名称在选择表单中要存在，或者为一个实体，并且这个实体与在选择表单中命名的实体数据处于同一子类/超类图中。如果列表规定的实体数据类型在被引用的复合实体实例中不存在，则返值将为不确定值(?)。对与组引用可用一个属性引用作进一步的限定。在这种用法中，组引用说明了属性引用的作用域。

注：当一个复合实体实例类型具有相同名称的多种属性或者当一个选择数据类型包含了多个实体，并且其属性具有相同名称时，就需要采用这种用法。

规则与约束：

对于没有用属性引用作进一步限制的组引用而言，它要么作为实体值的比较操作符(=)的一个操作数存在，要么作为复合实体实例的构造器(‖)而存在。

示例1：本例说明了对于值比较如何来使用组引用。

```
ENTITY E1
ABSTRACT SUPERTYPE;
  attrib1 : REAL;
  attrib2 : REAL;
  attrib3 : REAL;
END_ENTITY;

ENTITY E2
SUBTYPE OF (E1)
  attribA : INTEGER;
  attribB : INTEGER;
  attribC : INTEGER;
END_ENTITY;

LOCAL
  a : E1
  b : E2
END_LOCAL;
```

```
  --build complex instances of a and b
  --using the complex entity instance construction operator

a := E1(0.0,1.0,2.0 || E2(1,2,3);
b := E1(0.0,1.0,2.0 || E2(3,2,1);

  --test the values in a and b over
  --those attributes declared in E1

a\E1 = b\E1 - TRUE
(*
  equivalent to
         (a.attrib1 = b.attrib1) AND
         (a.attrib2 = b.attrib2) AND
         (a.attrib3 = b.attrib3)
*)
```

示例 2:本例说明了组引用如何用来对一个寻找属性名称的具体实体数据类型进行说明。

```
ENTITY foo1;
  attr : REAL;
END_ENTITY;

ENTITY foo2;
  SUBTYPE OF (foo1);
  attr2 : BOOLEAN;
END_ENTITY;

ENTITYt;
  attr : BINARY;
END_ENTITY;

TYPE crazy = SELECT(foo2,t);
END_TYPE;
…
LOCAL
  v : crazy;
END_LOCAL;
…
IF 'THIS.FOO2' IN TYPEOF(v) THEN—this ensures that unpredictable results
                                    --are not caused (sometimes called a guard).
v\foo1.attr := 1.5;                 --assigns 1.5 to the attr attribute of v
                        --since attr is defined in foo1 the group
                        --reference has to use foo1.
END_IF;
```

12.8 函数调用

函数调用是指调用一个函数。它由一个函数标识符构成,标识符之后可能跟随有一个实际参列表。

实际参数的数量、类型以及顺序要适合于该函数所定义的正式参数。如果实际参数被函数声明中的正式参数所替代,则函数调用表达式的运算结果为函数的返值。

注:一个函数的实际参数的求值结果可能为不确定值(?)。函数要妥当地对待这种值,并且其本身的返值可能为一个不确定的值。

函数调用扩展了实例空间。在函数计算过程中所创建的任何实例要在已知的实例的整个群体中能够单独识别。一般地,这样创建的实例在创建调用之外是未知的,而且,尤其要注意的是,它也不是所考察实例群体的一部分。当出现这样一个实例作为函数调用的结果返回或者处于函数调用结果之中的情况时,则本规则将这种情况视为例外。在这种情况下,该实例在调用点仍为已知的。如果一个实例在这种方式下返回到模式等级中(也就是说,作为一个派生属性值或者常数),则这个实例将被视为研究群体的一部分。

语法:

219 function_call = (built_in_function | function_ref)[actual_parameter_list].

167 actual_parameter_list ='('parameter {','parameter }')'.

264 parameter = expression.

规则与约束:

通过的实际参数的赋值要与正式参数相容。

示例 函数调用的一个使用范例。

```
ENTITY point;
  x,y,z : number;
END_ENTITY;

FUNCTION midpoint_of_line(l:line):point;
...
END_FUNCTION;
IF midpoint_of_line(L506).x = 9.0 THEN ...
                                  --using the attribute reference
                                  --operator directly on the result
END_IF;
```

12.9 聚合预置符

聚合预置符用来确定一般聚合(AGGREGATE OF GENERIC)类型的一个值,这里,一般聚合(AGGREGATE OF GENERIC)类型赋值可为一个数组、元包、表单或者集合。方括号中括有零个或者多个表达式,这些表达式的运算结果为一个与该聚合基本数据类型相容的数据类型值。如果存在两个或者更多个值,则要用逗号将它们分开。用不确定值(?)可初始化一个稀疏数组以便来代表那些缺失值。聚合预置符表达式的运算结果为一个聚合值,这个聚合值含有被规定为元素的那些值。被初始化的元素的数量要符合为聚合数据类型规定的所有界限。

如果使用了不含元素的聚合预置符,则它将建立一个空元包、表单或者集合(这种结构不能用来初始化空数组)。

语法:

169 aggregate_initializer = '['[element{',' element}]']'.

203 element = expression [':' repetition].

287 repetition = numeric_expression.

示例 1:已知声明:

a : SET OF INTERGER;

则,赋值可为:

a := [1,3,6,9 * 8,—12]; --9 * 8 is an expression = 72

如果多个连续值相同,则它们可以重复运用。这种重复运用的值可用由字符‘,’分开的两个表达式来表达。冒号左边的表达式为需要重复的值。冒号右边的表达式——重复表达式,给出了左边值的重复次数。表达式的计算值为一个负整数,并且在初始化之前要计算一次。如果重复值的计算结果为不确定值(?),则冒号左边的元素表达式不被初始化为聚合。

示例 2:已知以下声明:

a : BAG OF BOOLEAN;

则以下两种语句指令等价:

a := [TRUE:5];

a := [TRUE, TRUE, TRUE, TRUE, TRUE];

12.10 复合实体实例构造操作符

复合实体实例构造操作符(‖)通过组合部分复合实体值来构造一个复合实体实例。这些部分复杂实例值可以以任何顺序进行组合。复合实体实例构造操作符的表达式的运算结果要么为一个部分复合实体值,要么为一个复合实体实例。在一个实体实例构造操作符表达式的一个级别中,一个部分复合实体数据类型只能出现一次。如果实体实例构造操作数表达式已嵌套了多种级别,则一个部分复合实体值就可以在不同级别中存在,也就是说,如果一个部分复合实体值被用来构造一个复合实体实例,而这个复合实体实例又在在部分复合实体值中扮演属性角色,并且部分复合实体值被组合而形成了复合实体实例,那个这个部分复合实体值就可以在不同级别中存在。如果两个操作数之一的计算结果为不确定值(?),那么表达式的运算结果就为不确定值(?)。见附录 B 可进一步了解有关复合实体实例的信息。

如果一个实体实例或者一个实体实例的一部分(通过组引用)被用作一个复合实体构造器的操作数,那么就要用到这个实例或者其属性的浅拷贝(见 9.2.6)。

示例　已知:

```
ENTITY a
ABSTRACT SUPERTYPE;
  a1 : INTEGER;
END_ENTITY;

ENTITY b SUBTYPE OF (a);
  b1 : STRING;
END_ENTITY;

ENTITY c SUBTYPE OF (a);
  c1 : REAL;
END_ENTITY;

LOCAL
  v1 : a;
  v2 : c;
END_LOCAL;
  v2 := a(2) || c(7.998e-5);--this is of type a&c
  v1 := v2 || b('abc'); -- this is of type a&b&c
```

```
v1 := v2\a || b("00002639"); -- this is of type a&b
v1 := v1 || v2;              --this is invalid since it would be of type a&b&a&c
```

注：对 v1 首先的赋值拷贝了由复杂实例构造操作数创建的实例，这个实例含有 v2 值，但不含有 v2 实例。

12.11 类型兼容性

一种操作符的操作数要与操作符所要求的数据类型相容。某些操作符的两个操作数的数据类型也都要彼此相容；这些情况在本条款的前面部分已作规定。数据类型可相容而并不等同。如果具备下列条件之一，那么数据类型就是相容的：

——据类型相同；

——一个数据类型为一子类或者其他数据类型的特化（包括将被定义数据类型用作基础数据类型的被定义数据类型以及由可扩充数据类型派生而得到的构造数据类型）；

——两种数据类型均为数组数据类型，这种数组数据类型具有相容的基本数据类型和相同的上下限；

——两种数据类型均为具有相容性基本数据类型的表单数据类型；

——两种数据类型为具有相容性基本数据类型的元包数据类型或者集合数据类型。

示例　已知以下定义：

```
TYPE natural = REAL;
WHERE SELF >= 0.0;
END_TYPE;

TYPE positive = natural;
WHERE SELF >= 0.0;
END_TYPE;

TYPE bag_of_natural = BAG OF natural;
END_TYPE;
TYPE set_of_up_to_five_positive = SET [0 : 5] OF positive;
END_TYPE;
```

下面是一些相容性的数据类型：

已知数据类型	与之兼容的数据类型
REAL	INTEGER, REAL, NUMBER, natural, positive
natural	REAL, NUMBER, natural, positive
positive	REAL, NUMBER, natural, positive
bag_of_natural	BAG OF REAL, BAG OF NUMBER, BAG OF natural, BAG OF positive, SET OF REAL, SET OF NUMBER, SET OF natural, SET OF positive, bag_of_natural, set_of_up_to_five_positive
set_of_up_to_five_positive	BAG OF REAL, BAG OF NUMBER, BAG OF natural, BAG OF positive, SET OF REAL, SET OF NUMBER, SET OF natural, SET OF positive, bag_of_natural, set_of_up_to_five_positive

12.12 表达式中的选择数据类型

如果要确定一种模式，则一个 2 级分析程序要对表达式中的操作数与操作符的类型兼容性进行识别。对于一个含有 SELECT 数据类型的表达式而言，它可能仅对选择表中命名的某些数据类型有效，而对选择表中的其他数据类型无效。到此，第 12 章已经可以识别不含 SELECT 数据类型的表达式中的那些有效数据类型了；下面的规则是专门为这些数据规定的。

如果一个表达式所含操作数的声明类型为一个选择数据类型，则表达式的返回数据类型就为一个选择数据类型，这个返回的选择数据类型含有从有效表达式中，也可能是从规定的操作数中返回的所有数据类型。

一个选择数据类型的非选择数据类型是指该项选择的选择表单中的每一个数据类型的非选择数据类型；而一个数据类型的非选择数据类型是指本身不是一种选择数据类型的这种数据类型本身。

12.12.1 一元表达式中的选择数据类型

本条说明了在仅含有单独一个操作数的表达式中，对选择数据类型的操作问题。这其中包括操作符—、+、NOT 以及查询(QUERY)表达式。

a) 如果操作数声明类型的选择表单中的所有非选择数据类型在表达式语境中有效，那么表达式就有效，并会返回一个有效的结果。

b) 如果操作数声明类型的选择表单中的某些但并非所有的非选择数据类型在表达式的语境中有效，则表达式就有效。但是，如果在表达式中对这些非选择数据类型的无效值进行计算的话，表达式可能会产生错误。

c) 如果操作数声明类型的选择表单中没有任何在表达式语境中有效的非选择数据类型，则表达式就无效，并且表达式会一直返回一个无效的结果。

12.12.2 二元表达式中的选择类型

本条说明了在含有两个操作数的表达式中，对选择数据类型的操作问题。

a) 如果对于左边操作数声明类型的选择表单中的每一个非选择数据类型而言，存在一个有效表达式，并且这个表达式带有右边操作数声明类型的选择表单中的每一个非选择数据类型，那么，这个表达式就有效，并且会返回一个有效的结果；

b) 如果左边操作数声明类型的选择表单中的某些而并非所有的非选择数据类型在表达式的语境以及右边操作数至少一个非选择数据类型中有效，那么表达式就有效。但是，如果对这些非选择数据类型的无效值在表达式中进行计算的话，表达式可能会产生错误；

c) 如果左边操作数声明类型的选择表单中没有在表达式语境以及右边操作数的任何非选择数据类型中有效的非选择数据类型，那么表达式就无效，并且表达式会一直返回一个无效的结果。

12.12.3 三元表达式中的选择类型

本条说明了在含有三个操作数的表达式中，对选择数据类型的操作问题。

仅有的一个含有三个操作数的 EXPRESS 表达式就是区间表达式。对于这种表达式在选择数据类型语境中的操作方式，就如同它是两个被与(ANDed)起来的独立表达式一样。

13 可执行语句

可执行语句定义函数、过程和规则的作用，这些语句只对函数、过程或规则的局部变量起作用，它们是用来为定义限制提供所需的逻辑和作用，即地点子句和规则。这些语句不影响在信息库内数据的值。可执行语句有空、别名、赋值、选择、复合、转移、条件、过程调用、重复、返回和跳语句。

可执行语句只能在函数、过程或规则内出现。

```
语法：
309 语句＝别名词句_赋值语句_选择语句_复合语句_转移语句_条件语句_空语句_过程调用语句_复合语句_返回语句_跳语句
```

可执行语句只能在函数、过程或规则内出现。

13.1 空语句

只由一个分号组成的可执行语句叫做空语句，空语句执行结果没有运算发生。

```
语法：
260 null_stmt=';'.
```

示例：下面是空语句的一个可能应用。

```
IF a = 13 THEN; -- 这是一个空语句。
ELSE
  b := 5 ;
END_IF ;
```

13.2 别名语句

别名语句为变量和参数提供了一个局部命名名的能力。

```
语法：
174 别名语句＝ALIAS 别名标识符 FOR 一般引用{限定词}';'语句{语句}
ND_ALIS,';'
228 一般引用一别名引用参数引用变量引用
```

在别名语句范围内，变量标识符被隐式的声明为一个合适的类型变量，该变量容纳有由后面跟着关键词'FOR'的限定标识符所引用的值。

注：variable_id 的可见度规则在10.3.1中描述。

示例：假定有一个带有属性 x,y,z 的实体数据类型点，别名可用在函数 calculate_length 中以减少返回表达式的长度。

```
ENTITY line;
    start_point,
    end_point : point;
END_ENTITY;

FUNCTION calculate_length (the_line : line) : real;
ALIAS s FOR the_line.start_point;
ALIAS e FOR the_line.end_point;
  RETURN (SQRT((s.x - e.x) * * 2 + (s.y-e.y) * * 2 + (s.z-e.z) * * 2)) ;
END_ALIAS;
END_ALIAS;
END_FUNCTION;
```

13.3 赋值

13.3.1 赋值语句

赋值语句用来给局部变量或参数分配一个值，如果赋值语句表达式的右边是一个实体实例，那么赋值语句就会为这个实体实例分配一个局部变量或参数。局部变量或参数的这种赋值变化以后会在原始实例中反应出来。当局部变量或实例被声明为非实体数据类型时，赋值语句也可用来为它们复制一个值。分配给变量的值的数据类型应与变量或参数的数据类型相兼容。

注 1：赋值语句不能用来产生局部变量和参数中的实例复制值。

```
语法：
174 别名语句＝ALIAS 别名标识符 FOR 一般引用{限定词}';'语句{语句}
    ND_ALIAS,';'
228 一般引用＝别名引用|参数引用|变量引用。
```

示例:下面是有效的赋值。

```
LOCAL
    a, b : REAL ;
    p : point;
END_LOCAL ;
...
    a := 1.1 ;
    b := 2.5 * a;
  p.x := b ;
```

13.3.2 赋值兼容性

为派生属性、局部变量或参数赋值,必须满足以下两个条件:

注1:在以下文本中,术语"变量"用于表示派生属性、局部变量或参数之一。

a) 分配的表达式的最终数据类型必须是与变量的数据类型相兼容的类型;

b) 表达式计算出的最终值必须满足为变量数据类型定义的所有约束。

如果满足下列条件之一,就可认为分配给表达式的数据类型和变量的数据类型是兼容的。

——类型是相同的;

——由表达式求得的类型是为要被分配变量声明类型的一个子类型或一个特例;

——已声明的待赋值变量的数据类型是一个已定义的数据类型,其基本数据类型是一个选择性数据类型,表达式求得的值的数据类型与一个或多个选择型数据类型(包括在其他选择型数据类型的基础上增加的项)的作用域内是赋值兼容的。

已定义的类型的基本类型是下层类型的基本类型,而没有被定义的类型的基本类型是其自身的类型。

——变量由一个已定义类型表达,该定义类型的基本类型是一个简单类型,且从表达式中可求得该简单类型的值;

——变量由一个聚合数据类型表达,表达式则为该聚合类型的初始化元素,且表达式的各组成元素与该聚合类型的基本类型相兼容;

——如果赋值对象受限制,下面是一些不同的限定:

属性限定:

——相对于左侧的引用属性,右侧表达式所声明的数据类型或者为实体数据类型,或者是至少包含一个实体数据类型的选择型数据类型。相对于右侧的属性引用,左侧属性命名将在其右侧实体数据类型中完成,或者在该实体数据类型的相同子类型或超类型图中完成。

——如果表达式求得的值为一个包含命名属性且具有确定属性值的实例,则左侧原属性的值将被替换为赋值语句右侧该表达式的值,除非被赋值对象有更多的访问条件限制。

——如果表达式求得的值为一个包含命名属性但没有确定属性值的实例(基于该值是否是任选的或必选的),则赋值语句右侧表达式的值将被赋予左侧该属性的值(除非被赋值对象有更多的访问限制,这种情况被视为一种错误)。

组限定:

——相对于左侧的群组,右侧表达式所声明的数据类型要么为实体数据类型,要么是至少包含一个实体数据类型的自定义数据类型;左侧群组所定义的实体类型必须是右侧所定义类型的子类型或超类型。

——如果群组右侧表达式计算出的值为一个包含左侧命名类型的实例,则原来的复合实体的部分值将被右侧表达式的值所替换,除非被赋值对象有更多的访问限制。

元素限定:

——对于左侧有元素限定的已声明的表达式类型应为数组、二进制、列表或串类型之一,或者是一个已定义的之前应用的选择类型。index_1 值应为一整数。

——对于左侧有元素限定的表达式应被初始化，即，在为其元素赋值前应有一个值。

——如果左侧有元素限定的表达式求得的结果是一个数组，且{LOINDEX(left) <= index_1 <= HIINDEX(left)}那么：

a) 如果数组中已经有一个元素在那个位置，赋值语句右侧的表达式代替数组中那个位置的的初始值，除非对象有更多的限定，这些限定应用在原始元素中。

b) 如果数组中有一个不定解在那个位置，且没有限定，则赋值语句右侧的表达式被插入到数组中的那个位置。

——如果元素限定左侧表达式求得的结果是一个二进制值且{1 <= index_1 <= BLENGTH(left)}，那么赋值语句右侧表达式代替二进制中那个位置的二进制位。

——如果元素限定左侧表达式求得的结果是一个列表且{1 <= index_1 <= SIZEOF(left)}，那么赋值语句右侧表达式代替表中那个位置的元素。除非被赋值对象有更多的限定。

——如果元素限定左侧表达式求得的结果是一个串且{1 <= index_1 <= LENGTH(left)}，那么赋值语句右侧表达式代替串中那个位置的字符。

范围限定：

——对于左侧有范围限定的已声明的表达式类型应为二进制或串类型之一，或者是一个已定义的之前应用的选择类型。求得的 index_1 和 index_2 值应为一整数。

——对于左侧有范围限定的表达式应被初始化，即，在为其元素赋值前应有一个值。

——如果左侧有元素限定的表达式求得的结果是一个二进制数，且{1 <= index_1 <= index_2} 及 (index_2 <= BLENGTH(left))，那么赋值语句右侧表达式代替 index_1 和 index_2 之间的初始元素。

注 2：如果 BLENGTH(right) <> (index_2-index_1 + 1) 那么 BLENGTH(left)将通过赋值被改变。

——如果左侧有元素限定的表达式求得的结果是一个串值，且{1 <= index_1 <= index_2} 及 (index_2 <= BLENGTH(left))，那么赋值语句右侧表达式代替 index_1 和 index_2 之间的初始元素。

注 3：如果 BLENGTH(right) <> (index_2-index_1 + 1) 那么 BLENGTH(left)将通过赋值被改变。

——如果被赋值对象受限制，且没有按以上情况进行处理，那么是错误的。

如果表达式求得结果类型为被赋值变量的已声明的广义的类型时，则认为赋值语句无效。这也意味着当从表达式返回的实际值遵循上面描述的规则时，该赋值语句可能是有效的，然而，如果表达式返回的实际值与上面的规则不相符时将发生不可预计的结果。

那些无效的复合实体实例(见附录 B)的局部复合实体实例不能被赋予参数或变量，也不能作为实际参数赋值给函数或过程。这并不限制有效的复合实体实例的赋值。

13.4 选择语句

选择语句是根据表达式值有选择地执行某些语句的一种机制，语句按选择器的值执行。选择语句由一个作为选择器的表达式和由选择标记引导的可选动作表组成。选择标号的类型应与选择器类型相兼容。第一个出现的有着与选择器值相同的选择标号的语句被执行。不选择结果为 UNKNOWN 或 FALSE 的值。最多执行一个可选动作。如果选择器出现不确定值(?)，那么如果存在 OTHERWISE 子句就执行该语句。如果一个选择标号不确定值(?)，返回 UNKNOWN，且不执行任何语句。如果没有与选择器值相同的选择标号：

——如果有 OTHERWISE 子句出现，则执行与该子句相连的语句；

——如果没有 OTHERWISE 子句出现，则没有与该选择动作相连的任何语句执行。

语法：
191 选择语句＝CASE 选择器 OF{可选动作}[OTHERWISE'：'语句]
END_CASE'；'。
299 选择器＝表达式。
189 可选动作＝选择标号{'，'选择标号}'：'语句。
190 选择标号＝表达式

规则和限制：

选择标号值的类型应与选择器值的类型相兼容。

示例：一个简单的应用整数选择标号的选择语句。

```
LOCAL
    a : INTEGER;
    x : REAL;
END_LOCAL;
    …
    a : = 3;
    x : = 34.97;
    CASE a OF
    1 : x : = SIN(x);
    2 : x : = EXP(x);
    3 : x : = SQRT(x); -- 执行该语句
    4,5 : x : = LOG(x);
    OTHERWISE : x : = 0.0;
END_CASE;
```

13.5 复合语句

复合语句是由 BEGIN 和 END 定界的一组语句，复合语句如同单一语句一样执行。

注：复合语句不定义新的范围。

语法：192 复合语句＝BEGIN 语句{语句}END'；'。

示例：一个简单的复合语句。

```
BEGIN
    a = a+1 ;
IF a > 100 THEN
    a := 0 ;
END_IF;
END ;
```

13.6 转移语句

转移语句执行时，则使程序执行立即转移到后继的重复语句(REPEAT STATEMENT)。

注：这是终止一个无限循环的重复控制的重复的一个唯一的方式。

语法：192 复合语句＝BEGIN 语句{语句}END'；'。

规则和限制：

转移语句只能出现在重复语句的范围内。

示例：转移语句执行时，控制转移到 END_REPEAT 之后的 if a<0。

```
REPEAT UNTIL (a = 1);
  …
```

```
IF (a < 0) THEN
ESCAPE;
END_IF;
...
END_REPEAT; --控制转移到此处,END_REPEAT 之后。
```

13.7 If…Then…Else 语句

If…Then…Else 语句根据一个逻辑型表达式对语句进行有条件的执行。当逻辑表达式值为真时,执行 THEN 后面的语句,当逻辑表达式为假或未知时,如果有 ELSE 语句出现,则转去执行 ELSE 后面的语句,如果没有 ELSE 语句,则执行下一条语句。

语法:
233 if 语句=IF 逻辑表达式 THEN 语句{语句}[ELSE 语句{语句}]
END_IF';'。
254 逻辑表达式=表达式。

示例:一个简单的 IF 语句。

```
IF a < 10 THEN
    c := c + 1;
    ELSE
    c := c - 1;
END_IF;
```

13.8 过程调用语句

过程调用语句调用一个过程。该调用提供的实际参数应与该过程所定义的形式参数的相关个数、次序和类型一致。

语法:
270 过程调用语句=(内部过程|过程参数)[实际参数列表]
167 实际参数列表='('参数{','参数}')'。
264 参数=表达式。

规则和限制:

实际参数执行时应与形式参数是赋值兼容的。

示例:内部过程 INSERT 的一个调用。

```
INSERT ( point_list , this_point , here )
```

13.9 重复语句

重复语句用于有条件地重复执行一个语句系列,重复执行的开始或继续由求得的控制条件所决定。这些控制条件是:

——有限迭代;

——当一个条件为真时;

——直至一个条件为真时。

语法:
286 重复语句 = REPEAT 重复控制 ';'语句 {语句} END_REPEAT ';'。
285 重复控制 = [增量控制][当控制][直至控制]。
235 增量控制 = 变量标识符 ':='边界 1 TO 边界 2 [BY 增量]。
183 边界 1 = 数值表达式。
184 边界 2 = 数值表达式。
234 增量 = 数值表达式。

这些控制可被组合到一起作为控制条件来决定重复的动作。

控制迭代的这些条件可通过如下方法求得：

a) 在重复语句中，如果增量控制存在，则增量控制是按13.9.1所述来求得。

b) 如果当(WHILE)控制表达式存在，则它可被计算出结果，如果结果为真(或没有当控制语句存在)，则执行重复语句的本体。如果结果是FALSE,UNKNOWN或者不确定值(?)，则重复语句执行结束。

c) 当重复语句本体执行完毕时，任何的UNTIL控制表达式可被计算。如果结果值为真，则迭代停止，并且表示重复语句的执行已完成。如果结果为假或未知，则重复语句的控制将返回到增量控制，如果没有UNTIL控制，则重复语句控制返回到增量控制。

d) 如果增量控制存在，循环变量的值按增量增加。如果循环变量是在界1和界2之间，且包括界限值本身，控制转移到上面的b项，否则，终止重复语句的执行。

示例：该例子表示多于一个的控制是如何在重复语句中使用的。无论哪一个首先出现，语句迭代直至达到所要求的公差，或已经迭代了一百次，即当结果收敛不够快时，迭代就停止。

```
REPEAT i：= 1 TO 100 UNTIL epsilon 〈 1.E－6;
    …
    epsilon ：= …;
END_REPEAT;
```

13.9.1 增量控制

增量控制使重复语句的本体按连续值顺序的执行。一旦进入重复语句，隐含声明的数值变量标识符的值设定为界1的值。每次迭代后，变量标识符的值设定为“变量标识符＋增量”，如果未规定增量，则取增量缺省值为1。如果变量标识符是在界1和界2之间(包括界2)，重复语句继续执行。

语法：

235 增量控制 ＝ 变量标识符'：='界1 TO 界2［BY 增量］。

183 界1 ＝ 数值表达式。

184 界2 ＝ 数值表达式。

234 增量 ＝ 数值表达式。

规则和限制：

a) 表达界1、界2和增量的表达式应求值为数字值。

b) 表达界和增量的数值表达式在重复语句入口处求值一次。

c) 如果任意一个表达界和增量的数值表达式有不确定的值，则不执行重复语句。

d) 在增量控制语句初次求值后，应对下述条件进行检查：

——如果增量是正的，且界1〉界2，则重复语句不执行；

——如果增量是负的，且界1〈界2，则重复语句不执行；

——如果增量为零，则重复语句不执行；

——如果上述条件都不成立，则重复语句被执行，直到变量标识符的值超出所规定的界为止，或者如果存在其他的重复语句控制，重复语句可终止执行。

e) 循环变量在第一次迭代循环开始时被初始化为界1，且是在每次后继循环的开始时按增量增加。

f) 重复语句的本体不能改变循环变量值。

g) 重复语句建立一个局部作用域块，在该范围内，增量控制可变的变量标识符是隐含地被声明为数值变量，因此在该范围周围的任何变量标识符的声明都被隐藏在重复语句中，且循环变量值在重复语句外是不可用的。

13.9.2 当控制

当控制表达式为真时，当控制使重复语句体的执行的执行启动和继续，表达式在每次迭代前求值。

如果当控制存在，且表达式求得值为假、未知或不确定值时，则不执行重复语句本体。

```
语法：
339 当控制 = WHILE 逻辑表达式。
254 逻辑表达式 = 表达式。
```

规则和限制：

a) 逻辑表达式求得值应为逻辑值。

b) 逻辑表达式在每次迭代开始时重新求值。

13.9.3 直到控制

直到控制使重复语句的本体执行继续到控制表达式求得值为真时为止，表达式应在每次迭代后求值。

如果直到控制是现有的唯一控制，则至少总要执行一次迭代。

规则和限制：

a) 逻辑表达式应求值为逻辑值。

b) 逻辑表达式在每次迭代的末端重新求值。

13.10 返回语句

返回语句结束函数或过程语句的执行。函数内的返回语句应包含表达式。通过计算该表达式所得出的值是作为函数的结果并返回到调用点。表达式与声明的函数返回类型应是赋值兼容的。过程内的返回语句不包括表达式。

```
语法：
290:返回语句 = RETURN ['('表达式')'];'。
```

规则和限制：

返回语句只出现在过程或函数中。

示例：混合返回语句。

```
RETURN(50) ; (* 函数中 *)
RETURN(work_point) ; (* 函数中 *)
RETURN ; (* 过程中 *)
```

13.11 跳语句

跳语句在重复语句中出现时将导致程序立即转移到重复语句末端。控制条件是按 13.9 中描述的方法求值。

```
语法：
308 跳语句 = SKIP ';'。
```

规则和限制：

跳语句只在重复语句范围内出现。

示例：跳语句执行时，控制转移到 END_PEREAT 语句，UNTIL 控制条件在此被求解。

```
REPEAT UNTIL (a = 1);
      ...
IF (a < 0) THEN
      SKIP;
END_IF;
      ... -- statements here are missed if a < 0
```

```
END_REPEAT;
```

14 内部常数

EXPRESS提供了几个内部常数，这里给出了定义。

注：内部常数被定义为有精确值的数，即使有些值在计算机上不能表示。

14.1 常数e

常数e是表示以自然对数函数(ln)为底的数学值e的实数常数。它的值用下面的数学公式给出：

$$e = \sum_{i=0}^{\infty} i! \ -1$$

14.2 不确定值

不确定值的符号(?)表示一个未定值，它与所有数据类型兼容。

注：不确定值的(?)用得最多的是作为包、列表和集合的上界说明。该应用表示由聚合数据类型定义的聚合值的大小没有被界定。

14.3 假

假(FALSE)是表达不真实逻辑概念的逻辑常数，它与布尔和逻辑数据类型相兼容。

14.4 常数PI

PI是表达数学值π的实数常数，为圆的周长与它的直径之比。

14.5 Self

SELF指当前实体实例或类型值。SELF可出现在一个实体声明、类型声明或实体构造器内。

注：SELF不是一个常数，但是在每种环境下它都可能出现。

14.6 真

真(TURE)是表达真实逻辑概念的逻辑常数。它与布尔和逻辑数据类型兼容。

14.7 未知

未知(UNKNOWN)是表达没有足够的可利用的信息可以求出逻辑条件的逻辑常数。它与逻辑数据类型兼容，但与布尔数据类型不兼容。

15 内部函数

所有函数(通常意义的数学运算)都假定可产生精确的结果。函数的描述中，如果存在一个不确定值参数(?)，那么所有的内部函数都将返回一个不确定值结果(?)，除非有明确的规定。

为表示形式参数和结果的类型，下面各节列出了每个标准函数的原型。

15.1 算术函数 Abs

FUNCTION ABS (V:NUMBER) : NUMBER;

函数ABS返回一个数的绝对值。

参数：V是一个数。

结果：V的绝对值。返回的数据类型与V的数据类型是相同的。

示例：ABS (-10) --> 10

15.2 算术函数 ACos

FUNCTION ACOS (V:NUMBER) : REAL;

函数ACOS返回一个反余弦值的角度。

参数：V是一个角度的余弦数。

结果：用弧度表示角度(0 ≤结果≤π)，该角的余弦值为V。

条件：-1.0 ≤V≤1.0

示例：ACOS (0.3) --> 1.266103…

15.3 算术函数 ASin

FUNCTION ASIN (V:NUMBER) : REAL;

函数 ASIN 返回一个反正弦值的角度。

参数:V 是一个角度的正弦数值。

结果:用弧度表示角度(−π/2≤结果≤π/2),该角的正弦值为 V。

条件:−1.0≤V≤1.0

示例:ASIN (0.3) --> 3.04692…e−1

15.4 算术函数 ATan

FUNCTION ATAN (V1:NUMBER; V2:NUMBER) : REAL;

函数 ATAN 返回一个反正切值为 V 的角度,且 V 由表达式 V = V1/V2 给出。

参数:

V1 是一个数值。

V2 是一个数值。

结果:角度以弧度表示(−π/2≤结果≤π/2),该角的正切值为 V。如果 V2 是 0,结果是 π/2 或 −π/2,符号由 V1 的符号决定。

条件:V1 和 V2 不能都是 0。

示例:ATAN (−5.5, 3.0) --> −1.071449…

15.5 二进制函数 BLength

FUNCTION BLENGTH (V:BINARY) : INTEGER;

函数 BLENGTH 返回一个二进制的位数。

参数:V 是一个二进制值。

结果:返回值是二进制值中的实际位数。

示例: BLENGTH 的应用。

```
LOCAL
  n : NUMBER;
  x : BINARY := %01010010 ;
END_LOCAL;
  …
  n := BLENGTH ( x ); -- n 值为 8
```

15.6 算术函数 Cos

FUNCTION COS (V:NUMBER) : REAL;

函数 COS 返回一个角度的余弦值。

参数:V 是一个用弧度表示的角度数值。

结果:V 的余弦值(−1.0≤V≤1.0)。

示例: COS (0.5) --> 8.77582…E−1

15.7 广义函数 Exists

FUNCTION EXISTS (V:GENERIC) : BOOLEAN;

如果输入参数有值存在,EXISTS 返回真,没有值存在,则返回假。函数 EXISTS 用于检查可选属性是否有值,变量是否已经初始化。

参数:V 是一个结果可为任何类型的表达式。

结果:返回值是真是假取决于 V 是否有实际值或不定解(?)。

示例: IF EXISTS (a) THEN …

15.8 算术函数 Exp

FUNCTION EXP (V:NUMBER) : REAL;

函数 EXP 返回 e(自然对数的底)的 V 次幂。

参数:V 是一个数值。

结果:返回值为 eV。

示例:EXP (10) --> 2.202646…E+4

15.9 广义函数 Format

FUNCTION FORMAT(N:NUMBER; F:STRING):STRING;

FORMAT 返回一个数的格式化串表达。

参数:

N 是一个数(整数或实数)。

F 是一个包含格式化命令的字符串。

结果:返回值为按 F 格式化的 N 的串表达。如果需要 Rounding 应用于串表达。

格式化串包含一些特殊字符,用以表达返回结果的外部表征。格式化的串可用下列三种方式写出:

a) 格式化串能给出一个输出表达的符号描述。

b) 格式化串能给出一个输出表达的图像描述。

c) 当格式化串为空时,则产生一个标准的输出表达。

15.9.1 符号表达

符号格式的一般形式为[符号]宽度[.小数]类型。

——符号表明数的符号如何被表达。如果省略符号或符号为负(−),那么对于负数返回的第一个字符是负号,对于正数(包括零)是空格。如果符号为加号(+),那么对于负数返回的第一个字符为负号,正数返回的是加号,而零返回的是空格。

——宽度给出了返回的串的字符总数。应是一个大于 2 的整数。如果在宽度前有一个零,那么返回的串将包含这个零,否则这个零将被削去。如果要格式化的数要求比宽度多的字符,将返回要格式化字符数所需的串。

——小数给出了返回串的小数点右边数字的个数。如果规定,小数应是一个正的整数值。如果未规定,那么返回的串中将不包含小数点和后面的小数。

——类型是一个表明串中数的表达形式的字母。

——如果类型是 I,则该列表示为整数。

——小数不应规定。

——宽度至少为 2。

——如果类型为 F,则该数是由固定实列表示。

——如果小数被规定,那么至少是 1。

——如果小数没被确定,将假定缺省值为 2。

——宽度至少为 4。

——如果类型为 E ,则该数是由一指数型实列表达。

——此时小数应总是用于对类型 E 的规定。

——小数至少规定为 1。

——宽度应至少为 7。

——零前缀宽度将导致尾数的前两个字符为零。

——指数部分应为带有显式符的两个字符的最小值。

——字母'E'应为大写。

注:表 20 表明了格式化是如何影响不同值的表征的。

表 20 符号格式化示例

数	格式	显示	注 解
10	+7I	' +10'	消零
10	+07I	'+000010'	不消零
10	10.3E	'1.000E+01'	
123.456789	8.2F	' 123.46'	
123.456789	8.2E	'1.23E+02'	
123.456789	08.2E	'0.12E+02'	前置零
9.876E123	8.2E	'9.88E+123'	指数部分是 3 个字符,忽略宽度
32.777	6I	' 33'	圆整

15.9.2 图像表达

在图形格式中,每个图形字符与返回串中的字符相对应,表 21 给出了所用的字符。

表 21 图形格式化字符

#	表示一个数字
,(逗号)	分隔符
.(句点)	分隔符
+ -(加和减)	表示符号
( )(括号)	表示“非”

分隔符'.'和','使用如下:

——如果','出现在'.'前的格式串中,','表示一个分组的字符,而'.'表示小数字符。

——如果'.'出现在','前的格式串中,'.'表示一个分组的字符,而','表示小数字符。

——如果只有一个分隔符出现在格式串中,则表示小数字符。

任何其他字符照原样显示。

注:表 22 表明了图像格式化是如何影响不同值的表征的。

表 22 图形格式化效果图

数	格式化	显示	注解
10	# # #	' 10'	
10	(# # #)	' 10'	省略圆括号
−10	(# # #)	'(10)'	
7123.456	# # #,# # #.# #	' 7.123.46'	美国符号
7123.456	# # #.# # #,# #	' 7.123,46'	欧洲符号

15.9.3 标准表达

一个整数的标准表示为'7I'。一个实数的标准表示为'10.1E'。见上述的符号表示说明。

15.10 算术函数 HiBound

FUNCTION HIBOUND (V:AGGREGATE OF GENERIC) : INTEGER;

函数 HIBOUND 返回一个数组的已声明的上标或一个包、列表或集合的已声明的上界。

参数:V 是一个聚合值。

结果:

当 V 是一个数组时,返回值是已声明的上标。

当 V 是一个包、列表或集合时,返回值是已声明的上界;如果没有界被声明,或界被声明为不定解(?),则返回不定解(?)

示例:HIBOUND 函数在嵌入式聚合值中的应用。

```
LOCAL
    a : ARRAY[ - 3 : 19] OF SET[2 : 4] OF LIST[0 : ?] OF INTEGER;
    h1, h2, h3 : INTEGER;
END_LOCAL;
    ...
    a[ - 3][1][1] := 2; -- 在列表中置一个值。
    ...
    h1 := HIBOUND(a); -- =19 (数组上界)
    h2 := HIBOUND(a[ - 3]); -- = 4 (集合上界)
    h3 := HIBOUND(a[ - 3][1]); -- = ? (列表(无界的)上界)。
```

15.11 算术函数 HiIndex

FUNCTION HIINDEX (V:AGGREGATE OF GENERIC) : INTEGER;

函数 HIINDEX 返回一个数组的上标或一个包、数标或集合的元素个数。

参数:V 是一个聚合值。

结果:

当 V 是一个数组,返回值是已声明的上标。

当 V 是一个包、列表或集合时,返回值是聚合值元素的实际个数。

示例:HIINDEX 函数在嵌入式聚合值中的应用。

```
LOCAL
    a : ARRAY[ - 3 : 19] OF SET[2 : 4] OF LIST[0 : ?] OF INTEGER;
    h1, h2, h3 : INTEGER;
END_LOCAL;
    a[ - 3][1][1] := 2; -- 在列表中置一个值。
    h1 := HIINDEX(a); -- = 19 (数组上界)
    h2 := HIINDEX(a[ - 3]); -- = 1 (集合大小) - 对集合的界是无效的。
    h3 := HIINDEX(a[ - 3][1]); -- = 1 (列表大小)
```

15.12 串函数 Length

FUNCTION LENGTH (V:STRING) : INTEGER;

函数 LENGTH 返回一个串中的字符个数。

参数:V 是一个串值。

结果:返回值是串中字符的实际个数,这个值应大于或等于零。

示例:LENGTH 函数的应用。

```
LOCAL
    n : NUMBER;
    x1 : STRING := 'abc';
    x2 : STRING := "000079SE00006238";
END_LOCAL;
  ...
    n := LENGTH ( x1 ); -- n 的值为 3
    n := LENGTH ( x2 ); -- n 的值为 2
```

15.13 算术函数 LoBound

FUNCTION LOBOUND (V:AGGREGATE OF GENERIC) : INTEGER;

函数 LOBOUND 返回一个数组的已声明的下标,或者一个包、列表或集合的已声明的下界。

参数:V 是一个聚合值。

结果:

a) 当V是一个数组时,返回值是已声明的下标。

b) 当V是一个包、列表或集合时,返回值是已声明的下界;如果没有已声明下界,那么返回零。

示例:LOBOUND函数在嵌入式聚合值中的应用。

```
LOCAL
    a : ARRAY[ - 3 : 19] OF SET[2 : 4] OF LIST[0 : ?] OF INTEGER;
    h1, h2, h3 : INTEGER;
END_LOCAL;
    ...
    h1 := LOBOUND(a); -- = - 3 (数组下标)
    h2 := LOBOUND(a[ - 3]); -- = 2 (集合下界)
    h3 := LOBOUND(a[ - 3][1]); -- = 0 (列表下界)
```

15.14 算术函数 Log

FUNCTION LOG (V:NUMBER) : REAL;

函数LOG返回一个数的自然对数。

参数:V是一个数。

结果:返回值为实数,它是V的自然对数。

条件:V>0.0

示例:LOG (4.5) --> 1.504077…E0

15.15 算术函数 Log2

FUNCTION LOG2 (V:NUMBER) : REAL;

函数LOG2返回一个数的以2为底的对数。

参数:V是一个数。

结果:返回值为实数,它是V的以2为底的对数。

条件:V>0.0

示例:LOG2 (8) --> 3.00…E0

15.16 算术函数 Log10

函数LOG10返回一个数的以10为底的对数。

参数:V是一个数。

结果:返回值为实数,它是V的以10为底的对数。

条件:V>0.0

示例:LOG10 (10) --> 1.00…E0

15.17 算术函数 LoIndex

FUNCTION LOINDEX (V:AGGREGATE OF GENERIC) : INTEGER;

函数LOINDEX函数返回一个聚合值的下标。

参数:V是一个聚合值。

结果:

a) 当V是一个数组时,返回值为已声明的下标。

b) 当V是一个包、列表或集合时,返回值为1。

示例:LOINDEX函数在嵌入式聚合值中的应用。

```
LOCAL
    a : ARRAY[ - 3 : 19] OF SET[2 : 4] OF LIST[0 : ?] OF INTEGER;
    h1, h2, h3 : INTEGER;
END_LOCAL;
    ...
```

```
h1 := LOINDEX(a); -- = -3 (数组下标)
h2 := LOINDEX(a[-3]); -- = 1 (集合)
h3 := LOINDEX(a[-3][1]); -- = 1 (列表)
```

15.18 空值函数 NVL

FUNCTION NVL (V: GENERIC: GEN1; SUBSTITUTE: GENERIC: GEN1): GENERIC:GEN1;

函数 NVL 返回输入值,或当输入为一不定值(?)时返回一个替代值。

参数:

a) V 是任意形式的表达式。

b) 替换(SUBSTITUTE)是一个对不定解(?)不求值的表达式。

结果:当 V 是不定解时(?),则该值返回。否则返回值为替换(SUBSTITUTE)。

示例:当 Z 是不定解时,NVL 函数用 0.0 作为 Z 的值。

```
ENTITY unit_vector;
    x, y : REAL;
    z : OPTIONAL REAL;
WHERE
    x**2 + y**2 + NVL(z, 0.0)**2 = 1.0;
END_ENTITY;
```

15.19 算术函数 Odd

FUNCTION ODD (V:INTEGER) : LOGICAL;

函数 ODD 返回真或假,它由该数是奇数还是偶数而定。

参数:V 是一个整数。

结果:当 V 对 2 取模是 1 时,返回真,否则返回假。

条件:零是非奇数。

示例:ODD (121) --> TRUE

15.20 广义函数 RolesOF

FUNCTION ROLESOF (V:GENERIC ENTITY) : SET OF STRING;

函数 ROLESOF 返回一组串值,它包含有由给定实体实例起作用的全限定名(全限定名)。

参数:V 是一个实体数据类型的任何实例。

结果:返回一组串值(用大写字体),它包含应用实例 V 的实体实例属性的全限定名。如果 V 是不定解,那么返回空。

当一个已命名的数据类型被应用或被引用时,那个模式中的模式和名称如果被重新命名,则它们也被返回。由于 USE 语句可能被链接,所有链接的模式名称和每个模式中的名称也被返回。

示例:该例表明一个点可作为一个圆的圆心。ROLESOF 函数决定一个实体实例起何种作用。

```
SCHEMA that_schema;
ENTITY point;
    x, y, z : REAL;
END_ENTITY;
ENTITY line;
    start,
    end : point;
END_ENTITY;
END_SCHEMA;
    SCHEMA this_schema;
    USE FROM that_schema (point,line);
```

```
CONSTANT
    origin : point := point(0.0, 0.0, 0.0);
END_CONSTANT;
ENTITY circle;
    centre : point;
    axis : vector;
    radius : REAL;
END_ENTITY;
    …
LOCAL
    p : point := point(1.0, 0.0, 0.0);
    c : circle := circle(p, vector(1,1,1), 1.0);
    l : line := line(p, origin);
END_LOCAL;
    …
IF 'THIS_SCHEMA.CIRCLE.CENTRE' IN ROLESOF(p) THEN -- true
    …
IF 'THIS_SCHEMA.LINE.START' IN ROLESOF(p) THEN -- true
    …
IF 'THAT_SCHEMA.LINE.START' IN ROLESOF(p) THEN -- true
    …
IF 'THIS_SCHEMA.LINE.END' IN ROLESOF(p) THEN -false
```

15.21 算术函数 Sin

FUNCTION SIN (V:NUMBER) : REAL;

函数 SIN 返回一个角的正弦值。

参数:V 是一个数,它是一个用弧度表示的角度。

结果:返回值为 V 的正弦值(−1.0≤结果≤1.0)。

示例:SIN (PI) --> 0.0

15.22 聚合函数 SizeOf

FUNCTION SIZEOF (V:AGGREGATE OF GENERIC) : INTEGER;

函数 SIZEOF 返回聚合值中的元素个数。

参数:V 是一个聚合值。

结果:

a) 当 V 是一个数组时,返回值为聚合数据类型中已声明的元素个数。

b) 当 V 是一个包、列表或集合时,返回值为聚合值中的实际元素个数。

示例:SIZEOF 函数的应用。

```
LOCAL
    n : NUMBER;
    y : ARRAY[2 : 5] OF b;
END_LOCAL;
…
n := SIZEOF (y); -- n is assigned the value 4
```

15.23 算术函数 Sqrt

FUNCTION SQRT (V:NUMBER) : REAL;

函数 SQRT 返回一个数的非负平方根。

参数:V 是任何非负数。

结果:返回 V 的非负平方根。

条件:V≥0.0

示例:SQRT (121) --> 11.0

15.24 算术函数 Tan

FUNCTION TAN (V:NUMBER) : REAL;

函数 TAN 返回一个角度的正切。

参数:V 是一个用弧度表示的角度数。

结果:返回角度的正切值,如果角度为 nπ/2,而 n 是一个奇数,则返回为不定解(?)。

示例:TAN (0.0) --> 0.0

15.25 广义函数 TypeOf

FUNCTION TYPEOF (V:GENERIC) : SET OF STRING;

函数 TYPEOF 返回一组串,它包含着参数是其成员的所有数据类型的名称。除简单数据类型(二进制、布尔值、整数、逻辑、数值、实数和串)和聚合数据类型(数组、包、列表和集合)外,这些名称由包含该类型定义的模式名所限定。

注 1:本函数的主要用途是检查一个给定的值(变量或属性值)能否用于某个目的,例如,确保两个值之间的赋值兼容。如果一个给定类型的不同子类型或不同限制范围必须是在某种环境内不同地被处置时,也可应用本函数。

参数:V 是一个任何类型的值。

结果:返回的一组串值的内容是所有类型的名称(用大写字体),值 V 是其中之一。如果这个数据类型既不是简单型的,又不是聚合型的,则这样一个名称是由包含这个类型('SCHEMA. TYPE')定义的模式名所限定的。它应按下述算法导出(所列只用于说明目的,而不描述任何特定的实现类型):

a) 结果集是用 V 所属(通过声明)的以及 V 表达的实例(如果它们是不同的)的类型名初始化,如果类型名被命名为数据类型,则包括它们的模式名,并且遵循以下规则:

注 2:当 TypeOf 的实际参数是一个形式参数,则“V 所属的类型”就是已声明的初始实际参数类型,或者为如 12 章所描述的实际参列表达式的结果数据类型,且任何形式参数的未声明的类型都已被替换。

——如果 V 是一个聚合值,则类型名是聚合数据类型的名称(ARRAY, BAG, LIST, SET),而不是任何其他。

——如果 V 是一个基于另一个枚举数据类型的枚举数据类型,则通过运行当前枚举数据类型中的 BASED_ON 关系增加枚举数据类型的名称。

——如果 V 是一个扩展枚举数据类型,则递归地增加枚举数据类型的名称。

——如果 V 求得的值为不定解(?),则返回为空集。

b) 重复下述过程直到 SET 停止增加为止。

1) 重复结果集的所有名称:

——如果当前名称是一个简单数据类型的名称:则跳过。

——如果当前名称是一个聚合数据类型(数组、包、列表、集合)的名称:则跳过。

——如果当前名称是一个枚举数据类型的名称:则跳过。

——如果当前名称是一个选择数据类型名:则在实际上已由 V 初始化的选择列表中的所有类型名(包括模式名)被加入到结果集合中。(当选择列表中可包含有与公共超类型相兼容的子类型的类型名,或包含有一个公共的数据类型通称的局部限定时,则可有多于一个的类型名。

——如果当前名称是任何其他定义的数据类型名时:则由该类型定义引用的类型名包括

所必需的模式名都是被加到结果集中。如果引用的类型是一个聚合数据类型，则它就是聚合数据类型的名称。

——如果当前名称是一个实体名：如果它们的所有子类型名（包括所需的模式名）实际上是已被V初始化过的，则它们被加到该结果集中。

2） 重复结果集中所有名称：

——如果当前名称是一个子类型名：则所有超类型的名称都被加到结果集中。

——如果当前名称是一个范围限定的名称：则所有它的通称被加到结果集中。

3） 重复结果集中所有名称：

——如果当前名出现在一个选择数据类型的列表中：则执行以下动作：

i） 增加选择类型名到列表中。

ii） 如果选择数据类型是另一个选择数据类型的基础，则通过运行当前枚举数据类型中的BASED_ON关系增加枚举数据类型的名称。

iii） 如果选择数据类型是一个可扩展的选择数据类型，则递归地增加选择数据类型名，该选择数据类型是当前可选数据类型的扩展。

4） 重复结果集中所有名称：

如果当前名称已经通过引用或应用被带入到模式中，则由接口模式名限定的接口模式名被加入到结果集中。由于USE语句可被链接，在所有链接模式中的由模式名限定的名称也被加入到集合中。

c） 返回结果集。

如果V求得值为不定解(?)，TYPEOF返回一个空集。

注3：当本函数得到一个聚合数据类型时，它的作用就终止。本函数不提供有关聚合值基本类型的信息。如果需要时，可通过把函数TYPEOF加到聚合值的合法元素上的方法来收集这种信息。

示例1：在下述模式范围内。

```
SCHEMA this_schema;
TYPE
    mylist = LIST [1 : 20] OF REAL;
END_TYPE;
…
LOCAL
    lst : mylist;
END_LOCAL;
…
END_SCHEMA;
```

下述条件为真：

```
TYPEOF (lst) = ['THIS_SCHEMA.MYLIST','LIST']
TYPEOF (lst [17]) = ['REAL','NUMBER']
```

示例2：根据上例表示出USE和REFERENCE的效果。

```
SCHEMA another_schema;
REFERENCE FROM this_schema (mylist AS hislist);
    …
    lst : hislist;
    …
END_SCHEMA;
```

在此环境中，下列语句为真：

```
TYPEOF (lst) = ['ANOTHER_SCHEMA.HISLIST','THIS_SCHEMA.MYLIST','LIST']
```

15.26 广义函数 UsedIn

FUNCTION USEDIN (T:GENERIC ENTITY ; R:STRING) : BAG OF GENERIC ENTITY ;

函数 USEDIN 返回按规定用于一个规定实体实例的每一个实体实例。

参数：

a) T 是任何实体数据类型的任何实例。

b) R 是包含一个如 15.20 中定义的全限定属性(作用)名的串。

结果:按规定作用于规定实例的每个实体实例都被返回到包中。

如果实例 T 未起作用或如果 R 没有被找到,则返回一个空的包。

当 R 是一个空串时,则显示出 T 的每种应用。所有对 T 的正向关系被检查。当该关系是从带名字 R 的属性生成时,包含那个属性的实体实例被加到结果包中。注意如果没有用到 T,则返回一个空的包。

如果 T 和 R 都是不定解(?),则返回一个空的包。

示例:本例表示如何应用一个规则来测试在原点应当有一个用作圆心的点,注意本例使用查询表达式(见 12.6.7)作为到 SIZEOF 函数的参数。

```
ENTITY point;
    x,y,z : REAL;
END_ENTITY;
ENTITY circle;
    centre : point;
    axis : vector;
    radius : REAL;
END_ENTITY; …
    (* "示例" 本规则查找用作为圆心的每一个点,然后确保至少有一个点位于原点 *)
    …
    RULE example FOR (point);
LOCAL
    circles : SET OF circle := []; -- an empty set of circle
END_LOCAL;
REPEAT i := LOINDEX(point) TO HIINDEX(point);
    circles := circles +
    USEDIN(point[i],'THIS_SCHEMA.CIRCLE.CENTRE');
END_REPEAT;
WHERE R1 : SIZEOF(
    QUERY(--开始查询
    at_zero <* circles | --取得所有点
    (at_zero.centre = point(0.0,0.0,0.0))    在位置 0.0.0
    )
    )>= 1; --至少为 1
END_RULE;
```

15.27 算术函数 Value

FUNCTION VALUE (V:STRING) : NUMBER;

函数 VALUE 返回一个串的数值表达式。

参数:V 是一个既包含实数又包含整数的串(见 7.5)。

结果:返回与串表达式相应的数字。如果该串既不能被理解为实数,也不能理解为整数,则返回不定解(?)。

示例:调用具有不同参数的 VALUE 的一些结果。

VALUE ('1.234') --> 1.234 (实数)

VALUE ('20') --> 20 (整数)

VALUE ('abc') --> ? 空

15.28 隶属函数 Value_in

FUNCTION VALUE IN (C:AGGREGATE OF GENERIC:GEN; V:GENERIC:GEN) : LOGICAL;

函数 VALUE_IN 返回一个逻辑值,该值取决于一个特殊值是否是聚合值的一个成员。

参数:

a) C 是一个任何类型的聚合值。

b) V 是与基础类型 C 赋值兼容的一个表达式。

结果:

a) 如果 V 和 C 是不定解(?),则返回未知。

b) 如果 C 的任何元素有一个值与 V 的值相等,则返回真。

c) 如果 C 的任何元素是不定解(?),则返回未知。

d) 否则返回假。

示例:下列测试确保至少有一个点位于原点上。

```
LOCAL
    points : SET OF point;
END_LOCAL;
…
IF VALUE_IN(points,point(0.0,0.0,0.0)) THEN …
```

15.29 唯一性函数 Value_unique

FUNCTION VALUE UNIQUE (V:AGGREGATE OF GENERIC) : LOGICAL;

函数 VALUE_UNIQUE 返回一个逻辑值,该值取决于一个聚合的元素值是否是唯一的。

参数:V 是任何类型的聚合。

结果:

a) 如果 V 是不定解(?),则返回未知。

b) 如果 V 中的任何两个元素的值相等,则返回假。

c) 如果 V 的任何元素是不定解,则返回未知。

d) 否则返回真。

示例:下列测试确保集合中的每一点都在不同的位置(通过定义可看出,它们是明显不同的,也就是实例是唯一的)。

IF VALUE_UNIQUE(points) THEN …

16 内部过程

16.1 插入

PROCEDURE INSERT (VAR L:LIST OF GENERIC:GEN; E:GENERIC:GEN; P:INTEGER);

过程 INSERT 在表的一个给定位置插入一个元素。

参数:

a) L 是将要插入一个元素的列表值。

b) E 是要插入到 L 中的实例。E 应当与 L 的基本类型相兼容,这个基本类型是在过程标题用类型标号表示的。

c) P 是一个整数,它给出了把 E 插入表 L 中的位置。

结果:通过将 E 插入到 L 的制定位置中,L 被修改。插入到 P 位置的已存在元素之后,因此当 P=0

时，E 成为第一个元素。

条件：0≤P≤SIZEOF(L)

16.2 删除

PROCEDURE REMOVE (VAR L:LIST OF GENERIC; P:INTEGER);

过程 REMOVE 从列表中的一个给定位置删除一个元素。

参数：

a) L 是要从其中删除的一个列表值。

b) P 是一个整数，其给出了 L 中要被删除的元素的位置。

结果：表 L 是在位置 P 处删除了元素后被修改。

条件：1≤P≤SIZEOF(L)

附 录 A
（规范性附录）
EXPRESS 语言的语法

本附录定义了语言的词法元素以及这些元素应遵循的语法规则。

注：如果直接使用本语法定义将导致具有分歧的解释程序。它是用来传达有关标识符使用的信息。被解释的标识符定义了标记(它引用了公开声明的标识符)，因此不应解释为 simple_id。这需要一个能提供查找表格、或使标识符能引用解释并把需要的引用标记返回给语法规则检验器的分析程序开发者。这种方法用于帮助分析程序的实现器，使它可以无歧义的使用标识符。

A.1 标记

下述规则规定在 EXPRESS 语法中使用的标记。在本语法规则中，除非另有明确说明，A.1.1、A.1.2、A.1.3 和 A.1.5 中单一语法规则匹配的正文内不含空格和注释。

A.1.1 关键词

本条给出了用于表达 EXPRESS 关键词的规则。

注：本条遵循 6.1 声明的印刷规则，通过左边是大写关键词的语法规则表达每个关键词。因为语法规则中的串文字对案例不敏感，所以在正式规范中可以用大写、小写或混合案例形式给出这些关键词。

0 ABS='abs'
1 ABSTRACT='abstract'
2 ACOS='acos'
3 AGGREGATE='aggregate'
4 ALIAS='alias'
5 AND='and'
6 ANDOR='andor'
7 ARRAY='array'
8 AS='as'
9 ASIN='asin'

10 ATAN='atan'
11 BAG='bag'
12 BASED_ON='based_on'
13 BEGIN='begin'
14 BINARY='binary'
15 BLENGTH='blength'
16 BOOLEAN='boolean'
17 BY='by'
18 CASE='case'
19 CONSTANT='constant'

20 CONST_E='const_e'
21 COS='cos'

22 DERIVE='derive'
23 DIV='div'
24 ELSE='else'
25 END='end'
26 END_ALIAS='end_alias'
27 END_CASE='end_case'
28 END_CONSTANT='end_constant'
29 END_ENTITY='end_entity'

30 END_FUNCTION='end_function'
31 END_IF='end_if'
32 END_LOCAL='end_local'
33 END_PROCEDURE='end_procedure'
34 END_REPEAT='end_repeat'
35 END_RULE='end_rule'
36 END_SCHEMA='end_schema'
37 END_SUBTYPE_CONSTRAINT='end_subtype_constraint'
38 END_TYPE='end_type'
39 ENTITY='entity'

40 ENUMERATION='enumeration'
41 ESCAPE='escape'
42 EXISTS='exists'
43 EXTENSIBLE='extensible'
44 EXP='exp'
45 FALSE='false'
46 FIXED='fixed'
47 FOR='for'
48 FORMAT='format'
49 FROM='from'

50 FUNCTION='function'
51 GENERIC='generic'
52 GENERIC_ENTITY='generic_entity'
53 HIBOUND='hibound'
54 HIINDEX='hiindex'
55 IF='if'
56 IN='in'
57 INSERT='insert'
58 INTEGER='integer'
59 INVERSE='inverse'

60 LENGTH='length'

61 LIKE='like'
62 LIST='list'
63 LOBOUND='lobound'
64 LOCAL='local'
65 LOG='log'
66 LOG10='log10'
67 LOG2='log2'
68 LOGICAL='logical'
69 LOINDEX='loindex'

70 MOD='mod'
71 NOT='not'
72 NUMBER='number'
73 NVL='nvl'
74 ODD='odd'
75 OF='of'
76 ONEOF='oneof'
77 OPTIONAL='optional'
78 OR='or'
79 OTHERWISE='otherwise'

80 PI='pi'
81 PROCEDURE='procedure'
82 QUERY='query'
83 REAL='real'
84 REFERENCE='reference'
85 REMOVE='remove'
86 RENAMED='renamed'
87 REPEAT='repeat'
88 RETURN='return'
89 ROLESOF='rolesof'

90 RULE='rule'
91 SCHEMA='schema'
92 SELECT='select'
93 SELF='self'
94 SET='set'
95 SIN='sin'
96 SIZEOF='sizeof'
97 SKIP='skip'
98 SQRT='sqrt'
99 STRING='string'

100 SUBTYPE='subtype'
101 SUBTYPE_CONSTRAINT='subtype_constraint'
102 SUPERTYPE='supertype'
103 TAN='tan'
104 THEN='then'
105 TO='to'
106 TOTAL_OVER='total_over'
107 TRUE='true'
108 TYPE='type'
109 TYPEOF='typeof'

110 UNIQUE='unique'
111 UNKNOWN='unknown'
112 UNTIL='until'
113 USE='use'
114 USEDIN='usedin'
115 VALUE='value'
116 VALUE_IN='value_in'
117 VALUE_UNIQUE='value_unique'
118 VAR='var'
119 WHERE='where'

120 WHILE='while'
121 WITH='with'
122 XOR='xor'

A.1.2 字符类

下述规则定义了各类字符,其用于构成 A.1.3 中的标记。

123 bit='0' | '1'
124 digit='0' | '1' | '2' | '3' | '4' | '5' | '6' | '7' | '8' | '9'
125 digits=digit {digit}
126 encoded_character=octet octet octet octet
127 hex_digit=digit | 'a' | 'b' | 'c' | 'd' | 'e' | 'f'
128 letter='a' | 'b' | 'c' | 'd' | 'e' | 'f' | 'g' | 'h' | 'i' | 'j' | 'k' | 'l'
'm' | 'n' | 'o' | 'p' | 'q' | 'r' | 's' | 't' | 'u' | 'v' | 'w' | 'x'
'y' | 'z'
129 lparen_then_not_lparen_star='(' {'('} not_lparen_star {not_lparen_star}

130 not_lparen_star=not_paren_star | ')'
131 not_paren_star=letter | digit | not_paren_star_special
132 not_paren_star_quote_special='!' | '"' | '#' | '$' | '%' | '&' | '+' | ',' |
'−' | '.' | '/' | ':' | ';' | '<' | '=' | '>' |
'?' | '@' | '[' | '\' | ']' | '^' | '_' | '‘' |
'{' | '|' | '}' | '~'

133 not_paren_star_special=not_paren_star_quote_special | ''''.

134 not_quote=not_paren_star_quote_special | letter | digit | '(' | ')' | '*'

135 not_rparen_star=not_paren_star | '('

136 octet=hex_digit hex_digit

137 special=not_paren_star_quote_special | '(' | ')' | '*' | ''''

138 not_rparen_star_then_rparen=not_rparen_star {not_rparen_star} ')'{')'}

A.1.3 词法元素

下述规则规定了字符组合如何解释为语言中的语法元素。

139 binary_literal='%' bit {bit}

140 encoded_string_literal='"' encoded_character {encoded_character} '"'

141 integer_literal=digits

142 real_literal=integer_literal |
(digits '.'[digits] ['e' [sign] digits])

143 simple_id=letter {letter | digit | '_'}

144 simple_string_literal=\q {(\q \q) | not_quote | \s |
\x8|\x9|\xA|\xB|\xC|\xD} \q

A.1.4 注释

下述规则规定了 EXPRESS 中注释的语法。

145 embedded_remark='(*' [remark_tag] {(not_paren_s
lparen_then_not_lparen_star | ('*'
not_rparen_star_then_rparen | embed

146 remark=embedded_remark | tail_remark.

147 remark_tag='"' remark_ref {'.' remark_ref} '"'.

148 remark_ref=attribute_ref | constant_ref | entity_re
function_ref | parameter_ref | procedure
rule_ref | schema_ref | subtype_constrai
type_ref | variable_ref.

149 tail_remark='--' [remark_tag] {\a | \s |
\x8|\x9|\xA|\xB|\xC|\xD} \n

A.1.5 被解释标识符

下述规则表达具有特殊含义的标识符(也就是要在其他地方声明为类型、函数或其他)。

注:希望实现可以识别与这些语法规则匹配的标识符。实现怎么获得该信息与语言的定义无关。获得该信息的一个方法是多次分析:第一次是从其声明中收集标识符,接下来的分析就可以区分 veriable_ref 和 function_ref。

150 attribute_ref=attribute_id

151 constant_ref=constant_id

152 entity_ref=entity_id

153 enumeration_ref=enumeration_id

154 function_ref=function_id

155 parameter_ref=parameter_id

156 procedure_ref=procedure_id

157 rule_label_ref=rule_label_id

158 rule_ref=rule_id

159 schema_ref=schema_id

160 subtype_constraint_ref=subtype_constraint_id
161 type_label_ref=type_label_id
162 type_ref=type_id
163 variable_ref=variable_id

A.2 语法规则

下述规则规定了上述词法元素是如何组成 EXPRESS 语法结构的，空格和/或注释可在这些规则中的任何两个标记间出现。EXPRESS 的基本语法规则是语法。

164 abstract_entity_declaration=ABSTRACT
165 abstract_supertype=ABSTRACT SUPERTYPE ';'
166 abstract_supertype_declaration=ABSTRACT SUPERTYPE [subtype_constraint]
167 actual_parameter_list='(' parameter {',' parameter} ')'
168 add_like_op='+' | '-' | OR | XOR
169 aggregate_initializer='[' [element {',' element}] ']'

170 aggregate_source=simple_expression
171 aggregate_type=AGGREGATE [':' type_label] OF parameter_type
172 aggregation_types=array_type | bag_type | list_type | set_type
173 algorithm_head={declaration} [constant_decl] [local_decl]
174 alias_stmt=ALIAS variable_id FOR general_ref {qualifier} ';' stmt {stmt}
END_ALIAS ';'
175 array_type=ARRAY bound_spec OF [OPTIONAL] [UNIQUE] instantiable_type
176 assignment_stmt=general_ref {qualifier} ':=' expression ';'
177 attribute_decl=attribute_id | redeclared_attribute
178 attribute_id=simple_id
179 attribute_qualifier='.' attribute_ref

180 bag_type=BAG [bound_spec] OF instantiable_type
181 binary_type=BINARY [width_spec]
182 boolean_type=BOOLEAN
183 bound_1=numeric_expression
184 bound_2=numeric_expression
185 bound_spec='['bound_1':' bound_2']'
186 built_in_constant=CONST_E | PI | SELF | '?'
187 built_in_function=ABS | ACOS | ASIN | ATAN | BLENGTH | COS | EXISTS | EXP | FORMAT | HIBOUND | HIINDEX | LENGTH | LOBOUND | LOINDEX | LOG | LOG2 | LOG10 | NVL | ODD | ROLESOF | SIN | SIZEOF | SQRT | TAN | TYPEOF | USEDIN | VALUE | VALUE_IN | VALUE_UNIQUE
188 built_in_procedure=INSERT | REMOVE
189 case_action=case_label {',' case_label} ':' stmt

190 case_label=expression

191 case_stmt=CASE selector OF {case_action} [OTHERWISE ':' stmt]
END_CASE ';'

192 compound_stmt=BEGIN stmt {stmt} END ';'

193 concrete_types=aggregation_types | simple_types | type_ref

194 constant_body=constant_id ':' instantiable_type ':=' expression ';'

195 constant_decl=CONSTANT constant_body {constant_body} END_CONSTANT ';'

196 constant_factor=built_in_constant | constant_ref

197 constant_id=simple_id

198 constructed_types=enumeration_type | select_type

199 declaration=entity_decl | function_decl | procedure_decl |
subtype_constraint_decl | type_decl

200 derived_attr=attribute_decl ':' parameter_type ':=' expression ';'

201 derive_clause=DERIVE derived_attr {derived_attr}

202 domain_rule=[rule_label_id ':'] expression

203 element=expression [':' repetition]

204 entity_body={explicit_attr} [derive_clause] [inverse_clause]
[unique_clause] [where_clause]

205 entity_constructor=entity_ref '(' [expression {',' expression}] ')'

206 entity_decl=entity_head entity_body END_ENTITY ';'

207 entity_head=ENTITY entity_id subsuper ';'

208 entity_id=simple_id

209 enumeration_extension=BASED_ON type_ref [WITH enumeration_items]

210 enumeration_id=simple_id

211 enumeration_items='(' enumeration_id {',' enumeration_id} ')'

212 enumeration_reference=[type_ref '.'] enumeration_ref

213 enumeration_type=[EXTENSIBLE] ENUMERATION [(OF
enumeration_items) | enumeration_extension]

214 escape_stmt=ESCAPE ';'

215 explicit_attr=attribute_decl {',' attribute_decl} ':' [OPTIONAL]
parameter_type ';'

216 expression=simple_expression [rel_op_extended simple_expression]

217 factor=simple_factor ['**' simple_factor]

218 formal_parameter=parameter_id {',' parameter_id} ':' parameter_type

219 function_call=(built_in_function | function_ref) [actual_parameter_list]

220 function_decl=function_head algorithm_head stmt {stmt} END_FUNCTION ';'

221 function_head=FUNCTION function_id ['(' formal_parameter
{';' formal_parameter} ')'] ':' parameter_type ';'

222 function_id=simple_id

223 generalized_types=aggregate_type | general_aggregation_types |
generic_entity_type | generic_type

224 general_aggregation_types=general_array_type | general_bag_type |
general_list_type | general_set_type

225 general_array_type=ARRAY [bound_spec] OF [OPTIONAL] [UNIQUE]
parameter_type

226 general_bag_type=BAG [bound_spec] OF parameter_type

227 general_list_type=LIST [bound_spec] OF [UNIQUE] parameter_type

228 general_ref=parameter_ref | variable_ref

229 general_set_type=SET [bound_spec] OF parameter_type

230 generic_entity_type=GENERIC_ENTITY [':' type_label]

231 generic_type=GENERIC [':' type_label]

232 group_qualifier='\' entity_ref

233 if_stmt=IF logical_expression THEN stmt {stmt} [ELSE stmt {stmt}]
END_IF ';'

234 increment=numeric_expression

235 increment_control=variable_id ':=' bound_1 TO bound_2[BY increment]

236 index=numeric_expression

237 index_1=index

238 index_2=index

239 index_qualifier='['index_1[':' index_2] ']'

240 instantiable_type=concrete_types | entity_ref

241 integer_type=INTEGER

242 interface_specification=reference_clause | use_clause

243 interval='{' interval_low interval_op interval_item interval_op
interval_high '}'

244 interval_high=simple_expression

245 interval_item=simple_expression

246 interval_low=simple_expression

247 interval_op='<' | '<='

248 inverse_attr=attribute_decl ':' [(SET | BAG) [bound_spec] OF] entity_ref
FOR [entity_ref '.'] attribute_ref ';'

249 inverse_clause=INVERSE inverse_attr {inverse_attr}

250 list_type=LIST [bound_spec] OF [UNIQUE] instantiable_type

251 literal=binary_literal | logical_literal | real_literal | string_literal

252 local_decl=LOCAL local_variable {local_variable} END_LOCAL ';'

253 local_variable=variable_id {',' variable_id} ':' parameter_type
[':=' expression] ';'

254 logical_expression=expression

255 logical_literal=FALSE | TRUE | UNKNOWN

```
256 logical_type=LOGICAL
257 multiplication_like_op='*' | '/' | DIV | MOD | AND | '||'
258 named_types=entity_ref | type_ref
259 named_type_or_rename=named_types [AS (entity_id | type_id)]

260 null_stmt=';'
261 number_type=NUMBER
262 numeric_expression=simple_expression
263 one_of=ONEOF '(' supertype_expression {',' supertype_expression} ')'
264 parameter=expression
265 parameter_id=simple_id
266 parameter_type=generalized_types | named_types | simple_types
267 population=entity_ref
268 precision_spec=numeric_expression
269 primary=literal | (qualifiable_factor {qualifier})

270 procedure_call_stmt=(built_in_procedure | procedure_ref)
        [actual_parameter_list] ';'
271 procedure_decl=procedure_head algorithm_head {stmt} END_PROCEDURE ';'
272 procedure_head=PROCEDURE procedure_id ['(' [VAR] formal_parameter
        {';' [VAR] formal_parameter} ')'] ';'
273 procedure_id=simple_id
274 qualifiable_factor=attribute_ref | constant_factor | function_call |
        general_ref | population
275 qualified_attribute=SELF group_qualifier attribute_qualifier
276 qualifier=attribute_qualifier | group_qualifier | index_qualifier
277 query_expression=QUERY '(' variable_id '<*' aggregate_source '|'
        logical_expression ')'
278 real_type=REAL ['(' precision_spec ')']
279 redeclared_attribute=qualified_attribute [RENAMED attribute_id]

280 referenced_attribute=attribute_ref | qualified_attribute
281 reference_clause=REFERENCE FROM schema_ref ['(' resource_or_rename
        {',' resource_or_rename} ')'] ';'
282 rel_op='<' | '>' | '<=' | '>=' | '<>' | '=' | ':<>:' | ':=:'
283 rel_op_extended=rel_op | IN | LIKE
284 rename_id=constant_id | entity_id | function_id | procedure_id | type_id
285 repeat_control=[increment_control] [while_control] [until_control]
286 repeat_stmt=REPEAT repeat_control ';' stmt {stmt} END_REPEAT ';'
287 repetition=numeric_expression
288 resource_or_rename=resource_ref [AS rename_id]
289 resource_ref=constant_ref | entity_ref | function_ref | procedure_ref |
        type_ref

290 return_stmt=RETURN ['(' expression ')'] ';'
```

291 rule_decl=rule_head algorithm_head {stmt} where_clause END_RULE ';'

292 rule_head=RULE rule_id FOR '(' entity_ref {',' entity_ref} ')'';'

293 rule_id=simple_id

294 rule_label_id=simple_id

295 schema_body={interface_specification} [constant_decl]
{declaration | rule_decl}

296 schema_decl=SCHEMA schema_id [schema_version_id] ';' schema_body
END_SCHEMA ';'

297 schema_id=simple_id

298 schema_version_id=string_literal

299 selector=expression

300 select_extension=BASED_ON type_ref [WITH select_list]

301 select_list='(' named_types {',' named_types} ')'

302 select_type=[EXTENSIBLE [GENERIC_ENTITY]] SELECT [select_list
| select_extension]

303 set_type=SET [bound_spec] OF instantiable_type

304 sign='+' | '-'

305 simple_expression=term {add_like_op term}

306 simple_factor=aggregate_initializer | entity_constructor |
enumeration_reference | interval | query_expression |
([unary_op] ('(' expression ')' | primary))

307 simple_types=binary_type | boolean_type | integer_type | logical_type |
number_type | real_type | string_type

308 skip_stmt=SKIP ';'

309 stmt=alias_stmt | assignment_stmt | case_stmt | compound_stmt | escape_stmt |
if_stmt | null_stmt | procedure_call_stmt | repeat_stmt | return_stmt |
skip_stmt

310 string_literal=simple_string_literal | encoded_string_literal

311 string_type=STRING [width_spec]

312 subsuper=[supertype_constraint] [subtype_declaration]

313 subtype_constraint=OF '(' supertype_expression ')'

314 subtype_constraint_body=[abstract_supertype] [total_over]
[supertype_expression ';']

315 subtype_constraint_decl=subtype_constraint_head subtype_constraint_body
END_SUBTYPE_CONSTRAINT ';'

316 subtype_constraint_head=SUBTYPE_CONSTRAINT subtype_constraint_id FOR
entity_ref ';'

317 subtype_constraint_id=simple_id

318 subtype_declaration=SUBTYPE OF '(' entity_ref {',' entity_ref} ')'

319 supertype_constraint=abstract_entity_declaration |
abstract_supertype_declaration | supertype_rule

320 supertype_expression=supertype_factor {ANDOR supertype_factor}

321 supertype_factor=supertype_term {AND supertype_term}

322 supertype_rule=SUPERTYPE subtype_constraint

323 supertype_term=entity_ref | one_of | '(' supertype_expression ')'

324 syntax=schema_decl {schema_decl}

325 term=factor {multiplication_like_op factor}

326 total_over=TOTAL_OVER '(' entity_ref {',' entity_ref} ')' ';'

327 type_decl=TYPE type_id '=' underlying_type ';' [where_clause] END_TYPE ';'

328 type_id=simple_id

329 type_label=type_label_id | type_label_ref

330 type_label_id=simple_id

331 unary_op='+' | '−' | NOT

332 underlying_type=concrete_types | constructed_types

333 unique_clause=UNIQUE unique_rule ';' {unique_rule ';'}

334 unique_rule=[rule_label_id ':'] referenced_attribute {',' referenced_attribute}

335 until_control=UNTIL logical_expression

336 use_clause=USE FROM schema_ref ['(' named_type_or_rename {',' named_type_or_rename} ')'] ';'

337 variable_id=simple_id

338 where_clause=WHERE domain_rule ';' {domain_rule ';'}

339 while_control=WHILE logical_expression

340 width=numeric_expression

341 width_spec='(' width ')' [FIXED]

A.3 交叉引用列表

左边的产品用于右边显示的产品中。

0	ABS	187
1	ABSTRACT	164 165 166
2	ACOS	187
3	AGGREGATE	171
4	ALIAS	174
5	AND	257 321
6	ANDOR	320
7	ARRAY	175 225
8	AS	259 288
9	ASIN	187
10	ATAN	187
11	BAG	180 226 248
12	BASED_ON	209 300

98 SQRT | 187
99 STRING | 311
100 SUBTYPE | 318
101 SUBTYPE_CONSTRAINT | 316
102 SUPERTYPE | 165 166 322
103 TAN | 187
104 THEN | 233
105 TO | 235
106 TOTAL_OVER | 326
107 TRUE | 255
108 TYPE | 327
109 TYPEOF | 187
110 UNIQUE | 175 225 227 250 333
111 UNKNOWN | 255
112 UNTIL | 335
113 USE | 336
114 USEDIN | 187
115 VALUE | 187
116 VALUE_IN | 187
117 VALUE_UNIQUE | 187
118 VAR | 272
119 WHERE | 338
120 WHILE | 339
121 WITH | 209 300
122 XOR | 168
123 bit | 139
124 digit | 125 127 131 134 143
125 digits | 141 142
126 encoded_character | 140
127 hex_digit | 136
128 letter | 131 134 143
129 lparen_then_not_lparen_star | 145
130 not_lparen_star | 129
131 not_paren_star | 130 135 145
132 not_paren_star_quote_special | 133 134 137
133 not_paren_star_special | 131
134 not_quote | 144
135 not_rparen_star | 138
136 octet | 126
137 special |
138 not_rparen_star_then_rparen | 145
139 binary_literal | 251
140 encoded_string_literal | 310

141	integer_literal	142
142	real_literal	251
143	simple_id	178 197 208 210 222 265 273 293 294 297 317 328 330 337
144	simple_string_literal	310
145	embedded_remark	145 146
146	remark	
147	remark_tag	145 149
148	remark_ref	147
149	tail_remark	146
150	attribute_ref	148 179 248 274 280
151	constant_ref	148 196 289
152	entity_ref	148 205 232 240 248 258 267 289 292 316 318 323 326
153	enumeration_ref	148 212
154	function_ref	148 219 289
155	parameter_ref	148 228
156	procedure_ref	148 270 289
157	rule_label_ref	148
158	rule_ref	148
159	schema_ref	148 281 336
160	subtype_constraint_ref	148
161	type_label_ref	148 329
162	type_ref	148 193 209 212 258 289 300
163	variable_ref	148 228
164	abstract_entity_declaration	319
165	abstract_supertype	314
166	abstract_supertype_declaration	319
167	actual_parameter_list	219 270
168	add_like_op	305
169	aggregate_initializer	306
170	aggregate_source	277
171	aggregate_type	223
172	aggregation_types	193
173	algorithm_head	220 271 291
174	alias_stmt	309
175	array_type	172
176	assignment_stmt	309
177	attribute_decl	200 215 248
178	attribute_id	150 177 279
179	attribute_qualifier	275 276
180	bag_type	172
181	binary_type	307
182	boolean_type	307

183 bound_1 | 185 235
184 bound_2 | 185 235
185 bound_spec | 175 180 225 226 227 229 248 250 303
186 built_in_constant | 196
187 built_in_function | 219
188 built_in_procedure | 270
189 case_action | 191
190 case_label | 189
191 case_stmt | 309
192 compound_stmt | 309
193 concrete_types | 240 332
194 constant_body | 195
195 constant_decl | 173 295
196 constant_factor | 274
197 constant_id | 151 194 284
198 constructed_types | 332
199 declaration | 173 295
200 derived_attr | 201
201 derive_clause | 204
202 domain_rule | 338
203 element | 169
204 entity_body | 206
205 entity_constructor | 306
206 entity_decl | 199
207 entity_head | 206
208 entity_id | 152 207 259 284
209 enumeration_extension | 213
210 enumeration_id | 153 211
211 enumeration_items | 209 213
212 enumeration_reference | 306
213 enumeration_type | 198
214 escape_stmt | 309
215 explicit_attr | 204
216 expression | 176 190 194 200 202 203 205 253 254 264 290 299 306
217 factor | 325
218 formal_parameter | 221 272
219 function_call | 274
220 function_decl | 199
221 function_head | 220
222 function_id | 154 221 284
223 generalized_types | 266
224 general_aggregation_types | 223
225 general_array_type | 224

226 general_bag_type | 224
227 general_list_type | 224
228 general_ref | 174 176 274
229 general_set_type | 224
230 generic_entity_type | 223
231 generic_type | 223
232 group_qualifier | 275 276
233 if_stmt | 309
234 increment | 235
235 increment_control | 285
236 index | 237 238
237 index_1 | 239
238 index_2 | 239
239 index_qualifier | 276
240 instantiable_type | 175 180 194 250 303
241 integer_type | 307
242 interface_specification | 295
243 interval | 306
244 interval_high | 243
245 interval_item | 243
246 interval_low | 243
247 interval_op | 243
248 inverse_attr | 249
249 inverse_clause | 204
250 list_type | 172
251 literal | 269
252 local_decl | 173
253 local_variable | 252
254 logical_expression | 233 277 335 339
255 logical_literal | 251
256 logical_type | 307
257 multiplication_like_op | 325
258 named_types | 259 266 301
259 named_type_or_rename | 336
260 null_stmt | 309
261 number_type | 307
262 numeric_expression | 183 184 234 236 268 287 340
263 one_of | 323
264 parameter | 167
265 parameter_id | 155 218
266 parameter_type | 171 200 215 218 221 225 226 227 229 253
267 population | 274
268 precision_spec | 278

269 primary | 306
270 procedure_call_stmt | 309
271 procedure_decl | 199
272 procedure_head | 271
273 procedure_id | 156 272 284
274 qualifiable_factor | 269
275 qualified_attribute | 279 280
276 qualifier | 174 176 269
277 query_expression | 306
278 real_type | 307
279 redeclared_attribute | 177
280 referenced_attribute | 334
281 reference_clause | 242
282 rel_op | 283
283 rel_op_extended | 216
284 rename_id | 288
285 repeat_control | 286
286 repeat_stmt | 309
287 repetition | 203
288 resource_or_rename | 281
289 resource_ref | 288
290 return_stmt | 309
291 rule_decl | 295
292 rule_head | 291
293 rule_id | 158 292
294 rule_label_id | 157 202 334
295 schema_body | 296
296 schema_decl | 324
297 schema_id | 159 296
298 schema_version_id | 296
299 selector | 191
300 select_extension | 302
301 select_list | 300 302
302 select_type | 198
303 set_type | 172
304 sign | 142
305 simple_expression | 170 216 244 245 246 262
306 simple_factor | 217
307 simple_types | 193 266
308 skip_stmt | 309
309 stmt | 174 189 191 192 220 233 271 286 291
310 string_literal | 251 298
311 string_type | 307

312 subsuper | 207
313 subtype_constraint | 166 322
314 subtype_constraint_body | 315
315 subtype_constraint_decl | 199
316 subtype_constraint_head | 315
317 subtype_constraint_id | 160 316
318 subtype_declaration | 312
319 supertype_constraint | 312
320 supertype_expression | 263 313 314 323
321 supertype_factor | 320
322 supertype_rule | 319
323 supertype_term | 321
324 syntax |
325 term | 305
326 total_over | 314
327 type_decl | 199
328 type_id | 162 259 284 327
329 type_label | 171 230 231
330 type_label_id | 161 329
331 unary_op | 306
332 underlying_type | 327
333 unique_clause | 204
334 unique_rule | 333
335 until_control | 285
336 use_clause | 242
337 variable_id | 163 174 235 253 277
338 where_clause | 204 291 327
339 while_control | 285
340 width | 341
341 width_spec | 181 311

附 录 B
（规范性附录）
许可实体实例化的确定

对于特殊的子类/超类图，可能存在大量可以实例化的复合实体数据类型和简单实体数据类型。本附录将说明怎样为通用子类/超类图声明标识这些实体数据类型。

为了举例说明下列情况，考虑自然集合[1,2,3,…]。可以用许多不同的方式划分它：

——偶数和奇数：[2,4,6,…]和[1,3,5,7…]

——质数：[2,3,5,7,…]

——可以整除 3 的数：[3,6,9,12,…]

——可以整除 4 的数：[4,8,12,16,…]

自然数可以用 EXPRESS 建模成一个超类，而其他数的集合建模为子类。可以很容易的发现某些子类（例如偶数和奇数）是不重叠的，其他子类具有公共成员（例如“可以整除 3 的数”的子类和“可以整除 4 的数”的子类有公共成员[12,24,…]）。

B.1 形式化方法

可以把任何与子类/超类关系相关的实体数据类型组看作可图示的子类/超类图。按照本形式化方法，称这些实体数据类型组是局部复合实体数据类型。因为单一实体数据类型可实例化，局部复合实体数据类型可以包含一个单一实体数据类型。用组成局部复合实体数据类型的实体数据类型名字（中间用 & 分隔）表示局部复合实体数据类型。局部复合实体数据类型可以是复合实体数据类型，但是在确定之前需要进行完整地赋值。复合实体实例是复合实体数据类型的实例，并表达关心的对象。

下列规则适用于任何局部复合实体数据类型：

——A&A≡A

　　即在一个给定的局部复合实体数据类型中，一个特定的实体数据类型只出现一次。

——A&B≡B&A

　　即局部复合实体数据类型的组合符合交换规律。

——A&(B&C) ≡(A&B)&C≡A&B&C

即局部复合实体数据类型的组合遵循结合规律，括号表示求解优先，在这种情况下，求解结果是没有区别的。

把求解集定义为局部复合实体数据类型的一个数学集合，它由括在方括号中并用“,”号分隔开的局部复合实体数据类型表示，空求解集用[]表示。

可以使用两个操作符把一个局部复合实体数据类型和求解集组合起来：

——A+[B1,B2] ≡[B1,B2]+A≡[A,B1,B2]

操作符+把局部复合实体数据类型作为求解集的新成员加到求解集中。相同的局部复合实体数据类型应在单一求解集中只出现一次。

——A&[B1,B2] ≡[B1,B2]&A≡[A&B1,A&B2]

操作符 & 把局部复合实体数据类型加入到求解集中的所有局部复合实体数据类型中。因此它分布在整个求解集中。

可以通过两个相同的机制组合求解集：

——[A1,A2]+[B1,B2] ≡[A1,A2,B1,B2]

　　可以形成包含两个组合集合所有元素的求解集。这是两个集合的并。

——[A1,A2]&[B1,B2] ≡[A1&B1,A1&B2,A2&B1,A2&B2]

可以通用重复应用分配规律 & 把第一个求解集的每个元素分配到第二个求解集形成求解集。

为了生成新的求解集,可以使用操作符/筛选求解集:

——[A,A&B,A&C,A&B&D,B&C,D]/A≡[A,A&B,A&C,A&B&D]

新的求解集只包含原始求解集中包含给定局部复合实体数据类型的那些元素。

——[A,A&B,A&C,A&B&D,B&C,D]/[B,D]≡[A&B,A&B&D,B&C,D]

可以通过用第二个求解集中的每个局部复合实体数据类型重复筛选第一个求解集,并用+组合形成新的求解集。

可以使用操作符"-"使求解集之间求差而生成新的求解集。

——[A1,A2,B1,B2]-[A2,B1]≡[A1,B2]

第一个求解集减去第二个求解集中的所有元素,剩余的所有元素可以形成一个求解集。

下列恒等式适用于所有求解集。

——[A,B]≡[B,A]

求解集与顺序无关。

——[A,A,B]≡[A,B]

具体的复合实体数据类型在任何给定的求解集中只出现一次。

——[A,[B,C]]≡[A,B,C]

求解集可以嵌套。

B.2 超类和子类约束操作符

使用上述形式方法,用求解集术语重新写 EXPRESS 超类表达式定义的约束和子类约束是可能的。反复使用 B.2.1 到 B.2.3 中描述的简化方法,直到没有超类术语(ONEOF,AND 或 ANDOR)为止。仅仅只有这些简化不能完整描述超类表达式和子类约束的所有含义,特别是 ONEOF 和 TOTAL_OVER 节。这需要 B.3 中的完整运算法则。

B.2.1 OneOf

ONEOF 列表简化成包含 ONEOF 选择内容的求解集,也就是,

ONEOF(A,B,…)→[A,B,…]

B.2.2 And

操作符 AND 等效于操作符 &,并作用于局部复合实体数据类型或求解集,生成局部复合实体数据类型或求解集。

A AND B → [A&B]

A AND ONEOF[B1,B2]→ A&[B1,B2]=[A&B1,A&B2]

ONEOF(A1,A2) AND ONEOF(B1,B2) → [A1,A2]&[B1,B2]=
[A1&B1,A1&B2,A2&B1,A2&B2]

B.2.3 AndOr

ANDOR 操作符生成的求解集包含每个独立的操作数和用操作符 & 组合起来的操作数。ANDOR 作用于局部复合实体数据类型或求解集。

A ANDOR B → [A,B,A&B]

A ANDOR ONEOF(B1,B2) → [A,[B1,B2],A&[B1,B2]]=[A,B1,B2,A&B1,A&B2]

ONEOF(A1,A2) ANDOR ONEOF(B1,B2) → [[A1,A2],[B1,B2],[A1,A2]&[B1,B2]]=
[A1,A2,B1,B2,A1&B1,A1 * B2,A2&B1,A2&B2]

B.2.4 操作符的优先权

求解集的求解从左到右进行,根据 9.2.5.5 的规定,具有最高优先权的最先求解。

示例:下列表达式按下列顺序求解:

A ANDOR B AND C → [A,[B&C],A&[B&C]]=[A,B&C,A&B&C]

B.3 解释可能的复合实体数据类型

解释超类表达式和子类约束(带有来自已声明结构的可用附件信息),允许 EXPRESS 模式的开发商从那些给定声明中确定哪些复合实体数据类型是可以实例化的。为了能确定下来,可以为子类/超类图生成复合实体数据类型的求解集。为此,定义了下述术语:

多继承子类(Multiply inheriting subtype):多继承子类在其子类声明中标识了两个或多个超类。

根超类(Root supertype):根超类不能作为子类。

通过下列程序计算出复合实体数据类型的求解集 R:

a) 标识形成子类/超类图的所有实体声明。

注 1:在复杂子类/超类图中,可能需要进行多次重复标识。

b) 为子类/超类图(在其中声明了超类约束)中的每个超类 i 构造下列形式的 SUBTYPE_CONSTRAINT:

```
SUBTYPE_CONSTRAINT i_superconstraint FOR i;
  〈supertype_constraint〉;
END_SUBTYPE_CONSTRAINT;
```

用实体中声明的超类约束代替〈supertype_constraint〉。把本约束当作实现本算法的模式的一部分。为了实现本算法的目的,实体声明是子类约束的基础,可忽略其中的超类表达式。

注 2:本步骤把实体中声明的超类约束转换成等效的 SUBTYPE_CONSTRAINT 声明。

c) 对于子类/超类图中的每个超类 i 而言,要识别子类/超类图中的所有数据类型 j1、j2,…,jk 等,这些需要识别的数据类型被定义为 i 子类,但是在为超类 i 定义的任何子类约束(SUBTYOE_CONSTRAINT)中却并未出现,这里的超类 i 是指模式中或者产生于步骤 b)的超类 i,并在识别那些数据类型后构建一个以下形式的子类约束(SUBTYOE_CONSTRAINT):

```
SUBTYPE_CONSTRAINT i_othersubtypes FOR i;
  j1   ANDOR j2   ANDOR … ANDOR
jk;
END_SUBTYPE_CONSTRAINT;
```

考虑到本算法的需要,可将这种约束当作模式的一部分。

d) 对于子类/超类图中的每个超类 i 而言,要识别所有的子类约束(SUBTYOE_CONSTRAINT) sc1、sc2,…,sck 等,这些子类都将超类 i 置于它们的 FOR 句型之中。这里,对含有全范围限制或抽象限制的子类约束的这部分程内容予以省略。将这些约束的子类表达式 sxis 合并到单个子类约束(SUBTYOE_CONSTRAINT) sti 中,这里,单个子类约束(SUBTYOE_CONSTRAINT) sti 的形式为:(sx1 ANDOR sx2 ANDOR sx3… ANDOR sxk)。

e) 对于子类/超类图中的每个超类 i 而言,通过将 B.2 中的缩减方法和 B.1 中的恒等式运用到上面(d)步骤中给定的子类约束(SUBTYOE_CONSTRAINT) sti 上,即可生成评估集合,这种评估集合代表超类 i 的直接子类之间的约束。用 & 操作符将超类 i 与所得结果合并起来。在超类 i 的实体声明或超类 i 的任何子类约束(SUBTYOE_CONSTRAINT)中,如果超类 i 为被定义为抽象超类(ABSTRACT SUPERTYPE),则要用“+”操作符将超类 i 添加到结果中。将这个集合命名为 Ei。

f) 对于子类/超类图中的每个根超类 r 而言,将集合 Er 进行如下扩充:

1) 对于根超类 r 的每个子类 s 而言,如果操作有效,则对于子类 s 在 Er 中的每一次出现,都用集合 Es(包括部分复合实体数据类型中的这些子类 s)进行替换,并运用 B.2 中的缩减方法和 B.1 中的恒等式对其进行运算。

2) 将(f1)步骤反复运用到每个 s 子类上,从而扩充 s 的子类,直至到达叶实体(对于叶实体,没有 Es 集合存在)。

注 3:由于子类/超类图中不存在环路,因此,这种重复必须终止。

g) 合并根集合。创立等式 R=∑rEr≡Er1+ Er2+…,也就是说,R 是由(f)步骤而产生的并集。

h) 对于 R 集合中每个超类 s 而言,对对为超类 s 定义的每一个全范围子类约束 t1、t2,…,tk:将子类约束 t 定义为:(t1 ANDOR t2…ANDOR tk)。

对于不在子类约束 t1、t2,…,tk 中的超类 s 的所有直接子类 si 而言,用派生表达式替换 si 在 R 中的每一次出现,这种派生表达式是通过运用 B.2.2 中的定义由集合(si 与 t)中派生而来。根据 B.2 中的缩减方法和 B.1 中的恒等式来对 R 集合进行缩减。

i) 对于每个多继承的子类 m 而言,作如下处理:

1) 对于子类 m 每一个直接超类 s 而言,生成的集合 R / m / s 要恰好包含 R 集合中的这些复杂数据类型,这些复杂数据类型既包含 m,也包含 s。

2) 生成评估集合:P_m=R / m / s1&R / m / s2&…,这种评估集合是以子类 m 许可的方式将子类进行合并而得到的,这就是说:将(i1)步骤中产生的评估集合用 & 操作符合并在一起。

3) 生成评估集合:$X_m=\sum_s$ R / m / s,这种评估集合是由子类合并而得到的,而这些合并子类未必包含子类 m 的所有超类,也就是说:将 i)l)步骤中产生的评估集合并在一起。

4) 令 $R=(R-X_m)+P_m$。

j) 对于每个 ONEOF 形式的子类约束(SUBTYOE_CONSTRAINT)表达式 k(包括步骤 b)与 h)中生成的这些表达式)而言,要作如下处理:

1) 对于每对受 k 约束(i<j)的子表达式 S_i、S_j 而言,计算出 ONEOF(S_i、S_j)不接受的并集:$D_k^{i,j}=(S_i \& S_j)$。并根据 B.2 中的缩减方法和 B.1 中的恒等式来对 $D_k^{i,j}$ 集合进行缩减。

2) 令 $D_k=\sum_{i,j}D_k^{i,j}$,也就是说,D_k 为步骤 j)l)中计算出的集合的并集。

3) 令 $R=R-(R / D_k)$。

k) 对于 S1 与 S2 型的每个子类约束(SUBTYOE_CONSTRAINT)表达式 k(包括步骤 b)与 h)中生成的这些表达式)而言,要作如下处理:

1) 计算由 k 表达式规定要求合并的集合,Qk=(S1&S2)。并根据 B.2 中的缩减方法和 B.1 中的恒等式来对 Qk 集合进行缩减。

2) 对于 k 表达式中命名的每个实体数据类型 i,要计算出 k 表达式不接受的含有数据类型 i 的有效实体并集,Dki=R / i-R /(Qk / i)。

3) 令 Dk=∑i Dki,也就是说,Dk 为步骤 k)2)中计算出的集合的并集。

4) 令 R=R-Dk。

l) 最终的估值集 R 为输入子类/超类图估值集。

示例 1:此例中,仅仅给定了实体超类与子类声明,因为这是说明可能性复合实体数据类型的所有信息。

```
ENTITY p; END_ENTITY;
SUBTYPE_CONSTRAINT p_subs FOR p;
    TOTAL_OVER(m,f);
    ONEOF(m,f) AND ONEOF(c,a);
END_SUBTYPE_CONSTRAINT;
ENTITY m SUBTYPE OF (p);
END_ENTITY;
ENTITY f SUBTYPE OF (p) ;
END_ENTITY;
```

```
ENTITY c SUBTYPE OF (p);
END_ENTITY;
ENTITY a SUBTYPE OF (p);
END_ENTITY;
SUBTYPE_CONSTRAINT no_li FOR a;
    ABSTRACT SUPERTYPE;
    ONEOF(l,i);
END_SUBTYPE_CONSTRAINT;
ENTITY l SUBTYPE OF (a);
END_ENTITY;
ENTITY i SUBTYPE OF (a);
END_ENTITY;
END_SCHEMA;
```

这种模式通过图 B.1 中的 EXPRESS-G 来表达。

潜在复合实体数据类型可如下确定：

上面的 EXPRESS 语言已经给出了 a)、b) c)步骤中要求的所有实体声明和完整的超类表达式。

——运用 d)步骤则可得到：

```
SUBTYPE_CONSTRAINT stp FOR p;
    TOTAL_OVER(m,f);
    ((ONEOF(m,f) AND ONEOF(c,a)));
END_SUBTYPE_CONSTRAINT;
SUBTYPE_CONSTRAINT sta FOR a; (ONEOF(i,l));
END_SUBTYPE_CONSTRAINT;
```

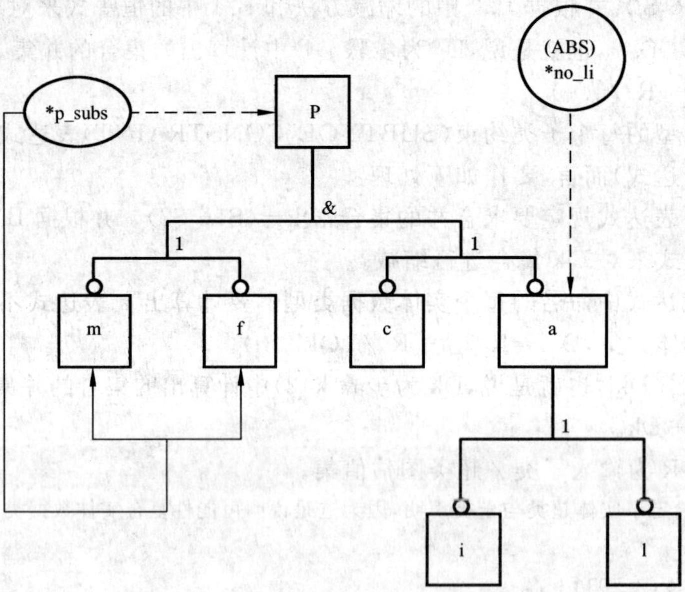

图 B.1 附录 B 中 B.3 示例 1 的 EXPRESS-G 模式图

——运用 e)步骤可得到：

Ep --> [p&m&c,p&m&a,p&f&c,p&f&a,p]

Ea --> [a&l,a&i]

——在这种 p 情况下，运用 f)步骤扩展根实体。结果集合为：

Ep=[p&m&c,p&m&a&l,p&m&a&i,p&f&c,p&f&a&l,p&f&a&i,p]

——合并 g)步骤中的根集合可得到：

R=[p&m&c,p&m&a&l,p&m&a&i,p&f&c,p&f&a&l,p&f&a&i,p]

——将 h)步骤运用到 TOTAL_OVER 约束中则可得到：

——TOTAL_OVER(m,f)：

sp=[p&m,p&f]

——替换所有不包含 m 或 f 值的 p 的取值，则可得到：

R=[p&m&c,p&m&a&l,p&m&a&i,p&f&c,p&f&a&l,p&f&a&i,p&m,p&f]

—— 由于不存在多后继子类，因此，步骤 i)不必要。

——将步骤 j)运用到每个 ONEOF 约束中，则可得到：

——ONEOF(m,f)：

$D_1^{1,2}$=⌈m&f⌋

D_1=⌈m&f⌋

根据步骤 j)3)，去掉 D_1 而留下 R 不变。这样，就可得到：

R=[p&m&c,p&m&a&l,p&m&a&i,p&f&c,p&f&a&l,p&f&a&i,p&m,p&f]

ONEOF(c,a)：

$D_2^{1,2}$=⌈c&a⌋

D_2=⌈c&a⌋

根据步骤 j)3)，去掉 D_2 而留下 R 不变。这样，就可得到：

R=[p&m&c,p&m&a&l,p&m&a&i,p&f&c,p&f&a&l,p&f&a&i,p&m,p&f]

——ONEOF(l,i)：

$D_3^{1,2}$=⌈l&i⌋

D_2=⌈l&i⌋

根据步骤 j)3)，去掉 D_3 而留下 R 不变。这样，就可得到：

R=[p&m&c,p&m&a&l,p&m&a&i,p&f&c,p&f&a&l,p&f&a&i,p&m,p&f]

——将步骤 k)运用到每个 AND 约束中，则可得到：

ONEOF(m,f)AND (c,a)：

Q_1=

D_1^m=⌈p&m⌋

D_1^f=⌈p&f⌋

D_1^c=〔〕

D_1^a=〔〕

D_1=〔p&m,p&f〕

根据步骤 k)4)，去掉 D_1 并将 R 变为：

R=[p&m&c,p&m&a&l,p&m&a&i,p&f&c,p&f&a&l,p&f&a&i]

——根据步骤 l)，结果如下：

R=[p&m&c,p&m&a&l,p&m&a&i,p&f&c,p&f&a&l,p&f&a&i]

这个范例虽然看起来有点主观臆断，但是如果能够对实体给出更具体的描述名称，则会有更多真实性。例如，如果不将这些实体称为 p、m、f、c、a、l 和 i，而是将其称为：人、男性、女性、公民、外侨、合法侨民以及非法侨民。

按照这种释义，在最终估值集中很快读取几个词条，就可得到：

——一个人是男性并且为一公民。

——一个人为一男性侨民并且是一个非法侨民。

——一个人是……

而且,TOTAL_OVER 约束能确保由任何其他扩大子类/超类图的模式计算出来的评估集合也在这个关于人的有效实例中要么包含男性名字,要么包含女性名字。

示例 2:本例说明 ONEOF 是多后继子类都不能超出的一个全局约束。

```
SCHEMA diamond;
ENTITY a;
END_ENTITY;
SUBTYPE_CONSTRAINT a_subs FOR a;
  ONEOF(b,c);
END_SUBTYPE_CONSTRAINT;

ENTITY b SUBTYPE OF (a);
END_ENTITY;
ENTITY c SUBTYPE OF (a);
END_ENTITY;

ENTITY d SUBTYPE OF (b,c); END_ENTITY;
END_SCHEMA;
```

这种模式通过图 B.2 中的 EXPRESS-G 来表达。

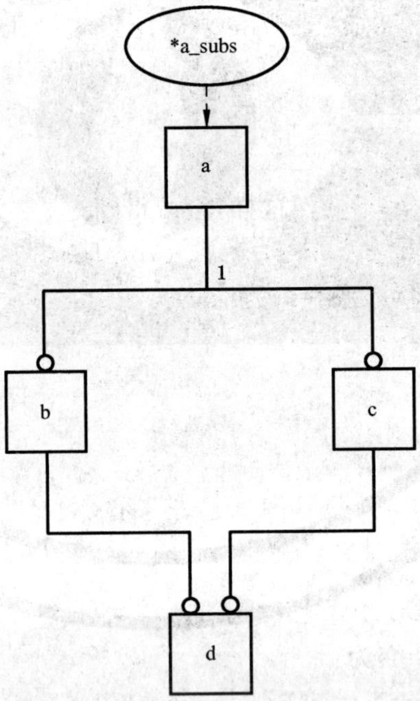

图 B.2 附录 B 中 B.3 示例 2 的 EXPRESS-G 模式图

潜在复合实体数据类型可如下确定:

——上面的 EXPRESS 语言已经给出了 a)与 b)步骤中要求的所有实体声明和完整的超类表达式。

——运用 c)步骤则可得到:

```
SUBTYPE_CONSTRAINT b_othersubtypes FOR b;d;
END_SUBTYPE_CONSTRAINT;
SUBTYPE_CONSTRAINT c_othersubtypes FOR c;
d;END_SUBTYPE_CONSTRAINT;
```

——运用 d)步骤则可得到:

```
SUBTYPE_CONSTRAINT sca FOR a;
    ONEOF(b,c);
END_SUBTYPE_CONSTRAINT;
SUBTYPE_CONSTRAINT scb FOR b;d;
END_SUBTYPE_CONSTRAINT;
SUBTYPE_CONSTRAINT scc FOR c;d;
END_SUBTYPE_CONSTRAINT;
```

——运用e)步骤则可得到：

$E_a \longrightarrow [a\&b, a\&c, a]$

$E_b \longrightarrow [b\&d, b]$

$E_c \longrightarrow [c\&d, c]$

$E_d \longrightarrow [d]$

——运用f)步骤扩展根实体 a 的声明，则结果可得到：

$E_a = [a\&b\&d, a\&b, a\&c\&d, a\&c, a]$

——将步骤g)得到的根集合组合起来可得到：

$R = [a\&b\&d, a\&b, a\&c\&d, a\&c, a]$

——将步骤 i)运用到每个多后继子类中，则可得到如下结果：

——对于实体 d：

$C_d^b = [a\&b\&d]$

$C_d^c = [a\&c\&d]$

$P_d = [a\&b\&d\&c]$

$X_d = [a\&b\&d, a\&c\&d]$

则，新集合 $R = (R - X_d) + P_d$ 将是：$[a\&b, a\&c, a, a\&b\&d\&c]$

——将步骤 j)运用到每个 ONEOF 约束中，则可得到：

——ONEOF(b,c)：

$D_1^{1,2} = [b\&c]$

$D_1 = [b\&c]$

根据步骤 j)3)，若将 D_1 从 R 中去掉，则将从 R 中去掉以下元素：$[a\&b\&d\&c]$。

这样，可以得到：

$R = [a\&b, a\&c, a]$

——由于不存在使用 AND 操作符的超类表达式，因此，步骤 k)不必要。

——根据步骤 l)，结果如下：

$R = [a\&b, a\&c, a]$

示例 3：这个范例表明了将多个约束运用到至少含有一个可能性类型约束的复杂结构中所得到的效果。但是，此例并不能用作任何有效概念的模型，而只能纯粹用于说明算法。

```
SCHEMA complex;
ENTITY a;END_ENTITY;
ENTITY b SUBTYPE OF(a);
END_ENTITY;
ENTITY c SUBTYPE OF(a);
END_ENTITY;
ENTITY d SUBTYPE OF(a);
```

```
END_ENTITY;
ENTITY f SUBTYPE OF(a,z);
END_ENTITY;
ENTITY k SUBTYPE OF(d);
END_ENTITY;
ENTITY l SUBTYPE OF(d,y);
END_ENTITY;
ENTITY x SUBTYPE OF(z);
END_ENTITY;
ENTITY y SUBTYPE OF(z);
END_ENTITY;
ENTITY z;
END_ENTITY;
SUBTYPE_CONSTRAINT a_subs FOR a;
    ONEOF(b,c)AND d ANDOR f;
END_SUBTYPE_CONSTRAINT;
SUBTYPE_CONSTRAINT d_subs FOR d;
   ABSTRACT;
   ONEOF(k,l);
END_SUBTYPE_CONSTRAINT;
END_SCHEMA;
```

这种模式通过图 B.3 中的 EXPRESS-G 来表达。

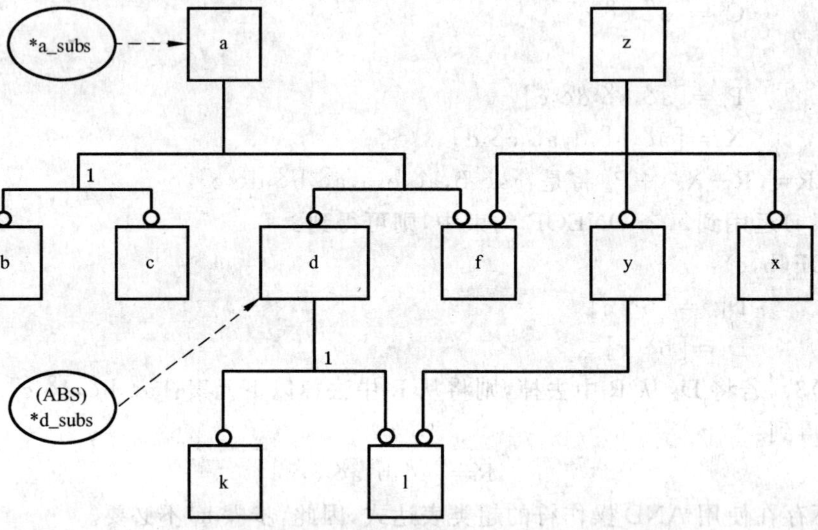

图 B.3　附录 B 中 B.3 示例 3 的 EXPRESS-G 模式图

潜在复合实体数据类型可如下确定：

——上面的 EXPRESS 语言已经明确说明在 a)与 b)步骤中要求的所有实体声明和完整的超类表达式。

——运用 c)步骤则可得到：

```
SUBTYPE_CONSTRAINT z_othersubtypes FOR z;f
    ANDOR y ANDOR x;
END_SUBTYPE_CONSTRAINT;
SUBTYPE_CONSTRAINT y_othersubtypes FOR y;l;
END_SUBTYPE_CONSTRAINT;
```

——运用 d)步骤则可得到：

```
SUBTYPE_CONSTRAINT stz FOR z;f ANDOR y ANDOR x;
END_SUBTYPE_CONSTRAINT;
SUBTYPE_CONSTRAINT sty FOR y;
END_SUBTYPE_CONSTRAINT;
SUBTYPE_CONSTRAINT sta FOR a;
    ONEOF(b,c)AND d ANDOR f;
END_SUBTYPE_CONSTRAINT;
SUBTYPE_CONSTRAINT std FOR d;
    ABSTRACT;
    ONEOF(k,l);
END_SUBTYPE_CONSTRAINT;
```

——运用 e)步骤则可得到：

E_a ⟶[a,a&b&d,a&b&d&f,a&c&d,a&c&d&f,a&f]

E_d ⟶[d&k,d&l]

E_y ⟶[l&y,y]

E_z ⟶[f&x&y&z,f&x&z,f&y&z,f&z,x&y&z,x&z,y&z,z]

——运用 f)步骤扩展根实体 a,z。结果集合为：

E_a =[a, a&b&d&k, a&b&d&l, a&b&d&f&k, a&b&d&f&l, a&c&d&k, a&c&d&l, a&c&d&f&k,a&c&d&f&l,a&f]

E_z =[f&l&x&y&z,f&l&y&z,f&x&y&z,f&x&z,f&y&z,f&z,l&x&y&z,l&y&z,x&y&z, x&z,y&z,z]

——合并 g)步骤中的根集合可得到：

R =[a, a&b&d&k, a&b&d&l, a&b&d&f&k, a&b&d&f&l, a&c&d&k, a&c&d&l, a&c&d&f&k, a&c&d&f&l, a&f, f&l&x&y&z, f&l&y&z, f&x&y&z, f&x&z, f&y&z,f&z,l&x&y&z,l&y&z,x&y&z,x&z,y&z,z]

——由于不存在全范围子类约束，因此，步骤 h)不必要。

——将步骤 i)运用到每个多后继子类中，则可得到如下结果：

——对于实体 f：

C_f^a =[a&b&d&k&f,a&b&d&l&f,a&c&d&k&f,a&c&d&l&f,a&f]

C_f^z =[f&l&x&y&z,f&l&y&z,f&x&y&z,f&x&z,f&y&z,f&z]

P_f =[a&b&d&f&k&z,a&b&d&f&k&x&z,a&b&d&f&k&l&y&z,
a&b&d&f&k&y&z,a&b&d&f&k&l&x&y&z,a&b&d&f&k&x&y&z,a&b&d&f&l&z,
a&b&d&f&l&x&z,a&b&d&f&l&y&z,a&b&d&f&l&x&y&z,a&c&d&f&k&z,
a&c&d&f&k&x&z,a&c&d&f&k&l&y&z,a&c&d&f&k&y&z,a&c&d&f&k&l&x&y&z,
a&c&d&f&k&x&y&z,a&c&d&f&l&z,a&c&d&f&l&x&z,a&c&d&f&l&y&z,
a&c&d&f&l&x&y&z,a&f&z,a&f&x&z,a&f&l&y&z,
a&f&y&z,a&f&l&x&y&z,a&f&x&y&z]

X_f=[a&b&d&f&k,a&b&d&f&l,a&c&d&f&k,a&c&d&f&l,
a&f,f&l&x&y&z,f&l&y&z,f&x&y&z,f&x&z,f&y&z,f&z]

这样,新集合 R=R−(R−X_f)+P_f:

[a,a&b&d&f&k&z,a&b&d&f&k&x&z,a&b&d&f&k&l&y&z,a&b&d&f&k&y&z,
a&b&d&f&k&l&x&y&z,a&b&d&f&k&x&y&z,a&b&d&f&l&z,a&b&d&f&l&x&z,
a&b&d&f&l&y&z,a&b&d&f&l&x&y&z,a&b&d&k,a&b&d&l,a&c&d&f&k&z,
a&c&d&f&k&x&z,a&c&d&f&k&l&y&z,a&c&d&f&k&y&z,a&c&d&f&k&l&x&y&z,
a&c&d&f&k&x&y&z,a&c&d&f&l&z,a&c&d&f&l&x&z,a&c&d&f&l&y&z,
a&c&d&f&l&x&y&z,a&c&d&k,a&c&d&l,a&f&z,a&f&x&z,a&f&l&y&z,
a&f&y&z,a&f&l&x&y&z,a&f&x&y&z,l&x&y&z,l&y&z,x&y&z,x&z,y&z,z]

——对于实体 l:

C_l^d=[a&b&d&f&k&l&y&z,a&b&d&f&k&l&x&y&z,a&b&d&f&l&z,
a&b&d&f&l&x&z, a&b&d&f&l&y&z, a&b&d&f&l&x&y&z, a&b&d&l,
a&c&d&f&k&l&y&z,a&c&d&f&k&l&x&y&z,a&c&d&f&l&z,
a&c&d&f&l&x&z,a&c&d&f&l&y&z,a&c&d&f&l&x&y&z,
a&c&d&l]

C_l^y=[a&b&d&f&k&l&y&z,a&b&d&f&k&l&x&y&z,a&b&d&f&l&y&z,
a&b&d&f&l&x&y&z,a&c&d&f&k&l&y&z,a&c&d&f&k&l&x&y&z,
a&c&d&f&l&y&z, a&c&d&f&l&x&y&z, a&f&l&y&z, a&f&l&x&y&z,
l&x&y&zl&y&z]

P_l=[a&b&c&d&f&k&l&y&z,a&b&c&d&f&k&l&x&y&z,a&b&c&f&l&y&z,
a&b&c&f&l&x&y&z, a&b&d&f&k&l&y&z, a&b&d&f&k&l&x&y&z,
a&b&d&f&l&y&z,a&b&d&f&l&x&y&z,a&b&d&l&x&y&z,
a&b&d&l&y&z,a&c&d&f&k&l&y&z,a&c&d&f&k&l&x&y&z,
a&c&d&f&l&y&z,a&c&d&f&l&x&y&z,a&c&d&l&x&y&z,
a&c&d&l&y&z]

X_l=[a&b&d&f&k&l&y&z,a&b&d&f&k&l&x&y&z,a&b&d&f&l&z,
a&b&d&f&l&x&z,a&b&d&f&l&y&z,a&b&d&f&l&x&y&z,a&b&d&l,
a&c&d&f&k&l&y&z,a&c&d&f&k&l&x&y&z,a&c&d&f&l&z,
a&c&d&f&l&x&z,a&c&d&f&l&y&z,a&c&d&f&l&x&y&z,a&c&d&l,
a&f&l&y&z,a&f&l&x&y&z,l&x&y&z,l&y&z]

这样,新集合 R=(R−X_l)+P_l:

[a, a&b&c&d&f&k&l&y&z, a&b&c&d&f&k&l&x&y&z, a&b&c&f&l&y&z,
a&b&c&f&l&x&y&z,a&b&d&f&k&l&y&z,a&b&d&f&k&l&x&y&z,
a&b&d&f&k&x&z,a&b&d&f&k&y&z,a&b&d&f&k&x&y&z,
a&b&d&f&k&z,a&b&d&f&l&y&z,a&b&d&f&l&x&y&z,a&b&d&k,
a&b&d&l&x&y&z,a&b&d&l&y&z,a&c&d&f&k&l&x&y&z,
a&c&d&f&k&l&y&z,a&c&d&f&l&y&z,a&c&d&f&l&x&y&z,
a&c&d&f&k&x&z,a&c&d&f&k&y&z,a&c&d&f&k&x&y&z,
a&c&d&f&k&z,a&c&d&k,a&c&d&l&x&y&z,a&c&d&l&y&z,a&f&z,
a&f&x&z,a&f&y&z,a&f&x&y&z,x&y&z,x&z,y&z,z]

——将步骤 j)运用到每个 ONEOF 约束中,则可得到:

——ONEOF(b,c):

$D_1^{1,2}$=[b&c]

D_1=[b&c]

根据步骤 j)3),若将 D_1 从 R 中去掉,则将从 R 中去掉以下元素:

这样,可以得到:

R = [a, a&b&d&f&k&l&y&z, a&b&d&f &k&l&x&y&z, a&b&d&f&k&x&z,
a&b&d&f&k&y&z,a&b&d&f&k&x&y&z,a&b&d&f&k&z,
&b&d&f&l&y&z,a&b&d&f&l&x&y&z,a&b&d&k,a&b&d&l&x&y&z,
a&b&d&l&y&z,a&c&d&f&k&l&x&y&z,a&c&d&f&k&l&y&z,
a&c&d&f&l&y&z,a&c&d&f&l&x&y&z,a&c&d&f&k&x&z,
a&c&d&f&k&y&z,a&c&d&f&k&x&y&z,a&c&d&f&k&z,a&c&d&k,
a&c&d&l&x&y&z,a&c&d&l&y&z,a&f&z,a&f&x&z,a&f&y&z,
a&f&x&y&z,x&y&z,x&z,y&z,z]

——ONEOF(k,l):

$D_2^{1,2}$=[k&l]

D_2=[k&l]

根据步骤 j)3),若将 D_2 从 R 中去掉,则将从 R 中去掉以下元素:

[a&b&d&f&k&l&y&z,a&b&d&f&k&l&x&y&z,a&c&d&f&k&l&y&z,
a&c&d&f&k&l&x&y&z]

这样,可以得到 R:

R=[a,a&b&d&f&k&x&z,a&b&d&f&k&y&z,a&b&d&f&k&x&y&z,
a&b&d&f&k&z,a&b&d&f&l&y&z,a&b&d&f&l&x&y&z,a&b&d&k,
a&b&d&l&x&y&z,a&b&d&l&y&z,a&c&d&f&l&y&z,
a&c&d&f&l&x&y&z,a&c&d&f&k&x&z,a&c&d&f&k&y&z,
a&c&d&f&k&x&y&z,a&c&d&f&k&z,a&c&d&k,a&c&d&l&x&y&z,
a&c&d&l&y&z, a&f&z, a&f&x&z, a&f&y&z, a&f&x&y&z, x&y&z, x&z,
y&z,z]

——将步骤 k)运用到每个 AND 约束中,则可得到:

——ONEOF(b,c)AND d:

Q_1=[b&d,c&d]

D_1^b=[]

D_1^c=[]

D_1^d=[]

D_1=[]

根据步骤 k)4),从 R 中去掉 D_1 并保持 R 不变。这样,就可以得到 R:

R=[a,a&b&d&f&k&x&z,a&b&d&f&k&y&z,a&b&d&f&k&x&y&z,
a&b&d&f&k&z,a&b&d&f&l&y&z,a&b&d&f&l&x&y&z,a&b&d&k,
a&b&d&l&x&y&z,a&b&d&l&y&z,a&c&d&f&l&y&z,
a&c&d&f&l&x&y&z,a&c&d&f&k&x&z,a&c&d&f&k&y&z,
a&c&d&f&k&x&y&z,a&c&d&f&k&z,a&c&d&k,a&c&d&l&x&y&z,
a&c&d&l&y&z,a&f&z,a&f&x&z,a&f&y&z,a&f&x&y&z,x&y&z,
x&z,y&z,z]

——根据步骤 l),结果如下:

R=[a,a&b&d&f&k&x&z,a&b&d&f&k&y&z,a&b&d&f&k&x&y&z,

a&b&d&f&k&z,a&b&d&f&l&y&z,a&b&d&f&l&x&y&z,a&b&d&k,
a&b&d&l&x&y&z,a&b&d&l&y&z,a&c&d&f&l&y&z,
a&c&d&f&l&x&y&z,a&c&d&f&k&x&z,a&c&d&f&k&y&z,
a&c&d&f&k&x&y&z,a&c&d&f&k&z,a&c&d&k,a&c&d&l&x&y&z,
a&c&d&l&y&z,a&f&z,a&f&x&z,a&f&y&z,a&f&x&y&z,x&y&z,x&z,y&z,z]

附 录 C
（规范性附录）
接口描述规定的实例限制

当复合子类／超类图通过接口对接时，通过扩展第 11 章和附录 B 中给定的规则便可计算出有效的复合实体数据类型。仅仅通过规范当前模式所要求的这些实体，就能将以一种或多种其他模式定义的一个子类／超类图删除，从而能将其应用在当前模式中。

本附录给出了为解决子类／超类图中最初含有一个或多个实体数据类型但图形尚未进行界面户互连这个问题所需要的规则。这些缺失的实体数据类型在超类表达式中留下了多个缺项。在本附录中，这些缺项用〈〉来表示。下面这些缩减方法就是用来消除超类表达式中的这些缺项的：

ONEOF(A,〈〉,…)→ONEOF(A,…)

ONEOF(〈〉)→〈〉

ONEOF(A)→ONEOF(A,A)

A ANDOR〈〉→A

TOTAL_OVER(A,〈〉,…)→TOTAL_OVER(A,…)

TOTAL_OVER(〈〉)→〈〉

作 AND 运算是为了确保在需要进行组合的实体数据类型尚未进行界面对接的情况下，让这些在最初模式中受到约束且将被组合的实体数据类型不许存在于这种模式中(通过 ONEOF(A,A)保证)。

对于一种与其他模式进行界面对接的模式而言，用以下算法计算属于这种模式的有效复合实体数据类型的评估集合：

a) 生成当前模式的完整实体池库。完整的实体池库的组成如下：
   1) 定义在当前模式中的所有实体；
   2) 在当前模式中使用或者引用的所有实体；
   3) 虽未明言但对接到当前模式中的所有实体。

注 1：完整实体池库可以包含多个具有同一名称的实体(在多模式中隐含地引用的情况下)，或者也可以包含不同名称(在使用 FROM…AS 的情况下)的同一实体。对于前一种情况，实体池库包含每个同样名称的实体，而在后一种情况下，实体池库仅仅包含单独一个实体，不管它有多少个名称。

b) 对于实体池库中的每一个超类而言，要将其超类表达式删除以便去掉不在实体池库中但被引用的所有实体。反复运用上面的缩减方法以便消除由此引起的缺项，从而就得到了仅仅引用实体池库中的实体的有效超类表达式。

c) 从步骤 b)开始并将本附录最前面两段中所说明的缩减方法运用到在 B.3 中说明的步骤 b)、c)与 h)中所产生的约束中，并根据附录 B 中的算法计算出评估集合。

对于评估集合中至少含有一个被局部声明或被局部使用过的实体的复合实体数据类型而言，是可以独立地用具体范例说明的。而对于不含有任何此类实体的一个复合实体数据类型而言，是不能够在当前模式下独立地用具体范例说明的。

注 2：如果在结果评估集合中存在并且进行了外显的界面对接但并未包含在任何复合实体数据类型中的实体，则它完全不能用具体范例说明。这种实体可能已经被错误地进行了界面对接。

示例 1：用这种模式的范例(见附录 B 中 B.3 示例 1)来说明算法。

```
SCHEMA test;
 USE FROM example(l);
 REFERENCE FROM example(m,c);
END_SCHEMA;
```

——潜在复合实体数据类型可如下确定：

——实体池库为 l、m、c、a、p：l、m 以及 c 被进行外显界面对接，而 a 与 p 被隐含地进行界面对接，这是由于它们处于 l 超类链之中。

——删除 p 超类表达式，并将它减去(步骤 b))，则可得到：

```
    ONEOF(m,f)AND ONEOF(c,a)
ONEOF(m,〈〉)AND ONEOF(c,a)
    ONEOF(m )AND ONEOF(c,a)
           m AND ONEOF(c,a)
```

类似地，对于 a，可以得到：

```
              ONEOF(l,i)
           ONEOF(l,〈〉)
              ONEOF(l)
                 l
```

——这种情况下，正如步骤 c)中所要求的那样，这种超类表达式已经为完整的了。

——步骤 c)中运用评估集合算法便可以得到评估集合 R=〔c&m&p，a&l&m&p〕。

——由于复合实体数据类型 a&l&m&p 含有被明确使用过的实体 l，因此，它能够被独立地用具体范例说明。另一方面，c&m&p 却不能在当前模式中独立地用具体范例加以说明。

示例 2：假设以下模式有效：

```
SCHEMA s1;
ENTITY e1 SUPERTYPE OF(e11 ANDOR e12);
END_ENTITY;
ENTITY e11 SUBTYPE OF(e1);
END_ENTITY;
ENTITY e12 SUBTYPE OF(e1);
END_ENTITY;
END_SCHEMA;
SCHEMA s2;
  USE FROM s1(e11 AS f);
ENTITY e211 SUBTYPE OF(f);
END_ENTITY;
ENTITY e212 SUBTYPE OF(f);
END_ENTITY;
END_SCHEMA;
SCHEMA s3;
  USE FROM s1(e12 as g);
ENTITY e321 SUBTYPE OF(g);
END_ENTITY;
ENTITY e322 SUBTYPE OF(g);
END_ENTITY;
END_SCHEMA;
```

则这些模式的评估集合如下：

S1〔e1，e1&e11，e1&e12，e1&e11&e12〕

S2〔e1&f，e1&f&e211，e1&f&e212，e1&f&e211&e212〕

S3〔e1&g，e1&g&e321，e1&g&e322，e1&g&e321&e322〕

如果模式试验被如下定义：

SCHEMA test;

```
    USE FROM s2(e211);
    USE FROM s3(e322);
END_SCHEMA;
```

则，潜在复合实体数据类型可如下确定：

——实体池库为 e211、e322、f、g、e1：e211 与 e322 被进行外显界面对接，而 f、g 以及 e1 被隐含地进行界面对接，这是由于它们处在超类链 e211 与 e322 之中。由于 f 与 g 被分别重命名为 e11 与 e12，因此，e11 与 e12 为实体池库中的有效元素。

——删除 p 超类表达式，并将它减去(步骤 b))，则可得到：

e11 ANDOR e12

f ANDOR g

对于 f，可以得到：

e211 ANDOR e212

e211 ANDOR 〈〉

e211

对于 f，可以得到：

e321 ANDOR e322

〈〉 ANDOR e322

e322

——在这种情况下，正如步骤 c)中所要求的那样，这种超类表达式已经为完整的了。

——在步骤 c)中运用评估集合算法便可以得到评估集合。

R＝[e1，e1&f，e1&g，e1&f&g，e1&f&e211，e1&f&g&e211，e1&g&e322，e1&f&g&e322，e1&f&g&e211&e322].

由于复合实体数据类型 e1&f&e211、e1&f&g&e211、e1&g&e322、e1&f&g&e322 以及 e1&f&g&e211&e322 含有被明显地使用过的实体 e211 或 e322，因此，它们能够被独立地用具体范例说明。另一方面，e1、e1&f、e1&g 以及 e1&f&g 却不能在当前模式中独立地用具体范例加以说明。

附　录　D
（规范性附录）
EXPRESS-G:EXPRESS 图形子集

D.1　简介与综述

EXPRESS-G 是一种形式化的图形符号，用于说明以 EXPRESS 语言定义的数据规范。这种符号支持 EXPRESS 语言子集。

EXPRESS-G 支持以下方面的情形：

——数据抽象化的不同级别；

——跨越多页的图形；

——采用最低计算机图示功能的图形。

EXPRESS-G 通过构成图形的图示符号来表达。其表示方法有三种类型的符号：

定义：表示简单数据类型、命名数据类型、关系以及基数的符号。

关系：描述定义间关系的符号。

构图元素：能够让图形在多页中展示的符号。

EXPRESS-G 支持单数据类型、命名数据类型、关系以及基数这类符号。

EXPRESS-G 也支持一种或多种模式的符号表示法。但完全不支持 EXPRESS 语言产生的约束机制。

注：在其符号规则内，EXPRESS-G 可以作为一种数据规范使用；不必为此制定一种辅助的 EXPRESS 语言规则。

示例：图 D.1 与图 D.2 展示了一种为 I.1 的范例所给出的单个 EXPRESS 模式而构建的 EXPRESS-G 图形。该图形被分割开来以便在多页中图解使用。

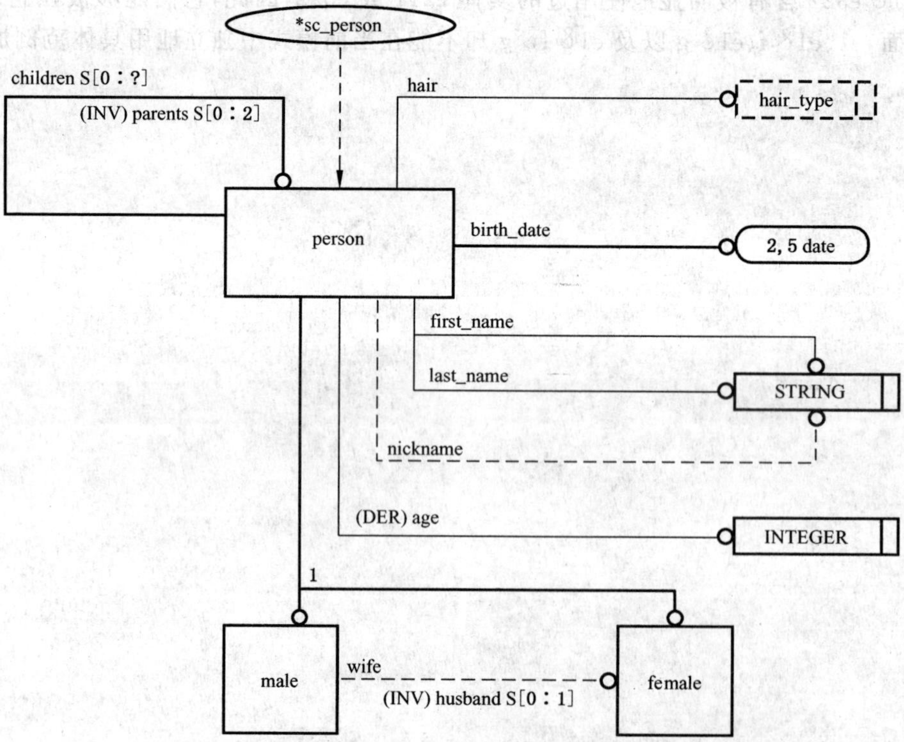

图 D.1　附录 I 中 I.1 示例的完整实体分层流图

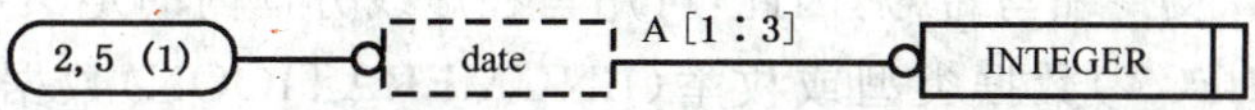

图 D.2　附录 I 中 I.1 示例的完整实体分层流图

图形的基本元素展示了对一个具有某些定义特征的人的表示方法，这些定义特征包括：姓、名字、任选的绰号、生日以及头发特征描述。一个人要么为男性，要么为女性。一个男性的人可以拥有一个女性的妻子；在这种情况下，那个为女性的人就有了一个男性的丈夫。一个人可以有孩子，他们也算作人。

D.2　定义符号

对于在一个图形中的数据类型与模式的定义，可用标有定义对象名称的方框来表示，名称要封闭在方框内部。对象间的关系可用方框间的连线来表示。不同的线型表明了定义或者关系的种类不同。

D.2.1　简单数据类型符号

EXPRESS 简单数据类型的符号为矩形实线方框，在方框的右端带有双垂线。数据类型的名称封闭在方框之中，如图 D.3 所示。

D.2.1.1　广义数据类型符号

EXPRESS GENERIC_ENTITY 数据类型的符号与 EXPRESS 简单数据类型符号相同。数据类型的名称封闭在方框内，如图 D.4 所示。

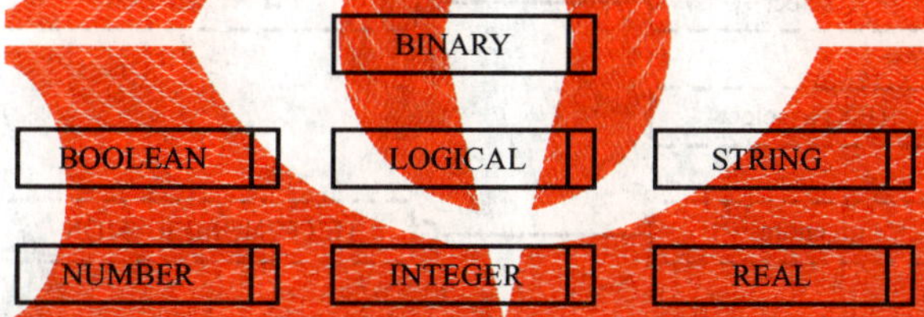

图 D.3　EXPRESS GENERIC_ENTITY 数据类型的符号

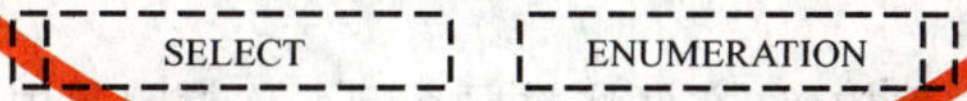

图 D.4　EXPRESS 简单数据类型的符号

D.2.2　构造数据类型符号

EXPRESS、SELECT 与 ENUMERATIOON 的构造数据类型符号为虚线方框。数据类型的名称封闭在方框之中，如图 D.5 所示。

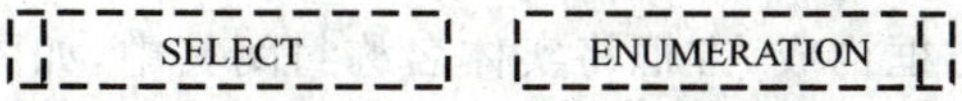

图 D.5　EXPRESS 构造数据类型的符号

选择(SELECT)数据类型符号由虚线方框构成，在其左端带有双垂线。如果选择数据类型为 GENERIC_ENTITY 选择(SELECT)数据类型则其数据类型名称后带有上标星号(*)。

枚举(ENUMERATIOON)数据类型符号由虚线方框构成，在其右端带有双垂线。

EXPRESS-G 不支持枚举类型表格的表达方式。

注：枚举(ENUMERATIOON)数据类型符号与简单数据类型符号相相似，在其右端带有另一条垂线，这是由于简单数据类型与枚举(ENUMERATIOON)数据类型在 EXPRESS-G 中均为基本数据类型的缘故。

EXPRESS 仅允许选择(SELECT)数据类型与枚举(ENUMERATIOON)数据类型用作定义数据类型的表达。EXPRESS-G 支持缩写符号,因此,可用写在虚线方框内的定义数据类型名称代替该数据类型名称来表示选择(SELECT)数据类型或枚举(ENUMERATIOON)数据类型,并且定义数据符号不必给出,如图 D.6 中见到的那样(见 D.5.4)。

示例:图 D.7 中的两个图形的含义相同:

运用 EXPRESS-G 编辑工具时,既可采用构造数据类型完整的表达形式,也可采用其缩写形式,或者二者均可。EXPRESS-G 编辑工具的实现程序将显示在附录 E 中所采用的这些形式。

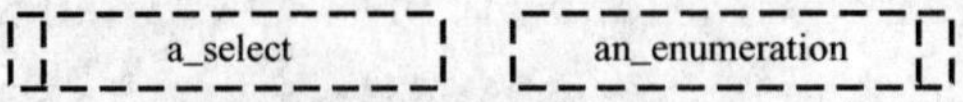

图 D.6 EXPRESS 构造数据类型用作表达定义数据类型时的缩写符号

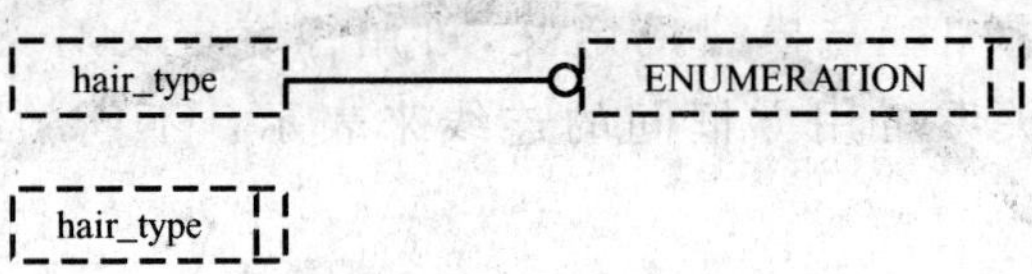

图 D.7 表达枚举数据类型的可选择的两种方法的范例

D.2.2.1 可扩展的构造数据类型

将字母 EX 置于封闭的圆括号中来表示在 EXPRESS-G 中的可扩展构造数据类型符号,也就是说,将(EX)置于构造数据类型之前,如图 D.8 所示。

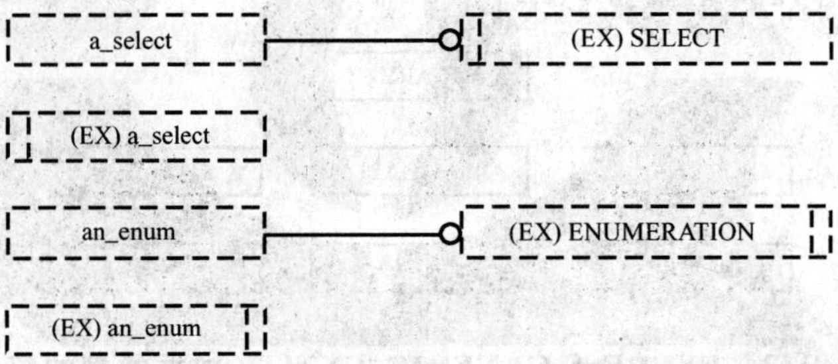

图 D.8 可扩展的 EXPRESS 构造数据类型的符号

D.2.3 定义数据类型符号

定义数据类型符号由虚线方框构成,方框将数据类型名称封闭其中,如图 D.9 所示。

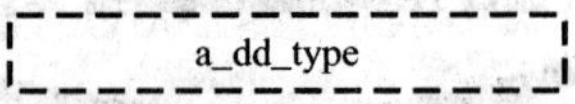

图 D.9 EXPRESS 定义数据类型的符号

D.2.4 实体数据类型符号

实体数据类型符号由实线方框构成,方框将实体名称封闭其中,如图 D.10 所示。

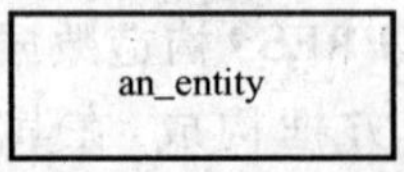

图 D.10 EXPRESS 实体数据类型符号

D.2.5 子类约束(subtype_constrains)数据类型符号

子类约束(subtype_constrains)数据类型符号为一椭圆,椭圆将子类约束(subtype_constrains)数据类型名称封闭其中,如图 D.11 所示。

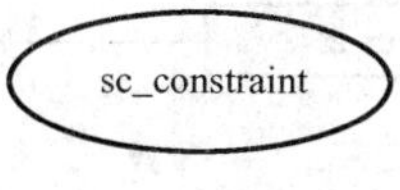

图 D.11 EXPRESS 子类约束(subtype_constrains)数据类型符号

D.2.6 函数(FUNCTION)与过程(PROCEDURE)符号

EXPRESS-G 不支持函数(FUNCTION)或过程(PROCEDURE)定义的任何符号表达。

D.2.7 规则符号

EXPRESS-G 不支持规则(RULE)定义的任何符号表达。在规则中属于参数的实体名称都要标上一个星号(见 D.5.3)。

D.2.8 模式符号

模式符号(图 D.12)为矩形实线方框,在方框上半部分标有模式名称,方框被一条水平线分成上班部分和下部部分。下半部分符号为空白。

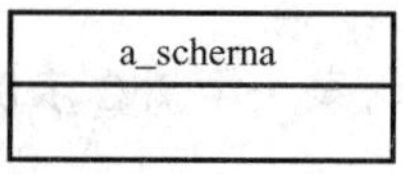

图 D.12 模式符号

D.3 关系符号

定义符号由不同线型连接起来,如图 D.13 所示。

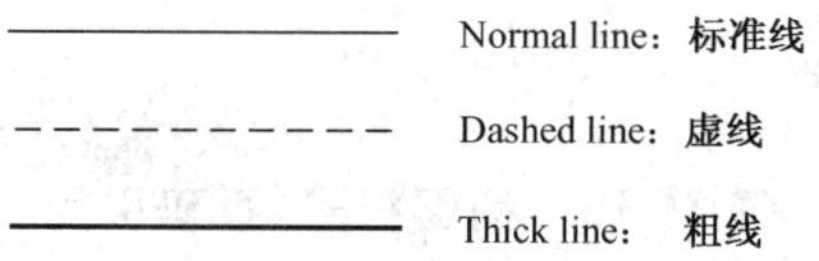

图 D.13 关系线型

对于实体数据类型的选择性属性的关系可用一条虚线表示。模式对模式(schema-schema)引用关系可用一条虚线表示。虚线也可画在子类约束(subtype_constrain)椭圆与约束超类实体方框之间。后继关系(也就是说,子类与超类之间的关系)可用一条粗线表示。由一个构造数据类型扩展而得到一个数据类的扩展关系也可以用一条粗线来表示。所有其他关系则均用标准宽度的实线来表示。

关系符号为双向线,但其中一个方向为重点。如果实体 A 明显具有实体 B 的属性,则重点方向为从 A 到 B。在 EXPRESS-G 中,关系符号在重点方向上标有一个开口圆圈,如此,则开口圆圈标在线的 B 端。对于后继关系,重点方向应朝着子类,也就是说,开口圆圈标在线的子类端。对于构造数据类型的扩展关系,重点方向应朝着由可扩展数据类型派生而得到的构造数据类型(也就是说,开口圆圈应标在线连接到由可扩展数据类型派生所得到的构造数据类型的那一端)。

示例:在图 D.14 中说明了关系方向,这是对 I.2 中的范例中所给出的 EXPRESS 代码的不完整的解释。该图由六个实体数据类型,三个定义数据类型和几个简单数据类型。实体超类有两个子类,即子类 1(sub_1)和子类 2(sub_2)。实体子类 2(sub_2)具有名称为选择(choice)的选择数据类型属性,可在名称为 an_ent 的实体数据类型与定义数据类型名称之间进行选择。实体数据类型 an_ent 将整数数据类型作为其属性,而其名称为串行数据类型。

实体数据类型子类 1(sub_1)将实体数据类型 from_ent 作为一种属性。而 from_ent 则将 to_ent 作为一种选择性属性,并将真实数据类型作为一种必要属性。反过来,实体数据类型 to_ent 又将称为符号串的定义数据类型作为一种必要属性,而符号串则是串行数据类型的一个表格(图中并未显示)。

注 1:虽然此例图仅仅表示出直线关系,但是这些线条可以追随任何路径(例如:它们可以为曲线)。

注 2:在绘制一幅图形过程中,难免会有一些关系线条相互交叉的情况出现。区别这些交叉点的方式则由图形绘制者来决定。

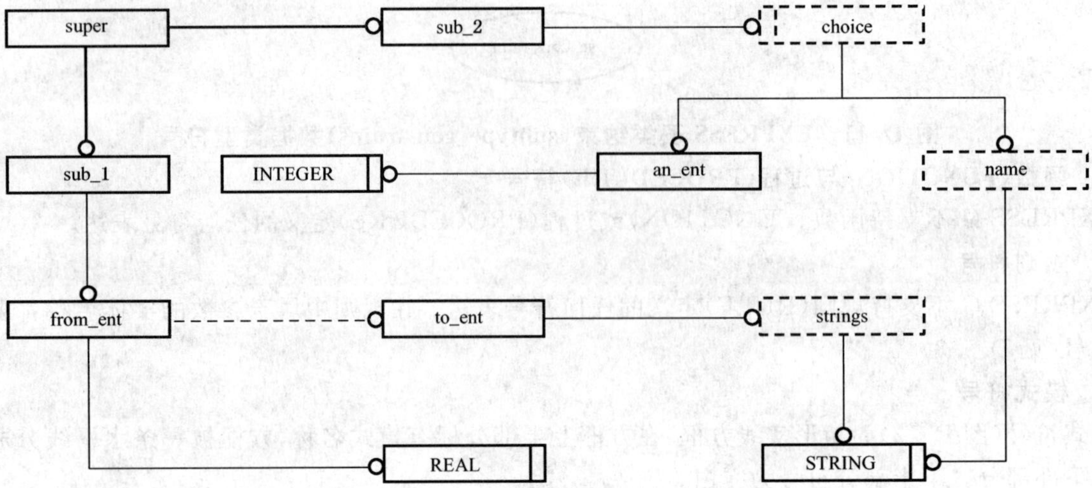

图 D.14 用来说明附录 I 中 I.2 示例的局部实体级别图

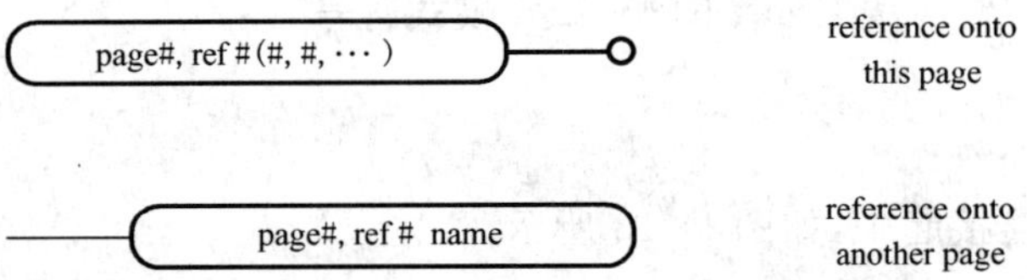

reference onto this page：引用到本页。

reference onto another page：引用到另一页。

图 D.15 构图符号：页码引用

D.4 构图符号

图形表达可跨越多页。每页图形都要进行编号。页码间相互引用的符号表示见图 D.15。

一个模式可引用另一模式的定义。模式间相互引用的符号表示见图 D.16。

D.4.1 页码引用

如果定义间的关系位于相互分离的页码上，则在两页上的关系线以一个圆角结束。圆角中包含一个页码数字和一个引用数字，如图 D.15 所示。页码数字为所引用定义存在的页码。引用数字用来区别同一页中多次引用。引用源页码中的构图符号含有引用定义的名称。引用页码中的引用圆角内标有引用出处的页码数字列单，列单要用括号括起来。

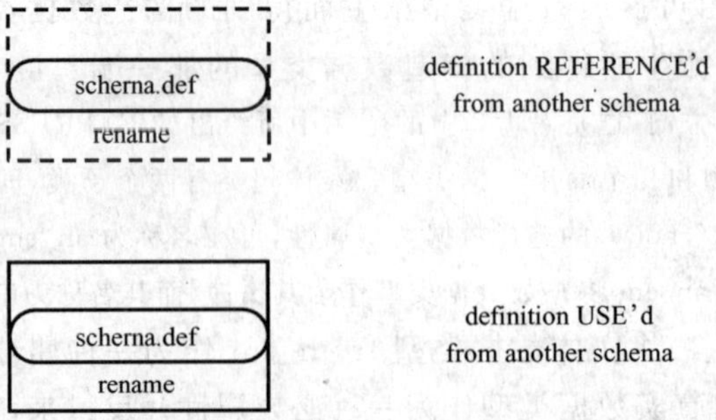

definition REFERENCE'd from another schema：从另一模式引用的定义

definition USE'd from another schema：从另一模式选用的定义

图 D.16 构图符号：模式间的相互引用

注：页码引用的用法见图 D.1 与图 D.2。从人(person)引出来的圆角上标有数字 2、5，它表示该定义可在图中第 2 页

找到,并为第5处引用。如图D.2所示,在图中的第2页,引用到日期(date)中的圆角符号表示该定义是从图中另一页中的另一个定义中引用来的。括号中的数字表示引用词目在图中的第1页可以找到。

D.4.2 模式之间的引用

模式间的相互引用可用内部标有定义名称的圆角来表示,定义名称受模式名限定,如图D.16所示。

由(EXPRESS引用)EXPRESS REFERENCE说明而从另一种模式得到的定义被封闭在矩形虚线方框中。如果该定义被重新命名,则新名称可置于圆角下方的方框内。

注:模式间的相互引用的用法见图D.24。

D.5 实体级别图

EXPRESS-G可用来表示同一模式下的定义及它们之间的关系。这类图形由简单数据类型、定义数据类型、实体数据类型、子类约束以及关系符号构成,这些信息、连同角色和基数信息一起便能够表达单个模式的容量。

D.5.1 角色名称

在EXPRESS语言体系中,如果所举实例牵涉到由属性确定的关系之中,则要对引用数据类型的角色进行实体数据类型属性命名。代表角色名称的测试串行可置于连接实体数据类型符号与其属性符号的关系线上。这些角色名称要与第10章中定义的内容与可见性规则相一致。

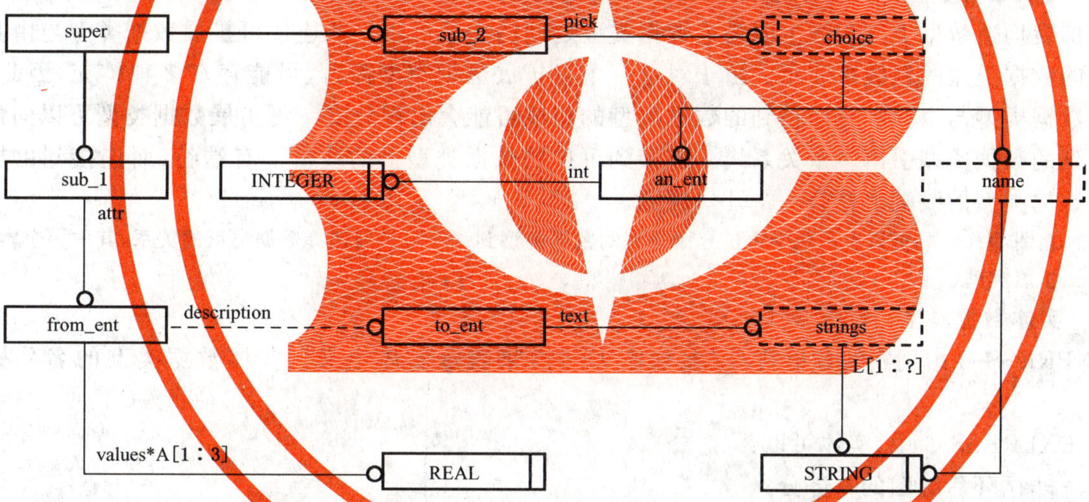

图 D.17 附录I中I.2示例的完整实体级别图

D.5.2 基数

实体与定义数据类型的属性可由聚合数据类型(这些数据类型有:表单(LIST)、集合(SET)、包(BAG)以及数组(ARRAY))来表示。在EXPRESS-G中,数据类型聚合可在属性关系线上表示出来,并紧随属性名称之后。表示聚合数据类型时仅使用其第一个字母(也就是说,A、B、L或者S),省略OF词。另外,如果采用聚合(AGGREGATE)数据类型,要将其表示在属性关系线上,并用一对空白方括号(「」)而不是一个字母来表示。如果对聚合不作规定,则必要关系的表示基数为1,选择性属性的表示基数为0或1。

注:图D.17中用EXPRESS-G符号完整地表示出了图I.2中的范例的EXPRESS表达方式。对选择(SELECT)类型的成分并未作角色命名。

D.5.3 约束

除基数之外,EXPRESS-G对定义约束没有表示方法。实际上,受EXPRESS数据规范约束的项可在项名称之前缀以星号(*)来表示。以下规则适用于这种情况:

——如果实体在EXPRESS规则中为一参数,则实体名称之前可以缀以星号。

——如果实体属性要么受到实体中 UNIQUE 句型约束，要么受到实体中 WHERE 句型约束，则属性名称之前可以缀以星号。

——如果定义类型受到 WHERE 句型约束，则定义类型名称之前可以缀以星号。

——如果聚合数据类型受到 UNIQUE 关键词约束，则聚合的第一个字母之前可以缀以星号。

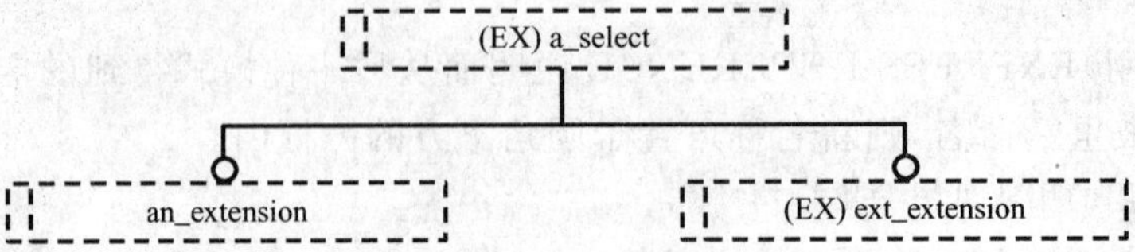

图 D.18　可扩展选择性数据类型图

D.5.4　构造和定义数据类型

选择性(SELECT)数据类型可用选择性数据符号(见图 D.5)外加每个选择性项的关系和数据类型来表示。对于这些关系不作基数或者角色名称规定。

枚举(ENUMERATION)数据类型可由其符号单独地表示出来(见图 D.5)。

注 1：EXPRESS-G 不支持标记枚举项的标记机制。

定义数据类型可用该类型定义符号(见图 D.9)来表示，其内标有定义名称、数据类型定义的代表数字以及一条从数据类型定义到数据定义代表数字的关系线。代表定义的基数可置于关系线之上。

注 2：定义数据类型的代表数字可见图 D.17 中的串行类型。

可扩展构造数据类型于派生源构造数据类型之间的关系可用一条连接可扩展数据类型与由其扩充而得到的数据类型的粗线来表示。由于对于一个可扩展数据类型而言，可能存在多种扩充，因此，连接可扩展数据类型与由其扩充而得到的数据类型的粗线可能会出现分支。可扩展数据类型可以向由其扩充而得到的数据类型引出多条关系线。连接到可扩展数据类型上的线端没有端符，而连接到由扩充而得到的数据类型的线端上标有一个开口圆圈。

注 3：在图 D.18 中，可以看到两个由扩充而得到的数据类型到一个可扩展选择数据类型的关系，其中一个本身为可扩展类型。

D.5.5　实体数据类型

EXPRESS-G 中用实线方框符号(参加图 D.10)来表示实体定义。实体数据类型的名称标在方框内。

在 EXPRESS-G 中，实体可以：

——非循环后继图的一部分；

——具有外显的属性；

——具有派生属性；

——具有反向属性。

EXPRESS 实体中的每一种外显或者派生属性都可在对应的 EXPRESS-G 图中产生一种关系。属性的角色名称连同紧随属性名称之后的基数可置于关系线上。

通过在属性名称之前缀以用括号括起来的字母 DER，也就是说，(DER)，来区别派生属性与外显属性。

如果一种属性被定义为反向属性，则属性的名称和基数则置于连接到反向属性名称上的关系线的相对侧。属性名称之前缀以字母 INV，并用括号括起来，也就是说，(INV)。

反向属性并不是指显性属性的直接(简单)反向。在反向属性声明中被引用到其他实体中的实体为一个表明直接关系的实体子类。在 9.2.1.3 中对其他间接反向关系进行了描述。以下规则适用于这些间接反向关系：

——反向属性用连接实体的标准线来表示，这些被线连接的实体包括：在其中定义反向属性的实体和代表反向属性对象的实体(或者页码构图符号或者用以表达实体的模式间相互引用的构图符号)。反向属性对象可以为表明显性属性的实体,对于对象而言,其属性为反向,或者为该实体的一个子类。

——连接到具有反向属性的实体上的线端标记有一个开口圆圈。

——连接到对象实体上的线端上没有端符。

——源显性属性和表明属性的实体的名称置于连线的旁边,并以"(entity_name. attribute_name)"的形式用括号括起来。

——用括号括起来的字母 INV,也就是说,(INV),要置于反向属性名称之前,而反向属性名称同样也要置于连线旁边。

——如果反向属性受到 where 规则或者 unique 规则的约束,则其属性名称之前要缀以上标星号(*)。

——如果属性由聚合数据类型定义,则聚合数据类型要用 D. 5. 2 中规定的符号来表示,并紧随属性名称之后。

——如果反向属性为重声明属性,则其符号表示要含有字母 RT,并用括号括起来,也就是说,(RT),并且要将其置于(INV)字母之前。如果在重声明中,属性被重新命名,则新属性名称要紧随原名称之后,并用更大的符号(〉)将这些名称分开。

注 1:典型的实体级别图可见图 D. 1 与图 D. 17。

注 2:施用到属性上的主要规则的表示可图 D. 1 中多角色丈夫(roles husband)和少女名称(maiden_name)上看到。

注 3:在图 D. 1 中的男性(male)与女性(female)实体中可以看到一个受规则约束的实体的范例。

子类 / 超类

构成后继图的实体要用粗实线来连接。其关系线上带有圆圈的那端表示关系的子类端。

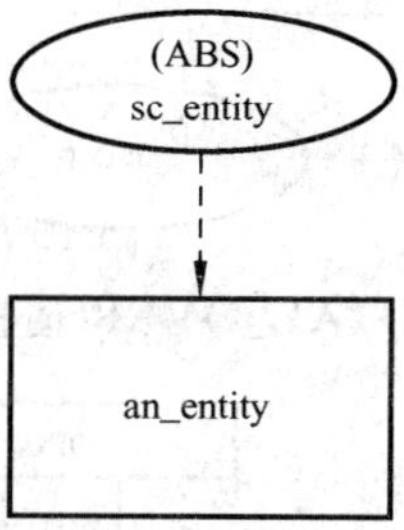

图 D. 19 当抽象约束定义在子类约束(SUBTYPE_CONSTRAINT)中时标记抽象超类(ABSTRACT SUPERTYPE)的符号

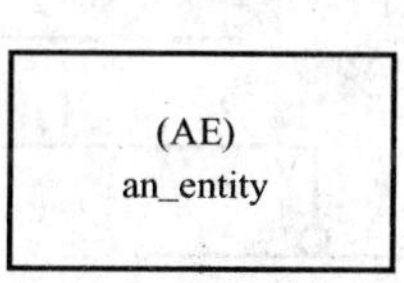

图 D. 20 标记抽象实体(ABSTRACT ENTITY)的符号

如果超类为抽象属性,则在实体符号框内的实体名称之前要缀以字母 ABS,并用括号括起来,也就是说,(ABS)。如果抽象超类(ABSTRACT SUPERTYPE)约束要在子类约束(SUBTYPTE_CONSTRAINT)中进行声明,则符号(ABS)要置于对应的子类约束(SUBTYPTE_CONSTRAINT)名称之前,子类约束(SUBTYPTE_CONSTRAINT)名称则标在其符号椭圆内,见图 D. 19。

如果一个实体表明为抽象性(不是一个抽象超类(ABSTRACT SUPERTYPE),而是一个抽象实体(ABSTRACT ENTITY)),则实体方框符号中的实体名称之前要标注字母 AE,并用括号括起来,也就是说,(AE),如图 D. 20 所示。

EXPRESS-G 中用有限符号来表示后继图的逻辑结构。ONEOF 关系可用一条从超类到其各子类间的关系分支连线来表示,并将数字 1 标注在分支连线的接合点处,其中,子类相互之间为 ONEOF 关系。如果 ONEOF 关系由子类约束(SUBTYPTE_CONSTRAINT)定义，则要在子类约束(SUBTYPTE_CONSTRAINT)椭圆符号中的子类约束(SUBTYPTE_CONSTRAINT)名称之前缀以星号。

AND 关系可用从超类到其各子类间的关系分支连线来表示，并将字符 & 标注在分支连线的接合点处，其中，子类相互之间为 AND 关系。如果 AND 关系由子类约束(SUBTYPTE_CONSTRAINT)定义，则要在子类约束(SUBTYPTE_CONSTRAINT)椭圆符号中的子类约束(SUBTYPTE_CONSTRAINT)名称之前缀以星号。

TOTAL_OVER 约束的表示要与作为其定义一部分的子类约束(SUBTYPTE_CONSTRAINT)的符号联系在一起(见图 D.21)。在子类约束(SUBTYPTE_CONSTRAINT)的椭圆符号与约束超类实体方框符号之间画出一条虚线；这种线型的使用并不依赖于 TOTAL_OVER 约束的存在。在子类约束(SUBTYPTE_CONSTRAINT)的椭圆符号与超类实体方框符号之间画出多条标准宽度的实线，这些连线要辐射到超类的全部覆盖范围。所有这些连线的末端标有单箭头，并指向该约束中所包含的超类与子类的实体方框符号。从子类约束(SUBTYPTE_CONSTRAINT)出发的连线可能以页码和模式间相互引用的构图符号结束，而并不一定是以实体方框结束。

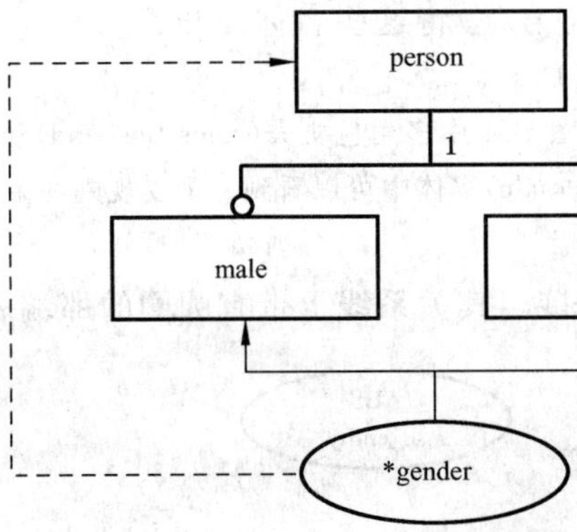

图 D.21 TOTAL_OVER 覆盖约束的范例

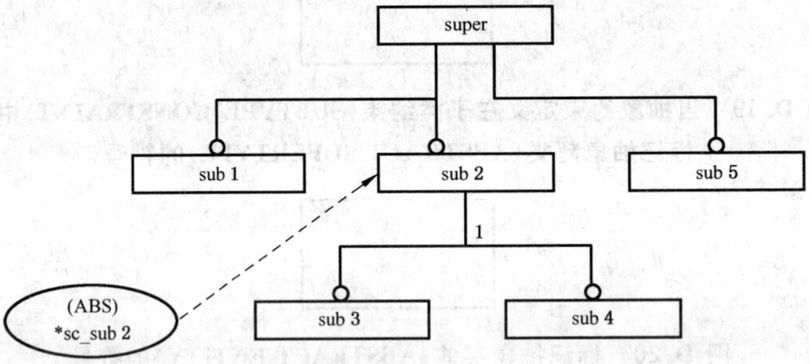

图 D.22 附录 I 中 I.3 示例后继图的完整实体级别图

示例：在图 D.21 中展示了以下模型：

注 4：图 D.22 为 I.3 中范例的 EXPRESS-G 图，该图展示了作为一个抽象超类(ABSTRACT SUPERTYPE)的子类 2(sub2)的符号表示情况。

注 5：图 D.22 的中图解表明了实体子类 1(sub1)、子类 2(sub2)和子类 5(sub5)均为超类 super 的子类。超类 super 的一个实例可能没有超类，这是因为它不是抽象的。实体子类 3(sub3)与子类 4(sub4)为超类 sub2 的子类。实体子类 3(sub3)与子类 4(sub4)相互之间为 ONEOF 关系。

EXPRESS 允许对处在子类之中的超类属性进行重声明。

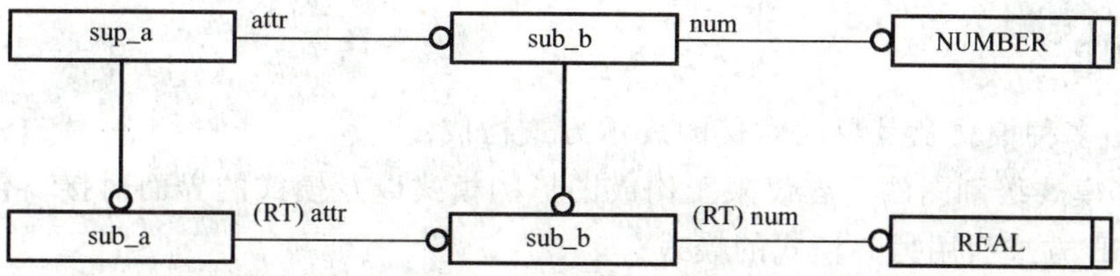

图 D.23　附录 I 中 I.4 示例的完整实体级别图，该图展示了子类中的属性重声明情况

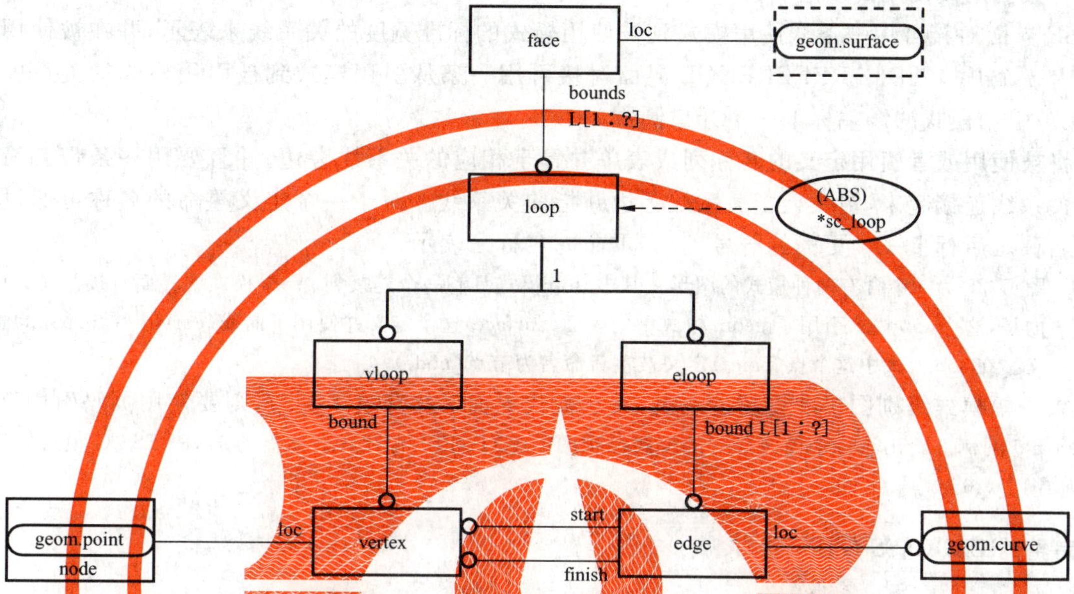

图 D.24　附录 I 中 I.5 示例 1 的完整实体级别图，该图说明了模式间相互引用的情况

重声明的属性是对超类属性类型的一种说明。如果在重声明中，属性被重新命名，则新属性名称要紧随原名称之后，并用更大的符号(>)将这些名称分开。在 EXPRESS-G 中，重声明的属性的表示方式与其超类属性表示方式相同，但是在属性名称之前要加上字母 RT，并用括号括起来，也就是说，(RT)。

注 6：图 D.23 说明了属性重声明的某些形式，这些情况在 I.4 中的 EXPRESS 范例已作说明。实体 sub_a 将其超类属性 attr 重声明为其超类属性的一个子类。实体 sub_b 具有一种数字(NUMBER)类型的选择性属性。在其子类中，这种属性被重声明为一种真实(REAL)类型的必要属性。

D.5.6　模式间的相互引用

如果当前模式的一个定义引用另一模式的一个定义，则要使用模式间相互引用符号，并要包含该定义的限定名。

注：图 D.24 为单个模式的实体级别图。该图的 EXPRESS 源在 I.5 的例 1 中给出。其完整图由两种模式：top 与 geom(见图 D.25)以及一些 top 模式的实体组成，这些 top 模式实体的属性引用了 geom 模式中的定义。由于一个实体级别图仅仅由定义在单个模式中的这些实体构成，因此，此例中对 top 模式的表示就需要说明模式间的相互引用情况。

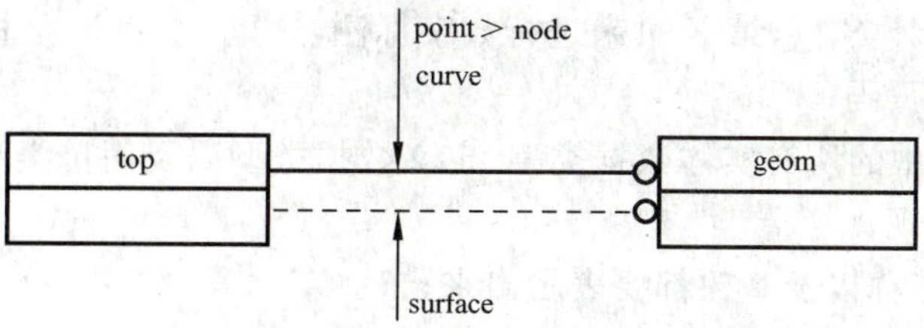

图 D.25　附录 I 中 I.5 示例 1 的完整模式级别图

D.6 模式级别图

模式级别图由多种模式及其界面对接的表示方式构成。

EXPRESS-G 模式级别图的内容仅限于构成图形的模式以及模式的界面对接。包括以下方面：

——通过 USE 方式引用另一模式的模式；

——通 REFERENCE 方式引用另一模式的模式；

——被引用或使用的项的名称。

USE 界面对接可用一条从使用模式到被使用模式的标准宽度的关系线来表示，并在被使用模式的线端标上一个开口圆圈。REFERENCE 界面对接可用一条从引用模式到被引用模式的关系虚线来表示，并在被引用模式的线端标上一个开口圆圈。

要将被使用或者引用定义的名称列成表单并置于相应的关系线旁边，并且要用一条带有箭头的线将其与关系线连接起来，箭头处于关系线旁边并指向关系线。对于一个定义重命的名称可通过在该定义的原名称之后标上一个更大的符号(>)和重命的名称来表示。

注 1：图 D.25 为一个含有两种模式的图形。其中，top 模式具有一个连接到 geom 模式的界面对接。尤其值得一提的是，这个 top 模式引用了 geom 模式中的表面(surface)这个定义并使用了曲线(curve)和点(point)这两个定义。在 top 模式中这个点(point)定义被重新命名为节点(node)。

如果一幅模式级别图扩展得超过一页，并且模式界面对接穿过了页边，则要使用页码引用符号。

注 2：I.5 的例 2 给出了一个简短形式的模式级别图的 EXPRESS 源代码。此例的 EXPRESS-G 模式级别图可见图 D.26。

D.7 完整的 EXPRESS-G 图

在 EXPRESS-G 中，一幅完整图是指在 EXPRESS-G 符号体系限定下精确表示出所有使用实体级别图或者模式级别图的定义、关系以及约束的一幅图。

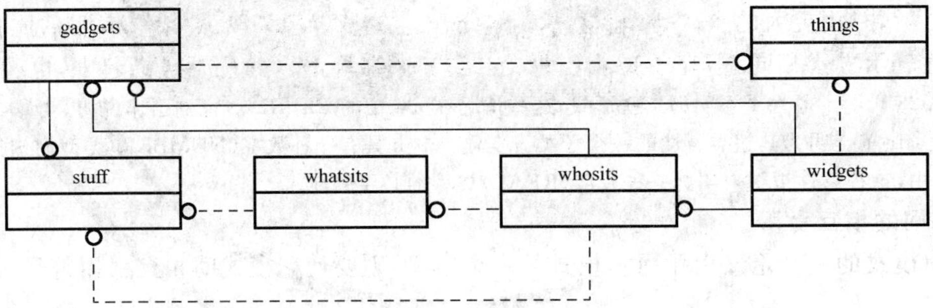

图 D.26 附录 I 中 I.5 示例 2 的完整模式级别图

D.7.1 完整实体级别图

用于表达单个模式的一幅完整图的图形具有由以下规则定义的内容：

a) 每页要具有一个以“……完整实体级别图”字样开始的标题；

b) 每页要以图码共计 N 页，第 X 页来进行数字标注，这里，数字 N 是构成图形的页码总数，数字 X 为图形的具体页码；

c) 用于该单个模式中的所有实体数据类型、定义数据类型以及简单类型符号都要表示出来；

d) 模式符号不得出现；

e) 所有关系、属性名称以及基数都要表示出来；

f) 所有属性，包括外显属性、派生属性和反向属性都要表示出来；

g) 所有后继关系(也就是说，子类与超类)都要表示出来；

h) 所有抽象超类(ABSTRACT SUPERTYPE)约束都要进行标记；

i) 所有 ONEOF 子类关系都要标记；

j) 从另一模式中被使用或者被引用的所有定义都要用圆角符号来表示，并加上对应线型的封闭矩形方框(被使用的定义采用实线表示，被引用的定义用虚线表示)；

k) 所有重命的名称都要用相应的模式间相互引用的符号表示出来；

l) 受到某一规则约束的所有实体都要标上星号(*)；

m) 所有受到约束的属性都要标上星号(*)；

n) 受到约束的所有被定义类型都要标上星号(*)；

o) 受到约束的所有聚合类型都要标上星号(*)；

p) 对所有抽象实体(ABSTRACT ENTITY)重声明都要进行标记；

q) 对所有 TOTAL_OVER 约束都要进行标记；

r) 可扩展构造数据类型与由其扩充而得到的数据类型之间的所有关系都要表示出来；

s) 在重声明中被重新命名的属性的所有新旧名称都要表示出来；

t) 所有 GENERIC_ENTITY SELECT 约束都要表示出来；

u) 在这个单个模式中使用的所有 GENERIC_ENTITY 数据类型都要表示出来。

没有标记反向属性的所有实体-实体的关系都将理解为属性基数为 0 或者更大的基数。除非子类不是一种 ONEOF 关系，否则不能从一个未标记的子类关系中推断出其逻辑结构。

D.7.2 完整模式级别图

用于表达一幅完整模式级别图的图形具有由以下规则定义的内容：

a) 每页带有标题，标题以"……完整模式级别图"字样开始；

b) 每页要以图码共计 N 页，第 X 页来进行数字标注，这里，数字 N 是构成图形的页码总数，数字 X 为图形的具体页码；

c) 所有模式都要表示出来；

d) 实体、类型与简单符号都不要表示出来；

e) 所有模式-模式关系、USE 与 REFERENCE 关系都要表示出来；

f) 被使用或者被引用的所有定义的名称都要标在相应的关系线上，并加上所有重命的名称。如果关系线上没有进行名称标记，则将理解为整个模式被使用或者引用。

注：如果存在开发的模型或者展示图，则这将有助于在不同抽象化级别上展示图形。例如，图中并未给出所有属性，或者图中并未显示角色名称。这些内容超出 EXPRESS-G 的表达范围，但是建议在开发活动开始之前，要对抽象化的级别达成共识并做成文档进行管理。另外，建议图形的标题要反映出所采用的抽象化级别。

附　录　E
（规范性附录）
接口描述规定的实例限制

执行过程是 EXPRESS 语言的分析程序/检验程序吗？如果是，请回答 E.1 中的问题。

执行过程是 EXPRESS 语言的编辑工具吗？如果是，请回答 E.2 中的问题。

E.1　EXPRESS 语言的分析程序

需要支持的级别：

级别 1——引用检验；

级别 2——类型检验；

级别 3——赋值检验；

级别 4——完整检验。

（注：为了对一个给定的级别申请得到支持，所有低级别也都必须得到支持。）

最大赋值整数是多少〔integer_literal〕？：…………………………；

最大真实精度是多少〔real_literal〕？：…………………………；

最大真实指数是多少〔real_literal〕？：…………………………；

最大字符串宽度（字符）是多少〔sim_ple_string_literal〕？：…………………………；

最大字符串宽度（八位二进制数字）是多少〔en_coded_string_literal〕？：…………………………；

最大的二进制宽度（比特位）是多少〔binary_literal〕？：…………………………；

你对声明过的单值标识符的数量是否有限制？如果有，那么限制是什么？：…………………………；

你对用作标识符的字符数量是否有限制？如果有，那么限制是什么？：…………………………；

你对作用域嵌套深度是否有限制？如果有，那么限制是什么？：…………………………；

你执行过在多名称作用域中出现了多个模式名称的概念吗？如果是，则这些作用域的名称叫什么？：

…………………………；

你如何表示标准常数'?'〔built_in_constant〕？：…………………………；

E.2　EXPRESS-G 编辑工具

需要支持的级别：

级别 1——符号检验；

级别 2——完整检验。

（注：为了对一个给定的级别申请得到支持，所有低级别也都必须得到支持。）

你对声明过的单值标识符的数量是否有限制？如果有，那么限制是什么？：…………………………；

你对用作标识符的字符数量是否有限制？如果有，那么限制是什么？：…………………………；

你对模型每页中的符号数量是否有限制？如果有，那么限制是什么？：…………………………；

你对可用于一个模型的页码数量是否有限制？如果有，那么限制是什么？：…………………………；

你执行过在多名称作用域中出现了多个模式名称的概念吗？如果是，则这些作用域的名称叫什么？：

…………………………；

你执行过构造数据类型的完整形式、简单形式或者两种形式均具的表达方式吗？：

…………………………；

附 录 F
（规范性附录）
信息对象注册

F.1 文件识别

为了对开放系统中的信息对象有一个清楚的识别，将目标标识符{iso 标准 10303 第(4)版 第(11)部分}确定为 GB/T 16656 的本部分内容。其赋值的含义在 GB/T 16262.1—2006 中已作规定，并在 GB/T 16656.1 中作了说明。

F.2 语法识别

为了对开放系统中的信息对象有一个清楚的识别，将目标标识符{iso 标准 10303 第(4)版 第(11)部分 对象(1) EXPRESS—语法(1)}确定为 EXPRESS 语法内容。其赋值的含义在 GB/T 16262.1—2006 中已作规定，并在 GB/T 16656.1 中作了说明。

附　录　G
（规范性附录）
从多个模式生成单个模式

G.1　简介

用EXPRESS语言说明的数据模型至少由一种模式构成，也可以由多种模式构成。多模式规范构成有多种方法，现将其中一些方法列举如下：

——规范的一部分可以一种模式定义，这种模式可以被另一种规范化或者扩充了的模式重新使用。

——顶层模式可以导入数种模式以建立一种完整的数据规范。

——一种完整的规范可由数种独立的模式构成。

在GB/T 16656中的原来的那些执行方式以由单个模式构成的数据模型为先决条件，称之为长模式。只要GB/T 16656中的那些执行方式没有更新到本部分这个版本，或者执行方式没有进行更新以便与新的执行方式一起发挥作用，就要将遵循本标准的数据规范转换成遵循本部分前一版(GB/T 16656.11—1996)的数据规范，这样就会有助于方法的执行。本附录的规则对如何实现这种转换作了规范。这些规则能够实现从本部分多模式规范到GB/T 16656.11—1996长模式规范的转换。设计这些规则是为了产生一种完整而又相容的长模式，并将原始数据模型的语义的损失降至最低。

G.2　基本概念

处于超类-子类关系中的实体可构成一幅定向图，这种定向图被限定为一个非循环(多根目录)树。类似地，通过USE或者REFERENCE界面对接规范连接起来的模式也可构成一幅定向图，这种定向图可以为非循环的，其中节点为模式，而边缘为界面对接规范。一般而言，数据模型的规范构成一幅或多幅这类模式图。特别值得注意的是，这种图可以有一个并不属于任何界面对接规范对象的根模式，但是从这种根模式可以到达所有的其他模式。可以将这种根模式当作模式图的代表。在其他情况下，模式图中会有一种或多种基本模式。根模式和基本模式在转换过程中都有一个特殊的角色。

长式生成过程的输入内容是构成数据模型规范的方向图中的根模式与主模式的集合。

该过程的输出内容为含有所有结构的单个模式，这些结构包括输入模式中的结构和图形集合中其他模式的必要支持结构。这些支持结构就是那些被明显地或隐含地对接到根模式和基本模式中的结构。

最终的长模式为一个不含USE和REFERENCE语句的语法几乎相同的模型；被引用的对象直接到达模式之中。放弃描述最初模式的信息。并放弃那些接口模式中的对象，这些接口模式并未被根模式或主模式中的对象直接引用。对输入模式的一些结构进行删除和改写，从而省略最初进行了声明但并未被用于最终模式中的那些对象。

转换过程有两个阶段，每个阶段都有语义损失：

a)　将多模式规范转换成过渡的单个模式规范。以下的主要转换方式适用：

——对选择类型的可选择性项进行删除以便剔除没有对接到该模式中的那些项。根据11.4.2规定，可选择性项并不作为选择类型本身的对接产物进行隐含对接。如果可选择性项留在选择表单中，并且其对象在模式中并不可见，则长模式的汇编将产生错误的结果。

——删除子类约束(SUBTYPTE_CONSTRAINT)以反映出按照11.4.3和附录C中的说明来对子类／超类图的删除。

——删除规则以反映出按照11.4.3和附录C中的说明来对子类／超类图的删除。

——用长模式名称替换完全受限的属性引用中的模式名称。

——要知道如何将结构对接，也就是说，如何将它们的可见性和可例示性转化为规则。描述对象如何对接（USE 与 REFERENCE 之间的区别）的信息会影响其可初始化性和可见性；参见第 11 章第 2 段和第 3 段。

——以下语义信息可能会丢失。

——丢失对各结构起源模式的认识。

——无评注标识符（见 7.1.6.3）的注解可能会丢失。

——用户识别符可能没被保存。

b) 中间过渡的单个模式表达要仅仅使用 GB/T 16656.11—1996 结构来进行改写以便产生最终的长模式。从本标准中间过渡表达的短式模式到 GB/T 16656.11—1996 长模式的转变要求删除或者改变不受 GB/T 16656.11—1996 支持的 EXPRESS 结构。尤其需要注意的是，执行以下操作会引起伴随语义丢失。

——根据 GB/T 16656.11—1996 规定，将可扩展选择性（EXTENSIBLE SELECT）数据类型分解成不可扩展的选择性（SELECT）数据类型。

——根据 GB/T 16656.11—1996 规定，将可扩展的枚举（EXTENSIBLE ENUMERATION）数据类型分解为不可扩展的枚举（ENUMERATION）数据类型。

——删除子类约束（SUBTYPTE_CONSTRAINT）的说明。

——其超类约束和抽象声明要根据 GB/T 16656.11—1996 规定转换成超类声明，并要进行改写以便删除不会在长模式中另外出现的类型。

——用规则（RULE）结构取代 TOTAL_OVER 约束。

——将抽象实体（ABSTRACT ENTITY）和普通实体（GENERIC_ENTITY）转换成抽象超类（ABSTRACT SUPERTYPE）约束。

——将重新命名（RENAMED）结构转换成派生（DERIVE）属性。

——因空白选择（SELECT）数据类型而产生的错误。

中间过渡的单个模式规范是转换过程的一种人为结果，并且在过程之外无效。

在以下的子条款中对这些操作进行了更详细的描述。

G.3 名称改写

G.3.1 命名冲突

模式定义了一个名称的范围，在名称范围中声明的名称为单一的。不同模式中的声明名称处于不同的名称范围之中，因此，在整个模式集合中未必是单一的。下面描述了将一个模式集合的声明合并到单个模式中的声明的过程。为了确保在这种单一模式中名称的单一性，要对整个原模式集合中并非单一性的所有名称进行修改以化解名称冲突，并保证其在合并模式中的单一性。

每个非单一性的名称都要前缀以在其中它被声明的模式的名称以及字符串'_dot_'。在名称出现的所有地方都要进行修改。

示例：实体 thing 在模式 scha 中进行了声明，而类型 thing 在模式 schb 中进行了声明。如果将这两种模式进行合并，则实体的重新命名为 scha_dot_thing，而类型的重新命名为 schb_dot_thing。

G.3.2 作为字符串的识别符

在一种模式中，有些字符串可以表示完全受限的名称。

示例 1：在编码分段

IF 'THIS_SCHEMA.AN_ENTITY'IN TYPEOF(super)中，

字符串'THIS_SCHEMA.AN_ENTITY'表示一个完全受限的名称。

如果包含这种字符串的声明从其原始模式中转移到另一种模式中，则模式中属于这种字符串的那部分要进行修改以便可以表示那种它们被移至其中的模式。

示例 2：将在模式 scha 中被称作 whatsit 的声明拷贝到另一种被称作 schb 模式中。则包含字符串'SCHA. WHATSIT'的另一种声明也将被拷贝到模式 schb 之中。在模式 schb 中，字符串以'SCHB. WHATSIT'的形式出现。

G.4 第 1 阶段：多模式到中间过渡模式的转换

G.4.1 简介

本部分内容将说明从多模式数据模型规范中生成 GB/T 16656.11—1996 单个模式数据模型规范的第一阶段。这个阶段的最终结果是以本标准单个模式的形式出现的数据模型规范。出于方便教学使用的目的，将之称为人为结果模式(artifact SCHEMA)。

在阶段 1 过程中，要为数据模型规范输入根模式和基本模式。初始数据模型规范要全部引用；也就是说，不存在不能识别的引用。

识别输入模式的方法超出本内容范围，一般留给实现程序来完成。

G.4.2 主要群体

创建一个称为 artifact 的新中间过渡模式，并将根模式和基本模式中的所有声明和带标识符的注解拷贝到其中。Artifact 模式中将不带有 schema_version_id 字符串。这样，在 artifact 模式中存在的声明与带标识符的注解之间的所有名称冲突将被化解，并要将所有字符串标识符表示方式作相应的修改。

去除 USE 与 REFERENCE 规范中的所有复件。如果有在 USE 与 REFERENCE 规范中都出现的任何项，则将其从 REFERENCE 声明中删除，USE 对接规范将优先取代 REFERENCE 规范(见 11.3)。

USE 规范的作用就是让这些项作为外来模式对待，尽管它们已进行了局部声明(见 11.1)。将所有的这类项及其相关的带标识符的注解都拷贝到 artifact 模式中，从而化解所有名称冲突，并对字符串识别符的表达方式进行修改。

如果对接项被重新命名(见 11.1 与 11.2)，则要在初始名称下对其进行拷贝，并对标识符引用作相应的更改。

然后将所有 USE 规范从 artifact 模式中删除，因为经过 USE 规范识别过的所有项都已经被拷贝到这种模式中了。

注：则现在 artifact 模式中包含了所有项，这些项包括在根模式和基本模式中最初已经进行声明了的项、被 USE 对接到输入模式中的项以及来自输入模式中(已被修改)的 REFERENCE 规范。这样，USE 规范将不复存在。

示例 1：本例说明了被重新命名的项的拷贝。假设：

```
ENTITY joe;
    attr1 : alf;
    attr2 : herbert;
END_ENTITY;
```

以及

```
SCHEMA short;
    USE sch;
    …
END_SCHEMA;
```

然后，如果 short 为输入到算法中的根模式，并假设 alfred 和 bert 为实体(ENTITY)声明，则 artifact 模式将包含：

```
SCHEMA artifact;
ENTITY joe;
    attr1 : alfred;
    attr2 : bert;
    END_ENTITY;
```

```
ENTITY Alfred
    …
ENTITY bert
    … …
```

示例 2:本例说明了以名称改写来化解名称冲突的过程。原始规范含有三种模式:

```
SCHEMA s1;
      ENTITY creature;
          -- attributes
      END_ENTITY;
          -- other declarations
END_SCHEMA; -- end s1

SCHEMA farming;
    USE FROM s1 (creature);
    ENTITY dog SUBTYPE OF creature;
            --attributes
    END_ENTITY;
    ENTITY shepherd;
          dogs : SET OF dog;
    END_ENTITY;
      -- other declarations
END_SCHEMA; -- end farming

SCHEMA pet_shows;
    USE FROM s1 (creature);
    ENTITY pet SUBTYPE OF (creature);
       -- attributes
    END_ENTITY;
    ENTITY dog SUBTYPE OF pet;
        -- attributes
    END_ENTITY;
    ENTITY dog_show;
        Dog:SET[1 : ?]O
        --Other attributes
    END_ENTITY;

        --other declarations
END_SCHEMA; -- end pet_shows
```

把 farming 和 pet_shows 作为主模式,中间结果项是:

```
SCHEMA artifact;
ENTITY creature;
    -- attributes
END_ENTITY;
```

```
ENTITY farming_dot_dog SUBTYPE OF creature;
    -- attributes
END_ENTITY;
ENTITY shepherd;
    dogs : SET OF farming_dot_dog;
END_ENTITY;
ENTITY pet SUBTYPE OF (creature);
    -- attributes
END_ENTITY;
ENTITY pet_shows_dot_dog SUBTYPE OF pet;
    -- attributes
END_ENTITY;
ENTITY dog_show;
    dogs : SET [1 : ?] OF pet_shows_dot_dog;
    -- other attributes
END_ENTITY;
    -- other declarations
END_SCHEMA; -- end artifact
```

G.4.3 次要群体

对在 artifact 模式的 REFERENCE 规范中已被识别了的每一个项进行检验。如果完整引用需要这种项，则要将其声明以及与声明相关的带标识符的注解从它们的原始模式中拷贝到 artifact 模式中。如果这种项为一实体数据类型，则要保持其 REFERENCE 声明的语义，在这种 REFERENCE 声明中，如果该项被另一个项通过以下程序引用，则它仅能够用具体范例加以说明。

——对于这种项的第一种，要在 artifact 模式中建立以下规则和函数程序：

```
RULE validate_dependently_instantiable_entity_data_types FOR (〈list this first and all
subsequent relevant referenced entity data types here〉); LOCAL
    number_of_input_instances : INTEGER;
previous_in_chain : LIST OF GENERIC := [];
set_of_input_types : SET OF STRING := [];
all_instances: SET OF GENERIC := [];
    END_LOCAL;
    all_instances := 〈make a union of all implicit populations of the
    FOR-clause〉; number_of_input_instances := SIZEOF(all_instances); (* Collect all type
strings of all FOR instances into one set. *) REPEAT i: = 1 TO number_of_input_instances;
    set_of_input_types := set_of_input_types + TYPEOF(all_instances[i]); END_REPEAT;
    WHERE WR1: dependently_instantiated(all_instances, set_of_input_types,
    previous_in_chain); END_RULE;
    FUNCTION dependently_instantiated(
    set_of_input_instances : SET OF GENERIC:igen; set_of_input_types : SET OF STRING;
    previous_in_chain : LIST OF GENERIC:cgen): BOOLEAN; (* "dependently_instantiated" To
test whether all instances in the
    input set_of_input_instances are referenced by independently
    instantiable instances. If so, this function returns true.
```

Set_of_input_types includes the type strings for all input instances.

The instances in previous_in_chain are used to detect cyclic

references during recursive calls to this function. The parameter

lists already tested instances in a chain of references. *) LOCAL

number_of_input_instances : INTEGER;

number_of_referring_instances : INTEGER;

bag_of_referring_instances : BAG OF GENERIC:igen := [];

dependently_instantiated_flag : BOOLEAN;

previous_in_chain_plus : LIST OF GENERIC:cgen := [];

result: BOOLEAN := true;

set_of_types: SET OF STRING := [];

END_LOCAL;

IF EXISTS(set_of_input_instances) THEN

number_of_input_instances := SIZEOF(set_of_input_instances); (* Add the declared type of bag_of_referring_instances to the set of types of the REFERENCEd instances for the subset comparison later. *) set_of_input_types := set_of_input_types + 'GENERIC; REPEAT i: = 1 TO number_of_input_instances;

(* Determine all references to the current input instance. *) bag_of_referring_instances: = USEDIN (set_of_input_instances[i],");IF EXISTS(bag_of_referring_instances) THEN

number_of_referring_instance: = SIZEOF(bag_of_referring_instances); dependently_instantiated_flag := false; REPEAT j: = 1 TO number_of_referring_instances;

(* Determine the type strings of the current referencing instance. *) set_of_types := TYPEOF(bag_of_referring_instances[j]);

(* If the referencing instance is of one of the types of the

only dependently instantiable select items, the current input instance may still be invalidly instantiated. Otherwise it is OK, and the next input instance is tested. *) IF set_of_types <= set_of_input_types THEN -- subset operator (* The referring instance is of one of the restricted types. However, it may itself be referred to by a valid instance; then also the current instance would be valid. Thus, call this function recursively with the referring instance as input.

To avoid an infinite loop in case a set of instances reference each other in a closed loop, test first whether the current referencing instance is in the list of previously processed chain members. *) IF NOT (bag_of_referring_instances[j] IN previous_in_chain) THEN previous_in_chain_plus := previous_in_chain +

set_of_input_instances[i]; IF dependently_instantiated([bag_of_referring_instances[j]], set_of_input_types, previous_in_chain_plus) THEN dependently_instantiated_flag := true;

ESCAPE; -- dependently instantiated; next input instance ELSE

(* Not dependently instantiated: go to next referring

instance. *) SKIP; END_IF; END_IF; ELSE

dependently_instantiated_flag := true;

ESCAPE; -- dependently instantiated; take next input instance END_IF; END_REPEAT; IF NOT dependently_instantiated_flag THEN

RETURN(false); END_IF; ELSE

RETURN(false); -- not referenced at all => invalidly instantiated END_IF; END_REPEAT; ELSE

RETURN(false); -- no input END_IF;

RETURN(true);

END_FUNCTION; -- end dependently_instantiated

——将这些实体数据类型添加到 FOR 句型中,并将其添加到赋值语句的右边,在第一个项名称和所有紧随其后的这类实体数据类型的左边为 all_instances(两个位置都要标上尖括号〈〉)。在这两个位置还要添加已经识别过的这类实体数据类型,这类实体数据类型在完整引用中需要它们,但它们并未包含在长模式之中,并且在别处它们被当作独立且可用具体范例说明的实体数据类型。

——如果一个或多个基本模式属于依据本程序创建的并因此包含了规则 validate_dependently_instantiable_entity_data_types 的长模式,则要将它们的 FOR 句型的相关内容添加到在此创建的模式之中。相关内容是指在当前长模式生成之后仍然有条件地保持可初始化性且已经不包含在新规则中的那些实体数据类型。

——如果完整引用不需要该项,则不必对它进行拷贝。名称冲突得以化解并对字符串识别符作相应的修改。

注 1:拷贝那些在完整引用中不需要的声明并不能保持这些声明的 REFERENCE 语义。

示例 1:在此例中,原始模式由两种模式构成,其中一个没有对接规范,而另一个模式,即命名的长模式,则具有一个 REFERENCE 规范:

```
SCHEMA export;
    ENTITY a;
        a1: STRING;
    END_ENTITY;
    ENTITY b;
        b1: STRING;
    END_ENTITY;
END_SCHEMA; -- end export
SCHEMA import;
    REFERENCE FROM export (a, b); -- only dependently instantiable!
    ENTITY ref;
        aref: a; -- instantiation is dependent on entity data type ref bref: b;
        -- instantiation is dependent on entity data type ref
    END_ENTITY;
END_SCHEMA; -- end import
SCHEMA import;
    REFERENCE FROM export (a, b); -- only dependently instantiable!
    ENTITY ref;
        aref: a; -- instantiation is dependent on entity data type ref bref: b;
        -- instantiation is dependent on entity data type ref
    END_ENTITY;
END_SCHEMA; -- end import
```

若将 import 模式作为根模式,则中间过渡模式为:

```
SCHEMA artifact;
    ENTITY a;
    ENTITY ref;
```

```
    aref: a; -- instantiated dependent on entity data type ref
    bref: b; -- instantiated dependent on entity data type ref
END_ENTITY;
RULE validate_dependently_instantiable_entity_data_types FOR
(a, b); -- !! here a and b have been added !!
LOCAL
    number_of_input_instances : INTEGER;
    previous_in_chain : LIST OF GENERIC := [];
    set_of_input_types : SET OF STRING := [];
    all_instances: SET OF GENERIC := [];
END_LOCAL;
all_instances := a + b; -- !! here a and b have been added !!
number_of_input_instances := SIZEOF(all_instances);
(* Collect all type strings of all FOR instances into one set. *)
REPEAT i:= 1 TO number_of_input_instances;
    set_of_input_types := set_of_input_types + TYPEOF(all_instances[i]);
END_REPEAT;
WHERE
  WR1: dependently_instantiated(all_instances, set_of_input_types,previous_in_chain);
END_RULE;
FUNCTION dependently_instantiated(
   set_of_input_instances : SET OF GENERIC:igen;
   set_of_input_types : SET OF STRING;
   previous_in_chain : LIST OF GENERIC:cgen): BOOLEAN;
   (* "dependently_instantiated" To test whether all instances in the input set_of_
   input_instances are referenced by independently instantiable instances. If so,
   this function returns true. Set_of_input_types includes the type strings for all
   input instances. The instances in previous_in_chain are used to detect cyclic ref-
   erences during recursive calls to this function. The parameter lists already tested
   instances in a chain of references.
   *)
LOCAL
   number_of_input_instances : INTEGER;
   number_of_referring_instances : INTEGER;
   bag_of_referring_instances : BAG OF GENERIC:igen := [];
   dependently_instantiated_flag : BOOLEAN;
   previous_in_chain_plus : LIST OF GENERIC:cgen := [];
   result: BOOLEAN := true;
   set_of_types: SET OF STRING := [];
END_LOCAL;
IF EXISTS(set_of_input_instances) THEN
   number_of_input_instances := SIZEOF(set_of_input_instances);
   (* Add the declared type of bag_of_referring_instances to the set of types of the
```

```
REFERENCEd instances for the subset comparison later. *)
set_of_input_types := set_of_input_types + 'GENERIC;
REPEAT i:=1 TO number_of_input_instances;
    (* Determine all references to the current input instance. *)
    bag_of_referring_instances := USEDIN (set_of_input_instances[i] , '');
    IF EXISTS(bag_of_referring_instances) THEN
        number_of_referring_instances := SIZEOF(bag_of_referring_instances);
    dependently_instantiated_flag := false;
    REPEAT j:=1 TO number_of_referring_instances;
    (* Determine the type strings of the current referencing instance. *)
        set_of_types := TYPEOF(bag_of_referring_instances[j]);
        (* If the referencing instance is of one of the types of the only depend-
        ently instantiable select items, the current input instance may still be
        invalidly instantiated. Otherwise it is OK, and the next input instance
        is tested. *)
        IF set_of_types <= set_of_input_types THEN -- subset operator
        (* The referring instance is of one of the restricted types.However, it
        may itself be referred to by a valid instance;then also the current in-
        stance would be valid. Thus, call this function recursively with the re-
        ferring instance as input. To avoid an infinite loop in case a set of in-
        stances reference each other in a closed loop, test first whether the
        current referencing instance is in the list of previously processed
        chain members. *)
        IF NOT (bag_of_referring_instances[j] IN previous_in_chain) THEN
            previous_in_chain_plus := previous_in_chain +
        set_of_input_instances[i];
        IF dependently_instantiated([bag_of_referring_instances[j]],set_of_input_types,
          previous_in_chain_plus) THEN
            dependently_instantiated_flag := true;
            ESCAPE; -- dependently instantiated; next input instance
        ELSE
        (* Not dependently instantiated: go to next referring instance. *)
              SKIP;
          END_IF;
      END_IF;
   ELSE
      dependently_instantiated_flag := true;
      ESCAPE; -- dependently instantiated; take next input instance
   END_IF;
   END_REPEAT;
      IF NOT dependently_instantiated_flag THEN
      RETURN(false);
   END_IF;
```

```
            ELSE
                RETURN(false); -- not referenced at all  = 〉 invalidly instantiated
            END_IF;
            END_REPEAT;
        ELSE
            RETURN(false); -- no input
        END_IF;
        RETURN(true);
        END_FUNCTION; -- end dependently_instantiated
    END_SCHEMA; -- end artifact
```

如果一个外来声明被对接到一种模式中，则其他声明会被隐含地对接(见 11.4)。将这些 artifact 模式完整引用需要且被隐含对接的声明包括其带标识符的注解在内一起从它们的原始模式中拷贝到 artifact 模式中，从而化解名称冲突，并对字符串识别符的表达方式作相应的修改。

注 2：拷贝隐含对接项可能是一个递归过程。

示例 2：在此例中，原始模式由两种模式构成：

```
SCHEMA export;
TYPE colour  =  EXTENSIBLE ENUMERATION;
END_TYPE;
  TYPE stop_light  =  ENUMERATION BASED_ON colour WITH (red, yellow, green);
END_TYPE;
END_SCHEMA;
-- end export
SCHEMA import;
  USE FROM export (stop_light);
  REFERENCE FROM export (colour);
  TYPE canadian_flag  =  ENUMERATION BASED_ON colour WITH (red, white);
 END_TYPE;
  -- other declarations dependent on canadian_flag and stop_light
END_SCHEMA;
  -- end import
```

Using import as the root schema, the intermediate schema is:

```
SCHEMA artifact;
TYPE colour  =  EXTENSIBLE ENUMERATION;
 END_TYPE;
TYPE stop_light  =  ENUMERATION BASED_ON colour WITH (red, yellow, green);
END_TYPE;

TYPE canadian_flag  =  ENUMERATION BASED_ON colour WITH (red, white);
 END_TYPE;
-- other declarations dependent on canadian_flag and stop_light
END_SCHEMA;
-- end artifact
```

示例 3：在此例中，原始模式由四种模式构成：

```
SCHEMA s1;
TYPE general_approval  =  EXTENSIBLE ENUMERATION OF (approved, rejected);
END_TYPE;
```

```
END_SCHEMA;
-- end s1
SCHEMA s2;
USE FROM s1 (general_approval);
TYPE domain2_approval = EXTENSIBLE ENUMERATION BASED_ON general_approval
WITH(pending);
END_TYPE;
END_SCHEMA;
-- end s2
SCHEMA s3;
USE FROM s1 (general_approval);
TYPE domain3_approval = EXTENSIBLE ENUMERATION BASED_ON general_approval WITH
(cancelled);
END_TYPE;

END_SCHEMA; -- end s3
SCHEMA s4;
USE FROM s2 (domain2_approval); REFERENCE FROM s3 (domain3_approval);
TYPE specific_approval = ENUMERATION BASED_ON domain2_approval WITH
(rework);
END_TYPE;
-- other declarations dependent on these types …
END_SCHEMA;
-- end s4
```

将 s4 用作根模式，则中间过渡模式为：

```
SCHEMA artifact;
TYPE specific_approval = ENUMERATION BASED_ON domain2_approval WITH (rework);
END_TYPE;
TYPE doma
in3_approval = EXTENSIBLE ENUMERATION BASED_ON general_approval WITH (cancelled);
END_TYPE;
TYPE domain2_approval = EXTENSIBLE ENUMERATION BASED_ON general_approval WITH
(pending);
END_TYPE;
TYPE general_approval = EXTENSIBLE ENUMERATION OF (approved, rejected); END_TYPE;
-- other declarations dependent on these types …
END_SCHEMA;
-- end artifact
```

G.4.4 删除

对这种隐含对接声明没有限制(见 11.4)。

示例 1：一个超类实体(SUPERTYPE ENTITY)不隐含对接任何实体子类(SUBTYPE)。

示例 2：一个选择(SELECT)类型不隐含对接其任何可选择性项。

示例 3：一种规则(RULE)不隐含对接在其参列表中规定的任何实体(ENTITY)类型。

由于对隐含对接的限制，就可能存在在 artifact 模式中引用不完整的声明。

对超类约束的表达要根据附录 C 进行删除。

对于参数并非都可见的规则，则要通过删除其本身以及与其相关的带标识符的注解来进行删除。

一条规则(RULE)可以访问函数(FUNCTION)或者程序(PROCEDURE)。在尚未被声明访问过的 artifact 模式中,任何函数(FUNCTION)或者程序(PROCEDURE)包括其带标识符的注解在内将被删除。

通过从选择表单中删除对 artifact 模式不可见的各个可选择性项来删除选择性(SELECT)类型。

注 1：删除选择性(SELECT)类型可能会导致产生一个空白的选择表单。

删除所有 REFERENCE 规范。

注 2：在这一点上,artifact 模式要引用完整。除原始输入模式或者被这类模式进行 USE 对接的声明之外,其他所有声明对这些原始声明的完整引用都是必要的。

示例 4：此例说明了删除一个选择性(SELECT)类型的过程。原始模式由两种模式构成：

```
SCHEMA export;
    TYPE attachment_method = EXTENSIBLE SELECT(nail, screw); END_TYPE;
    ENTITY nail; END_ENTITY;
    ENTITY screw; END_ENTITY;
END_SCHEMA; -- end export
SCHEMA import;
    USE FROM export (attachment_method, nail);
    TYPE permanent_attachment = SELECT BASED_ON attachment_method WITH
        (glue, weld);
    END_TYPE;
    TYPE simple_attachment = SELECT BASED_ON attachment_method WITH
        (needle, tape);
    END_TYPE;
    -- declarations of glue and others
END_SCHEMA; -- end import
```

将 import 模式用作根模式。由于 screw 实体要么被明显地要么被隐含地对接到输入模式中,因此,它不会出现在中间过渡模式中,这种过渡模式就是：

```
SCHEMA artifact;
    TYPE attachment_method = EXTENSIBLE SELECT(nail); END_TYPE;
    ENTITY nail; END_ENTITY;
    TYPE permanent_attachment = SELECT BASED_ON attachment_method WITH
        (glue, weld);
    END_TYPE;
    TYPE simple_attachment = SELECT BASED_ON attachment_method WITH
        (needle, tape);
    END_TYPE;
    -- declarations of glue and others
END_SCHEMA; -- end artifact
```

要注意 export 模式中的原始 attachment_method SELECT 通过将 screw 从可选择项中清除而已经被删除。

示例 5：本例说明了删除选择性(SELECT)类型导致产生一个可选择性项的空白表单的情况。原始规范有三种模式：

```
SCHEMA s1;
    TYPE t11 = EXTENSIBLE SELECT (t12, t13);
    END_TYPE;
    -- declarations of t12, t13 and others
END_SCHEMA; -- end s1
```

```
SCHEMA s2;
    REFERENCE FROM s1 (t11);
    ENTITY e21;
        attr : t11;
    END_ENTITY;
-- other declarations
……
END_SCHEMA; -- end s2
SCHEMA s3;
    USE FROM s1 (t11);
    USE FROM s2 (e21);
    TYPE t31 = SELECT BASED_ON t11 WITH
        (t32, t33);
    END_TYPE;
    -- declarations of t32, t33 and others
    …
END_SCHEMA; -- end s3
```

将 s2 用作根模式,则最终的中间过渡模式为:

```
SCHEMA artifact;
ENTITY e21;
attr : t11; END_ENTITY;
TYPE t11 = EXTENSIBLE SELECT; END_TYPE;
-- other declarations
END_SCHEMA; -- end artifact
```

模式 s2 从模式 s1 中对接 t11,但它并不对接其可选择性表单中的任何项。删除操作完成之后,表单变成空白,并从中间过渡模式的最终表达方式中消失。

示例 6:原始模型由两种模式构成。此例说明了删除 TOTAL_OVER 约束和一条规则(RULE)的情况。

```
SCHEMA s1;
    ENTITY e1; END_ENTITY;
    ENTITY e2 SUBTYPE OF (e1); END_ENTITY;
    ENTITY e3 SUBTYPE OF (e1); END_ENTITY;
    SUBTYPE_CONSTRAINT sc_total_over FOR e1;
    TOTAL_OVER (e2, e3); END_SUBTYPE_CONSTRAINT;
    RULE e2_and_e3 (e2, e3);
        -- rule body END_RULE;
END_SCHEMA; -- end s1
SCHEMA import;
    USE FROM s1 (e1, e2);
END_SCHEMA; -- end import
```

将 import 模式用作根模式,则在进行任何删除操作之前的中间过渡模式为:

```
SCHEMA artifact;
    ENTITY e1; END_ENTITY;
    ENTITY e2 SUBTYPE OF (e1); END_ENTITY;
    SUBTYPE_CONSTRAINT sc_total_over FOR e1;
        TOTAL_OVER (e2, e3);
    END_SUBTYPE_CONSTRAINT;
```

```
        RULE e2_and_e3 (e2, e3); -- rule body
        END_RULE;
    END_SCHEMA; -- end artifact
```

要注意实体 s3 没有出现。

删除操作完成之后，中间过渡模式的最终形式将缩减到：

```
SCHEMA artifact;
    ENTITY e1; END_ENTITY;
    ENTITY e2 SUBTYPE OF (e1); END_ENTITY;
    SUBTYPE_CONSTRAINT sc_total_over FOR e1;
        TOTAL_OVER (e2);
    END_SUBTYPE_CONSTRAINT;
END_SCHEMA; -- end artifact
```

由于实体 s3 在 artifact 模式中没有出现，则子类约束(SUBTYPE_CONSTRAINT)相应地也被删除。类似地，规则(RULE)也被删除。

示例 7：此例是根据附录 B 中的 SCHEMA 范例(见 B.3 的例 1)得来的，它说明了子类表达方式的删除操作。根据本标准规定，原始模式为：

```
SCHEMA example;
    ENTITY p; END_ENTITY;
    SUBTYPE_CONSTRAINT p_subs FOR p;
        ONEOF(m, f) AND ONEOF(c, a);
    END_SUBTYPE_CONSTRAINT;
    ENTITY m SUBTYPE OF (p); END_ENTITY;
    ENTITY f SUBTYPE OF (p); END_ENTITY;
    ENTITY c SUBTYPE OF (p); END_ENTITY;
    ENTITY a ABSTRACT SUBTYPE OF (p); END_ENTITY;
    SUBTYPE_CONSTRAINT no_li FOR a;
        ONEOF(l, i);
    END_SUBTYPE_CONSTRAINT;
    ENTITY l SUBTYPE OF (a); END_ENTITY;
    ENTITY i SUBTYPE OF (a); END_ENTITY;
END_SCHEMA; -- end example
SCHEMA import;
    USE FROM example(l);
    REFERENCE FROM example(m);
END_SCHEMA; -- end import
```

将 import 模式用作根模式，则在进行删除操作之前的中间过渡模式为：

```
SCHEMA artifact;
    ENTITY p; END_ENTITY;
    SUBTYPE_CONSTRAINT p_subs FOR p;
        ONEOF(m, f) AND ONEOF(c, a);
    END_SUBTYPE_CONSTRAINT;
    ENTITY m SUBTYPE OF (p); END_ENTITY;
    ENTITY a ABSTRACT SUBTYPE OF (p); END_ENTITY;
    SUBTYPE_CONSTRAINT no_li FOR a;
        ONEOF(l, i);
```

```
    END_SUBTYPE_CONSTRAINT;
    ENTITY l SUBTYPE OF (a); END_ENTITY;
END_SCHEMA; -- end artifact
```

由于实体 f、c 以及 i 并不在该模式中,因此,在 p_subs 和 no_li 中的子类表达方式需要根据附录 C 的规定进行缩减。首先以 p_subs 中的表达方式为例,也就是说,

ONEOF(m,f)AND ONEOF(c,a);

首先进行的缩减 ONEOF(A,〈〉)=〉ONEOF(A)产生了缩减的表达方式:

ONEOF(m)AND ONEOF(a);

这种表达方式还可再次进行缩减(经过 ONEOF(A)=〉A),进而产生了最终的缩减表达方式:

m AND a;

这样,删除操作完成后,p_subs 表达方式为:SUBTYPE_CONSTRAINT p_subs FOR p;

m AND a; END_SUBTYPE_CONSTRAINT;

在 no_li 中的子类表达方式为:

ONEOF(l,i);

运用缩减法则,则 no_li 的最终运行结果为:

SUBTYPE_CONSTRAINT no_li FOR a;l;

END_SUBTYPE_CONSTRAINT;

由于这是一个空洞约束,因此作为一个整体的子类约束(SUBTYPE_CONSTRAINT)以及可能相关的带标识符的注解会被删除。

删除操作完成之后,最终结果为:

```
ENTITY p; END_ENTITY;
SUBTYPE_CONSTRAINT p_subs FOR p;m AND a;
END_SUBTYPE_CONSTRAINT;
ENTITY m SUBTYPE OF (p); END_ENTITY;
ENTITY a ABSTRACT SUBTYPE OF (p); END_ENTITY;
ENTITY l SUBTYPE OF (a); END_ENTITY;
END_SCHEMA; -- end artifact
```

G.4.5 模式名称及其版本

原始模式的名称被作为一种嵌入式注解保存下来,原始模式是指从其中将一些项拷贝到中间过渡模式中的那种模式。如果任意一种模式的名称被保存,则所有这种模式的名称都将得到保存。

嵌入式注解可以具有以下格式(这里,\n 是指线端,〈…〉之间的文本是可变的,且〔…〕是指一种可选择的元素):

```
(* Original 2003 schemas: \n
schema = 〈schema_id〉[schema_version_id = '〈version〉'] ; \n
…
*)
```

如果一种包含一个 schema_version_id 字符串的模式被列入嵌入式注解中,则 schema_version_id 字符串页要被列入其中。列出模式的顺序没有重要性含义。

示例 1:如果原始模式中的一种为:

SCHEMA geometry_schema;

则记录该模式的嵌入式注解将包括:

schema=geometry_schema;

示例 2:在存在两种原始模式的情况下,如:

```
SCHEMA schema_one;
SCHEMA schema_two 'version 4';
```

则，嵌入式注解为：

```
(* Original 2003 schemas:
schema = schema_two schema_version_id = 'version 4';
schema = schema_one; *)
```

G.5 第2阶段：将中间过渡模式转换成 GB/T 16656.11—1996 模式

G.5.1 简介

本部分内容将说明从多模式数据模型表达中生成 GB/T 16656.11—1996 单个模式数据模型规范的第二阶段。

本阶段的输入内容为根据 G.4 规定而已经生成且引用完整的单个模式数据模型规范。而输出内容为引用完整的单个模式，这种单个模式不含有在 GB/T 16656.11—1996 中未作规定的结构。

下面的规则规定如何将输入模式中这些结构缩减成 GB/T 16656.11—1996 中定义的结构。

出入教学方便的目的，将输入模式称作人为结果(artifact)模式，而将输出模式称为长式(longform)模式。

G.5.2 初始化

创建一个名为长式(longform)的新模式。并将所有声明及注解从中间过渡模式中拷贝到长式(longform)模式中。所有字符串标识符的表达方式都要作相应的修改。

G.5.3 可扩展构造数据类型的转换

可扩展选择数据类型和可扩展枚举数据类型(见 8.4)不属于 GB/T 16656.11—1996 的内容。这两种数据类型的树都要缩减成单个不可扩展的类型。不属于这类树的构造数据类型只需从 artifact 模式中拷贝到 longform 模式中即可。

为了缩减可扩展类型的树，则需要执行以下转换操作：

——每个可扩展的或者延伸的数据类型都将用一个同名的数据类型来取代，这个同名的数据类型既不可扩展也不是一个由扩展而得到的数据类型。

——由于进行长模式评估的需要，因此，在每个构造数据类型中规定的列表项应为数据类型定义域中的项集合。

——为了保持可扩展数据类型与延长数据类型之间的互依性，它们的对象结构要相关；依赖数据类型，也就是延长数据类型，它们要作为被定义的数据类型进行创建，被定义的数据类型是指将可扩展的数据类型作为其基础数据类型的那些数据类型；在被定义的数据类型中无效的基础数据类型的元素要用局部规则进行约束。

——如果一个在可见模式中被定义的数据类型将一个可扩展或者延长的数据类型作为其基础数据类型，这个可见模式是指在内容模式中它是可见的，则，要在那个被定义的数据类型中添加 where 句型；这样，就会删除所有项，这些项包括从转换过程中产生的项以及在内容模式中可见的模式集合中属于无效列表项；见下面的范例。

——本程序可将构造数据类型拷贝到未被长模式中的任何其他数据类型引用过的对象中。要将这种数据类型及其带标识符的注解从长模式中删除。

下面的子条款详细说明了如何对可扩展枚举(EXTENSIBLE ENUMERATION)与可扩展选择(EXTENSIBLE SELECT)数据类型执行这些规则。

G.5.3.1 可扩展枚举

可扩展枚举(EXTENSIBLE ENUMERATION)(见 8.4.1)可根据上面的程序将其转换成不可扩展的枚举数据类型。其结构名称将被保存。

如果一种延长枚举数据类型的枚举项在对象长式的内容模式中都有效,则延长枚举数据类型要转化成被定义的数据类型,这种被定义的数据类型将由可扩展枚举派生而得到的对象枚举数据类型作为其基础数据类型。在对象模式中被定义的数据类型的名称为数据源中相应的枚举数据类型的名称。

如果对象定义数据类型拒绝接纳在其内容模式中无效但却被规定为其基础枚举的枚举项,则要作如下处理:

——创建一个中间过渡的被定义数据类型并在对象长式中为其赋一个单一的名称;

——为其基础数据类型而采用延长枚举数据类型的基础数据类型;

——创建另一个被定义的数据类型,并为之赋一个可转化的延长枚举数据类型的名称;

——将中间过渡的被定义数据类型用作其基础数据类型;

——通过局部规则将枚举项从对象模式中的示例中排除,这些枚举项虽然在对象内容中无效,但却被规定为转换下的枚举项(见下面的例 3);

——要为每个被拒绝接纳的枚举项创建一个局部规则。

注:有关在声明枚举数据类型的类型声明中使用局部规则的问题可见 8.4.1 中的规则 j)。

示例 1:根据 G.4 生成的中间过渡模式为:

```
SCHEMA artifact;
TYPE gender = ENUMERATION OF (not - known, male, female); END_TYPE;
TYPE general_approval = EXTENSIBLE ENUMERATION OF (approved, rejected); END_TYPE;
-- other declarations dependent on gender and general_approval …
END_SCHEMA;
-- end artifact
END_SCHEMA; - - end longform
```

符合 GB/T 16656.11—1996 的最终模式是:

```
SCHEMA longform;
    TYPE gender = ENUMERATION OF (not - known, male, female); END_TYPE;
    TYPE general_approval = ENUMERATION OF (approved, rejected); END_TYPE;
    -- other declarations dependent on gender and general_approval …
    ……
END_SCHEMA; -- end longform
```

示例 2:根据 G.4 生成的中间过渡模式为:

```
SCHEMA artifact;
    TYPE general_approval = EXTENSIBLE ENUMERATION OF
        (approved, rejected);
    END_TYPE;
    TYPE domain2_approval = EXTENSIBLE ENUMERATION BASED_ON general_approval WITH
          (pending);
    END_TYPE;
-- other declarations dependent on these types
……
END_SCHEMA; -- end artifact
```

符合 GB/T 16656.11—1996 的最终模式是:

```
SCHEMA longform;
  TYPE general_approval = ENUMERATION OF
      (approved, rejected, pending);
  END_TYPE;
  TYPE domain2_approval = general_approval;
  END_TYPE;
```

```
  --other declarations dependent on domain2_approval
  ...
END_SCHEMA; -- end longform
```

示例 3：根据 G.4 生成的中间过渡模式为：

```
SCHEMA artifact;
  TYPE general_approval  =  EXTENSIBLE ENUMERATION OF
     (approved, rejected);
  END_TYPE;
  TYPE domain2_approval  =  EXTENSIBLE ENUMERATION BASED_ON general_approval WITH
     (pending);
  END_TYPE;
  TYPE specific_approval  =  ENUMERATION BASED_ON domain2_approval WITH
          (rework);
  END_TYPE;
  TYPE domain3_approval  =  EXTENSIBLE ENUMERATION BASED_ON general_approval WITH
         (cancelled);
  END_TYPE;
  -- other declarations dependent on these types
END_SCHEMA; -- end artifact
```

符合 GB/T 16656.11—1996 的最终模式是：

```
SCHEMA longform;
  TYPE general_approval  =  ENUMERATION OF
       (approved, rejected, pending, cancelled, rework);
  END_TYPE;
  TYPE domain2_approval  =  general_approval; WHERE
       wr1 : SELF <> cancelled;
  END_TYPE;
  TYPE specific_approval  =  domain2_approval;
  END_TYPE;
  TYPE domain3_approval  =  general_approval; WHERE
       wr1 : SELF <> pending;
       wr2 : SELF <> rework;
  END_TYPE;
  -- other declarations dependent on these types
END_SCHEMA; -- longform
```

需要特别注意的是：符合 GB/T 16656.11—1996 规定的枚举数据类型隐含有一个枚举项的顺序。这个顺序概念在本部分这一版中没有出现。

G.5.3.2 可扩展选择

可扩展选择(见 8.4.2)可根据上面的程序将其转换成不可扩展的选择数据类型。其源结构名称将被保存在对象中。

一个以可扩展选择数据类型为基础的选择数据类型可转化为将对象选择数据类型作为其基础数据类型的被定义数据类型，这里的对象选择数据类型是根据可扩展选择数据类型而得到的选择数据类型。被定义数据类型在对象模式中的名称为源模式中对应的选择数据类型的名称。被定义数据类型将通过局部规则将选择项从内容模式中的示例中排除，这些项在其内容模式中无效，但却被规定为其基础选择数据类型。要为每个被拒绝接纳的选择项创建一个局部规则。

示例 1：根据 G.4 生成的中间过渡模式为：

```
SCHEMA artifact;
    TYPE attachment_method = EXTENSIBLE SELECT
        (nail);
    END_TYPE;
    ENTITY nail; END_ENTITY;
    TYPE permanent_attachment = SELECT BASED_ON attachment_method WITH
        (glue, weld);
    END_TYPE;
    TYPE simple_attachment = SELECT BASED_ON attachment_method WITH
        (needle, tape);
    END_TYPE;
        -- declarations of glue and others
END_SCHEMA; -- end artifact
```

最终的 GB/T 16656.11—1996 模式为：

```
SCHEMA longform;
    TYPE attachment_method = SELECT
        (nail, glue, weld, needle, tape);
    END_TYPE;
    ENTITY nail; END_ENTITY;
    TYPE permanent_attachment = attachment_method;
        WHERE
          wr1 : NOT ('LONGFORM.NEEDLE' IN TYPEOF(SELF));
          wr2 : NOT ('LONGFORM.TAPE' IN TYPEOF(SELF));
    END_TYPE;
    TYPE simple_attachment = attachment_method;
        WHERE
          wr1 : NOT ('LONGFORM.GLUE' IN TYPEOF(SELF));
          wr2 : NOT ('LONGFORM.WELD' IN TYPEOF(SELF));
    END_TYPE;
    -- declarations of glue and others
END_SCHEMA; -- end longform
```

示例 2：根据 G.4 生成的中间过渡模式被称为问题(problem)：

```
SCHEMA problem;
    ENTITY e1;
        attr : t1;
    END_ENTITY;
    ENTITY e2;
        attr : t3;
    END_ENTITY;
    TYPE t1 = SELECT
        (t2, t3);
    END_TYPE;
    TYPE t2 = INTEGER;
    END_TYPE;
    TYPE t3 = EXTENSIBLE SELECT;
    END_TYPE;
END_SCHEMA;
```

problem 模式引用了完整的本部分数据规范。但却不能转换为遵循 GB/T 16656.11—1996 的规范，因为选择(SELECT)数据类型不能具有可选择性项的空白列表。删除 t3 实体并不能解决这个问题，因为它是被实体 e2 引用过。

G.5.4 子类约束的转换

关键词子类约束(SUBTYPE_CONSTRAINT)不属于 GB/T 16656.11—1996 的内容。型约束(SUBTYPE_CONSTRAINT)声明也因此被转换程序清除。然而，约束的语义却保存在于 GB/T 16656.11—1996标准的长模式中。

TOTAL_OVER 约束与对子类／超类图中有效示例的约束在下面的子条款中作了说明。

G.5.4.1 TOTAL_OVER 约束

下面的转换规则适用于 TOTAL_OVER 约束：

——即使仅仅约束的一个要素被对接，长模式也将保存 TOTAL_OVER 约束的语义。

——对于一个子类约束(SUBTYPE_CONSTRAINT)的每一个 TOTAL_OVER 约束而言，在模式(SCHEMA)中都要添加一条全球性规则(RULE)。

——规则名称为 total_over_〈subtype constraint name〉。

——对于被规定为 TOTAL_OVER 约束的子类实体而言，规则有效。

——在全球性规则中的 WHERE 规则要保证对象超类的每一个实例属于一个或者数个子类的数据类型，这里的子类是指在源 TOTAL_OVER 约束中已作规定并被对接到对象长模式中的那些子类。

——与子类约束(SUBTYPE_CONSTRAINT)有关且带有标识符的注解要重新分配给新规则；如果创建了数条全球性规则，则要为每条规则重复注解。

注：建议在转换程序的结尾处对重新分配的带标识符的注解进行人工编辑。

示例：根据 G.4 生成的中间过渡模式为：

```
SCHEMA artifact;
    ENTITY e1; END_ENTITY;
    ENTITY e2 SUBTYPE OF (e1); END_ENTITY;
    SUBTYPE_CONSTRAINT sc_total_over FOR e1;
        TOTAL_OVER (e2);
    END_SUBTYPE_CONSTRAINT;
END_SCHEMA; -- end artifact
```

最终的 GB/T 16656.11—1996 模式为：

```
SCHEMA longform;
    ENTITY e1; END_ENTITY;
    ENTITY e2 SUBTYPE OF (e1); END_ENTITY;
    RULE total_over_sc_total_over FOR (e1);
        WHERE
        (* "total_over_sc_total_over.wr1" All instances of e1 shall also be of entity data type e2. *)
            wr1 : SIZEOF (QUERY(e1_i <* e1 |
        SIZEOF (['LONGFORM.E2'] * TYPEOF(e1_i)) = 0)) = 0;
    END_RULE;
END_SCHEMA; -- end longform
```

G.5.4.2 子类／超类示例约束

如果子类约束(SUBTYPE_CONSTRAINT)中含有对子类／超类图作实例说明的约束，则这些约束将被转移到超类(SUPERTYPE)约束中。这种约束一般含有关键词 AND、ANDOR 以及 ONEOF。超类(SUPERTYPE)约束将通过以下规则建立：

对于受到含有一个超类(SUPERTYPE)约束的子类约束(SUBTYPE_CONSTRAINT)限制的每一个实体而言，超类(SUPERTYPE)约束要用括号括起来，并将其添加到在实体中规定的一个超类

(SUPERTYPE)约束中。

对于从一个子类约束(SUBTYPE_CONSTRAINT)中产生的每一个约束，将通过 ANDOR 关键词与从不同子类约束(SUBTYPE_CONSTRAINT)规范中添加的其他约束进行合并。

将子类约束(SUBTYPE_CONSTRAINT)与这些约束关联起来的带有标识符的注解将与超类(SUPERTYPE)约束一起被重新分配到实体中。

注：建议在转换程序的结尾处对重新分配的带标识符的注解进行人工编辑。

示例：根据 G.4 生成的中间过渡模式为：

```
SCHEMA artifact;
    ENTITY p; END_ENTITY;
    SUBTYPE_CONSTRAINT p_subs FOR p;
        m AND a;
    END_SUBTYPE_CONSTRAINT;
    ENTITY m SUBTYPE OF (p); END_ENTITY;
    ENTITY a ABSTRACT SUBTYPE OF (p); END_ENTITY;
    ENTITY l SUBTYPE OF (a); END_ENTITY;
END_SCHEMA; -- end artifact
```

最终的 GB/T 16656.11—1996 模式为：

```
SCHEMA longform;
    ENTITY p
        SUPERTYPE OF (m AND a);
    END_ENTITY;
    ENTITY a ABSTRACT SUPERTYPE
        SUBTYPE OF (p);
    END_ENTITY;
    ENTITY l SUBTYPE OF (a); END_ENTITY;
    ENTITY m SUBTYPE OF (p); END_ENTITY;
END_SCHEMA; -- end longform
```

G.5.5 抽象实体与一般类型的转换

抽象实体(ABSTRACT ENTITY)声明要转换成对 GB/T 16656.11—1996 模式中实体的抽象超类(ABSTRACT SUPERTYPE)约束。

已被声明为通用实体(GENERIC_ENTITY)的函数与程序的形式参数和局部变量要转换成一般(GENERIC)类型。对函数或程序的算法不必升级以保证它们与一般(GENERIC)类型的类型兼容性。

一个实体可以具有声明为一般化的数据类型的一种属性，例如：一个 AGGREGATE、一个 GENERIC_ENTITY 或者一个被限制为通用实体(GENERIC_ENTITY)类型的选择项的选择(SELECT)数据类型。对于抽象实体(ABSTRACT ENTITY)数据类型中的这类属性而言，适用下面的转换规则，这里的抽象实体(ABSTRACT ENTITY)数据类型将一般化数据类型作为其定义域：

——如果所有子类将其属性定义域重声明为同名类型，则将这种类型转换为 GB/T 16656.11—1996 模式中的超类中的属性类型；

——对于其他所有情况，要在 GB/T 16656.11—1996 模式中创建一个选择(SELECT)数据类型，并添加所有命名数据类型，这里，命名数据类型是指在超类(SUPERTYPE)的所有子类(SUBTYPE)中进行的所有重声明中的属性类型。要将选择数据类型的名称、抽象超类(ABSTRACT SUPERTYPE)的实体数据类型名称以及选择数据类型的属性名称连接起来。字符'_'——不带引号——要放置在两个名称之间。并要将词目'_select'添加到名称上(见下面范例中的 binary_relationship_end_one_select)。在子类中，新的子类属性要被重声明为一个选择项的数据类型，这个选择项在源模式中已被声明过。

如果重声明的属性类型产生了一个无法识别名称的数据类型，例如：一个 aggregate 名称，则要创建被定义数据类型以便支持这种属性类型，并将其用于选择(SELECT)数据类型中。为这些起支持作用的被定义数据类型命名的规则是：用'_of_'将聚合(aggretation)类型名称与聚合(aggretation)的原始数据类型名称连接起来(这种情况可能会循环出现)。

示例：在此例中，由 G.4 中的程序产生的中间过渡模式被称为抽象范例(abstract_example)。

```
SCHEMA abstract_example;
    ENTITY person;
    END_ENTITY;
    ENTITY product;
    END_ENTITY;
    ENTITY organization;
    END_ENTITY;
    ENTITY nary_relationship ABSTRACT;
        end_one : AGGREGATE OF GENERIC_ENTITY;
        end_two : GENERIC_ENTITY;
    END_ENTITY;
    ENTITY product_of_organization SUBTYPE OF (nary_relationship);
        SELF\nary_relationship.end_one: SET OF product;
        SELF\nary_relationship.end_two: organization;
    END_ENTITY;
    ENTITY person_in_organization
        SUBTYPE OF (binary_relationship);
        SELF\nary_relationship.end_one: SET OF person;
        SELF\nary_relationship.end_two: organization;
    END_ENTITY;
END_SCHEMA; -- abstract_example
```

在长模式生成过程中，抽象(ABSTRACT)结构被转化为一个超类(SUPERTYPE)约束。引入一个选择(SELECT)数据类型以便保存不同数据类型，这里，不同数据类型是指在子类中由超类中的一般化属性产生的那些数据类型。由于在选择中使用的数据类型不是命名数据类型，因此，要按照要求创建被定义的数据类型。

最终的 GB/T 16656.11—1996 模式为：

```
SCHEMA longform;
    ENTITY person; END_ENTITY;
    ENTITY product; END_ENTITY;
    ENTITY organization; END_ENTITY;
    TYPE set_of_product = SET OF product; END_TYPE;
    TYPE set_of_person = SET OF person; END_TYPE;
    TYPE nary_relationship_end_one_select = SELECT
        (set_of_person, set_of_product);
    END_TYPE;
    ENTITY nary_relationship
        ABSTRACT SUPERTYPE;
        end_one : nary_relationship_end_one_select;
        end_two : organization;
    END_ENTITY;
```

```
    ENTITY product_of_organization
        SUBTYPE OF (nary_relationship);
        SELF\nary_relationship.end_one:
    END_ENTITY;
    ENTITY person_in_organization
        SUBTYPE OF (nary_relationship);
        SELF\nary_relationship.end_one: SET OF person;
    END_ENTITY;
END_SCHEMA; -- longform
```

G.5.6 在重声明中被重新命名的属性的转换

对于在子类中的重声明中被重新命名的每一种属性而言，适用下面的转换规则：

——仅仅改变属性名称但并不改变其数据类型的重声明将被删除；

——在其余的重声明中，关键词 RENAMED 及其后面的新属性名称将被删除；

——带有新名称的派生(DERIVE)属性要在当前子类(SUBTYPE)中进行创建；

——属性赋值的推导为：

SELF \〈supertype name〉.〈old attribute name〉。

示例：在此例中，由 G.4 中的程序产生的中间过渡模式被称为重新命名范例(renamed_example)。

```
SCHEMA renamed_example;
    ENTITY binary_relationship;
        end_one : being;
        end_two : structure;
    END_ENTITY;
    ENTITY being; END_ENTITY;
    ENTITY structure; END_ENTITY;
    ENTITY person
        SUBTYPE OF (being);
    END_ENTITY;
    ENTITY person_in_structure
        SUBTYPE OF (binary_relationship);
        SELF\binary_relationship.end_one RENAMED the_person : person;
        (* "person_in_structure.end_two" The following attribute is only
              renamed, not specialized. *)
        SELF\binary_relationship.end_two RENAMED the_structure : structure;
    END_ENTITY;
END_SCHEMA; -- end renamed_example
```

在长模式生成过程中，重新命名(RENAMED)结构被转化成派生(DERIVE)属性。对实体 person_in_structure 作如下修改：

```
ENTITY person_in_structure
SUBTYPE OF (binary_relationship);
SELF\binary_relationship.end_one : person; DERIVE
the_person : person := SELF\binary_relationship.end_one;
the_structure : structure := SELF\binary_relationship.end_two; END_ENTITY;
```

注：如果紧随 RENAMED 关键词之后的属性名称有任何分配，则函数中将出现失灵。在这种情况下，就需要进行模式的人工操作以防止这种情况发生。

附 录 H
（资料性附录）
关 系

H.1 通过属性表达的关系

在 EXPRESS 中，如果一种属性的定义域为另一种数据类型，则在这种属性的某一实体数据类型中的声明就会在这两种数据类型之间建立一种外显的关系。这种关系将作为一种简单关系被引用，并将声明实体的一个实例与代表数据类型的一个实例联系起来。

为了描述由聚合赋值属性建立起来的关系的特征，则要将一种数据类型的主要基本数据类型定义为以下面情况给定的非聚合数据类型：

——非聚合数据类型的主要基本类型就是数据类型本身；

——聚合数据类型的主要基本类型就是其本身基本类型的主要基本类型。

如果属性 A 的主要基本类型为 T，则就说 A 建立在 T 的基础上。

因此，一种属性的某种实体数据类型中的声明就建立起下面两种关系，这里，属性的定义域为建立在某种主要基本类型基础上的一种聚合数据类型：

——声明实体与聚合数据类型之间的一种集体关系。这种关系将声明实体的一个实例与主要基本类型的实例集合联系起来。

——声明实体与聚合数据类型之间的一种分配关系。这种关系将声明实体的一个实例与主要基本类型的一个或者多个实例分别联系起来。

注：这种方法有别于其他的一些建模语言。例如：在一个实体关系（ER）模型中，实体和关系是通过不同的结构来建模的。

简单关系和分配关系都将从声明实体指向其他的一些数据类型。对这些关系的基数进行讨论是很有用的（从声明实体的角度来看）。如果基数为 $m:n(0\leqslant m\leqslant n)$，则声明实体的每一个实例都将与至少 m 个至多 n 个对象数据类型的实例联系起来。如果 n 位于中间（?），则与声明实体的一个实例相联系的对象数据类型的实例的数量就没有上限。

对反向关系进行讨论也是很有用的，这种反向就是指一种简单关系或者分配关系的相反方向。这种关系总是隐含地存在，并且将基数默认为 0:?。如果其代表数据类型为一种实体数据类型，则，可以通过代表数据类型中的一种反向（INVERSE）属性声明来对这种关系进行隐含命名和随意约束。

示例：在此例中，实体数据类型 first 与 second 之间存在一种简单关系，其中，实体 second 扮演 ref 的角色。在这种情况下，这种关系关于实体 first 的基数为 1∶1（也就是说，实体 first 的每个实例都恰好与实体 second 的一个实例联系起来）。这种关系关于实体 second 的基数为 0∶?（也就是说，实体 second 的每个实例都可能与实体 first 的零个或更多个实例联系起来）；这就是反向关系的默认基数。

```
ENTITY first;
   ref   : second;
   fattr : STRING;
END_ENTITY;
ENTITY second;
   sattr : STRING;
END_ENTITY;
```

如果一个实体数据类型 E 与一个由属性 A 建立起来的数据类型 T 有关，则这种关系用图形可以表示为：

E.A ___{ m : n }___{ p : q }___ T(注:下划线上的箭头没有标出,请排版人员加上,以下同)

条件是:0≤m≤n 且 0≤p≤q。这里,m : n 从 E 到 T 向前的关系基数,而 p : q 则为从 T 到 E 的反向关系基数。

下面对这三种关系及其相关基数作了更为正式的说明。

H.1.1 简单关系

简单关系是由某种属性建立起来的关系,这种属性的表达方式为另一种实体数据类型。这种关系一般建立在两种相关的实体数据类型之间。

简单关系总是存在于声明实体的一个实例与至多一个代表实体的实例之间。用上面的图形模式可将这种关系表示为:

E.A ___{ m : 1 }___{ p : q }___ T

条件是:0≤m≤1 且 0≤p≤q。

这意味着对于每个实例 E,角色 A 要么没有实例扮演,要么由类型 T 的一个实例来扮演。对于 T 的每个实例,则要存在 p 至 q 个 E 实例,其中,T 实例扮演角色 A。

在下面的情况中,p 和 q 的取值对作用于 E 与 T 之间简单关系上的约束具有等级含义:

——如果 q=1,则会出现这样一个约束,在这种约束中,一个 T 实例在多个 E 实例中并不扮演角色 A。

——如果 1≤p,则会有一个存在约束作用在 T 上。即,对于 T 的每个实例而言,必须至少有 p(但是不多于 q)个 E 实例,并且将这种 T 实例用于角色 A 中。

有数种不同的 EXPRESS 结构用于约束简单关系及其反向关系的基数:

——如果将属性 A 声明为 OPTIONAL,则就会产生 m=0 的情况。如果 A 未被声明为 OPTIONAL,则 m=1;

——如果对简单反向属性进行声明,或者将单值性规则施加到 E.A 上,则就会产生 q=1 的情况,单值性规则要求 E 群体中的每个角色 A 都要使用一个不同的实例,因此,一个 T 实例能由不多于一个的 E.A 使用;

——作用在反向关系基数上的其他约束通过这种方式来表达:将 T 中的反向(INVERSE)属性声明为 INVERSE I : SET[p : q] OF E FOR A。对于 p=q=1 这种情况,就可以将其缩写为 INVERSE I : E FOR A。

下面是一些简单关系及其相关基数约束的范例:

示例 1:CIRCLE.CENTRE ___{ 1 : 1 }___{ 0 : ? }___ POINT

每个 CIRCLE 都恰好有一个 POINT 来扮演角色 CENTRE。而每个 POINT 可以在任意数量(包括零个)的 CIRCLEs 中扮演角色 CENTRE。这种关系的声明方式为:

```
    ENTITY point;
END_ENTITY;
    ENTITY circle; centre : point;
    END_ENTITY;
```

示例 2:PRODUCT_VERSION.BASE_PRODUCT ___{ 1 : 1 }___{ 1 : ? }___ PRODUCT

每个 PRODUCT_VERSION 都恰好有一个 PRODUCT 来扮演角色 BASE_PRODUCT。而一个 PRODUCT 可以在任意数量的 PRODUCT_VERSIONs 中扮演 BASE_PRODUCT 角色,但是在至少一个(存在依赖关系)PRODUCT_VERSION 中扮演这种角色。这种关系的声明方式为:

```
ENTITY product_version;
base_product : product; … END_ENTITY;
ENTITY product;
INVERSE
versions : SET [1 : ?] OF product_version FOR base_product;
END_ENTITY;
```

示例 3:PERSON. LUNCH ⟨0:1⟩ ⟨0:?⟩ MEAL

每个 PERSON 可能有一个 MEAL 扮演角色 LUNCH。一个 MEAL 可能在任意数量的 PERSON(假设数量足够大!)中扮演角色 LUNCH。这种关系的声明方式为:

```
ENTITY person;
lunch : OPTIONAL meal;
END_ENTITY;
ENTITY meal;
calories : energy_measure; amount : weight_measure;
END_ENTITY;
```

H.1.2 集体关系

一种实体数据类型的聚合赋值属性可以在实体数据类型与代表属性的聚合数据类型之间建立起一种集体关系。

注:这种集体关系并不包含最终构成属性聚合取值的实体实例。反而这些实例会参与到分配关系之中(见 H.1.3)。

集体关系与非聚合情况下的简单关系相似。集体关系总是存在于声明实体的一个实例与代表聚合数据类型的至多一个实例之间。正如简单关系中的情况,这种关系可以用图形表示为:

E. A ⟨m:1⟩ ⟨r:s⟩ T

条件是:$0 \leqslant m \leqslant n$ 且 $0 \leqslant r \leqslant s$。

对于下面的情况,r 与 s 的取值对作用在 E 与 T 之间集体关系上的约束具有等级含义:

——如果 s=1,则作用于属性 A 的集体取值为一个单值约束。

——如果 $1 \leqslant r$,则会有一个存在约束作用在 T 上。

同简单关系的情况一样,m 的取值通过将 A 属性声明为 OPTIONAL 属性($m=0$)来进行控制。如同简单关系的情况一样,假设 s=1,可以通过将作用于 A 上的单值规则写入 E 声明中来获得单值约束。否则,r 与 s 的取值都将不能受到约束。

下面是一些集体关系及其相关基数约束的范例:

示例 1:POLY_CURVE. COEF ⟨1:1⟩ ⟨0:?⟩ LIST[1:?]OF REAL

每个 POLY_CURVE 都有一个 REAL 数量的表单来扮演角色 COEF。任何 LIST[1:?]OF REAL 都可能在任意数量(包括零个)的 POLY_CURVEs 中扮演角色 COEF。这种关系的声明方式为:

```
ENTITY poly_curve;
    coef : LIST [1 : ?] OF REAL;
    ……
END_ENTITY;
```

示例 2:LOOP. EDGES ⟨0:1⟩ ⟨0:1⟩ LIST[1:?]OF EDGE

每个 LOOP 可能有一个 EDGE 表单来扮演角色 EDGES。每个 LIST[1:?]OF EDGE 可能会在至多一个 LOOP 实例中扮演角色 EDGES。这种关系的声明方式为:

```
ENTITY loop;
    edges : OPTIONAL LIST [1 : ?] OF edge;
    ……
UNIQUE
    un1 : edges;
END_ENTITY;
ENTITY edge;
    ……
END_ENTITY;
```

H.1.3 分配关系

除了上面讨论的集体关系之外,一种实体数据类型的聚合赋值属性还可以在实体数据类型与聚合数据类型的主要基本类型之间建立起一种分配关系，这种聚合数据类型用于代表属性。

一种分配关系可以将声明实体的一个实例分别与代表主要基本类型的实例联系起来，在这里，代表主要基本类型的实例的数量是任意的。这种关系的基数可通过聚合数据类型的基数进行约束，在这里，聚合数据类型用于代表属性。为属性类型的主要基本类型写入 FUND(T)，则分配关系可以用图形表示为：

E.A ___{ k：l }_______{ p：q }___ FUND(T)

条件是：0≤k≤l 且 0≤p≤q。

这意味着：对于每一个实例 E，属性 A 的构成元素为 k 到 l 个 FUND(T)实例。一个 FUND(T)实例可能会以角色 A 的形式出现在 p 至 q 个 E 实例中。

在下面的情况中，p 和 q 的取值对作用于 E 与 FUND(T)之间分配关系上的约束具有等级含义：

——如果 q=1，则会出现这样一个约束，在这种约束中，一个 FUND(T)实例可能并不以角色 A 的形式出现在多个 E 实例中。

——如果 1≤p，则会有一个存在约束作用在 FUND(T)上。即，对于 FUND(T)的每个实例而言，必须至少有 p(但是不多于 q)个 E 实例，这些实例中包含有以角色 A 出现的 FUND(T)实例。

下面的 EXPRESS 结构可用来约束分配关系及其反向关系的基数。

——k 与 l 的取值可通过用于代表 A 的聚合数据类型的界规范来得到。在最简单的情况下，属性的数据类型仅仅为 SET［k：l］OF FUND(T)(或者一个类似的 BAG 或者 LIST 数据类型)；

注 1：在这种接近的关系中，一元赋值与多元聚合赋值之间没有区别。

——在 q=1 的情况下，分配关系不能通过将单值规则施加到 E.A 上来获得。相反地，一种反向(INVERSE)属性必须被声明为 INVERSE I： E FOR A，并在 FUND(T)中受到约束；

——作用在反向关系基数上的其他约束可通过将 FUND(T)中的反向(INVERSE)属性声明为 INVERSE I：SET［p：q］OF E FOR A。对于 p=q=1 这种情况，就可以将其缩写为 INVERSE I： E FOR A。

下面是一些分配关系及其相关基数约束的范例：

示例 1：将此例与上面的例 1 进行对比。

POLY_CURVE.COEF ___{ 1：? }_____{ 0：? }___ REAL

一个 POLY_CURVE 至少有一个 REAL 数字来扮演角色 COEF。一个具体的 REAL 数字可能被用于一个数量不受限制的 POLY_CURVEs(包括零个)的 COEF 属性之中。这种关系的声明方式为：

```
ENTITY poly_curve;
    coef : LIST [1 : ?] OF REAL;
END_ENTITY;
```

示例 2：将此例与上面的例 2 进行对比。

LOOP.EDGES ___{ 0：? }_____{ 2：2 }___ EDGE

一个 LOOP 可能由任意数量的 EDGES 构成。一个 EDGE 必须恰好用于两个不同的 LOOPs。这种关系的声明方式为：

```
ENTITY loop;
    edges : OPTIONAL LIST [1 : ?] OF edge;
UNIQUE
    un1 : edges;
END_ENTITY;
ENTITY edge;
    INVERSE
        loops : SET [2 : 2] OF loop FOR edges;
END_ENTITY;
```

H.1.4 反向属性

由一种关系建立的每一种关系都具有一种隐含的反向关系。通过默认方式，这种关系能被有效地忽略这种关系，也就是说，它不能被引用，并且其基数是不受约束的。作用于对简单关系进行声明的属性上的单值规则能有效地对这种反向关系基数进行约束。EXPRESS 中不存允许对反向关系进行命名和约束的结构。这些结构在有关其他级别的关系中已作了部分说明，并在此进行了总结。

反向属性声明给了反向关系一种标识符。反向属性的类型可以约束这种反向关系基数。

在下面对具体 EXPRESS 结构及其对反向基数的影响的讨论中，假设实体 E 声明了数据类型 T 的一种属性 A。如果 T 是一种聚合数据类型，则其主要基本类型为 FUND(T)。代表实体(FUND(T)或者 T，视情况而定)表示为 R。并假设反向关系由 R 中的反向属性声明。

——如果 A 为一种具有与其相关的单值规则非聚合属性，则对简单关系应当这样进行约束：在 E 群体中，每一个 A 均为单一的。因此，一个 T 实例只能在不多于一个 E 实例中扮演 A 角色，即 q=1。这就等价于 INVERSE I：SET〔0：1〕OF E FOR A；如果 A 为一种具有与之相关的单值规则的聚合属性，则对集体关系应但这样约束：s=1。也就是说，一个 T 实例(为一种聚合)可以在不多于一个的 E 实例中扮演角色 A。对分配关系没有约束：一个 R 实例可能在任意数量的 E 实例中扮演 A 角色。

——如果 I 被声明为 INVERSE I：BAG〔p：q〕OF E FOR A，则简单关系或者分配关系的反向基数要根据 p 和 q 的取值来进行约束。也就是说，一个 R 实例可能会在 p 到 q 个 E 实例中扮演角色 A。由于一个 BAG 中允许实例等价于元素，因此，一个具体的 R 实例可能会在一个具体的 E 实例中多次扮演这种角色。这种情况只有在 T 为一种聚合数据类型并且这种聚合数据类型本身接纳重复元素的情况下才有意义。

——如果 I 被声明为 INVERSE I：SET〔p：q〕OF E FOR A，则简单关系或者分配关系的反向基数要根据 p 和 q 的取值来进行约束。也就是说，一个 R 实例可能会在 p 到 q 个 E 实例中扮演角色 A。由于一个 SET 中不接纳重复元素，因此，一个具体的 R 实例不能在一个具体的 E 实例中多次扮演这种角色。

——如果 I 被声明为 INVERSE I： E FOR A，则其效果就如同像它已经被声明为一个 SET〔1：1〕OF E 一样。也就是说，每一个 R 实例必须恰好在一个 E 实例中扮演角色 A。

——对于 I 的任何声明，要么为一个 BAG 加上条件 p≥1，要么为一个 SET 加上条件 p≥1，或者既不是一个 BAG 也不是一个 SET，则，这种声明就在 R 上建立起一种存在约束：它要求每个 R 实例在至少一个 E 实例中扮演角色 A。

H.2 子类/超类关系

在一个实体中的子类声明规定了一种子类实体与规定的超类实体之间的关系。

假设子类实体 P 具有子类 C，则这种关系可以用图形表示为：

P ＿｛n:1｝ ｛1:1｝＿ C

条件为 0≤n≤1。这就意味着：对于每一个 P 实例，要么存在 0 个要么存在一个 C 实例。对于每一个 C 实例，就存在一个 P 实例。

在 P 为一个抽象(ABSTRACT)超类的情况下，这种关系为：

P ＿｛1:1｝ ｛1:1｝＿ C

这就意味着：对于每一个 P 实例，就存在一个 C 实例。对于没一个 C 实例，就存在一个 P 实例。

附 录 I
（资料性附录）
EXPRESS-G 图例的 EXPRESS 模型

本附录列举了几个 EXPRESS 解译的范例，这几个范例在说明 EXPRESS-G 建模过程中已被使用过。

对这些模型中的任何一个不作要么为真实要么为“良好”的要求。尤其需要提醒的是，这些示范模型与本标准中的任何其他部分中的任何模型没有任何关系。

I.1 单个模式示范模型

范例中的这个模型主要是说明一个人一定要么为男性要么为女性。每个人都有一些定义特征，例如姓和名字、头发类型以及也可能有 0 个或者多个孩子（当然，这些孩子也是人）。一个男性可能同一个女性结婚，在这种情况下，女性对男性有一种反向关系。

一个人的年龄是一种派生属性，它可以通过函数 years 来计算，这个函数 years 决定了作为一个参数的输入日期与当前日期之间的年数。

一个人具有一种反向属性，这种反向属性将孩子这种人与其父母联系起来。将这种反向属性的下限确定为 0，以保证不必建立整个家庭成员树。

注：如果父母（parents）为一种必要的显性属性，并且孩子（children）为一种反向属性，则家庭树要及时向后扩展。

示例：单个模式的 EXPRESS 模型。

```
SCHEMA example;
    TYPE date = ARRAY [1 : 3] OF INTEGER; END_TYPE;
    TYPE hair_type = ENUMERATION OF (blonde,brown,black,red,white,bald); END_TYPE;
    ENTITY person;
        first_name : STRING;
        last_name  : STRING;
        nickname   : OPTIONAL STRING;
        birth_date : date;
        children   : SET [0 : ?] OF person;
        hair       : hair_type; DERIVE
        age : INTEGER := years(birth_date); INVERSE
        parents : SET [0 : 2] OF person FOR children;
    END_ENTITY;
    SUBTYPE_CONSTRAINT sc_person FOR person;
        ONEOF(female, male);
    END_SUBTYPE_CONSTRAINT;
    ENTITY female
        SUBTYPE OF (person);
        INVERSE
        husband : SET [0 : 1] OF male FOR wife; -- husband is optional !
    END_ENTITY;
    ENTITY male
        SUBTYPE OF (person);
        wife : OPTIONAL female;
    END_ENTITY;
```

```
    FUNCTION years(past : date): INTEGER;
    (* "years" This function calculates the number of years between the past date and the current date *)
    END_FUNCTION;
END_SCHEMA;
```

I.2 关系模型

本例是一个示范模型，目的是为了说明在一个 EXPRESS 模型中所要建立的声明和关系。该模型含有超类实体、子类实体以及既不属于超类也不属于子类的实体。还包括两种被定义的数据类型、一种选择类型和一些简单类型。

示例：一个简单 EXPRESS 实体与类型关系模型。

```
SCHEMA etr;
    ENTITY super; END_ENTITY;
    ENTITY sub_1
        SUBTYPE OF (super);
        attr : from_ent;
    END_ENTITY;
    ENTITY sub_2
        SUBTYPE OF (super);
        pick : choice;
    END_ENTITY;
    ENTITY an_ent;
        int : INTEGER;
    END_ENTITY;
    ENTITY from_ent;
        description : OPTIONAL to_ent;
        values      : ARRAY [1 : 3] OF UNIQUE REAL;
    END_ENTITY;
    ENTITY to_ent;
        text : strings;
    END_ENTITY;
    TYPE choice=SELECT(an ent,name);
    END TYPE;
    TYPE name=String;
    END TYPE;
    TYPE strings=LIST [1 : ?] OF STRING;
    END TYPE;
    END_SCHEMA;
```

I.3 简单的子类/超类树

EXPRESS 能定义非常复杂的子类/超类树（以及网络）。范例中展示的树相对比较简单。

示例：在 EXPRESS 中的子类/超类树。

```
SCHEMA simple_trees;
ENTITY super;
END_ENTITY;


ENTITY sub1;
```

```
  SUBTYPEOF(super);
END_ENTITY;
ENTITY sub2;
  SUBTYPEOF(super);
END_ENTITY;
SUBTYPEOF CONSTRAINT sc sub2 FOR sub2;
  ABSTRACT;
  ONE OF(sub3,sub4);
END SUBTYPE CONSTRANINT;
ENTITY sub3;
  SUBTYPEOF(super);
END_ENTITY;
ENTITY sub4;
  SUBTYPEOF(super);
END_ENTITY;
ENTITY sub5;
  SUBTYPEOF(super);
END_ENTITY;
END_SCHEMA;
```

I.4 属性重声明

EXPRESS允许对后继属性进行重声明,并支持新属性类型具有兼容性。范例给出了重声明的一些许可形式:重声明的属性类型为一种后继类型的子类;

——重声明的属性类型为一种兼容的简单类型;

——尽管后继取值是任选的,但是对重声明的属性赋值也是必要的。

示例:EXPRESS属性重声明。

```
ENTITY sup_a;
    attr : sup_b;
END_ENTITY;
ENTITY sub_a
    SUBTYPE OF (sup_a);
    SELF\sup_a.attr : sub_b;
END_ENTITY;
ENTITY sup_b;
    num : OPTIONAL NUMBER;
END_ENTITY;
ENTITY sub_b
    SUBTYPE OF (sup_b);
    SELF\sup_b.num : REAL;
END_ENTITY;
```

I.5 多模式模型

EXPRESS模型至少由一种模式构成。例1给出了一个由两种模式构成的模型。

示例1:一个两模式的EXPRESS模型。

```
SCHEMA geom;
    ENTITY lcs; END_ENTITY;
```

```
    ENTITY surface; END_ENTITY;
    ENTITY curve; END_ENTITY;
    ENTITY point; END_ENTITY;
END_SCHEMA; -- geom
SCHEMA top; USE FROM geom (curve, point AS node);
    REFERENCE FROM geom (surface);
    ENTITY face;
        bounds : LIST [1 : ?] OF loop;
        loc : surface;
    END_ENTITY;
    ENTITY loop; END_ENTITY;
    SUBTYPE_CONSTRAINT sc_loop FOR loop;
        ABSTRACT;
        ONEOF(eloop, vloop);
    END_SUBTYPE_CONSTRAINT;
    ENTITY eloop
        SUBTYPE OF (loop);
        bound : LIST [1 : ?] OF edge;
    END_ENTITY;
    ENTITY vloop
        SUBTYPE OF (loop);
        bound : vertex;
    END_ENTITY;
    ENTITY edge;
        start : vertex;
        end : vertex;
        loc : curve;
    END_ENTITY;
    ENTITY vertex;
        loc : node;
    END_ENTITY;
END_SCHEMA;--top
```

在示例 2 中给出了一个更复杂的模式集合。虽然为了保存空间而没有将它们显示出来，但是在每一个被声明的模式中都存在实体、类型以及其他定义。在这种情况下，便可以理解这种复杂的模式集合。

示例 2：EXPRESS 多模式模型。

```
SCHEMA stuff;
END_SCHEMA;
SCHEMA whatsits;
    REFERENCE FROM stuff;
END_SCHEMA;
SCHEMA widgets;
    USE FROM whosits;
    USE FROM gadgets;
    REFERENCE FROM things;
END_SCHEMA;
SCHEMA things;
```

```
END_SCHEMA;
SCHEMA gadgets; USE FROM stuff;
    REFERENCE FROM things;
END_SCHEMA;
SCHEMA whosits;
    REFERENCE FROM stuff;
    REFERENCE FROM whatsits;
END_SCHEMA;
```

附 录 J
（资料性附录）
不推荐使用的 EXPRESS 语言的语法特征

在本版本的 EXPRESS 语言手册中，有些概念采用了两种不同的描述语法，这种重复的情况是为了使现有的模式继续保持有效，同时也可以使用新的构造。在未来版本的 EXPRESS 语言手册中，这类重复情况将被删除，即删除那些可用新的语法替代的第 1 版 EXPRESS 语言手册中的构造语法。因此，下列语法构造不推荐使用：

——EXPRESS-G 图中用 ABS 表示的抽象超类实体；

——超类的约束说明语法（见 9.2.3.2 和 9.2.5），现在可以用新的子类约束声明表示。

在本版本的 EXPRESS 语言手册中，还修改或删除了与第 1 版 EXPRESS 语言中的概念有关的语义。因此，下列语义不推荐使用：

——与非可扩展、非扩展枚举数据类型相关的枚举项的排序。

附 录 K
（资料性附录）
EXPRESS 语言新构造的示例

本附录给出了一些新构造的示例，这些新结构通过 GB/T 16656 标准关于本部分内容的这个版本而被添加到 EXPRESS 语言中。对下面模型的质量问题不作要求。这个模型仅仅给出了新结构可以如何使用的范例。

K.1 生产管理示例

本例说明了以下结构在一种模式中如何使用，这种模式是一种被某些模式使用的资源，这些模式在应用领域方面更为全面：

——可扩展的构造数据类型；

——作用于选择(SELECT)上的通用实体(GENERIC_ENTITY)约束；

——抽象实体(ABSTRACT ENTITY)；

——属性的重新命名；

——子类约束(SUBTYPE_CONSTRAINT)。

示例：本例使用可扩展的构造数据类型。

```
SCHEMA my_product_management;

    USE FROM generic_product_management;

    TYPE my_additional_categories = ENUMERATION BASED_ON product_category_names WITH
    ( document, drawing, electromechanical, mechanical, electrical, pump );
    END_TYPE;

    TYPE my_additional_values = ENUMERATION BASED_ON approval_status_values WITH
    ( approved, disapproved, pending );
    END_TYPE;

    TYPE my_approvable_objects = EXTENSIBLE SELECT BASED_ON approvable_objects WITH
    ( product, product_category, product_to_category_relationship );
    END_TYPE;

    ENTITY approval_by_person_in_organization
    SUBTYPE OF ( approval );
        SELF\approval.approved_by : person_in_organization_relationship;
    END_ENTITY;

    ENTITY approval_by_person
    SUBTYPE OF ( approval );
        SELF\approval.approved_by : person;
    END_ENTITY;

    SUBTYPE_CONSTRAINT not_both FOR approval;
```

```
      ONEOF ( approval_by_person, approval_by_person_in_organization );
    END_SUBTYPE_CONSTRAINT;

END_SCHEMA;

SCHEMA generic_product_management;

    TYPE product_category_names = EXTENSIBLE ENUMERATION OF ( part, tool, raw_material );
    END_TYPE;

    TYPE approval_status_values = EXTENSIBLE ENUMERATION;
    END_TYPE;

    TYPE approvable_objects = EXTENSIBLE GENERIC_ENTITY SELECT;
    END_TYPE;

  ENTITY product;
    name : STRING;
    END_ENTITY;

  ENTITY product_category;
    name : product_category_names;
  END_ENTITY;

  ENTITY binary_entity_relationship ABSTRACT;
    end_one : GENERIC_ENTITY;
    end_two : GENERIC_ENTITY;
  END_ENTITY;

  ENTITY product_to_category_relationship
    SUBTYPE OF ( binary_entity_relationship );
    SELF\binary_entity_relationship.end_one RENAMED the_category : product_category;
    SELF\binary_entity_relationship.end_two RENAMED the_product : product;
  END_ENTITY;

  ENTITY approval ABSTRACT;
    approved_by : GENERIC_ENTITY;
    status : approval_status_values;
    approved_items : SET[1 : ?] OF approvable_objects;
  END_ENTITY;

  ENTITY person;
    name : STRING;
  END_ENTITY;

  ENTITY organization;
    name : STRING;
```

```
  END_ENTITY;

  ENTITY person_in_organization_relationship
    SUBTYPE OF ( binary_entity_relationship );
    role_of_person : STRING;
    SELF\binary_entity_relationship.end_one RENAMED the_person : person;
    SELF\binary_entity_relationship.end_two RENAMED the_organization : organization;
  END_ENTITY;

END_SCHEMA;
```

附 录 NA
（资料性附录）
ISO 10303 各部分的目录

ISO 10303 是一个由多部分组成的技术标准，各部分单独出版。ISO 10303 的所属各部分被分成多个子系列：描述方法、实现方法、一致性测试方法与框架、集成资源、应用协议、抽象测试套件、应用解释构造和应用模块等。在 ISO 10303-1 中对该标准的各子系列进行了描述。

ISO 10303 的总标题为《工业自动化系统与集成　产品数据表达与交换》，它包括以下部分：

——第 1 部分：概述与基本原理；

——第 11 部分：描述方法：EXPRESS 语言参考手册；

——第 12 部分：描述方法：EXPRESS-I 语言参考手册；

——第 14 部分：描述方法：EXPRESS-X 语言参考手册；

——第 21 部分：实现方法：交换结构的纯正文编码；

——第 22 部分：实现方法：标准数据访问接口；

——第 23 部分：实现方法：C＋＋语言与标准数据访问接口联编；

——第 24 部分：实现方法：C 语言与标准数据访问接口联编；

——第 25 部分：实现方法：EXPRESS 与 OMG XMI 联编；

——第 27 部分：实现方法：JAVA 编程语言联编的标准数据访问接口 Internet/Intranet 扩展；

——第 28 部分：实现方法：EXPRESS 计划及数据的 XML 表达；

——第 31 部分：一致性测试方法论与框架：基本概念；

——第 32 部分：一致性测试方法论与框架：测试实验室与顾客的要求；

——第 34 部分：一致性测试方法论与框架：应用协议实现的抽象测试方法；

——第 35 部分：一致性测试方法论与框架：标准数据访问接口实现的抽象测试方法；

——第 41 部分：集成通用资源：产品描述与支持原理；

——第 42 部分：集成通用资源：几何与拓扑表达；

——第 43 部分：集成通用资源：表达结构；

——第 44 部分：集成通用资源：产品结构配置；

——第 45 部分：集成通用资源：材料；

——第 46 部分：集成通用资源：可视化显示；

——第 47 部分：集成通用资源：形状变化公差；

——第 49 部分：集成通用资源：工艺结构与特性；

——第 50 部分：集成通用资源：数学结构；

——第 51 部分：集成通用资源：数学描述；

——第 54 部分：集成通用资源：分类和设定理论；

——第 55 部分：集成通用资源：规程和混合表达；

——第 56 部分：集成通用资源：状态；

——第 59 部分：集成通用资源：产品形状数据的质量；

——第 101 部分：集成应用资源：绘图；

——第 104 部分：集成应用资源：有限元分析；

——第 105 部分：集成应用资源：运动学；

——第 107 部分：集成应用资源：有限元分析定义关系；

——第 108 部分：集成应用资源：显式几何产品模型参数和约束；

——第 109 部分:集成应用资源:产品 STEP 装配模型;
——第 111 部分:集成应用资源:实体形状过程建模要素;
——第 112 部分:集成应用资源:程序式表示二维 CAD 模型的交换的模拟指令;
——第 201 部分:应用协议:显式绘图;
——第 202 部分:应用协议:相关绘图;
——第 203 部分:应用协议:配置控制设计;
——第 204 部分:应用协议:使用边界表达的机械设计;
——第 207 部分:应用协议:钣金模具的规划与设计;
——第 209 部分:应用协议:复合材料和金属结构分析以及相关的设计;
——第 210 部分:应用协议:印刷电路部件产品的设计数据;
——第 212 部分:应用协议:电子设计和安装;
——第 214 部分:应用协议:自动化机械设计过程的核心数据;
——第 215 部分:应用协议:船舶布置;
——第 216 部分:应用协议:船舶模型;
——第 218 部分:应用协议:船舶结构;
——第 219 部分:应用协议:尺寸公差检查信息交换;
——第 221 部分:应用协议:流程工业工厂的功能数据和图解表达;
——第 223 部分:应用协议:铸造件设计制造产品信息交换;
——第 224 部分:应用协议:采用加工特征定义机械产品的加工规划;
——第 225 部分:应用协议:用显式形状表达的建筑元素;
——第 227 部分:应用协议:工厂空间配置;
——第 232 部分:应用协议:技术数据封装核心信息与交换;
——第 233 部分:应用协议:系统工程数据的表达;
——第 235 部分:应用协议:产品设计和检验的工程特性;
——第 236 部分:应用协议:家具目录和内部设计;
——第 238 部分:应用协议:计算机数控装置的应用解释模型;
——第 239 部分:应用协议:产品生命周期支持;
——第 240 部分:应用协议:加工产品的工艺计划;
——第 304 部分:抽象测试套件:使用边界表达的机械设计;
——第 307 部分:抽象测试套件:钣金模具的规划与设计;
——第 324 部分:抽象测试套件:采用加工特征定义机械产品的加工规划;
——第 325 部分:抽象测试套件:用显式形状表达的建筑元素;
——第 332 部分:抽象测试套件:技术数据包核心信息与交换;
——第 403 部分:应用模块:AP203 配置控制三维设计;
——第 410 部分:应用模块:AP210 电子装配连接和包装设计;
——第 421 部分:应用模块:功能数据和示意表达;
——第 436 部分:应用模块:AP236 设备目录和内部设计;
——第 439 部分:应用模块:AP 239 产品生产周期支持;
——第 501 部分:应用解释构造:基于边的线框;
——第 502 部分:应用解释构造:基于壳的线框;
——第 503 部分:应用解释构造:几何边界的二维线框;
——第 504 部分:应用解释构造:绘图标注;
——第 505 部分:应用解释构造:图纸结构与管理;

——第 506 部分:应用解释构造:绘图元素;
——第 507 部分:应用解释构造:几何边界曲面;
——第 508 部分:应用解释构造:非流形曲面;
——第 509 部分:应用解释构造:流形曲面;
——第 510 部分:应用解释构造:几何定界的线框;
——第 511 部分:应用解释构造:拓扑定界的表面;
——第 512 部分:应用解释构造:小平面边界表达;
——第 513 部分:应用解释构造:基本边界表达;
——第 514 部分:应用解释构造:高级边界表达;
——第 515 部分:应用解释构造:构造实体几何;
——第 517 部分:应用解释构造:机械设计几何表达;
——第 518 部分:应用解释构造:机械设计渲染表达;
——第 519 部分:应用解释构造:几何公差;
——第 520 部分:应用解释构造:相关绘图元素;
——第 521 部分:应用解释构造:流形子曲面;
——第 522 部分:应用解释构造:加工特征;
——第 523 部分:应用解释构造:曲线扫掠实体;
——第 1001 部分:应用模块:外观赋值;
——第 1002 部分:应用模块:颜色;
——第 1003 部分:应用模块:曲线外观;
——第 1004 部分:应用模块:基本形状;
——第 1005 部分:应用模块:基本拓扑形状;
——第 1006 部分:应用模块:基础表达;
——第 1007 部分:应用模块:一般曲面外观;
——第 1008 部分:应用模块:层分配;
——第 1009 部分:应用模块:形状外观和层;
——第 1010 部分:应用模块:日期时间;
——第 1011 部分:应用模块:人员组织;
——第 1012 部分:应用模块:批准;
——第 1013 部分:应用模块:人员组织分配;
——第 1014 部分:应用模块:日期时间分配;
——第 1015 部分:应用模块:安全性分类;
——第 1016 部分:应用模块:产品目录;
——第 1017 部分:应用模块:产品标识;
——第 1018 部分:应用模块:产品版本;
——第 1019 部分:应用模块:产品视图定义;
——第 1020 部分:应用模块:产品版本关系;
——第 1021 部分:应用模块:标识分配;
——第 1022 部分:应用模块:零件和版本标识;
——第 1023 部分:应用模块:零件视图定义;
——第 1024 部分:应用模块:产品关系;
——第 1025 部分:应用模块:别名标识;
——第 1026 部分:应用模块:装配结构;

——第 1027 部分:应用模块:相关形状布置;
——第 1030 部分:应用模块:特性分配;
——第 1032 部分:应用模块:形状特征分配;
——第 1033 部分:应用模块:外部模型;
——第 1034 部分:应用模块:产品视图定义特性;
——第 1036 部分:应用模块:独立特性;
——第 1038 部分:应用模块:独立特性表达;
——第 1039 部分:应用模块:几何确认特性;
——第 1040 部分:应用模块:过程特性分配;
——第 1041 部分:应用模块:产品视图定义关系;
——第 1042 部分:应用模块:工作请求;
——第 1043 部分:应用模块:工作订单;
——第 1044 部分:应用模块:认证;
——第 1046 部分:应用模块:产品替换;
——第 1047 部分:应用模块:活动;
——第 1049 部分:应用模块:活动方法;
——第 1050 部分:应用模块:尺寸公差;
——第 1051 部分:应用模块:几何公差;
——第 1052 部分:应用模块:缺省公差;
——第 1054 部分:应用模块:有单位的值;
——第 1055 部分:应用模块:零件定义关系;
——第 1056 部分:应用模块:配置项;
——第 1057 部分:应用模块:有效性;
——第 1058 部分:应用模块:配置有效性;
——第 1059 部分:应用模块:有效性应用;
——第 1060 部分:应用模块:产品概念标识;
——第 1061 部分:应用模块:项;
——第 1062 部分:应用模块:合同;
——第 1063 部分:应用模块:产品产生;
——第 1064 部分:应用模块:事件;
——第 1065 部分:应用模块:时间间隔;
——第 1068 部分:应用模块:三维构造实体几何;
——第 1070 部分:应用模块:类;
——第 1071 部分:应用模块:活动类;
——第 1074 部分:应用模块:特性条件;
——第 1077 部分:应用模块:产品类;
——第 1080 部分:应用模块:特性空间;
——第 1085 部分:应用模块:特性定义;
——第 1091 部分:应用模块:数学空间;
——第 1092 部分:应用模块:数学值;
——第 1099 部分:应用模块:独立特性定义;
——第 1101 部分:应用模块:产品特征定义;
——第 1102 部分:应用模块:装配特性定义;

——第1103部分:应用模块:产品类;
——第1104部分:应用模块:特定产品;
——第1105部分:应用模块:多语种处理;
——第1106部分:应用模块:扩展的测量表达;
——第1108部分:应用模块:基于规范的配置;
——第1109部分:应用模块:可选方案;
——第1110部分:应用模块:表面条件;
——第1111部分:应用模块:带属性的分类;
——第1112部分:应用模块:规范控制;
——第1113部分:应用模块:组;
——第1114部分:应用模块:分类赋值;
——第1115部分:应用模块:零件集合;
——第1116部分:应用模块:Pdm物料;
——第1118部分:应用模块:测量表达;
——第1121部分:应用模块:文档和版本;
——第1122部分:应用模块:文档分配;
——第1123部分:应用模块:文档定义;
——第1124部分:应用模块:文档结构;
——第1126部分:应用模块:文档特性;
——第1127部分:应用模块:文件标识;
——第1128部分:应用模块:外部项标识分配;
——第1129部分:应用模块:外部特性;
——第1130部分:应用模块:导出形状元素;
——第1131部分:应用模块:建筑几何;
——第1132部分:应用模块:联合文本;
——第1133部分:应用模块:单个零件表达;
——第1134部分:应用模块:产品结构;
——第1136部分:应用模块:文本外观;
——第1140部分:应用模块:需求标识和版本;
——第1141部分:应用模块:需求视图定义;
——第1142部分:应用模块:需求视图定义关系;
——第1143部分:应用模块:建筑构件;
——第1144部分:应用模块:建筑项;
——第1145部分:应用模块:建筑结构;
——第1146部分:应用模块:建筑位置;
——第1147部分:应用模块:制造配置有效性;
——第1151部分:应用模块:功能的数据;
——第1156部分:应用模块:产品结构及分类;
——第1157部分:应用模块:产品结构类;
——第1158部分:应用模块:产品类的成分;
——第1159部分:应用模块:产品连接类;
——第1160部分:应用模块:产品外壳类;
——第1161部分:应用模块:产品连接内容类;

——第 1162 部分:应用模块:产品库类;
——第 1163 部分:应用模块:单个产品结构;
——第 1164 部分:应用模块:单个产品;
——第 1165 部分:应用模块:单个产品连接内容;
——第 1166 部分:应用模块:单个产品成分;
——第 1167 部分:应用模块:单个产品连接;
——第 1168 部分:应用模块:单个产品外壳;
——第 1169 部分:应用模块:活动结构和分类;
——第 1170 部分:应用模块:活动结构类;
——第 1171 部分:应用模块:活动成分类;
——第 1172 部分:应用模块:活动连接类;
——第 1173 部分:应用模块:活动内容类;
——第 1174 部分:应用模块:活动库类;
——第 1175 部分:应用模块:单个活动结构;
——第 1176 部分:应用模块:单个活动;
——第 1177 部分:应用模块:单个活动成分;
——第 1178 部分:应用模块:单个活动连接;
——第 1179 部分:应用模块:活动单个内容;
——第 1188 部分:应用模块:人员类;
——第 1198 部分:应用模块:特性和特性赋值;
——第 1199 部分:应用模块:特性的拥有;
——第 1203 部分:应用模块:示意和符号;
——第 1204 部分:应用模块:示意图;
——第 1205 部分:应用模块:示意元素;
——第 1206 部分:应用模块:制图注释;
——第 1207 部分:应用模块:图结构与管理;
——第 1208 部分:应用模块:示意元素库;
——第 1209 部分:应用模块:示意元素的表示符号;
——第 1210 部分:应用模块:集合理论;
——第 1211 部分:应用模块:关系基数;
——第 1212 部分:应用模块:分类;
——第 1213 部分:应用模块:参考数据库;
——第 1214 部分:应用模块:系统分解;
——第 1215 部分:应用模块:物理分解;
——第 1216 部分:应用模块:功能分解;
——第 1217 部分:应用模块:区域分解;
——第 1218 部分:应用模块:混合分解;
——第 1228 部分:应用模块:非确定性表达;
——第 1230 部分:应用模块:配置控制的 3D 零件和组件;
——第 1231 部分:应用模块:产品数据管理;
——第 1233 部分:应用模块:需求赋值;
——第 1240 部分:应用模块:组织的类型;
——第 1241 部分:应用模块:信息权;

——第 1242 部分:应用模块:组织内的位置;
——第 1243 部分:应用模块:经验;
——第 1244 部分:应用模块:合格性;
——第 1245 部分:应用模块:人员的类型;
——第 1246 部分:应用模块:属性分类;
——第 1248 部分:应用模块:产品分解;
——第 1249 部分:应用模块:活动方法赋值;
——第 1250 部分:应用模块:连接槽;
——第 1251 部分:应用模块:接口;
——第 1252 部分:应用模块:概率;
——第 1253 部分:应用模块:条件;
——第 1254 部分:应用模块:条件评估;
——第 1255 部分:应用模块:状态定义;
——第 1256 部分:应用模块:被观察的状态;
——第 1257 部分:应用模块:特征化的条件;
——第 1258 部分:应用模块:观察;
——第 1259 部分:应用模块:已实现的活动;
——第 1260 部分:应用模块:模式;
——第 1261 部分:应用模块:活动方法的实施;
——第 1262 部分:应用模块:任务规范;
——第 1263 部分:应用模块:合理性;
——第 1265 部分:应用模块:包络;
——第 1266 部分:应用模块:资源管理;
——第 1267 部分:应用模块:需求的资源;
——第 1268 部分:应用模块:资源项;
——第 1269 部分:应用模块:已实现的资源;
——第 1270 部分:应用模块:报文;
——第 1271 部分:应用模块:特征化状态;
——第 1272 部分:应用模块:特征化活动;
——第 1273 部分:应用模块:资源特征赋值;
——第 1274 部分:应用模块:概率分布;
——第 1275 部分:应用模块:外部类别;
——第 1276 部分:应用模块:位置;
——第 1277 部分:应用模块:位置赋值;
——第 1278 部分:应用模块:产品组;
——第 1280 部分:应用模块:需要资源特征化;
——第 1281 部分:应用模块:资源项特征化;
——第 1282 部分:应用模块:资源管理特征化;
——第 1283 部分:应用模块:已实现资源特征化;
——第 1285 部分:应用模块:工作请求特征化;
——第 1286 部分:应用模块:工作次序特征化;
——第 1287 部分:应用模块:AP239 活动记录;
——第 1288 部分:应用模块:管理资源信息;

——第 1289 部分:应用模块:AP239 管理资源信息;
——第 1290 部分:应用模块:文件管理;
——第 1291 部分:应用模块:plib 类参考;
——第 1292 部分:应用模块:AP239 产品定义信息;
——第 1293 部分:应用模块:AP239 零件定义信息;
——第 1294 部分:应用模块:接口生命周期;
——第 1295 部分:应用模块:AP239 特性;
——第 1296 部分:应用模块:条件评估的特征化;
——第 1297 部分:应用模块:AP239 文件管理;
——第 1298 部分:应用模块:活动方法特征化;
——第 1300 部分:应用模块:工作输出;
——第 1301 部分:应用模块:工作输出特征化;
——第 1304 部分:应用模块:AP239 产品状态记录;
——第 1306 部分:应用模块:AP 239 任务规范资源化;
——第 1307 部分:应用模块:AP 239 工作定义;
——第 1340 部分:应用模块:名称赋值;
——第 1341 部分:应用模块:通用表达式;
——第 1342 部分:应用模块:表达式;
——第 1343 部分:应用模块:产品放置;
——第 1344 部分:应用模块:数字接口;
——第 1345 部分:应用模块:项定义结构;
——第 1346 部分:应用模块:数字功能;
——第 1347 部分:应用模块:二维线框;
——第 1348 部分:应用模块:需求管理;
——第 1349 部分:应用模块:不完全数据参考机制;
——第 1350 部分:应用模块:惯量特征;
——第 1351 部分:应用模块:目录数据信息;
——第 1352 部分:应用模块:目录数据信息和形状表达;
——第 1353 部分:应用模块:参数化目录数据信息;
——第 1354 部分:应用模块:家具内部装饰;
——第 1355 部分:应用模块:参数化目录数据和外形表达;
——第 1357 部分:应用模块:选定项;
——第 1358 部分:应用模块:位置赋值特征化;
——第 1364 部分:应用模块:事件赋值;
——第 1365 部分:应用模块:时间间隔赋值;
——第 1366 部分:应用模块:标记文本表达;
——第 1501 部分:应用模块:基于边缘的线框;
——第 1502 部分:应用模块:基于外壳的线框;
——第 1507 部分:应用模块:几何定界的曲面;
——第 1509 部分:应用模块:复合表面;
——第 1510 部分:应用模块:几何限定线框;
——第 1511 部分:应用模块:拓扑限定表面;
——第 1512 部分:应用模块:小平面边界表达;

——第 1514 部分:应用模块:改进的边缘表达;
——第 1601 部分:应用模块:变更的包;
——第 1602 部分:应用模块:变更的零件;
——第 1603 部分:应用模块:分析模型;
——第 1604 部分:应用模块:AP210 装配功能界面要求;
——第 1605 部分:应用模块:AP210 装配功能要求;
——第 1606 部分:应用模块:AP210 装配结构设计;
——第 1607 部分:应用模块:AP210 装配结构界面要求;
——第 1608 部分:应用模块:AP210 装配结构要求;
——第 1609 部分:应用模块:AP210 装配要求布置;
——第 1610 部分:应用模块:AP210 装配工艺约束;
——第 1611 部分:应用模块:AP210 连接域基本模型提取;
——第 1612 部分:应用模块:AP210 设备功能和物理的特征;
——第 1613 部分:应用模块:物理单元非平面设计视图;
——第 1614 部分:应用模块:AP210 功能分解;
——第 1615 部分:应用模块:AP210 功能要求分配;
——第 1616 部分:应用模块:AP210 功能规范;
——第 1617 部分:应用模块:AP210 互连设计;
——第 1618 部分:应用模块:AP210 微波的互连设计;
——第 1619 部分:应用模块:AP210 互连功能要求;
——第 1620 部分:应用模块:AP210 互连物理要求;
——第 1621 部分:应用模块:AP210 互连要求分配;
——第 1622 部分:应用模块:AP210 互连技术约束;
——第 1623 部分:应用模块:AP210 层叠装配设计;
——第 1624 部分:应用模块:AP210 打包的功能和物理特征;
——第 1625 部分:应用模块:AP210 打包的零件白盒模型;
——第 1626 部分:应用模块:AP210 物理项的物理描述;
——第 1627 部分:应用模块:AP210 印刷的零件功能和物理特征;
——第 1628 部分:应用模块:AP210 产品数据管理;
——第 1630 部分:应用模块:AP210 产品规则;
——第 1631 部分:应用模块:二维平面;
——第 1632 部分:应用模块:装配二维成形;
——第 1633 部分:应用模块:装配三维成形;
——第 1634 部分:应用模块:装配计算机布置要求;
——第 1635 部分:应用模块:装配功能界面要求;
——第 1636 部分:应用模块:装配模型设计;
——第 1637 部分:应用模块:装配模型宏定义;
——第 1638 部分:应用模块:带有二维电缆部件的装配模块;
——第 1639 部分:应用模块:带有三维电缆部件的装配模块;
——第 1640 部分:应用模块:带有宏部件的装配模块;
——第 1641 部分:应用模块:带有子装配的装配模块;
——第 1642 部分:应用模块:使用视图的装配模块;
——第 1643 部分:应用模块:带有互连部件的装配模块;

——第 1644 部分:应用模块:带有电缆部件的装配模块;
——第 1645 部分:应用模块:带有打包的连接器部件的装配模块;
——第 1646 部分:应用模块:装配形状;
——第 1647 部分:应用模块:组件物理界面要求;
——第 1648 部分:应用模块:物理组件要求的布置;
——第 1649 部分:应用模块:装配工艺;
——第 1650 部分:应用模块:裸冲模;
——第 1651 部分:应用模块:基本曲线;
——第 1652 部分:应用模块:基本几何;
——第 1653 部分:应用模块:电缆;
——第 1654 部分:应用模块:特征;
——第 1655 部分:应用模块:化学物质;
——第 1656 部分:应用模块:构件分组;
——第 1657 部分:应用模块:构件特征;
——第 1658 部分:应用模块:物理网的连通性分配;
——第 1659 部分:应用模块:曲线扫掠实体;
——第 1660 部分:应用模块:基于方式的数据差异;
——第 1661 部分:应用模块:设计管理;
——第 1662 部分:应用模块:使用视图给组件设计细节赋值;
——第 1663 部分:应用模块:使用视图给互连设计细节赋值;
——第 1664 部分:应用模块:设备记号;
——第 1665 部分:应用模块:电子网络定义;
——第 1666 部分:应用模块:延伸的几何公差;
——第 1667 部分:应用模块:延伸的几何基本几何成形;
——第 1668 部分:应用模块:制作接合点;
——第 1669 部分:应用模块:制作要求;
——第 1670 部分:应用模块:制作工艺;
——第 1671 部分:应用模块:制作和连接区;
——第 1672 部分:应用模块:填充区域的样式;
——第 1673 部分:应用模块:边缘形状特征;
——第 1674 部分:应用模块:功能赋值到零件;
——第 1675 部分:应用模块:功能分解到装配设计;
——第 1676 部分:应用模块:功能分解到设计;
——第 1677 部分:应用模块:功能分解到互联设计;
——第 1678 部分:应用模块:用节点表达的封装映射功能分解;
——第 1679 部分:应用模块:功能规范;
——第 1680 部分:应用模块:功能项要求的分配;
——第 1681 部分:应用模块:普通材料外观;
——第 1682 部分:应用模块:二维形状互连;
——第 1684 部分:应用模块:互连模块接线布置;
——第 1685 部分:应用模块:互连模块到装配模块;
——第 1686 部分:应用模块:互连模块用法显示;
——第 1687 部分:应用模块:具有宏的互连模块;

——第 1688 部分:应用模块:非平面形状连接;
——第 1689 部分:应用模块:连接物理要求分配;
——第 1690 部分:应用模块:连接布置要求;
——第 1691 部分:应用模块:接口构件;
——第 1692 部分:应用模块:(集成电路板基板的)底层;
——第 1693 部分:应用模块:分层的二维形状;
——第 1694 部分:应用模块:分层的三维形状;
——第 1695 部分:应用模块:分层的互连模型二维设计;
——第 1696 部分:应用模块:分层的互连模型三维设计;
——第 1697 部分:应用模块:分层的互连模型三维形状;
——第 1698 部分:应用模块:分层的互连模型设计;
——第 1700 部分:应用模块:具有印刷构件的分层互连模型设计;
——第 1701 部分:应用模块:布局的宏定义;
——第 1702 部分:应用模块:流形子曲面;
——第 1703 部分:应用模块:模型参数;
——第 1704 部分:应用模块:网络功能设计显示;
——第 1705 部分:应用模块:功能用法显示;
——第 1706 部分:应用模块:非特征形状元素;
——第 1707 部分:应用模块:包;
——第 1708 部分:应用模块:打包连接器模型;
——第 1709 部分:应用模块:打包零件白箱模型;
——第 1710 部分:应用模块:打包零件黑箱模型;
——第 1711 部分:应用模块:零件外部引用;
——第 1712 部分:应用模块:零件特征功能;
——第 1713 部分:应用模块:零件特征成组;
——第 1714 部分:应用模块:零件特征定位;
——第 1715 部分:应用模块:零件重复几率;
——第 1716 部分:应用模块:二维形状零件模板;
——第 1717 部分:应用模块:三维形状零件模板;
——第 1718 部分:应用模块:零件模板扩展;
——第 1719 部分:应用模块:非平面形状零件模板;
——第 1720 部分:应用模块:带有参数的零件形状模板;
——第 1721 部分:应用模块:物理部件特征;
——第 1722 部分:应用模块:物理布置模板;
——第 1723 部分:应用模块:对实现构件分配的物理节点要求;
——第 1724 部分:应用模块:物理单元的二维设计视图;
——第 1725 部分:应用模块:物理单元的三维设计视图;
——第 1726 部分:应用模块:物理单元二维形状;
——第 1727 部分:应用模块:物理单元三维形状;
——第 1728 部分:应用模块:物理单元的设计视图;
——第 1729 部分:应用模块:物理单元连接定义;

——第 1730 部分:应用模块:带参数的物理单元形状;
——第 1731 部分:应用模块:二维构造实体几何;
——第 1732 部分:应用模块:物理单元使用的视图;
——第 1733 部分:应用模块:规划的特征;
——第 1734 部分:应用模块:预定义的基准符号;
——第 1735 部分:应用模块:预定义的基准二维符号;
——第 1736 部分:应用模块:预定义的基准三维符号;
——第 1737 部分:应用模块:印制的物理布置模板;
——第 1738 部分:应用模块:产品标识扩展;
——第 1739 部分:应用模块:产生规则;
——第 1740 部分:应用模块:需求分解;
——第 1741 部分:应用模块:顺序层叠装配设计;
——第 1742 部分:应用模块:形状构成;
——第 1743 部分:应用模块:形状参数;
——第 1744 部分:应用模块:屏蔽;
——第 1745 部分:应用模块:信号;
——第 1746 部分:应用模块:软件;
——第 1747 部分:应用模块:说明书文档;
——第 1748 部分:应用模块:层的非平面形状;
——第 1749 部分:应用模块:风格曲线;
——第 1750 部分:应用模块:文本表达;
——第 1751 部分:应用模块:测试要求分配;
——第 1752 部分:应用模块:热网定义;
——第 1753 部分:应用模块:带有单位的值的扩展;
——第 1754 部分:应用模块:经由构件;
——第 1755 部分:应用模块:物理连通定义;
——第 1756 部分:应用模块:传导材料外形;
——第 1757 部分:应用模块:测试选择产品;
——第 1758 部分:应用模块:在产品概念里的约定用法;
——第 1759 部分:应用模块:基于 Ap210 基准差异的模型定义;
——第 1760 部分:应用模块:预定义产品数据管理专门化;
——第 1767 部分:应用模块:复合材料构件形状;
——第 1768 部分:应用模块:复合材料外观;
——第 1769 部分:应用模块:FEA 材料外观;
——第 1770 部分:应用模块:零件和区域的层叠表;
——第 1771 部分:应用模块:毛坯材料;
——第 1772 部分:应用模块:铺层方向说明。

ISO 10303 各部分的编号反映了它的结构:

——第 1 至第 19 部分规定了描述方法;
——第 20 至第 29 部分规定了实现方法;
——第 30 至第 39 部分规定了一致性测试方法与框架;

——第 40 至第 59 部分规定了集成通用资源；
——第 100 至第 199 部分规定了集成应用资源；
——第 200 至第 299 部分规定了应用协议；
——第 300 至第 399 部分规定了抽象测试套件；
——第 400 至第 499 部分规定了应用模块；
——第 500 至第 599 部分规定了应用解释构造；
——第 1000 至第 1999 部分规定了应用模块。

参 考 文 献

[1] ISO/IEC 6429:1992 信息技术.编码字符集的控制功能

[2] ISO TR/9007:1987 信息处理系统 概念模式和信息库用的概念和术语

[3] KAMADA,T. and KAWAI,S. A General Framework for Visualizing Abstract Objects and Relations ACM Transactions on Graphics,January 1991,vol. 10,no. 1,p. 1-39

[4] WIRTH,N. What can we do about the unnecessary diversity of notation for syntactic definitions? Communications of the ACM,November 1977,vol. 20,no. 11,p. 822

[5] SANDERSON,D. The Proposed Amendment to EXPRESS—Its motivation,features and relationship to EXPRESS Edition 2